战略性新兴领域“十四五”高等教育系列教材

自主机器人基础与技术

主　编　杨　毅　岳裕丰
副主编　蔡月日　王　旭
参　编　王元哲　符长虹　王超群
　　　　刘　伟　谢杉杉

机械工业出版社

本书面向教育、科技、人才三位一体的自主机器人拔尖人才培养，对机器人的环境感知、定位建图、规划控制、平台设计等各个方面进行分章讲解，结合国际大学生机器人大赛优秀案例开展项目式课程建设，配合实例分析，使读者在实践中深入了解机器人的构成原理、关键技术和实践应用，实现“赛、创、教、研”四维交叉，激发读者的创新思维和实践能力，掌握机器人系统的设计和实现方法。本书共 8 章，分别为自主机器人概述、自主机器人建模、自主机器人环境感知、自主机器人定位与建图、自主机器人规划控制、自主机器人具身智能、自主机器人移动机构、自主机器人系统设计及应用案例。本书注重实际的机器人基础与技术的设计和应用，让读者在了解机器人的基本原理和研究现状的同时，对机器人实际开发有深入的了解。

本书内容全面、图文并茂、设计案例丰富、实际应用性强，适合普通高校机器人工程等相关专业的本科生和机器人技术相关方向的研究人员阅读，也可供机器人技术领域的从业人员参考学习。

本书配有电子课件等教学资源，欢迎选用本书作教材的教师登录 www.cmpedu.com 注册后下载。

图书在版编目（CIP）数据

自主机器人基础与技术 / 杨毅，岳裕丰主编 . 北京 ：机械工业出版社，2024. 12. --（战略性新兴领域“十四五”高等教育系列教材）. -- ISBN 978-7-111-77318-4

Ⅰ. TP242

中国国家版本馆 CIP 数据核字第 20246F371E 号

机械工业出版社（北京市百万庄大街 22 号　邮政编码 100037）

策划编辑：吉　玲　　　　责任编辑：吉　玲　安桂芳

责任校对：张爱妮　张　薇　　封面设计：张　静

责任印制：单爱军

保定市中画美凯印刷有限公司印刷

2024 年 12 月第 1 版第 1 次印刷

184mm × 260mm · 16.75 印张 · 400 千字

标准书号：ISBN 978-7-111-77318-4

定价：59.00 元

电话服务　　　　　　　　　　网络服务

客服电话：010-88361066　　机　工　官　网：www.cmpbook.com

　　　　　010-88379833　　机　工　官　博：weibo.com/cmp1952

　　　　　010-68326294　　金　　书　　网：www.golden-book.com

封底无防伪标均为盗版　　　　机工教育服务网：www.cmpedu.com

序

FOREWORD

人工智能和机器人等新一代信息技术正在推动着多个行业的变革和创新，促进了多个学科的交叉融合，已成为国际竞争的新焦点。《中国制造2025》《“十四五”机器人产业发展规划》《新一代人工智能发展规划》等国家重大发展战略规划都强调人工智能与机器人两者需深度结合，需加快发展机器人技术与智能系统，推动机器人产业的不断转型和升级。开展人工智能与机器人的教材建设及推动相关人才培养符合国家重大需求，具有重要的理论意义和应用价值。

为全面贯彻党的二十大精神，深入贯彻落实习近平总书记关于教育的重要论述，深化新工科建设，加强高等学校战略性新兴领域卓越工程师培养，根据《普通高等学校教材管理办法》（教材〔2019〕3号）有关要求，经教育部决定组织开展战略性新兴领域“十四五”高等教育教材体系建设工作。

湖南大学、浙江大学、国防科技大学、北京理工大学、机械工业出版社组建的团队成功获批建设“十四五”战略性新兴领域——新一代信息技术（人工智能与机器人）系列教材。针对战略性新兴领域高等教育教材整体规划性不强、部分内容陈旧、更新迭代速度慢等问题，团队以核心教材建设牵引带动核心课程、实践项目、高水平教学团队建设工作，建成核心教材、知识图谱等优质教学资源库。本系列教材聚焦人工智能与机器人领域，凝练出反映机器人基本机构、原理、方法的核心课程体系，建设具有高阶性、创新性、挑战性的《人工智能之模式识别》《机器学习》《机器人导论》《机器人建模与控制》《机器人环境感知》等20种专业前沿技术核心教材，同步进行人工智能、计算机视觉与模式识别、机器人环境感知与控制、无人自主系统等系列核心课程和高水平教学团队的建设。依托机器人视觉感知与控制技术国家工程研究中心、工业控制技术国家重点实验室、工业自动化国家工程研究中心、工业智能与系统优化国家级前沿科学中心等国家级科技创新平台，设计开发具有综合型、创新型的工业机器人虚拟仿真实验项目，着力培养服务国家新一代信息技术人工智能重大战略的经世致用领军人才。

这套系列教材体现以下几个特点：

（1）教材体系交叉融合多学科的发展和技术前沿，涵盖人工智能、机器人、自动化、智能制造等领域，包括环境感知、机器学习、规划与决策、协同控制等内容。教材内容紧跟人工智能与机器人领域最新技术发展，结合知识图谱和融媒体新形态，建成知识单元711个、知识点1803个，关系数量2625个，确保了教材内容的全面性、时效性和准确性。

（2）教材内容注重丰富的实验案例与设计示例，每种核心教材配套建设了不少于5节的核心范例课，不少于10项的重点校内实验和校外综合实践项目，提供了虚拟仿真和实操项目相结合的虚实融合实验场景，强调加强和培养学生的动手实践能力和专业知识综合应用能力。

（3）系列教材建设团队由院士领衔，多位资深专家和教育部教指委成员参与策划组织工作，多位杰青、优青等国家级人才和中青年骨干承担了具体的教材编写工作，具有较高的编写质量，同时还编制了新兴领域核心课程知识体系白皮书，为开展新兴领域核心课程教学及教材编写提供了有效参考。

期望本系列教材的出版对加快推进自主知识体系、学科专业体系、教材教学体系建设具有积极的意义，有效促进我国人工智能与机器人技术的人才培养质量，加快推动人工智能技术应用于智能制造、智慧能源等领域，提高产品的自动化、数字化、网络化和智能化水平，从而多方位提升中国新一代信息技术的核心竞争力。

中国工程院院士

王耀南

2024年12月

前言
PREFACE

机器人技术是衡量一个国家科技创新和高端制造业水平的重要标志。与传统机器人不同，自主机器人具备环境感知、路径规划、自主决策和在线学习的能力，其目标是在有限甚至没有人工参与的情况下完成动态开放场景中的通用任务，在物流配送、智慧交通、日常生活服务、农业生产等领域展现出广阔的应用前景。以大语言模型、生成模型为代表的新一代人工智能技术加速发展，具身智能作为人工智能在物理世界的载体，成为人工智能的下一个浪潮。自主机器人作为具身智能的代表性实体，通过物理本体进行感知和行动，能够在真实环境中理解世界并自主学习，在互动交流中完成任务，将为未来智能化社会的发展注入新的动力。

本书共 8 章，涵盖了自主机器人的发展简史、建模方法、环境感知、定位建图、规划控制、具身智能、机构设计以及系统应用等核心内容。第 1 章系统介绍自主机器人定义、发展现状及趋势、组成架构，并介绍自主机器人在多个领域的典型应用案例。第 2 章讨论自主机器人建模方法，涵盖自主机器人运动学、动力学、移动机械臂建模及车臂协同自主机器人建模等关键内容。第 3 章介绍自主机器人环境感知，即自主机器人根据机载传感器对所处周围环境进行信息获取，并提取环境中有效信息特征加以处理与理解。第 4 章着重讨论自主机器人在未知环境中的定位与建图问题，机器人定位即确定机器人在环境地图中的位置和姿态，而建图则是构建未知环境的地图。第 5 章深入探讨自主机器人路径规划与运动控制问题，介绍全局路径规划、局部路径规划、移动机器人运动控制以及移动机械臂运动控制等方面的方法和技术，并结合实例分析展示其在实际场景中的应用。第 6 章主要介绍自主机器人具身智能，介绍自主机器人在执行任务和解决问题时，如何利用其身体结构和环境交互，从而实现智能行为和在线学习。第 7 章以不同类型机器人移动机构为主线，介绍自主机器人移动机构设计需考虑的各类因素与设计原则。第 8 章深入探讨自主机器人系统设计及应用案例，着重介绍自主机器人结构系统设计、硬件系统设计与软件系统设计三个关键方面，并结合实际案例展示自主机器人技术的实际应用与潜力。此外，本书在第 3 ～ 8 章配套了实例分析，将本书介绍的理论方法和实践应用紧密联系起来。

本书适合作为普通高校机器人工程等专业的教材，同时也可作为各层次的机器人开发人员和机器人爱好者的参考书。本书注重机器人基础与技术的实际设计和应用，让读者在了解机器人基本原理和研究现状的同时，对机器人实际开发有深入的了解。对机器人的初学者，可以先学习机器人学的基础理论书籍，同时利用好本书介绍的实践案例和电子资源，编写相关代码并动手搭建机器人模型。

由于编者水平有限，书中可能存在不足之处，敬请读者批评指正。

编 者

目录
CONTENTS

第 1 章　自主机器人概述

导读

本章系统地介绍自主机器人定义、发展现状及趋势、组成架构，并介绍自主机器人在多个领域的典型应用案例。自主机器人是能够独立执行任务和做出决策的智能机器人，具备感知、推理、决策和执行等能力，能够自主感知周围环境并理解任务要求，然后采取相应行动而无须人类持续干预。自主机器人的主要技术包括感知、控制决策、路径规划以及学习适应能力。通过集成先进的机器学习和人工智能技术，自主机器人可以不断优化自身的表现，提高执行效率和适应性。在各个领域，自主机器人都有广泛的应用前景，如物流配送、基础设施巡检、日常生活服务、农业生产等。随着人工智能技术的不断发展，自主机器人的功能和应用领域将进一步拓展，成为未来智能化生活和工作的重要组成部分。通过本章的学习，将帮助读者全面了解自主机器人的概念和应用，激发读者对自主机器人的研究兴趣，发现其中存在的挑战和问题，推动自主机器人技术的持续进步和创新。

本章知识点

- 自主机器人简介
- 自主机器人发展现状及趋势
- 自主机器人组成架构
- 典型应用案例
- 本书的主要内容

1.1　自主机器人简介

自主机器人是指在没有或仅有最少人为干预的情况下，能够自主完成特定任务或一系列任务的机器人，其核心特点包括自主性、交互性和适应性。其中，自主性是指自主机器人具备自主感知、自主决策和自主行动的能力，在动态和不确定的环境中，能够根据环境变化和任务需求，独立分析、理解环境数据，做出决策并调整行动策略，自主执行任务；交互性是指自主机器人具备与人类或其他系统高效沟通的能力，包括语音识别、自然语言处理及情感识别等，能够更好地理解指令和反馈信息；适应性是指自主机器人具备快速适应新环境的能力，能够在多种复杂多变的环境中自主完成各种任务。

自主机器人形态万千（见图 1-1），从灵活轻巧的无人机和穿梭在马路上的无人驾驶汽车，到庞大复杂的工业生产线上的柔性机械臂，再到能够在极端环境中执行任务的深空/深海探测器，以及正在源源不断兴起的人形机器人，它们的存在形式与功能设计虽然各不相同，却都承载着提升工作效率、增强安全性和扩展人类能力边界的共同使命。这些形态各异的机器人，涉及人工智能、自动化、计算机科学、电子信息、材料科学等多学科领域的交叉融合，随着技术的不断突破与应用领域的持续拓展，自主机器人将更加深入地融入人类社会，成为推动社会进步、改善生活质量的重要力量。

图 1-1　自主机器人的各种形态

1.2　自主机器人发展现状及趋势

自主机器人的发展经历了几个重要阶段，大致可以分为早期研究和概念阶段、基本自动化和遥控阶段、初级自主阶段、高级自主阶段、高度自主与智能阶段、全面智能与多领域应用阶段，每个阶段都标志着机器人技术的重大进步和应用领域的不断扩展。

1.2.1　早期研究和概念阶段

自主移动机器人发展的早期研究和概念阶段为 20 世纪 50 年代至 60 年代，在这一阶段，机器人学作为一门新兴学科开始发展，理论研究逐渐兴起。1954 年，美国 George Devol 最早提出了工业机器人的概念，并利用伺服技术实现机器人关节的控制和动作示教，是世界上第一台可编程的机器人。1958 年，美国发明家恩格尔伯格建立了 Unimation 公司，并于 1959 年研制出了世界上第一台工业机器人。随着机构理论和伺服理论的发展，机器人进入了实用阶段。在这个阶段，一些简单的自动化机器和初步的机器人系统出现，但大多依赖于预编程的指令，缺乏真正的自主性。

1.2.2 基本自动化和遥控阶段

自主机器人发展的基本自动化和遥控阶段为 20 世纪 70 年代至 80 年代，以 Unimate 为代表的第一代工业机器人被引入制造业，这些机器人能够执行一些简单、重复性的任务，但主要依赖于预先编程好的路径和动作，缺乏灵活性和自主性。用于空间和危险环境的遥控机器人也开始出现，这些遥控机器人主要依赖于人类操作，缺乏自主决策能力，只能按照远程指令执行任务。虽然机器人技术已经有了初步应用，但其自主性和智能性还很有限。

1.2.3 初级自主阶段

自主机器人发展的初级自主阶段为 20 世纪 80 年代至 90 年代，这个时期出现了初级的自主移动机器人，如斯坦福研究所（Stanford Research Institute，SRI）开发的 Shakey 机器人，它能够在有限的环境中进行自主导航和任务执行。

这一时期也出现了基本的传感和路径规划算法，但机器人很大程度上仍然依赖于预定环境中的操作。1984 年，美国推出了医疗服务机器人 Help Mate，可以在医院里为病人送饭、送药等。虽然只具备有限的自主移动和感知能力，但已经初步展现出了机器人技术的发展前景。同期，焊接、喷涂、搬运等工业机器人被广泛应用于工业行业，为机器人技术在实际应用中的发展奠定了基础。

1.2.4 高级自主阶段

自主机器人的发展在 20 世纪 90 年代至 21 世纪初进入高级自主阶段，机器人的感知技术取得了重大进步。相机、激光雷达等先进传感器的广泛应用，使机器人具备更强的环境感知能力。同步定位与地图构建（Simultaneous Localization and Mapping，SLAM）技术的突破，使移动机器人能够在未知环境中创建地图并自主导航。在这一阶段，人工智能和机器学习技术逐渐应用于机器人，使其开始具备初步的决策和适应能力。

随着这些核心技术的大幅提升，机器人开始从结构化的工厂环境向复杂的环境拓展应用，并在军事、民用等领域取得长足进步。1992 年，波士顿动力公司相继研发出能够直立行走的军事机器人 Atlas，以及四足全地形机器人“大狗”“机器猫”等。1999 年，日本索尼公司推出了家用机器狗 AIBO（爱宝），从此娱乐机器人开始进入家庭。

1.2.5 高度自主与智能阶段

21 世纪初期，自主机器人进入了一个高度自主与智能阶段。这一时期，机器人的自主决策和执行能力得到了显著提升，开始进入消费市场并广泛应用于多个领域。

iRobot 公司生产的 Roomba 扫地机器人的诞生，标志着自主机器人正式进入家庭消费领域。Roomba 机器人能够在无须人工操控的情况下自主规划路径、执行清洁任务，展现出较强的环境感知、任务规划和执行能力。同期，无人驾驶汽车技术也进入了快速发展期，谷歌、特斯拉等公司开始大规模投入研发，显著提升了无人车的自主导航和决策能力。

DARPA 机器人挑战赛等重要赛事的举办，也鼓励着全球研究团队开发更加智能和自主的机器人系统，极大地推动了机器人自主技术的进步，逐步突破技术瓶颈，为后续机器人的发展奠定了坚实基础。

1.2.6 全面智能与多领域应用阶段

2010 年以来，自主机器人经历了一场飞跃式的发展，正式进入了全面智能与多领域应用阶段。得益于深度学习、计算机视觉等人工智能技术的蓬勃发展，机器人不再局限于单一传感器感知能力，而是展现出了全面智能和自适应的特点。

深度学习等先进的人工智能算法的应用，使机器人在环境感知能力方面有了较大提升。以计算机视觉为例，深度学习网络的强大表征能力使机器人具备了目标检测、场景理解等视觉能力，大大提升了机器人对环境的认知能力。多传感器融合技术的突破，使得机器人不再局限于单一传感器，而是通过集成多源传感器，提高了在复杂环境下的感知可信度。与此同时，协作机器人（Cobots）开始在工业和服务领域兴起。与传统的人机分工模式不同，Cobots 通过借助智能传感器和协作算法，能够准确感知人类的动作意图，并与人类进行高效、安全的协同工作，大幅提升了工作效率和灵活性。

随着大语言模型（Large Language Model，LLM）和视觉语言模型（Visual Language Model，VLM）的发展，具身智能机器人在交互能力上实现了飞跃，能够基于与环境的交互获取信息、理解问题、做出决策并实现行动。例如，谷歌公司发布的 Auto-RT 机器人模型（见图 1-2），能够在复杂环境中自主导航、执行任务并进行大规模编排。Auto-RT 的一个关键应用是远程操作和自主学习策略的结合，通过向不同建筑物中的多个机器人发出指令，收集大量真实世界的机器人数据，可以进一步优化机器人的学习和表现。波士顿动力公司的 Atlas 机器人是具身智能在人形机器人上的标志性产品（见图 1-3），它不仅能够完成复杂的运动任务，如跑步、跳跃、后空翻等，而且随着技术的革新，Atlas 能够更好地模拟人类的行为，甚至在某些特定任务上超越人类，推动人形机器人在工业、军事等领域的潜在应用价值。此外，斯坦福大学和谷歌合作发布的 ALOHA 机器人（见图 1-4）采用双机械臂设计，可以完成组装链条、颠乒乓球以及整理桌面等各种精细复杂的任务，展示了高度的灵活性和精准控制，为未来家用机器人市场提供了重要的技术基础和应用示范。

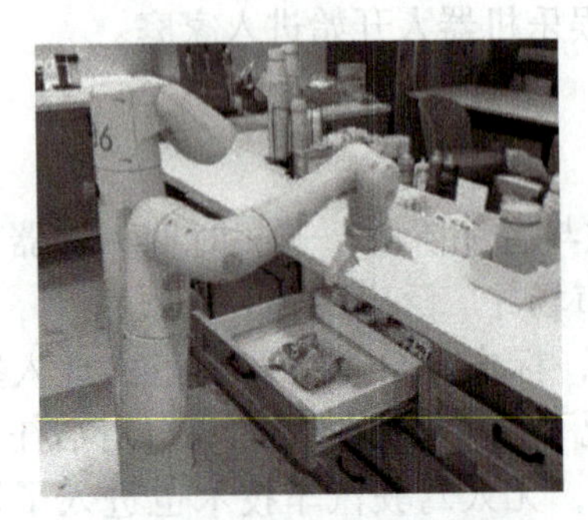

图 1-2　Auto-RT 机器人

图 1-3　Atlas 机器人

得益于这些技术的应用，自主机器人的应用领域也在不断拓展。从医疗手术机器人、农业无人机，到智能仓储系统、军事侦察机器人，机器人正深入到社会生活的方方面面，为人类提供更加智能、高效的服务。

1.2.7　未来发展趋势

随着大数据时代的到来，以数据为驱动的人工智能技术不断取得突破性的进展，自主机器人也将朝着下面几个方向发展：

图 1-4　ALOHA 机器人

（1）全自主系统　随着人工智能算法的不断优化和新型传感器技术的突破，自主机器人将具有更高水平的自主决策和操作能力，能在无预设指令的情况下独立应对更加复杂和不确定的环境，并完成任务。

（2）群体智能与协作　通过多个机器人之间的协同工作、信息共享和知识交流，可以形成整体的群体智能，不同机器人可以根据自身优势分工协作，共同完成任务，弥补单个机器人的局限性，使得机器人群体具有更强的应变能力。例如，当某个机器人出现故障时，其他机器人可以迅速做出反应，重新协调分工，提高任务的执行效率和灵活性。

（3）人机共生　通过深入学习人类用户的行为习惯和需求偏好，机器人能够更好地预测和满足用户的实际需求，人类也可以通过更加自然、直观的交互方式，如语音交互、手势交互等，更加方便、舒适地与机器人进行交流，从而实现更自然和智能的人机交互。

综上所述，每个阶段的技术进步都在不断推动着自主机器人能力和应用范围的扩展，也逐渐从最初的基本自动化发展到今天的高度智能化和多领域应用。未来，随着技术的持续创新发展和跨学科交叉融合的深入，自主机器人将在更多领域展现其无限潜力，为人类社会带来更加深远的影响。

1.3　自主机器人组成架构

自主机器人组成架构一般包括执行机构、环境感知系统、定位建图系统、规划控制系统以及人工智能和学习系统等，分别对应本书的第 2 章、第 3 章、第 4 章、第 5 章和第 6 章。下面分别从这几部分展开阐述。

自主机器人的执行机构即机器人的本体，包括无人机、无人车、机械臂、人形机器人等各种形态，每种形态针对不同的应用场景设计而成。虽然形态不一，但在建模过程中都会涉及运动学和动力学分析，确保机器人在运动过程中的稳定性和准确性。

自主机器人环境感知系统是机器人实现自主决策和规划的必要前提，通过集成多源传感器、高效的数据处理与融合模块，以及复杂环境语义理解算法，使机器人能够实时“理解”周围的世界，并据此做出反应。其用于感知的传感装置主要分为两类，其中一类为内部信息传感器，如惯性传感器，用于直接地获取自身的运动状态（位置、速度、加速度等）；另一类为外部信息传感器，如相机、激光雷达、毫米波雷达等，通过获取外部环境信息，间接地感知自身所处空间中的运动状态，从而使机器人能快速适应外界环境的变化。

自主机器人定位建图系统是确保机器人能够在未知或动态环境中自主导航的关键技术，它建立在环境感知系统的基础之上，为机器人提供了执行动作的位置、姿态与环境地图。其中，机器人利用同步定位与建图算法，结合闭环检测与优化策略，能在探索过程中不断修正自身位置，即使在卫星信号拒止的室内环境或复杂动态多变的室外场景下，也能实现高精度定位。进一步，机器人将持续获取的环境信息转化为可理解的地图形式，通过特征提取、匹配等，动态更新环境地图，灵活应对环境动态带来的挑战。

自主机器人规划控制系统是机器人执行动作的核心环节，它基于对周围环境的认知以及自身的运动状态估计，设计并执行复杂的动作序列，以达成预设的目标或任务。根据不同的任务和执行效率，利用全局或局部规划算法，最大限度地规划最优路径。进一步地，利用先进控制理论，实现对机器人关节、轮子或其他执行机构的精密控制，确保动作的准确执行。

自主机器人人工智能和学习系统是其智能化体现的重要组成，综合人工智能通用基础模型，以及机器学习、深度学习、强化学习、生成式学习等多种人工智能技术，形成复杂的、多层次、高适应性的自适应智能感知算法，进一步赋予机器人理解环境、做出决策、执行任务以及在环境交互中不断进步的能力，提高学习效率和场景泛化能力。

1.4 典型应用案例

1.4.1 智慧物流配送

美团无人机送餐项目（见图 1-5）构建了“3 公里内 15 分钟速达”的低空物流网，第四代无人机搭载双目立体视觉相机、4D 毫米波雷达等传感器，可在低温、暴风雨等极端天气条件下安全运行，目前已在深圳、上海等城市落地 15 条航线。在物流运输方面，菜鸟 AGV（超级搬运机器人，见图 1-6）能够搬运各种货架，实现货物的快速分拣与配送，通过智能算法与自动化技术，极大地提升了仓储分拨效率，人工成本节省达 70%。而在末端配送阶段，京东末端配送机器人利用雷达与传感器全方位感知环境，能够自动规避道路障碍与车辆行人，准确识别交通灯信号，实现了自动化配送的全场景应用。

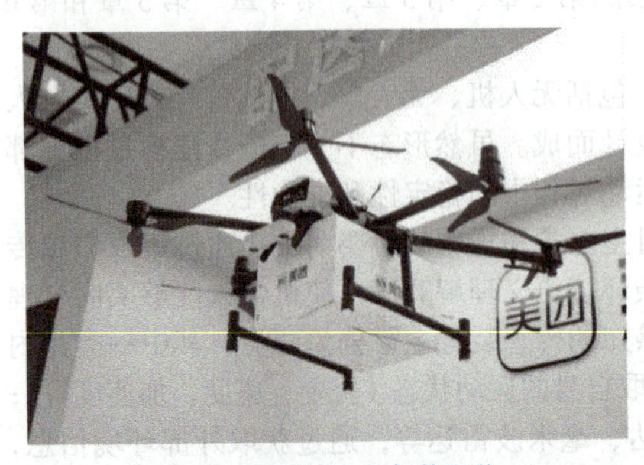

图 1-5 美团无人机智慧配送

图 1-6 菜鸟 AGV（超级搬运机器人）

1.4.2　基础设施巡检

无人机在基础设施巡检方面的应用日益广泛。例如，国网山东省电力公司青岛供电公司自主研发了“基于 5G+ 北斗的无人机智能巡检系统”，能够实现对电力线路的自主巡检和维护（见图 1-7），进一步提高了检测效率和安全性。在 GPS 信号缺失、光照度低和复杂电磁环境的矿井，5G 网络下的无人机智能巡检率先成功应用在神东煤炭的上湾煤矿，无人机通过激光扫描定位自主导航、避障和巡检，大幅提升了煤矿生产的安全和效率。广东南方电力科学研究院自主研发的变电站巡检机器人（见图 1-8），率先实现了国内机器人对室外局部放电的精准检测，机器人可以根据巡检任务的优先级智能规划路径，也可以根据实际需求配置应对环境变化的实际交互，极大地提高了巡检效率。

图 1-7　无人机自主巡检电力线路

图 1-8　变电站巡检机器人

1.4.3　日常生活服务

北京大兴国际机场利用人形机器人（见图 1-9），为游客提供接待、信息查询、路径引导等多样化服务，机器人通过主动感知周围环境实现自主导航，游客也可以通过语音和触屏方式与机器人进行人机交互，提升游客体验。在餐饮行业，“无人餐厅”概念得以实践，送餐机器人依据预设路径，自动避障送餐，不仅降低了人力成本，同时也提高了餐厅运营效率。面向城市智慧交通出行，宇通自动驾驶微公交（见图 1-10）不仅具备超级巡航、动态避障、自主超车、精准停靠等常规 L4 级自动驾驶功能，还可以实现自主泊车和远程驾驶，提升了乘客的出行效率。

图 1-9　机场服务机器人

图 1-10　宇通自动驾驶微公交

1.4.4 智慧农业生产

在农业生产领域，大疆推出的T16植保无人机（见图1-11）以其创新技术引领智慧农业发展，机身搭载的成像雷达使其能在全天候环境中自动巡检农田，依托强大的飞行性能，无人机可以通过装载药液对农作物进行高效精准的喷洒。

图1-11　大疆T16植保无人机

1.4.5 深空深海探测

在深空探测方面，我国研制的首枚火星探测器“天问一号”负责执行我国第一次自主火星探测任务，随着“天问一号”着陆巡视器的成功着陆，“祝融号”火星车（见图1-12）驶离着陆平台，在环境严苛复杂、先验知识欠缺的火星表面，开展自主巡视探测工作。在深海探测领域，我国首台作业型全海深自主遥控潜水器“海斗一号”（见图1-13）利用全海深高精度声学定位技术和机载多传感器信息融合方法，完成了对马里亚纳海沟“挑战者深渊”最深区域的巡航探测与高精度深度测量，填补了我国万米作业型无人潜水器的空白。

图1-12　“祝融号”火星车

图1-13　全海深自主遥控潜水器“海斗一号”

1.4.6 柔性机械臂

在医疗领域，ABB推出的YuMi双臂协作机器人被应用于自动化药房（见图1-14a），不仅可以依托柔性机械臂实现快速、准确的病毒检测，也降低了工作人员接触病毒的风险。此外，ABB 机器人通过 3D 视觉技术，也可以实现药品的精准拣选和追溯，柔性机械臂有望在未来承担更多对医护人员有潜在风险的任务，如化疗药物的配置等，为医疗行业带来智能化转型。在电子制造领域，YuMi 双臂协作机器人展示了其在印制电路板装配中的高效与精准（见图 1-14b），能在几秒内精确完成电路元器件的放置，缩短了生产周期，提升了装备精度，为电子制造业带来了自动化生产的新标准。

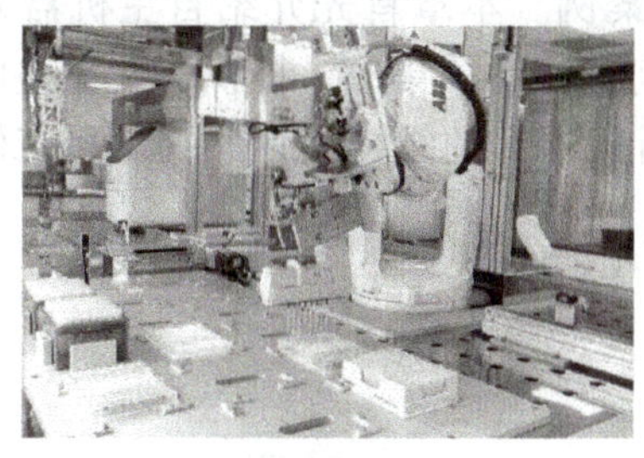
a) 病毒检测

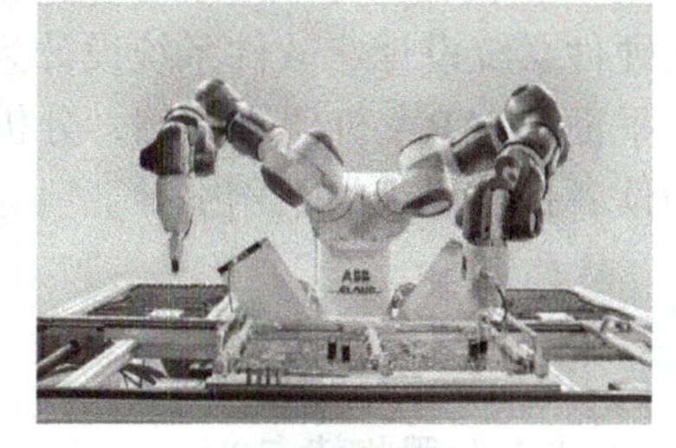
b) 电路板装配

图 1-14　YuMi 双臂协作机器人

1.5　本书的主要内容

第 2 章主要介绍自主机器人的基础理论与建模方法。包括：运动学建模，详细解析机器人位姿与运动轨迹的数学描述；动力学建模，深入分析机器人运动过程中的基础动力学模型；移动机械臂建模，介绍机械臂的自由度、工作空间、正运动学与逆运动学解算，确保机器人能够准确执行预定动作。

第 3 章主要介绍自主机器人对周围环境感知的基础方法。自主机器人对环境的感知是其完成决策和规划等高级任务的重要前提。在实际中，机器人通过搭载机身的惯性传感器、相机、激光雷达等感知传感器实时获取环境中的数据，利用深度学习算法进一步从数据中提取丰富有效的多模态信息，形成对三维环境的全方位语义理解。

第 4 章主要介绍自主机器人的定位与建图技术。定位与建图是自主机器人实现自主导航的关键技术。本章首先引入贝叶斯概率论，作为理解不确定性环境下定位问题的基础框架。其次，深入讲解多种地图表示方法，如栅格地图、语义地图和隐式地图等，以及它们在不同应用场景的优势与局限。随后概述自主机器人同步定位与建图技术以及如何实时构建高精地图。

第 5 章介绍自主机器人如何制定行动策略并精准控制执行。首先，介绍全局路径规划方法，分别探讨基于搜索和采样的经典算法。其次，介绍局部路径规划方法，探究在非结构化和结构化环境下的路径规划。随后，介绍如何利用自适应鲁棒控制策略确保机器人在动态、不确定环境中保持稳定性。最后，通过路径跟踪分析参考轨迹特征，设计运动控制器，实现对机器人轨迹的精确跟踪与控制。

第 6 章探讨自主机器人如何通过具身智能提升其学习与适应能力。本章首先介绍机器人实现与周围环境感知的通用基础模型。其次介绍机器人学习的基本方法，包括让机器人模仿人类行为的模仿学习，通过奖励与惩罚机制引导机器人自我优化策略的强化学习等。随后讨论模型架构设计，构建高效的学习框架。最后展示如何通过数据收集与增强，驱动和加速机器人的学习过程并提升学习能力。

第 7 章介绍自主机器人移动机构。本章围绕移动机构设计准则展开，讨论如何平衡机器人的移动速度、稳定性与能耗等因素。接着，深入讲解不同类型的移动机构设计，包括直轮式、履带式、麦克纳姆轮式、全向轮式、舵轮式等，以及它们各自的优缺点和适用场景，确保自主机器人移动机构的高效与可靠性。

第 8 章介绍自主机器人系统设计及应用案例。本章首先介绍自主机器人系统设计的整体思路，从硬件系统设计、软件系统设计到整体系统集成，提供一套完整的设计流程准则。随后，以平面 SCARA 机器人为例，分析机器人的结构设计、控制系统硬件设计以及仿真流程，为读者提供详细的案例引导。

习题

1-1　自主机器人有哪些特点？

1-2　查阅相关资料，分析自主机器人的发展趋势和应用前景。

1-3　自主机器人由哪些架构组成？每部分架构分别有什么功能？

1-4　列举自主机器人几种执行机构的不同表现形态。

1-5　除了本章中所列举的典型应用案例，试列举自主机器人在实际生活中的应用。

1-6　选取其中一种应用案例，简要分析自主机器人的工作原理。

参考文献

[1]　付梦印，杨毅，宋文杰 . 陆上无人系统行驶空间自主导航 [M]. 北京：北京理工大学出版社，2021.

[2]　任福继，孙晓 . 智能机器人的现状及发展 [J]. 科技导报，2015，33（21）：32-38.

[3]　KELLY A. 移动机器人学：数学基础模型构建及实现方法 [M]. 王巍，崔维娜，等译 . 北京：机械工业出版社，2020.

[4]　郭迟，罗亚荣，左文炜，等 . 机器人自主智能导航 [M]. 北京：科学出版社，2023.

[5]　兰沣卜，赵文博，朱凯，等 . 基于具身智能的移动操作机器人系统发展研究 [J]. 中国工程科学，2024，26（1）：139-148.

第 2 章　自主机器人建模

导读

本章讨论自主机器人建模方法，涵盖自主机器人运动学、动力学、移动机械臂建模及车臂协同自主机器人建模等关键内容。自主机器人的建模过程是对其运动学与动力学特性进行抽象与描述的重要手段，为机器人的设计、控制与应用提供了理论基础与指导。在运动学部分，研究机器人在空间中的运动规律，包括正逆运动学、多关节机械臂运动学以及移动机器人运动学等内容，从几何与坐标的角度揭示了机器人运动的本质特征。而在动力学部分，深入探讨机器人的受力与运动关系，包括牛顿欧拉动力学模型、拉格朗日动力学模型、多连杆机械拉格朗日动力学模型以及非完整约束机器人动力学模型，从动力学的角度解析机器人运动的动力学特性。随后，移动机械臂建模与车臂协同自主机器人建模部分介绍了复合机器人建模方法，包括一般运动学与动力学模型、多自由度移动机械臂建模以及全向移动机械臂建模，通过实例分析车臂协同自主机器人建模，为深入理解机器人复杂运动及控制提供了实践指导与参考。

本章知识点

- 运动学
- 动力学
- 移动机械臂建模
- 车臂协同自主机器人建模

2.1　运动学

2.1.1　正逆运动学

机器人运动学包括正向运动学和逆向运动学。正向运动学即给定机器人各关节变量，计算机器人末端的位置姿态；逆向运动学即已知机器人末端的位置姿态，计算机器人对应位置的全部关节变量。在控制机器人时，经常会进行两类计算：①根据关节位置的测量值计算末端工具位姿；②根据指定的末端工具位姿，计算关节位置指令，作为控制器的期望值。为此，需要建立关节位置与末端位姿之间的映射关系。

以图 2-1 所示的六自由度串联机器人为例，由于其末端位姿由关节位置决定，所以末端工具的位姿矩阵 ${}^{0}_{T}\boldsymbol{T}$ 一定与关节变量 $(q_1,q_2,\cdots,q_n)^{\mathrm{T}}$ 有关。

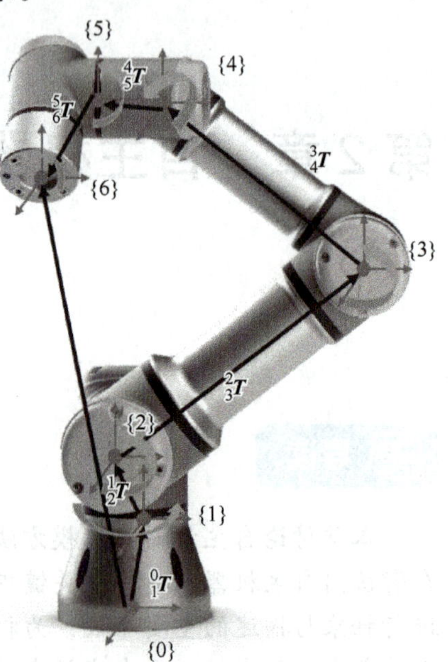

图 2-1　六自由度串联机器人

如果已知其关节变量，则 ${}^{0}_{T}\boldsymbol{T}$ 可表示为

$$
{}^{0}_{T}\boldsymbol{T}=\begin{bmatrix} {}^{0}_{T}\boldsymbol{R} & {}^{0}\boldsymbol{p}_{\mathrm{TORG}} \\ \boldsymbol{0} & 1 \end{bmatrix}=\begin{bmatrix} r_{11} & r_{12} & r_{13} & p_1 \\ r_{21} & r_{22} & r_{23} & p_2 \\ r_{31} & r_{32} & r_{33} & p_3 \\ 0 & 0 & 0 & 1 \end{bmatrix} \tag{2-1}
$$

$$
r_{i,j}=f_{i,j}(q_1,\cdots,q_6),\ p_i=g_i(q_1,\cdots,q_6)(i,j=1,2,3)
$$

反之，若已知 ${}^{0}_{T}\boldsymbol{T}$，则 $(q_1,q_2,\cdots,q_n)^{\mathrm{T}}$ 也应该可以求解

$$
q_i=f_i(r_{11},\cdots,r_{33},p_1,p_2,p_3)(i=1,2,\cdots,6) \tag{2-2}
$$

式（2-1）称为机器人正运动学（Forward Kinematics）模型或运动学正解。它是机器人运动分析和静力分析的基础，在机器人设计阶段用于评估工作空间、运动灵活性等。式（2-2）称为机器人逆运动学（Inverse Kinematics）模型或运动学反解，在控制机器人时，需要利用它解算关节控制指令。

构成机器人的每个连杆 i，都可以由与之固连的坐标系 $\{i\}$ 表示。建立相邻连杆坐标系的位姿矩阵 ${}^{i-1}_{i}\boldsymbol{T}$，然后运用递推计算，即可获得 ${}^{0}_{T}\boldsymbol{T}$。${}^{i-1}_{i}\boldsymbol{T}$ 中应包含对应的关节向量，这样才能建立机器人正运动学模型。

2.1.2　多关节机械臂运动学

对于多关节机械臂而言，如何构建相邻连杆位姿矩阵成为正逆运动学求解的关键。对于机器人相邻连杆位姿矩阵 ${}^{i-1}_{i}\boldsymbol{T}$ 中各元素的取值，与坐标系 $\{i\}$ 和 $\{i-1\}$ 的定义有关，求解 ${}^{i-1}_{i}\boldsymbol{T}$ 常用的方法包括前置 D–H 参数法（也称为改进 D–H 参数法）和后置 D–H 参数法（也称为标准 D–H 参数法）。本小节仅介绍标准 D–H 参数法。

图 2-2 标记了 D–H 参数，并利用 D–H 参数法建立了机器人中间两连杆的坐标系。D–H 参数的定义如下：

（1）两连杆夹角 θ_i　垂直于关节 i 轴线的平面内，两公垂线的夹角（关节变量）。

（2）两连杆距离 d_i　沿关节 i 轴线上两公垂线的距离（常量）。

（3）连杆长度 a_i　两端关节轴线沿公垂线的距离（常量）。

（4）连杆扭角 α_i　与公垂线垂直的平面内两关节轴线 Z_{i-1} 与 Z_i 的夹角（常量）。

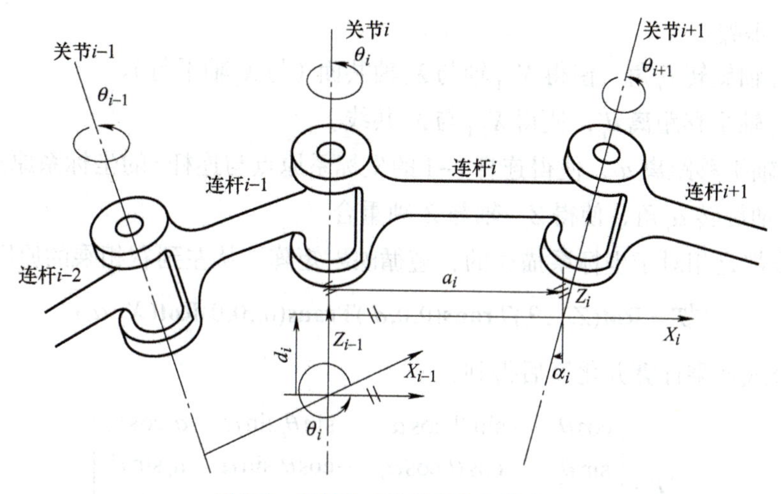

图 2-2　相邻关节坐标系和参数定义

在进行正运动学计算之前还需要建立连杆坐标系，如图 2-3 所示，机器人第一个关节建立的是基础坐标系，即 {0} 坐标系，第二个关节建立的是 {1} 坐标系，以此类推，共建立 $n+1$ 个坐标系。对于转动关节，各连杆坐标系的 Z 轴方向与关节轴线重合；对于移动关节，Z 轴方向沿该关节移动方向。

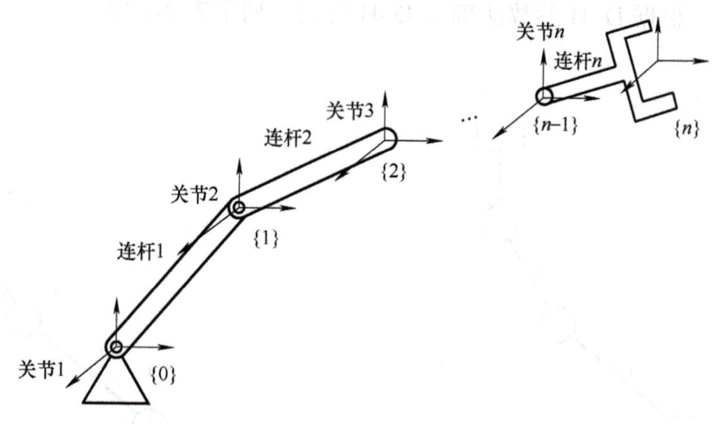

图 2-3　坐标系建立

如图 2-4 所示，取手部的中心点为原点 O_B；关节轴线定义为 Z_B 轴，其单位方向矢量 $\boldsymbol{a}$ 称为接近矢量，指向朝外；两手指的连线为 Y_B 轴，其单位方向矢量 $\boldsymbol{o}$ 称为姿态矢量，指向可任意选定；X_B 轴与 Y_B、Z_B 轴垂直，其单位方向矢量 $\boldsymbol{n}$ 称为法向矢量，且 $\boldsymbol{n}=\boldsymbol{o}\times\boldsymbol{a}$ 指向符合右手法则。

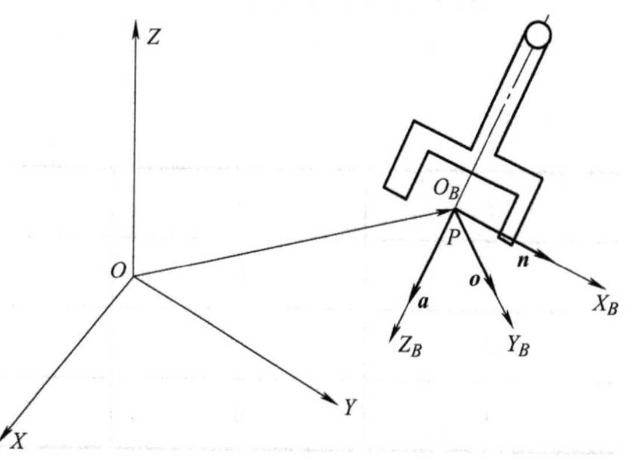

图 2-4　坐标系建立示意

坐标系建立完毕后，需要进行转换得到相邻连杆坐标系的齐次坐标转换矩阵 ${}^{i-1}_{\ i}\boldsymbol{T}$，分为以下四个步骤：

1）绕 Z_{i-1} 轴旋转 θ_i 角，使得 X_{i-1} 轴与 X_i 轴共面（与 X_i 轴平行）。

2）沿 Z_{i-1} 轴平移距离 d_i，使得 X_{i-1} 与 X_i 共线。

3）沿 X_i 轴平移距离 a_i，使得连杆 $i-1$ 的坐标系原点与连杆 i 的坐标系原点重合。

4）绕 X_i 轴旋转 α_i 角，使得 Z_{i-1} 轴与 Z_i 轴重合。

以上四步都是相对于坐标系描述的，遵循映射矩阵“从左到右相乘的原则”，得

$$ {}^{i-1}_{i}\boldsymbol{T} = \mathbf{Rot}(Z_{i-1},\theta_i)\mathbf{Trans}(0,0,d_i)\mathbf{Trans}(a_i,0,0)\mathbf{Rot}(X_i,\alpha_i) \tag{2-3} $$

将上述公式连乘计算并化简后得到：

$$ {}^{i-1}_{i}\boldsymbol{T} = \begin{bmatrix} \cos\theta_i & -\sin\theta_i\cos\alpha_i & \sin\theta_i\sin\alpha_i & a_i\cos\theta_i \\ \sin\theta_i & \cos\theta_i\cos\alpha_i & -\cos\theta_i\sin\alpha_i & a_i\sin\theta_i \\ 0 & \sin\alpha_i & \cos\alpha_i & d_i \\ 0 & 0 & 0 & 1 \end{bmatrix} \tag{2-4} $$

利用上述 D–H 矩阵后，可以计算多关节机器人正运动学模型。如图 2-5 所示为三自由度平面关节机器人，杆长分别为 l_1、l_2、l_3，建立机器人正运动学方程步骤如下：

坐标系建立如图 2-6 所示，包括基坐标系 {0} 和杆件坐标系 {i}，其中手部坐标系与末端坐标系重合。根据 D–H 参数法确定 D–H 参数，列于表 2-1 中。

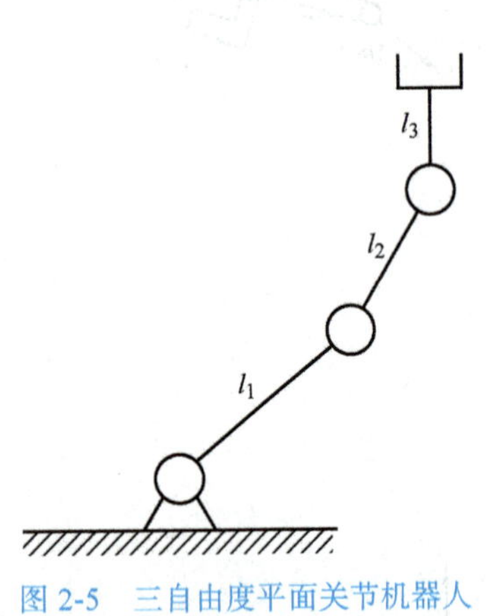

图 2-5 三自由度平面关节机器人

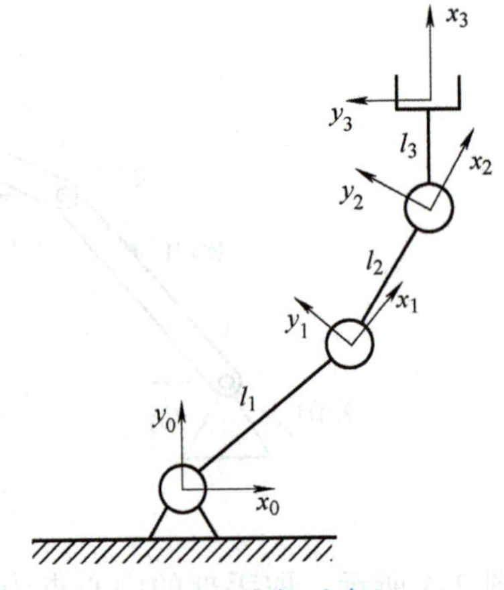

图 2-6 坐标系建立

表 2-1 D–H 参数

i	d_i	θ_i	a_i	α_i
1	0	θ_1	l_1	0
2	0	θ_2	l_2	0
3	0	θ_3	l_3	0

由式（2-4）可得

$$
{}_1^0\boldsymbol{T}=\begin{bmatrix}\cos\theta_1 & -\sin\theta_1 & 0 & l_1\cos\theta_1\\ \sin\theta_1 & \cos\theta_1 & 0 & l_1\sin\theta_1\\ 0 & 0 & 1 & 0\\ 0 & 0 & 0 & 1\end{bmatrix} \tag{2-5}
$$

同理可得

$$
{}_2^1\boldsymbol{T}=\begin{bmatrix}\cos\theta_2 & -\sin\theta_2 & 0 & l_2\cos\theta_2\\ \sin\theta_2 & \cos\theta_2 & 0 & l_2\sin\theta_2\\ 0 & 0 & 1 & 0\\ 0 & 0 & 0 & 1\end{bmatrix} \tag{2-6}
$$

同理可得

$$
{}_3^2\boldsymbol{T}=\begin{bmatrix}\cos\theta_3 & -\sin\theta_3 & 0 & l_3\cos\theta_3\\ \sin\theta_3 & \cos\theta_3 & 0 & l_3\sin\theta_3\\ 0 & 0 & 1 & 0\\ 0 & 0 & 0 & 1\end{bmatrix} \tag{2-7}
$$

根据正运动学计算公式计算可得

$$
{}_3^0\boldsymbol{T}={}_1^0\boldsymbol{T}\,{}_2^1\boldsymbol{T}\,{}_3^2\boldsymbol{T} \tag{2-8}
$$

将各式代入即可得到

$$
{}_3^0\boldsymbol{T}=\begin{bmatrix}\cos\theta_{123} & -\sin\theta_{123} & 0 & l_1\cos\theta_1+l_2\cos\theta_{12}+l_3\cos\theta_{123}\\ \sin\theta_{123} & \cos\theta_{123} & 0 & l_1\cos\theta_1+l_2\cos\theta_{12}+l_3\cos\theta_{123}\\ 0 & 0 & 1 & 0\\ 0 & 0 & 0 & 1\end{bmatrix} \tag{2-9}
$$

其中，$\theta_{123}=\theta_1+\theta_2+\theta_3$，$\theta_{12}=\theta_1+\theta_2$。

在实际控制中，除了需要正运动学外，还需要利用运动学逆解从指定的末端位姿解算关节位移。常用的方法包括解析法和数值法。解析法能给出逆运动学模型的解析式，用于控制时，解析法具有计算效率高的优点，但是，并不是所有的串联机器人都有解析解。数值法是一种数值迭代方法，它并不给出逆运动学模型的解析式，而是针对给定的末端位姿计算关节位移的数值解。数值法通用性强，但是在实时控制中却计算效率较低。因此，应尽量利用解析法建立机器人逆运动学模型。

（1）解析法　对于一个六自由度机器人，只有当它的三个相邻轴交于一点或者相互平行时，该机器人的逆运动学才有解析解。这也是多数工业机器人腕部三个旋转自由度轴线交于一点的原因。对于简单的串联机器人，例如平面 2R 机器人，可以根据运动学模型的位姿向量表达式，利用消元法获得关节表达式。

对于更复杂的串联机器人，则常用 Paul 反变换法求解，这里简要介绍其基本原理。对于一般的串联机器人的运动模型：

$$ {}^{0}_{1}\boldsymbol{T}(\theta_1){}^{1}_{2}\boldsymbol{T}(\theta_2)\cdots{}^{n-1}_{n}\boldsymbol{T}(\theta_n)={}^{0}_{n}\boldsymbol{T} \tag{2-10} $$

第 n 个连杆的齐次坐标矩阵各元素为已知量：

$$ {}^{0}_{n}\boldsymbol{T}=\begin{bmatrix} n_x & o_x & a_x & p_x \\ n_y & o_y & a_y & p_y \\ n_z & o_z & a_z & p_z \\ 0 & 0 & 0 & 1 \end{bmatrix} \tag{2-11} $$

为了求解 θ_1，在式（2-10）两边同时乘以 ${}^{0}_{1}\boldsymbol{T}(\theta_1)^{-1}$，可得

$$ {}^{1}_{2}\boldsymbol{T}(\theta_2)\cdots{}^{n-1}_{n}\boldsymbol{T}(\theta_n)={}^{0}_{1}\boldsymbol{T}(\theta_1)^{-1}\,{}^{0}_{n}\boldsymbol{T} \tag{2-12} $$

在式（2-12）的右侧只有 θ_1 是未知量，将式（2-12）两侧的矩阵都表达出来，可以得到对应的 12 个等式，找到只含 θ_1 的等式即可求得 θ_1。不断重复便可以求解出所有变量。

（2）数值法　将目标位置和姿态的误差定义为向量函数 $\boldsymbol{E}(\boldsymbol{\Theta})$：

$$ \boldsymbol{E}(\boldsymbol{\Theta})={}^{0}_{n}\boldsymbol{T}-{}^{0}_{n}\boldsymbol{T}_{\text{target}},\boldsymbol{\Theta}=\begin{bmatrix} \theta_1 \\ \theta_2 \\ \vdots \\ \theta_n \end{bmatrix} \tag{2-13} $$

其中 $\boldsymbol{E}(\boldsymbol{\Theta})$ 包含了 $2n$ 个非线性方程，将误差函数化作向量形式：

$$ \boldsymbol{f}(\boldsymbol{\Theta})=\begin{bmatrix} f_1 \\ f_2 \\ \vdots \\ f_{2n} \end{bmatrix} \tag{2-14} $$

机器人运动到目标位置意味着 $\boldsymbol{f}(\boldsymbol{\Theta})$ 的模最小，因此利用 $\boldsymbol{f}(\boldsymbol{\Theta})$ 建立目标函数：

$$ \boldsymbol{F}(\boldsymbol{\Theta})=\frac{1}{2}\boldsymbol{f}^{\mathrm{T}}(\boldsymbol{\Theta})\boldsymbol{f}(\boldsymbol{\Theta}) \tag{2-15} $$

这样即可将机器人运动学求逆问题转换为求 $\boldsymbol{F}(\boldsymbol{\Theta})$ 最小值问题，考虑用牛顿迭代法，将 $\boldsymbol{F}(\boldsymbol{\Theta})$ 一阶泰勒展开：

$$ \boldsymbol{F}(\boldsymbol{\Theta}+\boldsymbol{h})\approx\boldsymbol{F}(\boldsymbol{\Theta})+(\nabla\boldsymbol{F}(\boldsymbol{\Theta}))^{\mathrm{T}}\boldsymbol{h} \tag{2-16} $$

其中，$\nabla\boldsymbol{F}(\boldsymbol{\Theta})$ 可以写成

$$ \nabla\boldsymbol{F}(\boldsymbol{\Theta})=\frac{1}{2}\frac{\partial(\boldsymbol{f}^{\mathrm{T}}(\boldsymbol{\Theta})\cdot\boldsymbol{f}(\boldsymbol{\Theta}))}{\partial\boldsymbol{\Theta}}=\boldsymbol{J}_f^{\mathrm{T}}(\boldsymbol{\Theta})\boldsymbol{f}(\boldsymbol{\Theta}) \tag{2-17} $$

其中，$\boldsymbol{J}_f^{\mathrm{T}}(\boldsymbol{\Theta})$ 为 $\boldsymbol{f}(\boldsymbol{\Theta})$ 的雅可比矩阵，即

$$
\boldsymbol{J}_f^{\mathrm{T}}(\boldsymbol{\Theta})=\begin{bmatrix}\dfrac{\partial f_1}{\partial\theta_1} & \dfrac{\partial f_1}{\partial\theta_2} & \cdots & \dfrac{\partial f_1}{\partial\theta_n}\\ \dfrac{\partial f_2}{\partial\theta_1} & \dfrac{\partial f_2}{\partial\theta_2} & \cdots & \dfrac{\partial f_2}{\partial\theta_n}\\ \vdots & \vdots & & \vdots\\ \dfrac{\partial f_{2n}}{\partial\theta_1} & \dfrac{\partial f_{2n}}{\partial\theta_2} & \cdots & \dfrac{\partial f_{2n}}{\partial\theta_n}\end{bmatrix} \tag{2-18}
$$

可得机器人的逆运动学反解的数值迭代式为

$$
\boldsymbol{\Theta}_{k+1}=\boldsymbol{\Theta}_k-\alpha\nabla \boldsymbol{F}(\boldsymbol{\Theta}_k) \tag{2-19}
$$

式中，α 为步长；k 为迭代步数。

只需设置初始角度 $\boldsymbol{\Theta}_{\mathrm{O}}$、迭代次数、步长以及目标角度 $\boldsymbol{\Theta}_{\mathrm{target}}$，利用迭代法即可得到数值结果。

2.1.3　移动机器人运动学

对于移动机器人位姿计算，由于标准轮的轴线方向（非完整约束方向）随机器人位姿变化而不断变化会导致机器人最终位姿对主动轮的动作顺序敏感，例如对于差动机器人，考虑不同的旋转顺序最终位姿会不相同。

如图 2-7 所示，对于轮式机器人的全局坐标可以用 x,y,θ 来表示，θ 为机器人中轴线相对于 x 轴的夹角。由于存在非完整约束，会导致无法直接根据轮转角得到移动机器人的全局坐标，即不存在

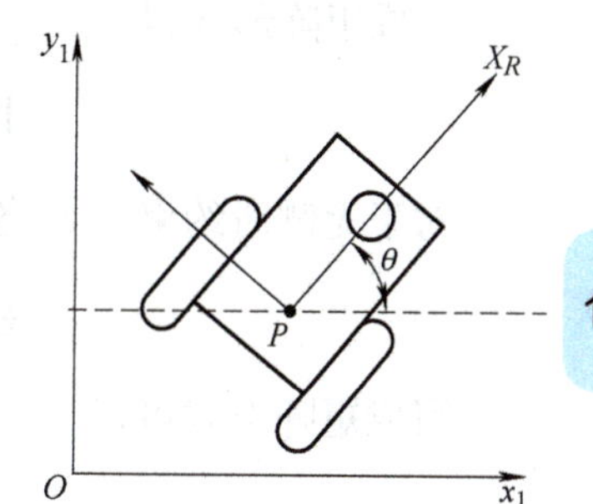

图 2-7　全局坐标定位

$$
\begin{bmatrix}x\\ y\\ \theta\end{bmatrix}=\boldsymbol{f}(\varphi_1,\cdots,\varphi_n,\beta_1,\cdots,\beta_m) \tag{2-20}
$$

式中，φ_i 为主动轮转角；β_i 为可转向轮转向角。

轮式机器人的运动学是机器人速度向量和驱动轮速度向量之间的关系：

$$
\dot{\boldsymbol{\xi}}=\begin{bmatrix}\dot{x}\\ \dot{y}\\ \dot{\theta}\end{bmatrix}=\boldsymbol{f}(\dot{\varphi}_1,\cdots,\dot{\varphi}_n,\dot{\beta}_1,\cdots,\dot{\beta}_m) \tag{2-21}
$$

机器人的位姿只能通过对速度向量 $\dot{\boldsymbol{\xi}}$ 的积分来获得。这种分析方法只适用于简单布局，在复杂布局下，难以直观看出轮转速与机器人底盘速度的关系，难以观察出不可行的运动方向，以及非完整性约束方程

如果要得到轮式机器人的通用运动学模型，可以根据每种轮与地面的不同约束关系来表征，包括纯滚动约束和无侧滑约束两种。纯滚动约束决定了轮转速与底盘速度的关系；

无侧滑约束底盘速度沿轮轴方向的投影之和为零，决定了底盘速度各分量在无侧滑约束下的相对关系。

通过列出每个轮的约束方程即可得到约束条件下通用的运动学模型。下面介绍常见类型轮的约束模型。

1. 固定标准轮的约束模型

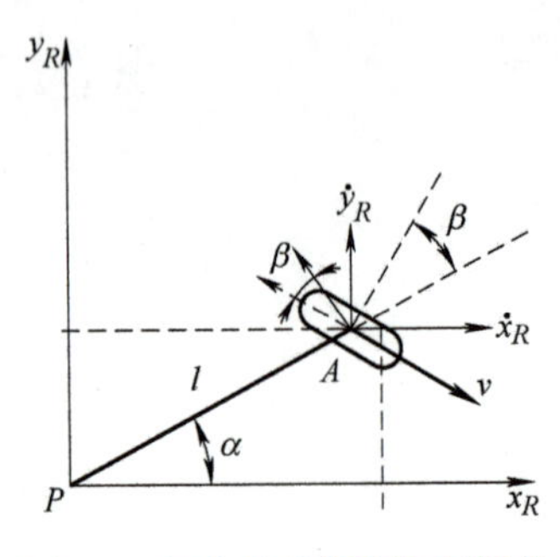

图 2-8 固定标准轮的约束模型

如图 2-8 所示，对于其纯滚动约束，在机器人坐标系中，$\dot{\xi}_R$ 各速度分量在滚动方向的投影之和等于轮轴线速度 v。其中

$$\begin{cases}\dot{x}=\dot{x}_R\sin(\alpha+\beta)\\ \dot{y}=-\dot{y}_R\cos(\alpha+\beta)\\ \dot{\theta}=-\dot{\theta}l\cos\beta\end{cases} \tag{2-22}$$

则将各部分求和可得

$$r\dot{\varphi}=\dot{x}=\dot{x}_R\sin(\alpha+\beta)-\dot{y}_R\cos(\alpha+\beta)-\dot{\theta}l\cos\beta \tag{2-23}$$

写成矩阵形式得

$$[\sin(\alpha+\beta),-\cos(\alpha+\beta),-l\cos\beta]\dot{\xi}_R=r\dot{\varphi} \tag{2-24}$$

对于无侧滑约束，$\dot{\xi}_R$ 各速度分量在轮轴方向的投影之和为零：

$$\dot{x}_R\cos(\alpha+\beta)+\dot{y}_R\sin(\alpha+\beta)+\dot{\theta}l\sin\beta=0 \tag{2-25}$$

写成矩阵形式可得

$$[\cos(\alpha+\beta),\sin(\alpha+\beta),l\sin\beta]\dot{\xi}_R=0 \tag{2-26}$$

2. 可转向标准轮的约束模型（见图 2-9）

纯滚动约束：

$$[\sin(\alpha+\beta(t)),-\cos(\alpha+\beta(t)),-l\cos\beta(t)]\dot{\xi}_R=r\dot{\varphi} \tag{2-27}$$

无侧滑约束：

$$[\cos(\alpha+\beta(t)),\sin(\alpha+\beta(t)),l\sin\beta(t)\ ]\ \dot{\xi}_R=0 \tag{2-28}$$

3. 万向轮的约束模型（见图 2-10）

纯滚动约束：

$$[\sin(\alpha+\beta(t)),-\cos(\alpha+\beta(t)),-l\cos\beta(t)\ ]\ \dot{\xi}_R=r\dot{\varphi} \tag{2-29}$$

无侧滑约束：

$$[\cos(\alpha+\beta(t)),\sin(\alpha+\beta(t)),d+l\sin\beta(t)]\dot{\xi}_R+d\dot{\beta}=0 \tag{2-30}$$

对于包含 N 个标准轮的机器人，每个车轮对机器人施加零个或多个无侧滑约束，确定了不可行方向，把所有的无侧滑约束方程以及主动轮的纯滚动约束方程以矩阵形式排列即可得到轮式机器人的运动学模型。

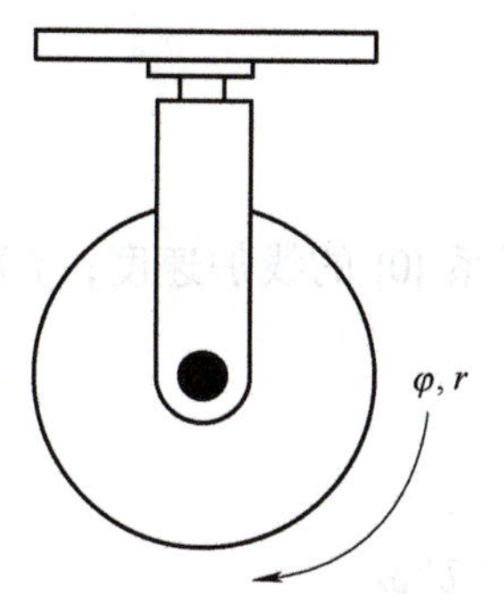

图 2-9　可转向标准轮的约束模型

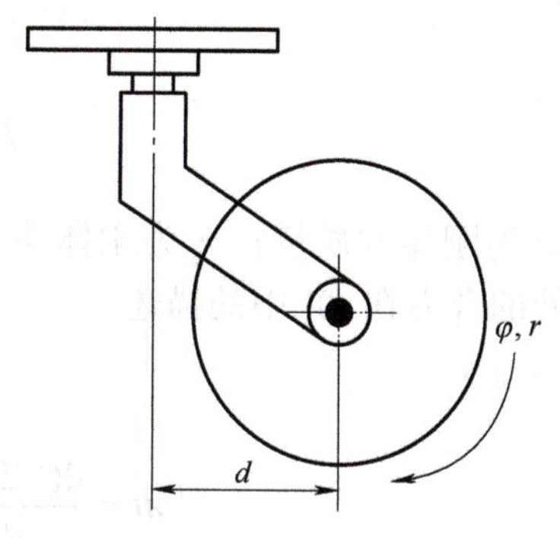

图 2-10　万向轮的约束模型

下面以差动驱动移动机器人为例解释如何建立运动学模型，如图 2-7 所示，机器人包含两个驱动轮和一个随动轮，假设两驱动轮半径相同均为 r，随动轮对机器人没有运动约束，所以不在考虑范围内。

标准轮的约束方程如式（2-24）、式（2-26），分析机器人左右轮：左轮 $\alpha=-\pi/2$，$\beta=\pi$，右轮 $\alpha=\pi/2$，$\beta=0$，代入约束方程可得

$$\begin{bmatrix} \boldsymbol{J}_{1f} \\ \boldsymbol{C}_f \end{bmatrix} \dot{\xi}_R = \begin{bmatrix} \boldsymbol{J}_2 \dot{\boldsymbol{\varphi}} \\ 0 \end{bmatrix} \tag{2-31}$$

其中：

$$\boldsymbol{J}_{1f} = \begin{bmatrix} 1 & 0 & l \\ 1 & 0 & -l \end{bmatrix},\ \boldsymbol{C}_f = \begin{bmatrix} 0 & 1 & 0 \\ 0 & 1 & 0 \end{bmatrix},\ \boldsymbol{J}_2 = \begin{bmatrix} r & 0 \\ 0 & r \end{bmatrix} \tag{2-32}$$

则式（2-31）即为差动轮小车的运动学模型。

2.2　动力学

2.2.1　牛顿欧拉动力学模型

机械臂是由关节和连杆组成的。关节能够对它所连接的连杆在特定方向施力；连杆则是有质量、有大小（所以惯性张量不可忽略）、不会变形的刚体。由此可见，机械臂动力学的实质就是刚体动力学。

机器人操作臂的连杆都可以视为刚体。达朗贝尔原理将刚体静力平衡条件推广到动力学问题，既考虑外加驱动力又考虑物体加速度产生的惯性力，简述如下：“对于任何物体，外加力和运动阻力（惯性力）在任何方向上的代数和均为零。”令惯性坐标系 {0} 的原点为刚体的质心，则达朗贝尔原理归结为：线动量和角动量的导数分别等于外力和外力矩。

由理论力学知识可知，一般刚体运动可以分解为随质心的平动与绕质心的转动。其

中，随质心平动的动力学特性可通过牛顿方程来描述，绕质心转动的动力学特性可通过欧拉方程来表达，简称为牛顿－欧拉方程。

1. 牛顿方程

$$f=\frac{\mathrm{d}(mv_{\mathrm{c}})}{\mathrm{d}t}=m\dot{v}_{\mathrm{c}} \tag{2-33}$$

式中，m 为刚体的质量；$\dot{v}_{\mathrm{c}}$ 为刚体质心相对于惯性坐标系 {0} 的线加速度；f 为作用在刚体质心处的合力在 {0} 中的描述。

2. 欧拉方程

$${}^{C}\boldsymbol{m}=\frac{\mathrm{d}({}^{C}\mathcal{I}{}^{C}\boldsymbol{\omega})}{\mathrm{d}t}={}^{C}\mathcal{I}{}^{C}\dot{\boldsymbol{\omega}}+{}^{C}\boldsymbol{\omega}\times{}^{C}\mathcal{I}{}^{C}\boldsymbol{\omega} \tag{2-34}$$

式中，${}^{C}\mathcal{I}$ 为定义在质心坐标系 {C} 的刚体惯性张量；${}^{C}\boldsymbol{\omega}$ 与 ${}^{C}\dot{\boldsymbol{\omega}}$ 分别为刚体相对于 {0} 的角速度和角加速度在 {C} 中的表示；${}^{C}\boldsymbol{m}$ 为作用在刚体上的合力矩在 {C} 中的表示（见图 2-11）。

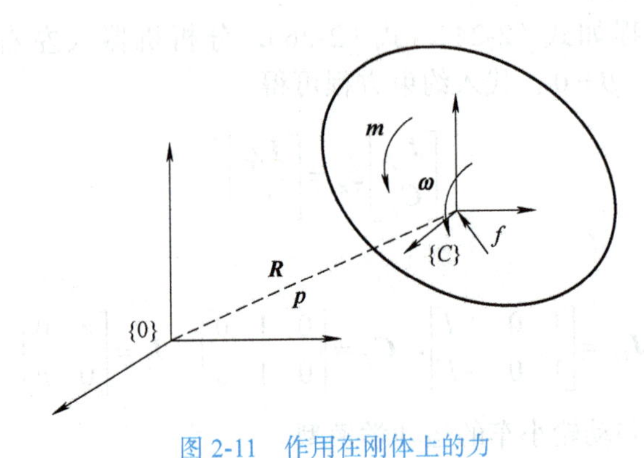

图 2-11　作用在刚体上的力

把式（2-34）变换到惯性坐标系 {0} 中

$${}^{0}\boldsymbol{m}={}_{C}^{0}\boldsymbol{R}{}^{C}\mathcal{I}{}_{C}^{0}\boldsymbol{R}^{\mathrm{T}0}\dot{\boldsymbol{\omega}}+{}^{0}\boldsymbol{\omega}\times({}_{C}^{0}\boldsymbol{R}{}^{C}\mathcal{I}{}_{C}^{0}\boldsymbol{R}^{\mathrm{T}}){}^{0}\boldsymbol{\omega} \tag{2-35}$$

化简后可得

$$\boldsymbol{m}=\mathcal{I}\dot{\boldsymbol{\omega}}+\boldsymbol{\omega}\times(\mathcal{I}\boldsymbol{\omega}) \tag{2-36}$$

式（2-36）中省略了表示惯性坐标系左上标。

利用牛顿－欧拉方程可以递推性地建立机器人各连杆的动力学方程，进而建立整个机器人系统的动力学方程。

为此，需要根据关节速度，从基座向末端“外向”递推，逐次计算机器人各连杆的质心线速度和线加速度、连杆的角速度和角加速度。同时，还需要根据外界接触力和各连杆质心加速度，从末端向基座“内向”递推，逐次计算各连杆关节上的力和力矩，其中包含了关节驱动力和力矩。

3. 典型机器人动力学的标准形式

如果再考虑关节线性阻尼力和末端接触力，任何机器人的动力学方程都可以写成如下标准形式

$$\boldsymbol{M}(\boldsymbol{q})\ddot{\boldsymbol{q}}+\boldsymbol{V}(\boldsymbol{q},\dot{\boldsymbol{q}})\dot{\boldsymbol{q}}+\boldsymbol{B}\dot{\boldsymbol{q}}+\boldsymbol{G}(\boldsymbol{q})+\boldsymbol{J}^{\mathrm{T}}\boldsymbol{F}_e=\boldsymbol{\tau} \tag{2-37}$$

式中，$\boldsymbol{q}$ 为 $n\times1$ 关节位移向量；$\boldsymbol{M}(\boldsymbol{q})$ 为 $n\times n$ 关节空间广义质量矩阵，它与机器人构型相关；$\boldsymbol{V}(\boldsymbol{q},\dot{\boldsymbol{q}})$ 为 $n\times n$ 关节空间科氏力和离心力耦合系数矩阵，它与机器人构型和速度相关；$\boldsymbol{B}$ 为关节空间黏滞阻尼系数矩阵，可近似为 $n\times n$ 常值对角阵；$\boldsymbol{G}(\boldsymbol{q})$ 为抵抗重力的 $n\times1$ 关节力向量，与机器人构型相关；$\boldsymbol{F}_e$ 为机器人作用于环境的 6×1 接触力向量，定义在操作空间；$\boldsymbol{J}$ 为机器人的 $6\times n$ 速度雅可比矩阵；$\boldsymbol{\tau}$ 为 $n\times1$ 关节力向量。

因为式（2-37）中的状态变量均在关节空间表达，所以，它被称为关节空间动力学方程。

4. 牛顿 – 欧拉法小结

牛顿 – 欧拉法是最开始使用的动力学建模分析方法，由于牛顿方程描述了平移刚体所受的外力、质量和质心加速度之间的关系，而欧拉方程描述了旋转刚体所受外力矩、角加速度、角速度和惯性张量之间的关系，因此可以使用牛顿 – 欧拉方程描述刚体的力、惯量和加速度之间的关系，建立刚体的动力学方程。

牛顿方程（刚体平移）：外力、质量、质心加速度。

欧拉方程（刚体旋转）：力矩、角加速度、角速度、惯性张量。

此方法分析了系统中每个刚体的受力情况，因此物理意义明确，表达了系统完整的受力关系。刚体数目较少时，计算量较小，但是随着刚体数目的增多，方程数目会增加，导致计算量较大，从而使得计算效率变低。

关于牛顿 – 欧拉法的总结具体如下：

1）牛顿 – 欧拉方程中，牛顿方程主要用于解决刚体的平动问题，欧拉方程主要用于解决刚体的转动问题。

2）任何刚体的任何运动均可以用平动以及转动合成，力的平移会产生转矩，但力矩的平移可以直接进行。

3）刚体的受力分析可以集中到一个点。

4）多体系统的牛顿 – 欧拉方程建模只是动力学的建模算法之一。

5）目前建立的牛顿 – 欧拉方程仅仅是多刚体系统在自由运动空间的动力学方程，且可以在静力分析时引入外部作用力和力矩，但是多刚体的接触情况需要单独考虑，因为多刚体的接触是很复杂的情况，涉及情况较多。

6）多刚体动力学分析相对单刚体动力学需要引入多刚体的运动学分析，运动学分析需要求解刚体的线速度以及角速度，进而求解出刚体的线加速度以及角加速度。

2.2.2　拉格朗日动力学模型

拉格朗日方程是另一种经典的动力学建模方法，牛顿 – 欧拉方程可以被认为是一种解决动力学问题的力平衡方法，而拉格朗日方程则是采用另外一种思路，它以系统的能量为

基础来建立动力学模型。

在建模过程中不同于牛顿–欧拉方法，它可以避免内部刚体之间出现的作用力，简化了建模过程。缺点是其物理意义不明确，而且对于复杂系统，拉格朗日函数的微分运算将变得十分烦琐。

对于任何机械系统，拉格朗日函数L定义为系统的动能T和势能U之差：

$$L = T - U \tag{2-38}$$

系统的动能和势能可用任意的坐标系来表示，不限于笛卡儿坐标，例如广义坐标q_i。

系统的动力学方程（称为第二类拉格朗日方程）为

$$\tau_i = \frac{\mathrm{d}}{\mathrm{d}t}\frac{\partial L}{\partial \dot{q}_i} - \frac{\partial L}{\partial q_i} (i = 1, 2, \cdots, n) \tag{2-39}$$

式中，q_i是动能和势能的广义坐标；$\dot{q}_i$为相应的广义速度；τ_i称为广义力，如果q_i是直线坐标，则相应的τ_i是力，反之，如果q_i是角度坐标，则相应的τ_i是力矩。

由于势能U不显含$\dot{q}_i$，因此，动力学方程式（2-39）也可以写成

$$\tau_i = \frac{\mathrm{d}}{\mathrm{d}t}\frac{\partial T}{\partial \dot{q}_i} - \frac{\partial T}{\partial q_i} + \frac{\partial U}{\partial q_i} \quad (i = 1, 2, \cdots, n) \tag{2-40}$$

下面以图 2-12 所示 RP 机械手为例说明建立机器人动力学方程的方法。该机械手由两个关节组成，连杆 1 和连杆 2 的质量分别为m_1和m_2，质心位置如图所示，广义坐标为θ和r。

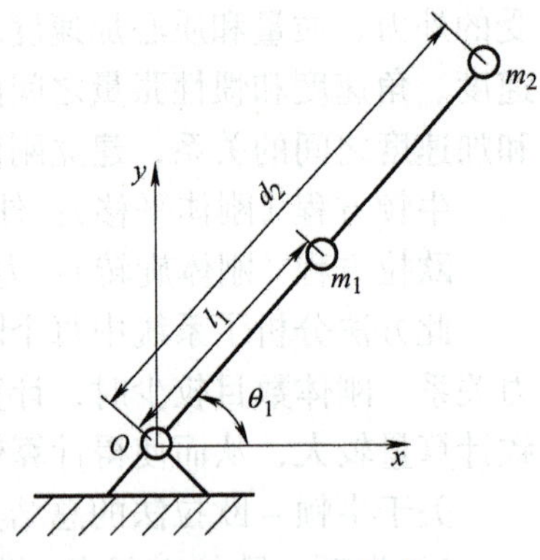

图 2-12　RP 机械手

图 2-13 所示为机器人动力学方程建立的流程。

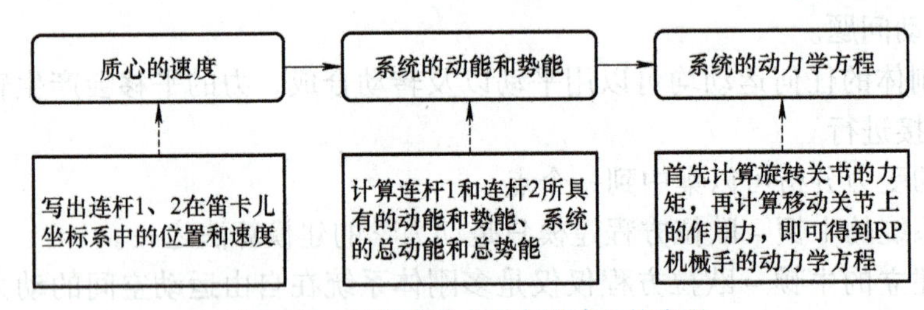

图 2-13　机器人动力学方程建立的流程

2.2.3　多连杆机械拉格朗日动力学模型

动力学分析是为了研究机器人应该以多大力进行驱动，虽然根据运动学方程与微分运动可以得到机器人的位置和速度，但机器人真正运动起来是由电动机或者驱动器的力大小决定的，所以进行动力学分析就是为了获得在所期望的速度和位置下，各个关节电动机产生的力的大小，即需要建立机器人的动力学方程。

利用拉格朗日方法推导多连杆操作臂动力学模型十分简便且具有规律性。从前面拉格朗

朗日动力学方程的建立可以看出，机器人动力学方程的建立可分五步进行：首先，计算连杆各点速度；其次，计算系统的动能；再次，计算系统的势能；然后构造拉格朗日函数；最后，推导动力学方程。

1. 连杆各点速度

连杆 i 上的一点对坐标系 $\{i\}$ 和基坐标系 $\{0\}$ 的齐次坐标分别为 ${}^{i}\boldsymbol{r}$ 和 $\boldsymbol{r}$，则由图 2-14 可见

$$\boldsymbol{r} = {}_{i}^{0}\boldsymbol{T}\,{}^{i}\boldsymbol{r} \tag{2-41}$$

于是，该点的速度为

$$\dot{\boldsymbol{r}} = \frac{\mathrm{d}\boldsymbol{r}}{\mathrm{d}t} = \left(\sum_{j=1}^{i} \frac{\partial({}_{i}^{0}\boldsymbol{T})}{\partial q_j}\dot{q}_j\right){}^{i}\boldsymbol{r} \tag{2-42}$$

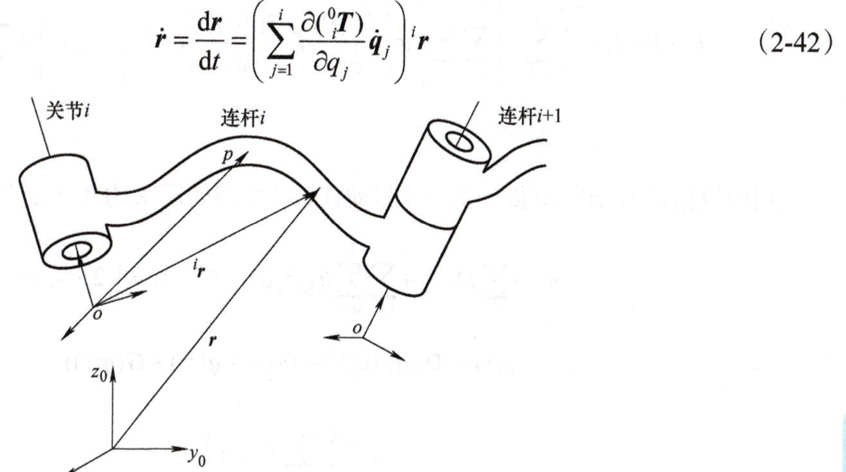

图 2-14　点的坐标变换

2. 系统的动能

操作臂（n 个连杆）的总动能为

$$T = \sum_{i=1}^{n} T_i = \frac{1}{2}\sum_{i=1}^{n} \mathrm{tr}\left[\sum_{j=1}^{i}\sum_{k=1}^{j} \frac{\partial({}_{i}^{0}\boldsymbol{T})}{\partial q_j}\bar{\boldsymbol{I}}_i \frac{\partial({}_{i}^{0}\boldsymbol{T})^{\mathrm{T}}}{\partial q_k}\dot{q}_i\dot{q}_k\right] \tag{2-43}$$

除了操作臂的各个连杆的动能之外，驱动各连杆运动的传动机构的动能也不能忽视，各关节的传动机构的动能可表示成传动机构的等效惯量以及相应的关节速度的函数：

$$T_i = \frac{1}{2} I_{ai}\dot{q}_i^{2} \tag{2-44}$$

式中，I_{ai} 是广义等效惯量，对于移动关节，I_{ai} 是等效质量；对于旋转关节，I_{ai} 是等效惯性矩。

把求迹运算与求和运算交换次序，再加上传动机构的动能，最后得到操作臂结构系统的动能，即

$$T = \frac{1}{2}\sum_{i=1}^{n}\left[\sum_{j=1}^{i}\sum_{k=1}^{i} \mathrm{tr}\left(\frac{\partial({}_{i}^{0}\boldsymbol{T})}{\partial q_j}\bar{\boldsymbol{I}}_i \frac{\partial({}_{i}^{0}\boldsymbol{T})^{\mathrm{T}}}{\partial q_k}\dot{q}_j\dot{q}_k\right) + I_{ai}\dot{q}_i^{2}\right] \tag{2-45}$$

3. 系统的势能

操作臂的总势能为

$$U=-\sum_{i=1}^{n}m_i g_i^0 \boldsymbol{T}^i p_{ci} \tag{2-46}$$

4. 拉格朗日函数

根据系统的动能 T 的表达式（2-45）和势能 U 的表达式（2-46），便可得到拉格朗日函数：

$$L=T-U=\frac{1}{2}\sum_{i=1}^{n}\left\{\sum_{j=1}^{i}\sum_{k=1}^{i}\left[\operatorname{tr}\left(\frac{\partial({}_i^0\boldsymbol{T})}{\partial q_j}\bar{\boldsymbol{I}}_i\frac{\partial({}_i^0\boldsymbol{T})^{\mathrm{T}}}{\partial q_k}\right)\dot{q}_j\dot{q}_k\right]+I_{ai}\dot{q}_i^2\right\}+\sum_{i=1}^{n}m_i g_i^0\boldsymbol{T}^i p_{ci} \tag{2-47}$$

5. 操作臂的动力学方程

利用拉格朗日函数可得到关节 i 驱动连杆 i 所需的广义力矩 $\boldsymbol{\tau}_i$，即

$$\boldsymbol{\tau}_i=\sum_{k=1}^{n}D_{ik}\ddot{q}_k+\sum_{k=1}^{n}\sum_{m=1}^{n}h_{ikm}\dot{q}_k\dot{q}_m+G_i \quad (i=1,2,\cdots,n) \tag{2-48}$$

$$\boldsymbol{\tau}(t)=\boldsymbol{D}(\boldsymbol{q}(t))\ddot{\boldsymbol{q}}(t)+\boldsymbol{h}(\boldsymbol{q}(t),\dot{\boldsymbol{q}}(t))+\boldsymbol{G}(\boldsymbol{q}(t)) \tag{2-49}$$

$$h_i=\sum_{k=1}^{n}\sum_{m=1}^{n}h_{ikm}\dot{q}_k\dot{q}_m \tag{2-50}$$

$$G_i=\sum_{j=i}^{n}\left(-m_j g\frac{\partial({}_j^0\boldsymbol{T})_j}{\partial q_i}p_{cj}\right) \tag{2-51}$$

系数 D_{ik}、h_{ikm} 和 G_i 是关节变量和连杆惯性参数的函数，有时称为操作臂的动力学系数。其物理意义如下：

1）系数 G_i 是连杆 i 的重力项。

2）系数 D_{ik} 与关节（变量）加速度有关。当 $i=k$ 时，D_{ii} 与驱动力矩 τ_i 产生的关节 i 的加速度有关，称为有效惯量；当 $i\neq k$ 时，D_{ik} 与关节 k 的加速度引起的关节 i 上的反作用力矩（力）有关，称为耦合惯量。由于惯性矩阵是对称的，又因对于任意矩阵 $\boldsymbol{A}$，有 $\mathrm{tr}\boldsymbol{A}=\mathrm{tr}\boldsymbol{A}^{\mathrm{T}}$，可证明 $D_{ik}=D_{ki}$。

3）h_{ikm} 与关节速度有关，下标 k,m 表示该项与关节速度 $\dot{q}_k,\dot{q}_m$ 有关，下标 i 表示感受动力的关节编号。当 $k=m$ 时，h_{ikm} 表示关节 i 所感受的关节 k 的角速度引起的离心力的有关项；当 $k\neq m$ 时，h_{ikm} 表示关节 i 感受到的 $\dot{q}_k$ 和 $\dot{q}_m$ 引起的科氏力有关项。可以看出，对于给定的 i，有 $h_{ikm}=h_{imk}$。

这些系数有些可能为零。其原因如下：

1）操作臂的特殊运动学设计可消除某些关节之间的动力耦合（系数 D 和 h）。

2）某些与速度有关的动力学系数实际上是不存在的，例如 h 通常为 0（但是 h 也可能不为 0）。

3）机器人处于某些位姿时，有些系数可能变为零。

由式（2-48）～式（2-51）表示的操作臂动力学方程是多关节相互耦合的、非线性二阶常微分方程。其中包含惯性力、科氏力和离心力以及重力的影响。对于给定的作用力矩（表示为时间的函数）$\tau_i=\tau_i(t)(i=1,2,\cdots,n)$，原则上可以积分求出相应的关节运动 $\boldsymbol{q}(t)$，再由相应的齐次变换矩阵，求机器人的运动学正解，得出手部运动规律 $\boldsymbol{X}(t)$（手部轨迹）。反之，如果预先由轨迹规划程序求得关节变量、关节速度和关节加速度作为时间的函数，那么，利用式（2-48）和式（2-49）就可以计算出相应的关节力矩函数 $\boldsymbol{\tau}(t)$，从而构成计算力矩控制系统。拉格朗日动力学方程式（2-49）还可以用来实现闭环控制，因为这种状态方程的结构便于设计补偿所有非线性因素的控制规律。在设计反馈控制器时，采用动力学系数可使反作用力的非线性影响最小。

2.2.4　非完整约束机器人动力学模型

1. 非完整约束动力学建模

一般情况下，非完整约束移动机器人的动力学模型可由如下方程组描述：

$$\boldsymbol{M}(\boldsymbol{q})\ddot{\boldsymbol{q}}+\boldsymbol{C}(\boldsymbol{q},\dot{\boldsymbol{q}})\dot{\boldsymbol{q}}+\boldsymbol{F}(\dot{\boldsymbol{q}})+\boldsymbol{G}(\boldsymbol{q})+\boldsymbol{\tau}_d=\boldsymbol{B}(\boldsymbol{q})\boldsymbol{\tau}+\boldsymbol{A}^{\mathrm{T}}(\boldsymbol{q})\boldsymbol{\lambda} \tag{2-52}$$

$$\boldsymbol{A}^{\mathrm{T}}(\boldsymbol{q})\boldsymbol{\lambda}=\boldsymbol{0} \tag{2-53}$$

式中，$\boldsymbol{q}\in\mathbb{R}^{n\times1}$，为 n 维广义坐标；$\boldsymbol{M}(\boldsymbol{q})\in\mathbb{R}^{n\times n}$，为对称正定的系统惯性矩阵；$\boldsymbol{C}(\boldsymbol{q},\dot{\boldsymbol{q}})\in\mathbb{R}^{n\times n}$，为与位置和速度有关的向心力与科氏力矩阵；$\boldsymbol{F}(\dot{\boldsymbol{q}}),\boldsymbol{G}(\boldsymbol{q})\in\mathbb{R}^{n\times1}$，分别为摩擦力项和重力项；$\boldsymbol{\tau}_d\in\mathbb{R}^{n\times1}$，为未知扰动；$\boldsymbol{\tau}\in\mathbb{R}^{r\times1}$，为输入矢量；$\boldsymbol{B}(\boldsymbol{q})\in\mathbb{R}^{n\times r}$，为输入变换矩阵；$\boldsymbol{\lambda}\in\mathbb{R}^{m\times1}$，为约束力矢量；$\boldsymbol{A}^{\mathrm{T}}(\boldsymbol{q})\in\mathbb{R}^{m\times n}$，为非完整约束矩阵。

对于平面轮式移动机器人，势能保持不变，故重力项 $G(q)=0$，则有

$$\boldsymbol{M}(\boldsymbol{q})\ddot{\boldsymbol{q}}+\boldsymbol{C}(\boldsymbol{q},\dot{\boldsymbol{q}})\dot{\boldsymbol{q}}+\boldsymbol{F}(\dot{\boldsymbol{q}})+\boldsymbol{\tau}_d=\boldsymbol{B}(\boldsymbol{q})\boldsymbol{\tau}+\boldsymbol{A}^{\mathrm{T}}(\boldsymbol{q})\boldsymbol{\lambda} \tag{2-54}$$

由式（2-53）和式（2-54），存在 $n-m$ 维的速度矢量 $\boldsymbol{V}(t)=[v_1,v_2,\cdots,v_{n-m}]^{\mathrm{T}}$，使得

$$\dot{\boldsymbol{q}}=\boldsymbol{S}(q)\boldsymbol{V}(t) \tag{2-55}$$

所有允许的速度都包含在约束矩阵 $\boldsymbol{A}^{\mathrm{T}}(\boldsymbol{q})$ 的零空间内。

对式（2-55）求导得

$$\ddot{\boldsymbol{q}}=\dot{\boldsymbol{S}}\boldsymbol{V}+\boldsymbol{S}\dot{\boldsymbol{V}} \tag{2-56}$$

将式（2-56）代入式（2-54）得

$$\boldsymbol{M}(\dot{\boldsymbol{S}}\boldsymbol{V}+\boldsymbol{S}\dot{\boldsymbol{V}})+\boldsymbol{C}(\boldsymbol{S}\boldsymbol{V})+\boldsymbol{F}+\boldsymbol{\tau}_{\mathrm{d}}=\boldsymbol{B}\boldsymbol{\tau}+\boldsymbol{A}^{\mathrm{T}}\boldsymbol{\lambda} \tag{2-57}$$

为消去约束项$\boldsymbol{A}^{\mathrm{T}}\boldsymbol{\lambda}$，将式（2-57）两边左乘$\boldsymbol{S}^{\mathrm{T}}$，得

$$\boldsymbol{S}^{\mathrm{T}}\boldsymbol{M}\boldsymbol{S}\dot{\boldsymbol{V}}+\boldsymbol{S}^{\mathrm{T}}(\boldsymbol{M}\dot{\boldsymbol{S}}+\boldsymbol{C}\boldsymbol{S})\boldsymbol{V}+\boldsymbol{S}^{\mathrm{T}}\boldsymbol{F}+\boldsymbol{S}^{\mathrm{T}}\boldsymbol{\tau}_{\mathrm{d}}=\boldsymbol{S}^{\mathrm{T}}\boldsymbol{B}\boldsymbol{\tau} \tag{2-58}$$

式（2-58）即为非完整约束机器人的动力学方程，可进一步简写成

$$\bar{\boldsymbol{M}}(\boldsymbol{q})\dot{\boldsymbol{V}}+\bar{\boldsymbol{C}}(\boldsymbol{q},\dot{\boldsymbol{q}})\boldsymbol{V}+\bar{\boldsymbol{F}}(\dot{\boldsymbol{q}})+\bar{\boldsymbol{\tau}}_{\mathrm{d}}=\bar{\boldsymbol{B}}(\boldsymbol{q})\boldsymbol{\tau} \tag{2-59}$$

式中，$\bar{\boldsymbol{M}}(\boldsymbol{q})=\boldsymbol{S}^{\mathrm{T}}\boldsymbol{M}\boldsymbol{S}\in\mathbb{R}^{(n-m)\times(n-m)}$，为对称正定的惯性矩阵；$\bar{\boldsymbol{F}}(\dot{\boldsymbol{q}})=\boldsymbol{S}^{\mathrm{T}}\boldsymbol{F}(\dot{\boldsymbol{q}})\in\mathbb{R}^{(n-m)\times 1}$，为新的摩擦矩阵；$\bar{\boldsymbol{C}}(\boldsymbol{q},\dot{\boldsymbol{q}})=\boldsymbol{S}^{\mathrm{T}}(\boldsymbol{M}\dot{\boldsymbol{S}}+\boldsymbol{C}\boldsymbol{S})\in\mathbb{R}^{(n-m)\times(n-m)}$，为新的向心力和科氏力矩阵；$\bar{\boldsymbol{B}}(\boldsymbol{q})=\boldsymbol{S}^{\mathrm{T}}\boldsymbol{B}(\boldsymbol{q})\in\mathbb{R}^{(n-m)\times r}$，为新的输入矩阵；$\bar{\boldsymbol{\tau}}_{\mathrm{d}}=\boldsymbol{S}^{\mathrm{T}}\boldsymbol{\tau}_{\mathrm{d}}\in\mathbb{R}^{(n-m)\times 1}$，为新的干扰矩阵；$\boldsymbol{V}$为（$n-m$）维广义速度矢量；$\boldsymbol{\tau}$是$r$维的输入力矩矢量。

对于差速驱动轮式移动机器人，有

$$\bar{\boldsymbol{M}}=\begin{bmatrix} m & 0 \\ 0 & I \end{bmatrix},\ \bar{\boldsymbol{B}}=\frac{1}{r}\begin{bmatrix} 1 & 1 \\ 2a & -2a \end{bmatrix},\ \bar{\boldsymbol{C}}=\begin{bmatrix} 0 & 0 \\ 0 & 0 \end{bmatrix},\ \boldsymbol{\tau}=\begin{bmatrix} \tau_r \\ \tau_l \end{bmatrix} \tag{2-60}$$

式中，m,I分别表示机器人的质量和转动惯量。

上述动力学模型是建立在车轮无横向和纵向滑动的前提下，对于存在横向和纵向滑动的差速驱动轮式移动机器人，其动力学建模这里不展开论述。

下面进一步介绍含驱动器模型的非完整移动机器人动力学建模问题。假设移动机器人由直流电动机驱动，并通过减速器与驱动轮相连，直流电动机简化模型如图 2-15 所示。

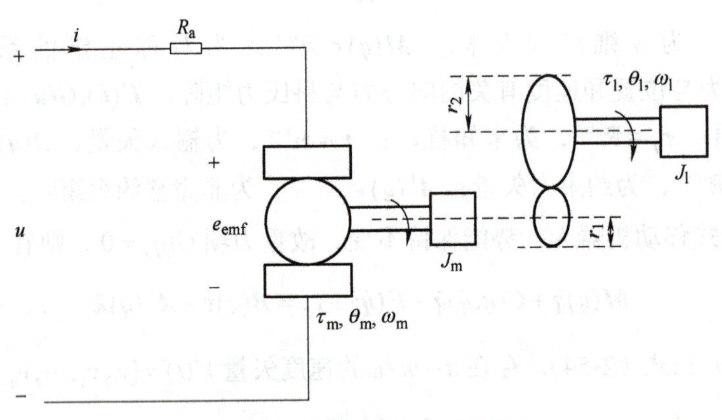

图 2-15　直流电动机简化模型

直流电动机简化模型中，u为输入电压；i为电动机电枢电流；R_{a}为电枢电阻；e_{emf}为反电动势；减速比$N=r_2/r_1$；τ_{m}，τ_l分别为电动机产生的转矩和作用在驱动轮上的力矩；θ_{m}，θ_l分别为电动机的转角和驱动轮的转角；ω_{m}，ω_l分别为电动机转子的角速度和驱动轮的角速度。且有

$$\tau_l=N\tau_{\mathrm{m}} \tag{2-61}$$

$$\omega_{\mathrm{l}} = \omega_{\mathrm{m}} / N \tag{2-62}$$

式（2-61）中，τ_{m} 与电动机电枢电流 i 成正比，即

$$\tau_{\mathrm{m}} = K_{\mathrm{T}} i \tag{2-63}$$

式中，K_{T} 为力矩常数。

反电动势 e_{emf} 与电动机的旋转速度成正比，有

$$e_{\mathrm{emf}} = K_{\mathrm{b}} \omega_{\mathrm{m}} \tag{2-64}$$

式中，K_{b} 为反电动势常数。如图 2-15 所示，应用基尔霍夫定律有

$$u = iR_{\mathrm{a}} + e_{\mathrm{emf}} \tag{2-65}$$

综合上述公式，可计算得到

$$\tau_{\mathrm{l}} = \frac{NK_{\mathrm{T}}}{R_{\mathrm{a}}} u - \frac{N^2 K_{\mathrm{T}}}{R_{\mathrm{a}}} K_{\mathrm{b}} \omega_{\mathrm{l}} \tag{2-66}$$

假设 $\boldsymbol{\omega}_{\mathrm{H}} = [\omega_{\mathrm{r}}, \omega_{\mathrm{l}}]^{\mathrm{T}}$ 表示轮速矢量，其中 ω_{r}，ω_{l} 分别表示右轮角速度和左轮角速度，则

$$\boldsymbol{\omega}_{\mathrm{H}} = \begin{bmatrix} 1/r & 2a/r \\ 1/r & -2a/r \end{bmatrix}^{\mathrm{T}} \begin{bmatrix} v \\ \omega \end{bmatrix} = \boldsymbol{XV} \tag{2-67}$$

根据式（2-65）～式（2-67），可以得到含驱动器模型的非完整移动机器人动力学模型，即

$$\bar{\boldsymbol{M}}\dot{\boldsymbol{V}} + \bar{\boldsymbol{C}}\boldsymbol{V} + \bar{\boldsymbol{F}} + \bar{\boldsymbol{u}}_{\mathrm{d}} = \frac{NK_{\mathrm{T}}}{R_{\mathrm{a}}} \bar{\boldsymbol{B}}\boldsymbol{u} - \frac{N^2 K_{\mathrm{T}} K_{\mathrm{b}}}{R_{\mathrm{a}}} \bar{\boldsymbol{B}}\boldsymbol{XV} \tag{2-68}$$

式中，$\bar{\boldsymbol{u}}_{\mathrm{d}}$ 为电压干扰矩阵。

2. 移动机器人动力学性质

尽管各个移动机器人的车轮结构和物理参数不同，但其非完整约束下的动力学模型及含驱动器的非完整移动机器人动力学模型满足如下性质。

（1）有界性　系统惯性矩阵 $\boldsymbol{M}(\boldsymbol{q})$ 和向心力及科氏力矩阵 $\boldsymbol{C}(\boldsymbol{q},\dot{\boldsymbol{q}})$ 对于所有 $\boldsymbol{q}$，$\dot{\boldsymbol{q}}$ 是一致有界的，即存在正定函数 $\eta(\boldsymbol{q})$ 以及正数 λ_{lower}，λ_{upper}，使得

$$\begin{cases} \boldsymbol{0} < \lambda_{\mathrm{lower}} \boldsymbol{I} \leqslant \boldsymbol{M}(\boldsymbol{q}) \leqslant \lambda_{\mathrm{upper}} \boldsymbol{I} \\ \boldsymbol{C}^{\mathrm{T}}(\boldsymbol{q},\dot{\boldsymbol{q}}) \boldsymbol{C}(\boldsymbol{q},\dot{\boldsymbol{q}}) \leqslant \eta(\boldsymbol{q}) \boldsymbol{I} \end{cases} \tag{2-69}$$

对于任意 $\boldsymbol{q}$，$\dot{\boldsymbol{q}}$ 都是成立的。

（2）正定性　对于任意 $\boldsymbol{q}$，系统惯性矩阵 $\boldsymbol{M}(\boldsymbol{q})$ 与 $\bar{\boldsymbol{M}}(\boldsymbol{q})$ 是对称正定的。

（3）斜对称性　矩阵 $\dot{\boldsymbol{M}}(\boldsymbol{q}) - 2\boldsymbol{C}(\boldsymbol{q},\dot{\boldsymbol{q}})$ 对于任意的 $\boldsymbol{q}$，$\dot{\boldsymbol{q}}$ 都是斜对称的，矩阵 $\dot{\bar{\boldsymbol{M}}}(\boldsymbol{q}) - 2\bar{\boldsymbol{C}}(\boldsymbol{q},\dot{\boldsymbol{q}})$

也是斜对称的，即对任意矢量，有

$$\begin{cases} \boldsymbol{x}^{\mathrm{T}}(\dot{\boldsymbol{M}}(\boldsymbol{q})-2\boldsymbol{C}(\boldsymbol{q},\dot{\boldsymbol{q}}))\boldsymbol{x}=0 \\ \boldsymbol{y}^{\mathrm{T}}(\dot{\bar{\boldsymbol{M}}}(\boldsymbol{q})-2\bar{\boldsymbol{C}}(\boldsymbol{q},\dot{\boldsymbol{q}}))\boldsymbol{y}=0 \end{cases} \tag{2-70}$$

（4）线性性质　轮式移动机器人对于动力学方程中的物理参数具有线性性质，即如果系统惯性矩阵 $\boldsymbol{M}$、科氏力矩阵 $\boldsymbol{C}$ 或者系统惯性矩阵 $\bar{\boldsymbol{M}}$、科氏力矩阵 $\bar{\boldsymbol{C}}$ 中的定常系数（质量、转动惯量）可由一个矢量 $\boldsymbol{\Phi}$ 或 $\bar{\boldsymbol{\Phi}}$ 表示，那么可定义矩阵 $\boldsymbol{Y}(q,q,\dot{q})$ 或 $\bar{\boldsymbol{Y}}$，使得式（2-71）成立。

$$\begin{cases} \boldsymbol{M}(q)\ddot{q}+\boldsymbol{C}(q,\dot{q})\dot{q}=\boldsymbol{Y}(q,q,\dot{q})\boldsymbol{\Phi} \\ \bar{\boldsymbol{M}}\dot{\boldsymbol{V}}+\bar{\boldsymbol{C}}\boldsymbol{V}=\bar{\boldsymbol{Y}}\bar{\boldsymbol{\Phi}} \end{cases} \tag{2-71}$$

2.3 移动机械臂建模

移动机械臂（Mobile Manipulators）是由安装在完整或非完整移动平台上的机械臂组成的机器人系统。它能提供移动机器人的机动性与机械臂对工作空间的拓展，能够接触并处理原本位于机械臂工作空间之外的物体。因此，移动机械臂应用广泛。移动机械臂研究中的主要问题之一是实现整个系统的精确控制。由于移动平台子系统与安装在平台上的机械臂高度耦合，相互作用明显，因此需要各控制器之间进行适当协调。而适当的运动学与动力学建模则是设计控制器、协调运动的前提。

移动机械臂整体的运动学与动力学模型是移动平台和机械臂两者模型的结合，相互之间强耦合，较为复杂。移动机械臂通常安装在移动小车、足式机器人等移动平台上，为基座提供额外的平动与转动自由度。

2.3.1 一般运动学模型

典型的移动机械臂系统如图 2-16 所示。

为便于表示与计算，定义以下四个坐标系：

1. 世界坐标系 $O_{\mathrm{w}}x_{\mathrm{w}}y_{\mathrm{w}}z_{\mathrm{w}}$

原点 O_{w} 在移动平台所在空间内任意选择，应尽量使计算过程简便或各坐标系与世界坐标系之间的变换具有更明确的物理意义，通常选在移动平台初始位置或传感器测量点等特殊位置。z_{w} 轴竖直向上，x_{w} 任意选取，同样应尽量简化计算，y_{w} 轴构成右手坐标系。

2. 移动平台坐标系 $O_{\mathrm{p}}x_{\mathrm{p}}y_{\mathrm{p}}z_{\mathrm{p}}$

原点 O_{p} 在移动平台内或表面上任意选择，通常选择移动平台的形心、与机械臂接触表面中心或其他有明显特征的位置，x_{p} 沿移动平台的形态前方，z_{p} 轴竖直向上，y_{p} 轴构成右手坐标系。

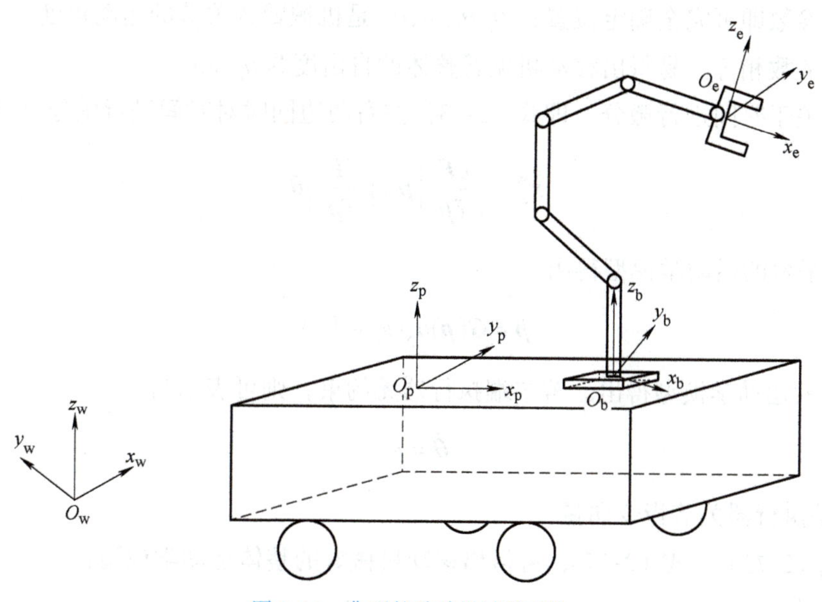

图 2-16　典型的移动机械臂系统

3. 机械臂基座坐标系 $O_b x_b y_b z_b$

原点 O_b 位于基座与移动平台连接处，x_b 沿机械臂基座的形态前方，z_b 轴竖直向上，y_b 轴构成右手坐标系。

4. 机械臂末端坐标系 $O_e x_e y_e z_e$

原点 O_e 位于机械臂末端执行器的形心，x_e 沿末端执行器的形态前方，z_e 沿初始末端状态垂直向上，y_e 轴构成右手坐标系。

则机械臂末端执行器坐标系到世界坐标系的变换可表示为

$$\boldsymbol{T} = \boldsymbol{A}_p^w \boldsymbol{A}_b^p \boldsymbol{A}_e^b \tag{2-72}$$

式中，$\boldsymbol{A}_p^w$ 是世界坐标系到平台坐标系的变换矩阵；$\boldsymbol{A}_b^p$ 是平台坐标系到基座坐标系的变换矩阵；$\boldsymbol{A}_e^b$ 是基座坐标系到末端执行器坐标系的变换矩阵。

世界坐标系中的末端执行器位矢可表示为

$$\boldsymbol{x}_e^w = \boldsymbol{F}(\boldsymbol{q}) \tag{2-73}$$

其中：

$$\begin{cases} \boldsymbol{q} = [\boldsymbol{p}^T, \boldsymbol{\theta}^T]^T \\ \boldsymbol{p} = [x, y, \phi]^T \\ \boldsymbol{\theta} = [\theta_1, \theta_2, \cdots, \theta_{n_m}]^T \end{cases} \tag{2-74}$$

式中，x, y, ϕ 是基座参数，反映了基座相对世界坐标系原点的移动情况，可通过移动平台本身的移动测量与移动平台本身的标定结合得出。由于基座本身固连在初始水平面内，因此只需三个参数即可完全确定位置；$\theta_1,\theta_2,\cdots,\theta_{n_m}$ 是机械臂各关节的运动角度，n 的数量与机械臂的关节数相等。易得出移动机械臂整体的自由度为 n_m+3。

对位矢关于时间进行微分，即式（2-73）左右两边同时对时间进行微分可得

$$\dot{\boldsymbol{x}}_e^w=\left(\frac{\partial \boldsymbol{F}}{\partial \boldsymbol{p}}\right)\dot{\boldsymbol{p}}+\left(\frac{\partial \boldsymbol{F}}{\partial \boldsymbol{p}}\right)\dot{\boldsymbol{\theta}} \tag{2-75}$$

式中，$\dot{\boldsymbol{p}}$ 由平台的运动学模型得出

$$\dot{\boldsymbol{p}}=\boldsymbol{G}(\boldsymbol{p})\boldsymbol{u}_p(\boldsymbol{u}_p\in\mathbb{R}^2) \tag{2-76}$$

$\dot{\boldsymbol{\theta}}$ 由机械臂的运动学模型得出。若末端执行器无约束，则可表示为

$$\dot{\boldsymbol{\theta}}=\boldsymbol{u}_m \tag{2-77}$$

式中，$\boldsymbol{u}_m$ 是执行器关节指令向量。

综合式（2-75）～式（2-77），可得出移动机械臂的整体运动学模型：

$$\dot{\boldsymbol{x}}_e^w=\left(\frac{\partial \boldsymbol{F}}{\partial \boldsymbol{p}}\right)\boldsymbol{G}(\boldsymbol{p})\boldsymbol{u}_p+\left(\frac{\partial \boldsymbol{F}}{\partial \boldsymbol{p}}\right)\boldsymbol{u}_m=\boldsymbol{J}(\boldsymbol{q})\boldsymbol{u}(t) \tag{2-78}$$

其中：

$$\begin{cases}\boldsymbol{u}(t)=[\boldsymbol{u}_p^T(t),\boldsymbol{u}_m^T(t)]^T\in\mathbb{R}^{2+n_m}\\ \boldsymbol{J}(\boldsymbol{q})=[\boldsymbol{J}_p(\boldsymbol{q})\boldsymbol{G}(q),\boldsymbol{J}_m(\boldsymbol{\theta})]\\ \boldsymbol{J}_p(\boldsymbol{q})=\dfrac{\partial \boldsymbol{F}}{\partial \boldsymbol{p}}\\ \boldsymbol{J}_m(\boldsymbol{q})=\dfrac{\partial \boldsymbol{F}}{\partial \boldsymbol{\theta}}\end{cases} \tag{2-79}$$

角标 p 代表平台，角标 m 代表执行器。

式（2-78）表示从输入到末端执行器的移动机械臂整体运动学模型。

在目前的情况下，系统受非完整约束：

$$\boldsymbol{M}(\boldsymbol{p})\dot{\boldsymbol{p}}=0,\boldsymbol{M}(\boldsymbol{p})=[-\sin\phi,\cos\phi,0,\cdots,0] \tag{2-80}$$

其中，$\dot{\boldsymbol{p}}$ 不能通过积分消除，因此 $\boldsymbol{J}(\boldsymbol{q})$ 应包含表示此约束的行。由于控制输入量 $\boldsymbol{u}(t)$ 的维度（n_m+2）小于要控制的系统总自由度（n_m+3），因此系统始终处于欠驱动状态。

2.3.2 一般动力学模型

机器人的动力学模型可由拉格朗日动力学模型得出，可表示为

$$\frac{\mathrm{d}}{\mathrm{d}t}\left(\frac{\partial L}{\partial \dot{\boldsymbol{q}}}\right)-\frac{\partial L}{\partial \boldsymbol{q}}+\boldsymbol{M}^T(\boldsymbol{q})\boldsymbol{\lambda}=\boldsymbol{E}\boldsymbol{\tau} \tag{2-81}$$

式中，$\boldsymbol{M}(\boldsymbol{q})$ 表示 m 个非完整约束的 $m \times n$ 矩阵，有

$$\boldsymbol{M}(\boldsymbol{q})\dot{\boldsymbol{q}} = 0 \tag{2-82}$$

$\boldsymbol{\lambda}$ 是向量形式的拉格朗日乘数，可推导出

$$\boldsymbol{D}(\boldsymbol{q})\ddot{\boldsymbol{q}} + \boldsymbol{C}(\boldsymbol{q},\dot{\boldsymbol{q}})\dot{\boldsymbol{q}} + \boldsymbol{g}(\boldsymbol{q}) + \boldsymbol{M}^{\mathrm{T}}(\boldsymbol{q})\boldsymbol{\lambda} = \boldsymbol{E}\boldsymbol{\tau} \tag{2-83}$$

式中，$\boldsymbol{E}$ 为非奇异变换矩阵。

式（2-83）即可表示出移动机械臂的拉格朗日动力学模型，其中 $\boldsymbol{M}(\boldsymbol{q})$ 由式（2-80）给出。该动力学模型包含两部分，即平台部分和执行器部分。

平台部分：

$$\begin{aligned} &\boldsymbol{D}_{\mathrm{p}}(q_{\mathrm{p}},q_{\mathrm{m}})\ddot{q}_{\mathrm{p}} + \boldsymbol{C}_{\mathrm{p}}(q_{\mathrm{p}},q_{\mathrm{m}},\dot{q}_{\mathrm{p}},\dot{q}_{\mathrm{m}}) \\ &= \boldsymbol{E}_{\mathrm{p}}\tau_{\mathrm{p}} - \boldsymbol{M}^{\mathrm{T}}(q_{\mathrm{p}})\boldsymbol{\lambda} - \boldsymbol{D}_{\mathrm{p}}(q_{\mathrm{p}},q_{\mathrm{m}})\ddot{q}_{\mathrm{m}} \end{aligned} \tag{2-84}$$

执行器部分：

$$\boldsymbol{D}_{\mathrm{m}}(q_{\mathrm{m}})\ddot{q}_{\mathrm{m}} + \boldsymbol{C}_{\mathrm{m}}(q_{\mathrm{p}},q_{\mathrm{m}};q_{\mathrm{p}}) = \tau_{\mathrm{m}} - \boldsymbol{D}_{\mathrm{m}}(q_{\mathrm{p}},q_{\mathrm{m}})\ddot{q}_{\mathrm{p}} \tag{2-85}$$

为消除式（2-83）中的约束项 $\boldsymbol{M}^{\mathrm{T}}(\boldsymbol{q})\boldsymbol{\lambda}$ 以获得无约束模型，定义 $n \times (n-m)$ 的矩阵 $\boldsymbol{B}(\boldsymbol{q})$，使得

$$\boldsymbol{B}^{\mathrm{T}}(\boldsymbol{q})\boldsymbol{M}^{\mathrm{T}}(\boldsymbol{q}) = 0 \tag{2-86}$$

结合式（2-82）与式（2-86），可验证存在 $(n-m)$ 维向量 $\boldsymbol{v}(t)$，使得

$$\dot{\boldsymbol{q}}(t) = \boldsymbol{B}(\boldsymbol{q})\boldsymbol{v}(t) \tag{2-87}$$

对式（2-83）左乘 $\boldsymbol{B}^{\mathrm{T}}(\boldsymbol{q})$，可得

$$\bar{\boldsymbol{D}}(\boldsymbol{q})\dot{\boldsymbol{v}} + \bar{\boldsymbol{C}}(q,\dot{q})\boldsymbol{v} + \bar{\boldsymbol{g}}(\boldsymbol{q}) = \bar{\boldsymbol{E}}\boldsymbol{\tau} \tag{2-88}$$

其中：

$$\begin{cases} \bar{\boldsymbol{D}} = \boldsymbol{B}^{\mathrm{T}}\boldsymbol{D}\boldsymbol{B} \\ \bar{\boldsymbol{C}} = \boldsymbol{B}^{\mathrm{T}}\boldsymbol{D}\dot{\boldsymbol{B}} + \boldsymbol{B}^{\mathrm{T}}\boldsymbol{C}\boldsymbol{B} \\ \bar{\boldsymbol{g}} = \boldsymbol{B}^{\mathrm{T}}\boldsymbol{g} \\ \bar{\boldsymbol{E}} = \boldsymbol{B}^{\mathrm{T}}\boldsymbol{E} \\ \boldsymbol{q} = [q_{\mathrm{p}}^{\mathrm{T}}, q_{\mathrm{m}}^{\mathrm{T}}]^{\mathrm{T}} \end{cases} \tag{2-89}$$

至此，即得出了移动机械臂一般形式的动力学模型。

2.4　车臂协同自主机器人建模

在得出一般形式的运动学与动力学模型后，这里以两种比较有代表性的移动机械臂为例，分别进行具体建模。所选取的案例包括三轮移动小车组合双连杆机械臂与三轮全向移

动小车组合三连杆机械臂，其结构形式均较为简单，但可完整体现结构特征分析、坐标系变换、耦合分析、驱动机构分析等核心过程。

2.4.1　多自由度移动机械臂建模

首先对最简单的五自由度移动机械臂进行具体的运动学与动力学建模。如图 2-17 所示，最基础的五自由度移动机械臂由三轮移动底座和双连杆机械臂组成，可提供移动平台平面上的两个平动自由度、一个转动自由度和机械臂工作平面上的两个自由度（每个关节提供一个自由度）。

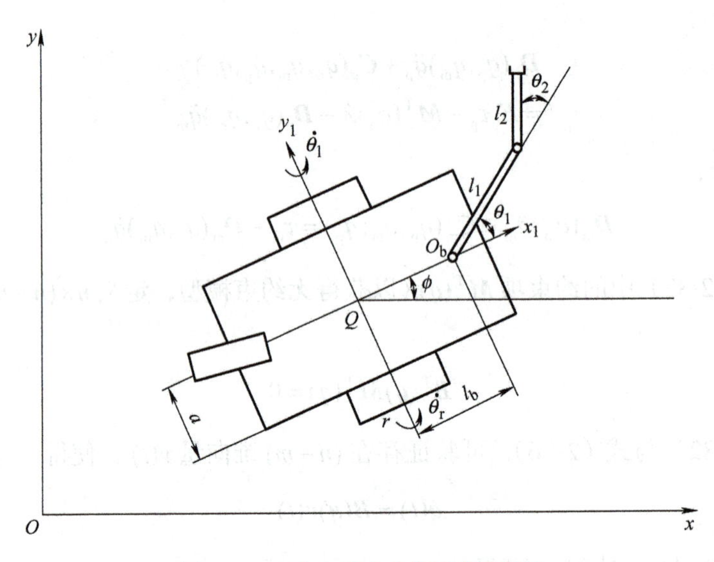

图 2-17　五自由度移动机械臂示意图

以该最小系统为例，将 2.3 节中的运动学与动力学建模方法应用到具体机器人平台上。

1. 运动学建模

忽略安装误差与系统误差，假设移动平台的中心与左右轮连线的中心重合。平台的非完整约束可表示为

$$-\dot{x}_Q \sin\phi + \dot{y}_Q \cos\phi = 0 \tag{2-90}$$

机械臂基座的中心坐标在世界坐标系中可写为 (x_b, y_b)，代入式（2-90），将非完整约束表示为

$$-\dot{x}_b \sin\phi + \dot{y}_b \cos\phi + l_b\dot{\phi} = 0 \tag{2-91}$$

式中，l_b 是基座底面形心 O_b 与移动平台上表面形心 Q 之间的距离。O_b 点处的移动平台运动学方程为

$$\begin{cases}\dot{x}_{\mathrm{b}}=\left(\dfrac{r}{2}\cos\phi+\dfrac{rl_{\mathrm{b}}}{2a}\sin\phi\right)\dot{\theta}_{\mathrm{l}}+\left(\dfrac{r}{2}\cos\phi-\dfrac{rl_{\mathrm{b}}}{2a}\sin\phi\right)\dot{\theta}_{\mathrm{r}}\\ \dot{y}_{\mathrm{b}}=\left(\dfrac{r}{2}\sin\phi-\dfrac{rl_{\mathrm{b}}}{2a}\cos\phi\right)\dot{\theta}_{\mathrm{l}}+\left(\dfrac{r}{2}\sin\phi+\dfrac{rl_{\mathrm{b}}}{2a}\cos\phi\right)\dot{\theta}_{\mathrm{r}}\\ \dot{\phi}=\dfrac{r}{2a}(\dot{\theta}_{\mathrm{r}}-\dot{\theta}_{\mathrm{l}})\end{cases} \tag{2-92}$$

以雅可比形式表示为

$$\dot{\boldsymbol{p}}=\boldsymbol{J}\dot{\boldsymbol{\theta}} \tag{2-93}$$

其中：

$$\begin{cases}\dot{\boldsymbol{p}}=[\dot{x}_{\mathrm{b}},\dot{y}_{\mathrm{b}},\dot{\phi}]^{\mathrm{T}}\\ \dot{\boldsymbol{\theta}}^{\mathrm{T}}=[\dot{\theta}_{\mathrm{l}},\dot{\theta}_{\mathrm{r}}]^{\mathrm{T}}\\ \boldsymbol{J}=\begin{bmatrix}\boldsymbol{J}_{\mathrm{b}}\\ \vdots\\ -\dfrac{r}{2a}\quad\dfrac{r}{2a}\end{bmatrix}\\ \boldsymbol{J}_{\mathrm{b}}=\begin{bmatrix}\dfrac{r}{2}\cos\phi+\dfrac{rl_{\mathrm{b}}}{2a}\sin\phi & \dfrac{r}{2}\cos\phi-\dfrac{rl_{\mathrm{b}}}{2a}\sin\phi\\ \dfrac{r}{2}\sin\phi-\dfrac{rl_{\mathrm{b}}}{2a}\cos\phi & \dfrac{r}{2}\sin\phi+\dfrac{rl_{\mathrm{b}}}{2a}\cos\phi\end{bmatrix}\end{cases} \tag{2-94}$$

进一步将式（2-94）中的 $\boldsymbol{J}_{\mathrm{b}}$ 项表示为

$$\begin{gathered}\boldsymbol{J}_{\mathrm{b}}=\boldsymbol{R}(\phi)\boldsymbol{W}_{\mathrm{b}}\\ \boldsymbol{R}(\phi)=\begin{bmatrix}\cos\phi & -\sin\phi\\ \sin\phi & \cos\phi\end{bmatrix}\\ \boldsymbol{W}_{\mathrm{b}}=\begin{bmatrix}\dfrac{r}{2} & \dfrac{r}{2}\\ -\dfrac{rl_{\mathrm{b}}}{2a} & \dfrac{rl_{\mathrm{b}}}{2a}\end{bmatrix}\end{gathered} \tag{2-95}$$

双连杆机械臂的运动学模型可表示为

$$\begin{bmatrix}\dot{x}_{\mathrm{e}}\\ \dot{y}_{\mathrm{e}}\end{bmatrix}=\begin{bmatrix}\dot{x}_{\mathrm{b}}\\ \dot{y}_{\mathrm{b}}\end{bmatrix}+\boldsymbol{R}(\phi)\boldsymbol{J}_{\mathrm{m}}(\boldsymbol{\theta}_{\mathrm{m}})\begin{bmatrix}\dot{\phi}+\dot{\theta}_1\\ \dot{\theta}_2\end{bmatrix} \tag{2-96}$$

式中，$[\dot{x}_{\mathrm{e}},\dot{y}_{\mathrm{e}}]^{\mathrm{T}}$ 为末端执行器的线速度；$\dot{\phi}+\dot{\theta}_1$ 为第一个关节的线速度；$\boldsymbol{\theta}_{\mathrm{m}}=[\theta_1,\theta_2]^{\mathrm{T}}$；$\boldsymbol{J}_{\mathrm{m}}(\boldsymbol{\theta}_{\mathrm{m}})$ 是执行器相对于基座坐标系的雅可比矩阵，可写为：

$$\boldsymbol{J}_{\mathrm{m}}(\boldsymbol{\theta}_{\mathrm{m}})=\begin{bmatrix}-l_1\sin\theta_1-l_2\sin(\theta_1+\theta_2) & -l_2\sin(\theta_1+\theta_2)\\ l_1\cos\theta_1+l_2\cos(\theta_1+\theta_2) & l_2\cos(\theta_1+\theta_2)\end{bmatrix}=\begin{bmatrix}J_{\mathrm{m},11} & J_{\mathrm{m},12}\\ J_{\mathrm{m},21} & J_{\mathrm{m},22}\end{bmatrix} \tag{2-97}$$

将式（2-92）代入式（2-96），有

$$\begin{bmatrix}\dot{\phi}+\dot{\theta}_1\\ \dot{\theta}_2\end{bmatrix}=\boldsymbol{S}\begin{bmatrix}\dot{\theta}_1\\ \dot{\theta}_{\mathrm{r}}\end{bmatrix} \tag{2-98}$$

其中：

$$\boldsymbol{S}=\begin{bmatrix}1-\dfrac{r}{2a} & \dfrac{r}{2a}\\ 0 & 1\end{bmatrix}$$

将式（2-98）代入式（2-96），有

$$\begin{bmatrix}\dot{x}_{\mathrm{e}}\\ \dot{y}_{\mathrm{e}}\end{bmatrix}=[\boldsymbol{R}(\phi)\boldsymbol{W}_{\mathrm{b}}+\boldsymbol{R}(\phi)\boldsymbol{J}_{\mathrm{m}}(\boldsymbol{\theta}_{\mathrm{m}})\boldsymbol{S}]\begin{bmatrix}\dot{\theta}_1\\ \dot{\theta}_{\mathrm{r}}\end{bmatrix} \tag{2-99}$$

移动机械臂的整体运动学方程为

$$\dot{\boldsymbol{p}}_0=\boldsymbol{J}_0\dot{\boldsymbol{\theta}}_0 \tag{2-100}$$

其中：

$$\begin{cases}\dot{\boldsymbol{p}}_0=[\dot{x}_{\mathrm{e}},\dot{y}_{\mathrm{e}},\cdots,\dot{x}_{\mathrm{b}},\dot{y}_{\mathrm{b}}]^{\mathrm{T}}\\ \dot{\boldsymbol{\theta}}_0=[\dot{\theta}_1,\dot{\theta}_{\mathrm{r}},\cdots,\dot{\theta}_1,\dot{\theta}_2]^{\mathrm{T}}\\ \boldsymbol{J}_0=\begin{bmatrix}\boldsymbol{R}(\phi)[\boldsymbol{W}_{\mathrm{b}}+\boldsymbol{J}_{\mathrm{m}}(\boldsymbol{\theta}_{\mathrm{m}})\boldsymbol{S}]\\ \cdots\\ \boldsymbol{R}(\phi)\boldsymbol{W}_{\mathrm{b}}\end{bmatrix}\end{cases} \tag{2-101}$$

若移动机械臂的移动平台是其他类型的轮式机器人，移动机械臂的整体运动学模型也可通过相同步骤得出。

2. 动力学建模

忽略从动轮的惯性矩，则移动机械臂的拉格朗日方程为

$$L=\frac{1}{2}m_0(\dot{x}_Q^2+\dot{y}_Q^2)+\frac{1}{2}I_0\dot{\phi}^2+\frac{1}{2}m_1(\dot{x}_A^2+\dot{y}_A^2)+\frac{1}{2}I_1(\dot{\phi}+\dot{\theta}_1)^2+\frac{1}{2}m_2(\dot{x}_B^2+\dot{y}_B^2)+\frac{1}{2}I_2(\dot{\phi}+\dot{\theta}_1+\dot{\theta}_2) \tag{2-102}$$

式中，m_0,I_0 分别是平台的质量和转动惯量；m_1,m_2,I_1,I_2 分别是连杆 1 和连杆 2 的质量与转动惯量；$\dot{x}_Q,\dot{y}_Q$ 分别是移动平台形心 Q 处速度在 x,y 方向的分量；$\dot{x}_A,\dot{y}_A,\dot{x}_B,\dot{y}_B$ 分别是连杆 1、连杆 2 末端速度在 x,y 方向的分量。

由式（2-102）可得出具有非完整约束的动力学模型：

$$M(q)=[-\sin\phi,\cos\phi,l_b,0,0] \tag{2-103}$$

取 $\dot{q}(t)=B(q)v(t), B^{T}(q)M^{T}(q)=0$ ，其中：

$$\begin{cases} q=[x_b,y_b,\phi,\theta_1,\theta_2]^{T} \\ v=[v_1,v_2,v_3,v_4]^{T}=[\dot{\theta}_l,\dot{\theta}_r,\dot{\theta}_1,\dot{\theta}_2]^{T} \\ B=\begin{bmatrix} B' & 0 \\ 0 & I \end{bmatrix} \\ B'=\begin{bmatrix} \dfrac{r\cos\phi}{2}+l_b\dfrac{r\sin\phi}{2a} & \dfrac{r\cos\phi}{2}-l_b\dfrac{r\sin\phi}{2a} \\ \dfrac{r\sin\phi}{2}-l_b\dfrac{r\cos\phi}{2a} & \dfrac{r\sin\phi}{2}+l_b\dfrac{r\cos\phi}{2a} \\ -\dfrac{r}{2a} & \dfrac{r}{2a} \end{bmatrix} \end{cases} \tag{2-104}$$

该动力学方程同样可简化为无约束形式，推导过程与 2.3 节中的简化方式完全相同，留给读者作为练习。

2.4.2　全向移动机械臂建模

全向移动平台可产生平面上任意方向的移动，同时可在无质心平动的条件下完成转动，运动性能优异，是移动机械臂经常使用的移动平台。全向移动平台通常使用两种轮型——全向轮与麦克纳姆轮，其具体优劣势、应用场合与运动学分析已在移动平台相关部分进行了详细介绍，此处不再赘述。这里以最常见的三轮全向移动平台为例，结合三连杆机械臂，推导典型六自由度移动机械臂的运动学与动力学模型。

1. 运动学建模

六自由度移动机械臂的移动平台如图 2-18 所示。机械臂基座底面形心与移动平台上表面形心重合。由于机械臂部分较为常规，因此图中略去，仅展示移动平台部分，全向轮的半径为 r，可由全向移动平台的运动学模型得出

$$\begin{bmatrix} \dot{\theta}_{p1} \\ \dot{\theta}_{p2} \\ \dot{\theta}_{p3} \end{bmatrix}=\frac{1}{r}\begin{bmatrix} -\dfrac{1}{2} & \dfrac{\sqrt{3}}{2} & D \\ -\dfrac{1}{2} & -\dfrac{\sqrt{3}}{2} & D \\ 1 & 0 & D \end{bmatrix}\begin{bmatrix} \dot{x}_p \\ \dot{y}_p \\ \dot{\phi} \end{bmatrix} \tag{2-105}$$

即

$$\dot{\theta}_r=J_0^{-1}\dot{p}_p \tag{2-106}$$

式中，$\dot{\theta}$ 是车轮的角速度；ϕ 是 x_w 与 x_p 之间的夹角；$\dot{x}_p,\dot{y}_p$ 分别是平台速度在平台坐标系内的速度分量，世界坐标系和平台坐标系之间的变换可表示为

$$\boldsymbol{R}_{\mathrm{p}}^{\mathrm{w}}=\begin{bmatrix}\cos\phi & -\sin\phi & 0\\ \sin\phi & \cos\phi & 0\\ 0 & 0 & 1\end{bmatrix} \tag{2-107}$$

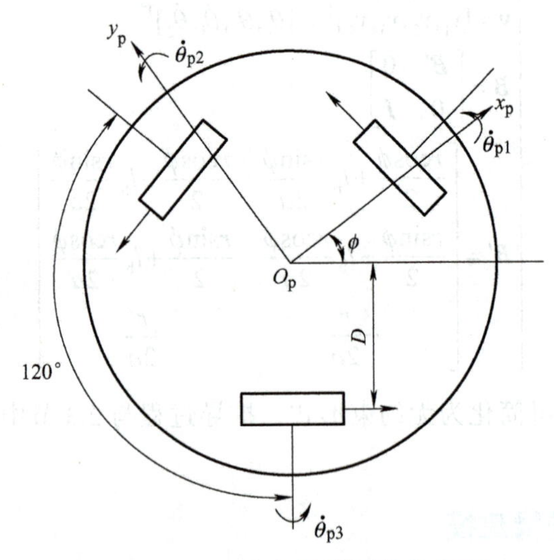

图 2-18　六自由度移动机械臂的移动平台

因此可得出 $\boldsymbol{v}_{\mathrm{p}}^{\mathrm{w}}=[\dot{x}_{\mathrm{p}}^{\mathrm{w}},\dot{y}_{\mathrm{p}}^{\mathrm{w}},\dot{\phi}]^{\mathrm{T}}$ 与 $\dot{\boldsymbol{\theta}}_r=[\dot{\theta}_{\mathrm{p1}},\dot{\theta}_{\mathrm{p2}},\dot{\theta}_{\mathrm{p3}}]^{\mathrm{T}}$ 之间的关系为

$$\dot{\boldsymbol{\theta}}_r=\boldsymbol{J}_0^{-1}\boldsymbol{R}_{\mathrm{p}}^{\mathrm{w}}\boldsymbol{v}_{\mathrm{p}}^{\mathrm{w}} \tag{2-108}$$

由式（2-108）可得到机器人从 $\dot{\boldsymbol{\theta}}_r$ 到 $\boldsymbol{v}_{\mathrm{p}}^{\mathrm{w}}$ 的运动学模型：

$$\boldsymbol{v}_{\mathrm{p}}^{\mathrm{w}}=\boldsymbol{J}_{\mathrm{p}}(\phi)\dot{\boldsymbol{\theta}}_r \tag{2-109}$$

其中：

$$\begin{aligned}\boldsymbol{J}_{\mathrm{p}}(\phi)&=(\boldsymbol{J}_0^{-1}\boldsymbol{R}_{\mathrm{p}}^{\mathrm{w}})^{-1}\\ &=\frac{r}{3}\begin{bmatrix}-\cos\phi-\sqrt{3}\sin\phi & -\cos\phi+\sqrt{3}\sin\phi & 2\cos\phi\\ -\sin\phi+\sqrt{3}\cos\phi & -\sin\phi-\sqrt{3}\cos\phi & 2\sin\phi\\ \dfrac{1}{D} & \dfrac{1}{D} & \dfrac{1}{D}\end{bmatrix}\end{aligned} \tag{2-110}$$

下面结合移动平台与机械臂各自的运动学模型推导移动机械臂的整体运动学模型。由移动平台的几何关系可得

$$\begin{cases}x_{\mathrm{e}}^{\mathrm{w}}=x_{\mathrm{p}}^{\mathrm{w}}+[l_2\cos\theta_2+l_3\cos(\theta_2+\theta_3)]\cos(\phi+\theta_1)\\ y_{\mathrm{e}}^{\mathrm{w}}=y_{\mathrm{p}}^{\mathrm{w}}+[l_2\cos\theta_2+l_3\cos(\theta_2+\theta_3)]\sin(\phi+\theta_1)\\ z_{\mathrm{e}}^{\mathrm{w}}=r+H+l_1+l_2\sin\theta_2+l_3\sin(\theta_2+\theta_3)\end{cases} \tag{2-111}$$

式中，H是平台上表面的高度。

综合式（2-111）与式（2-109），可得移动机械臂的整体运动学方程：

$$\dot{\boldsymbol{p}}_{\mathrm{e}} = \boldsymbol{J}_{\mathrm{e}}(\phi,\theta_1,\theta_2,\theta_3)\dot{\boldsymbol{q}} \tag{2-112}$$

其中，$\dot{\boldsymbol{q}} = [\dot{\theta}_{\mathrm{p1}},\dot{\theta}_{\mathrm{p2}},\dot{\theta}_{\mathrm{p3}},\dot{\theta}_1,\dot{\theta}_2,\dot{\theta}_3]^{\mathrm{T}}$，$\boldsymbol{J}_{\mathrm{e}}$是一个$3\times 6$矩阵，其各项为

$$\begin{cases}
\boldsymbol{J}_{\mathrm{e1}} = \begin{bmatrix} -\dfrac{r}{3}(C_\Phi + \sqrt{3}S_\Phi) - \dfrac{r}{3D}(l_2C_2S_{\Phi1} + l_3C_{23}S_{\Phi1}) \\ \dfrac{r}{3}(-S_\Phi + \sqrt{3}C_\Phi) + \dfrac{r}{3D}(l_2C_2C_{\Phi1} + l_3C_{23}C_{\Phi1}) \\ 0 \end{bmatrix} \\
\boldsymbol{J}_{\mathrm{e2}} = \begin{bmatrix} \dfrac{r}{3}(-C_\Phi + \sqrt{3}S_\Phi) - \dfrac{r}{3D}(l_2C_2S_{\Phi1} + l_3C_{23}S_{\Phi1}) \\ -\dfrac{r}{3}(S_\Phi + \sqrt{3}C_\Phi) + \dfrac{r}{3D}(l_2C_2C_{\Phi1} + l_3C_{23}C_{\Phi1}) \\ 0 \end{bmatrix} \\
\boldsymbol{J}_{\mathrm{e3}} = \begin{bmatrix} \dfrac{2}{3}rC_\Phi - \dfrac{r}{3D}(l_2C_2S_{\Phi1} + l_3C_{23}S_{\Phi1}) \\ \dfrac{2}{3}rS_\Phi + \dfrac{r}{3D}(l_2C_2C_{\Phi1} + l_3C_{23}C_{\Phi1}) \\ 0 \end{bmatrix} \\
\boldsymbol{J}_{\mathrm{e4}} = \begin{bmatrix} -l_2C_2S_{\Phi1} - l_3C_{23}S_{\Phi1} \\ l_2C_2C_{\Phi1} + l_3C_{23}C_{\Phi1} \\ 0 \end{bmatrix} \\
\boldsymbol{J}_{\mathrm{e5}} = \begin{bmatrix} -l_2S_2C_{\Phi1} - l_3S_{23}C_{\Phi1} \\ -l_2S_2S_{\Phi1} - l_3S_{23}S_{\Phi1} \\ l_2C_2 + l_3C_{23} \end{bmatrix} \\
\boldsymbol{J}_{\mathrm{e6}} = \begin{bmatrix} -l_3S_{23}C_{\Phi1} \\ -l_3S_{23}S_{\Phi1} \\ l_3C_{23} \end{bmatrix}
\end{cases} \tag{2-113}$$

式（2-113）中各简写符号的含义为

$$\begin{aligned}
&S_\Phi = \sin\phi && C_\Phi = \cos\phi \\
&S_i = \sin\theta_i (i=1,2,3) && C_i = \cos\theta_i (i=1,2,3) \\
&S_{\Phi1} = \sin(\phi+\theta_1) && C_{\Phi1} = \cos(\phi+\theta_1) \\
&S_{23} = \sin(\theta_2+\theta_3) && C_{23} = \cos(\theta_2+\theta_3)
\end{aligned}$$

2. 动力学建模

根据 D-H 参数法建立机械臂各关节间的坐标变换：

$$\boldsymbol{R}_3^{\mathrm{w}} = \boldsymbol{R}_{\mathrm{p}}^{\mathrm{w}} \boldsymbol{R}_1^{\mathrm{p}} \boldsymbol{R}_2^1 \boldsymbol{R}_3^2 \tag{2-114}$$

对移动机械臂的每个刚体，都可求得动能与势能，之后建立拉格朗日函数（L）。最后使用拉格朗日函数计算广义力方程：

$$\begin{cases} \dfrac{\mathrm{d}}{\mathrm{d}t}\left(\dfrac{\partial L}{\partial \dot{\theta}_{\mathrm{p}i}}\right) - \dfrac{\partial L}{\partial \theta_{\mathrm{p}i}} = \tau_{\mathrm{p}i}(i=1,2,3) \\ \dfrac{\mathrm{d}}{\mathrm{d}t}\left(\dfrac{\partial L}{\partial \dot{\theta}_i}\right) - \dfrac{\partial L}{\partial \theta_i} = \tau_i(i=1,2,3) \end{cases} \tag{2-115}$$

式中，$\tau_{\mathrm{p}i}$ 是移动平台车轮驱动器的广义力矩；τ_i 是机械臂关节驱动器的广义力矩；移动机械臂各杆的长度、质量、转动惯量均可由机械臂技术参数得出。

动力学模型的微分方程可表示为

$$\boldsymbol{D}(\boldsymbol{q})\ddot{\boldsymbol{q}} + \boldsymbol{h}(\boldsymbol{q},\dot{\boldsymbol{q}}) + \boldsymbol{g}(\boldsymbol{q}) = \boldsymbol{\tau} \tag{2-116}$$

其中：

$$\begin{cases} \boldsymbol{h}(\boldsymbol{q},\dot{\boldsymbol{q}}) = \boldsymbol{B}(\boldsymbol{q})\dot{\boldsymbol{q}} \bullet \dot{\boldsymbol{q}} + \boldsymbol{C}(\boldsymbol{q})\dot{\boldsymbol{q}}^2 \\ \boldsymbol{D}(\boldsymbol{q}) = \begin{bmatrix} {}^1a_1 & \cdots & {}^1a_6 \\ \vdots & \ddots & \vdots \\ {}^6a_1 & \cdots & {}^6a_6 \end{bmatrix} \\ \boldsymbol{B}(\boldsymbol{q}) = \begin{bmatrix} {}^1b_1 & \cdots & {}^1b_{16} \\ \vdots & \ddots & \vdots \\ {}^6b_1 & \cdots & {}^6b_{16} \end{bmatrix} \\ \boldsymbol{C}(\boldsymbol{q}) = \begin{bmatrix} {}^1c_1 & \cdots & {}^1c_6 \\ \vdots & \ddots & \vdots \\ {}^6c_1 & \cdots & {}^6c_6 \end{bmatrix} \\ \boldsymbol{g}(\boldsymbol{q}) = [{}^1g, {}^2g, {}^3g, {}^4g, {}^5g, {}^6g]^{\mathrm{T}} \\ \ddot{\boldsymbol{q}} = [\ddot{\theta}_{\mathrm{p}1}, \ddot{\theta}_{\mathrm{p}2}, \ddot{\theta}_{\mathrm{p}3}, \ddot{\theta}_{\mathrm{p}4}, \ddot{\theta}_{\mathrm{p}5}, \ddot{\theta}_{\mathrm{p}6}]^{\mathrm{T}} \\ \dot{\boldsymbol{q}} \bullet \dot{\boldsymbol{q}} = [\dot{\theta}_{\mathrm{p}1}\dot{\theta}_{\mathrm{p}2}, \cdots, \dot{\theta}_{\mathrm{p}1}\dot{\theta}_3; \dot{\theta}_{\mathrm{p}2}\dot{\theta}_{\mathrm{p}3}, \cdots, \dot{\theta}_{\mathrm{p}2}\dot{\theta}_3; \\ \qquad \dot{\theta}_{\mathrm{p}3}\dot{\theta}_1, \cdots, \dot{\theta}_{\mathrm{p}3}\dot{\theta}_3; \dot{\theta}_1\dot{\theta}_2, \dot{\theta}_1\dot{\theta}_3, \dot{\theta}_2\dot{\theta}_3]^{\mathrm{T}} \\ \dot{\boldsymbol{q}}^2 = [\ddot{\theta}_{\mathrm{p}1}^2, \ddot{\theta}_{\mathrm{p}2}^2, \ddot{\theta}_{\mathrm{p}3}^2, \ddot{\theta}_{\mathrm{p}4}^2, \ddot{\theta}_{\mathrm{p}5}^2, \ddot{\theta}_{\mathrm{p}6}^2]^{\mathrm{T}} \\ \boldsymbol{\tau} = [\tau_{\mathrm{p}1}, \tau_{\mathrm{p}2}, \tau_{\mathrm{p}3}, \tau_1, \tau_2, \tau_3]^{\mathrm{T}} \end{cases} \tag{2-117}$$

式中，${}^ja_i, {}^jb_k, {}^jc_i, {}^ig$ 是中间系数。

习题

2-1　解释正运动学和逆运动学的区别，并给出一个简单的两连杆机械臂模型，求解其正逆运动学方程。

2-2　描述 D–H 参数法在多关节机械臂运动学中的应用，并给出一个具体的例子。

2-3　列出一个四自由度串联机器人的位姿矩阵，并解释每个元素的物理意义。

2-4　给定一个机器人末端执行器的位置和姿态，使用逆运动学计算所需的关节角度。

2-5　推导一个具有球形手腕的六自由度工业机器人的正运动学方程。

2-6　解释非完整约束对移动机器人运动学的影响，并给出一个例子。

2-7　描述牛顿 – 欧拉方法在机器人动力学建模中的应用，并给出一个简单的示例。

2-8　推导一个两连杆平面关节机器人的动力学方程。

2-9　给定一个机器人的动力学模型，解释如何使用拉格朗日方程进行动力学分析。

2-10　讨论在机器人设计中，为何需要同时考虑运动学和动力学建模。

2-11　推导一个简单的移动机械臂系统的动力学方程，并解释各部分的物理意义。

2-12　解释车臂协同机器人建模的重要性，并给出一个简单的建模示例。

2-13　描述如何使用雅可比矩阵将关节速度转换为末端执行器速度。

2-14　给定一个移动机器人的几何参数和动力学参数，计算其在特定输入下的动态响应。

2-15　推导一个具有非完整约束的移动机器人的动力学方程，并解释约束对系统性能的影响。

2-16　讨论在设计移动机械臂时，如何考虑移动平台和机械臂之间的耦合效应。

2-17　描述在移动机械臂系统中，如何实现精确的轨迹规划和跟踪。

2-18　解释在机器人控制中，为何需要考虑动力学系数，并给出一个应用实例。

2-19　推导一个具有非完整约束的移动机器人的控制输入与系统响应之间的关系。

2-20　讨论在机器人建模中，如何处理和利用对称性和简化假设以降低模型复杂度。

参考文献

[1]　赵杰，李剑，臧希喆 . 智能机器人技术：安保、巡逻、处置类警用机器人研究实践 [M]. 北京：机械工业出版社，2021.

[2]　王健 . 基于力位混合控制的机器人曲面打磨研究 [D]. 南昌：华东交通大学，2023.

[3]　韩清凯，翟敬宇，张昊 . 机械动力学基础及其仿真方法 [M]. 武汉：武汉理工大学出版社，2017.

[4]　林奇，朴钟宇 . 现代机器人学：机构、规划与控制 [M]. 于靖军，贾振中，译 . 北京：机械工业出版社，2020.

[5]　金江，袁继峰，葛文璇，等 . 理论力学 [M]. 2 版 . 南京：东南大学出版社，2019.

[6] 王振，刘一鋆 . 基于人工智能的自主磨抛系统 [M]. 北京：电子工业出版社，2022.
[7] 张硕 . 形态可重构消防侦查机器人创新设计与轨迹跟踪控制研究 [D]. 秦皇岛：燕山大学，2023.
[8] 王相虎，王宪伦，武庆松 . 移动机械臂运动规划方法研究综述 [J]. 计算机测量与控制，2024（2）：1–13.
[9] 金栋 . 三轮全向移动平台的轨迹跟踪控制与多参数优化研究 [D]. 合肥：合肥工业大学，2022.
[10] 扎菲斯塔斯 . 移动机器人控制导论 [M]. 贾振中，张鼎元，王国磊，等译 . 北京：机械工业出版社，2021.

第3章　自主机器人环境感知

导读

自主机器人环境感知，即自主机器人根据机载传感器对所处周围环境进行环境信息获取，并提取环境中有效信息特征加以处理与理解。随着传感器技术的快速发展，诸多传感器已被充分应用在机器人本体，显著提高了机器人对环境信息的理解能力，使机器人实现智能自主。

本章首先从自主机器人常用的环境感知硬件出发，介绍各类感知传感器，例如惯性导航系统、视觉传感器、激光雷达等。其次，考虑到实际工程应用中，机器人本体通常需要装载多个传感器对环境信息进行获取，以确保其在各种复杂动态环境下自主、持续、稳定地工作，因而涉及多传感器联合标定方法。接着，机器人对采集得到的环境信息开展处理与理解，主要涉及图像预处理、特征检测以及基于深度学习的环境感知方法。其中，通过介绍目标检测、目标跟踪、图像分割方法，使读者了解自主机器人在复杂动态环境中如何实现更高效、更智能的感知与理解。最后，通过两个实例实验对自主机器人智能环境感知进行说明，以帮助读者更好地理解自主机器人的环境感知。

本章知识点

- 机器人传感器介绍
- 多传感器联合标定
- 图像预处理与特征检测
- 基于深度学习的环境感知
- 实例分析：机器人智能三维环境感知

3.1　机器人传感器介绍

环境感知技术是自主机器人核心技术之一，其主要负责感知与理解机器人周围环境，以提供感知对象的速度、距离与外观形状等信息，为自主机器人决策系统提供重要参考。随着传感器技术的快速发展，新的感知技术不断涌现，不同传感器在复杂动态场景下对位置姿态、空间距离和颜色分布等方面的感知性能表现各有所长。在实际工程应用中，为满足自主机器人的感知性能要求，往往需要采用多个传感器，并对这些传感器开展数据融合处理与理解。目前，典型的自主机器人传感器包括惯性导航系统、视觉传感器、激光雷达等，本节较为详细地介绍上述三种传感器的工作原理以及相关应用。

3.1.1 惯性导航系统

惯性导航系统（Inertial Navigation System，INS）为一种不依赖于外部信息也不向外辐射能量的自主式导航系统，其核心部件为惯性测量单元（Inertial Measurement Unit，IMU），基本工作基础为牛顿力学定律，是以加速度计、陀螺仪、磁力仪或其他运动传感器为敏感器件的导航参数解算系统。其中，加速度计用来测量机器人的加速度大小与方向，经过对时间的一次积分得到机器人的速度，速度再经过对时间的一次积分即可得到机器人的位移；陀螺仪用来测量机器人围绕各个轴向的旋转角速率值，通过四元数角度进行解算，形成导航坐标系，使加速度计的测量值投影在该坐标系中，并可给出机器人的航向与姿态角；磁力仪用来测量磁场强度与方向，以定位机器人的方向，其通过地磁向量进行解算，得到误差表征量，其可反馈到陀螺仪的姿态解算输出，以校准陀螺仪的漂移。通过对上述传感数据的处理与分析，自主机器人可以精确地计算出自身相对于起始点的位置，并根据具体任务开展路径规划、导航等任务。

在自主机器人应用中，惯性导航系统存在诸多优点：

1）无须外部参考。其无须接收外界信号，也不依靠外部基站等作为参照，仅需给定初始值，即可解算出机器人当前的速度与位置。

2）高抗干扰性能。因其既不依托外界信息，也不需向外部辐射能量，因而不易受到外界复杂电磁环境的干扰，确保机器人在各种极端条件、地理位置下，仍然保持良好的工作性能。

3）高稳定性。其可从陀螺仪、加速度计中实时解算出机器人的速度与位移，不间断更新机器人的速度、位置、航向与姿态角数据，上述导航数据稳定性好、噪声低，有利于机器人保持高精度动态基准。

4）高可靠性。其短期精度高，可靠性好。

5）全天候工作。其可在空中、陆地以及水域等领域全天候工作。

与此同时，惯性导航系统也存在诸多缺点：

1）长期精度差。因其解算机器人的运动信息需要使用一次积分与二次积分，定位误差会随着时间增加而增大，导致长期导航精度差。因此，其往往需要外部信息进行修正，以保证系统的稳定性。

2）初始校准时间长。每次应用前一般需要较长的初始校准时间。

3）成本高。与其他导航系统相比，高精度惯性导航系统的成本相对昂贵。

目前，自主机器人广泛使用的惯性导航传感器包括：美国Honeywell公司的HGuide惯性导航系统、美国亚诺德半导体（ADI）公司的ADIS惯性传感器、法国iXblue公司的Octans Nano惯性导航系统以及荷兰Xsens公司的MTi系列惯性传感器等，如图3-1所示。

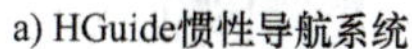
a) HGuide惯性导航系统

b) ADIS惯性传感器

c) Octans Nano惯性导航系统

d) MTi系列惯性传感器

图 3-1　常见惯性传感器举例

本文以 Xsens 公司的 MTi 系列惯性传感器为例，介绍惯性传感器硬件参数及其特点，见表 3-1。

表 3-1　Xsens 公司的 MTi 系列惯性传感器参数

产品	MTi-2	MTi-30	MTi-200	MTi-680G
集成级别	VRU	AHRS	VRU	GNSS/INS
陀螺稳定性偏差	18（°）/h	18（°）/h	10（°）/h	8（°）/h
翻滚角	0.5°	0.2°	0.2°	0.2°
偏航	—	1°	无	1°
位置 / 速度	否	否	否	是
接口	I^2C/SPI/ UART	RS232/RS485/ RS422/UART/USB	RS232/RS485 /RS422/UART/USB	CAN/RS232/ UART

其中，Xsens 公司的 MTi-680G 惯性传感器大小为 31.5mm × 28.0mm × 13.0mm，采用 IP51 级别的外壳，其陀螺稳定性偏差仅为 8（°）/h，可处理精确度为 ± 0.2° 的翻滚角与俯仰角；此外，其在全球导航卫星系统的辅助下，航向测量精确度可达 ± 1.0°。该传感器包括一个 CAN 总线，并提供一个美国国家航海电子协会通信协议接口，以便集成至海、陆、空等领域的系统 / 平台，例如 ROV/AUV/ 水面舰艇、自动地面车辆（货车 / 汽车 / 挖掘机 /AGV/ 叉车）、外骨骼、UAV/ 无人机 /xCopters、测量与雷达校准设备以及 VSAT/ 天线 / 万向节单元等。

3.1.2　视觉传感器

在自主机器人智能感知任务中，视觉传感器为目前应用规模最大的传感器之一，俗称为相机。视觉传感器主要包括光学镜头、相机成像元件、模 / 数转换器、影像运算芯片、图像存储器等核心部件，利用上述核心部件来获取外部环境的图像信息。相比其他的机器人感知传感器，视觉传感器与人类视觉最为接近，是目前唯一能够获取环境颜色信息的感知手段。

视觉传感器的主要工作原理如图 3-2 所示，与人眼成像原理类似，物体反射的光线通过光学镜头或者镜头组进入相机，通过相机成像元件形成模拟图像信号，再经过模 / 数转换器转化为数字图像信号，数字图像信号通过影像运算芯片储存在存储设备中。其中，相机成像元件通常为 CCD（电荷耦合元件）或者 CMOS（互补金属氧化物半导体），该成像元件的特点是光线通过时，能够根据光线的不同转化为电子信号。

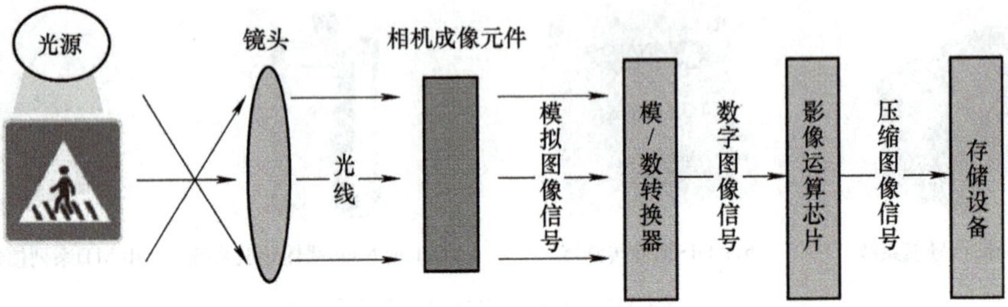

图 3-2　视觉传感器的主要工作原理

在自主机器人应用中，视觉传感器具有诸多优点：

1）图像信息量大。其能够以高帧率、高分辨率获取周围复杂动态的环境信息，所采集的图像信息量极为丰富，尤其是彩色图像，通常包含感知对象的颜色、纹理、形状、结构、语义等信息。

2）多任务并行处理。其所采集的图像可被复用同时开展多任务并行处理，例如道路检测、车辆检测、行人检测等。

3）即时信息获取能力强。其所采集的图像为实时场景的视觉信息，不依赖于先验知识，具备较强的适应环境能力。

4）视觉传感器技术成熟，成本相对较低。

与此同时，视觉传感器也存在诸多缺点：

1）受环境影响大。基于视觉的感知技术易受光线、天气等影响，特别在恶劣天气、类似于隧道内的昏暗环境、逆光以及强光照射场景中，其成像性能难以得到保障。

2）存在畸变现象。其易存在径向、切向的畸变。

自主机器人常用的视觉传感器主要包括 RGB 相机、多光谱相机与深度相机。其中，RGB 相机是应用范围最为广泛的相机之一，其原理是通过红、绿、蓝 3 种颜色及其组合来获取各种可见颜色；多光谱相机能够获取不同波段的图像，包括可见光、不可见光波长等，可以获得 RGB 相机无法提供的环境信息；深度相机则将距离信息加入到了二维图像中，以实现三维立体成像。

目前，自主机器人广泛使用的视觉传感器包括：瑞士 Baumer 公司的 CX 系列工业相机、德国 IDS 公司的 NXT 系列智能工业相机、美国 STEREOLABS 公司的 ZED 系列双目相机以及美国 Intel 公司的深度相机 RealSense 系列等。

本文以美国 Intel 公司的 RealSenseD4 系列双目相机为例，介绍视觉传感器的参数及其特点，见表 3-2。

表 3-2　Intel 公司的 RealSenseD4 系列双目相机参数

产品	RealsenseD405	RealsenseD415	RealsenseD435	RealsenseD455
图像传感器技术	全局快门	卷帘快门	全局快门	全局快门
深度视场	84° × 58°	65° × 40°	87° × 58°	87° × 58°
深度分辨率	1280 × 720	1280 × 720	1280 × 720	1280 × 720
RGB 分辨率	1280 × 720	1920 × 1080	1920 × 1080	1280 × 800
帧率	30 帧 /s	30 帧 /s	30 帧 /s	30 帧 /s
理想深度范围	7 ～ 50cm	0.5 ～ 3m	0.3 ～ 3m	0.6 ～ 6m

其中，Intel RealsenseD4 系列深度相机是专为实现计算机视觉与深度学习的应用而设计的。图 3-3 所示为 RealsenseD435 的核心组成部件，主要包括玻璃透镜，面罩，前置铝壳，包含 RGB 相机、红外相机与红外发射器的 D430 模块，散热器，后置 PCB 及元件，后置铝壳以及其他附属配件等，其采用英特尔的深度感知技术，结合视觉传感器与红外（IR）传感器，其可提供高质量的深度图像与 RGB 彩色图像，为自主机器人环境感知提供丰富的数据源。

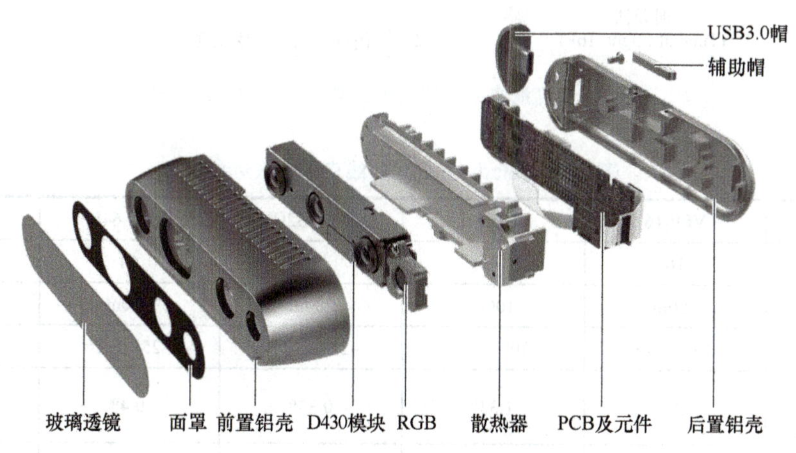

图 3-3 RealsenseD435 相机组成

3.1.3 激光雷达

激光雷达（Light Detection and Ranging，LiDAR）是以发射激光束探测目标位置、速度等特征量的雷达系统，其能够精确测量感知对象的距离、角度、速度、振动、姿态、形状等参数，从而实现对感知对象的探测、跟踪与识别等。激光雷达是激光技术与雷达技术相结合的产物，主要由激光发射系统、激光接收系统、计时电路与信号处理单元等四大核心组件构成。其中，激光发射系统能够发射发散角小、能量集中的激光光束；激光接收系统能够探测、接收照射到感知对象上的反射、散射等回波信号。雷达具有波长越短探测精度越高的特点，激光雷达的探测介质是激光射线，所采用的波长集中在 600 ～ 1000nm，远低于传统雷达的波长，其测量精度可达厘米级。

图 3-4 所示为典型的自主机器人机载激光雷达的工作原理。具体地，激光脉冲发射器周期地驱动激光装置发射激光脉冲，由激光接收器接收激光到达目标表面后的反射或散射信号，产生接收信号。利用计时电路（例如石英时钟等）对发射与接收时间差作计数，经由信号处理模块处理原始数据，输出、显示、存储距离以及角度信息等。激光束发射的频率一般可超过每秒几万个脉冲。若一个频率为每秒一万次脉冲的系统，接收器将在 1min 内记录 60 万个点。

自主机器人常用的激光雷达制造商主要包括美国的 Velodyne 公司与 Luminar 公司、以色列的 Innoviz 公司以及德国的 Valeo 公司等。本文以美国 Velodyne 公司的线束激光雷达为例，对激光雷达参数、特点等进行介绍，见表 3-3。

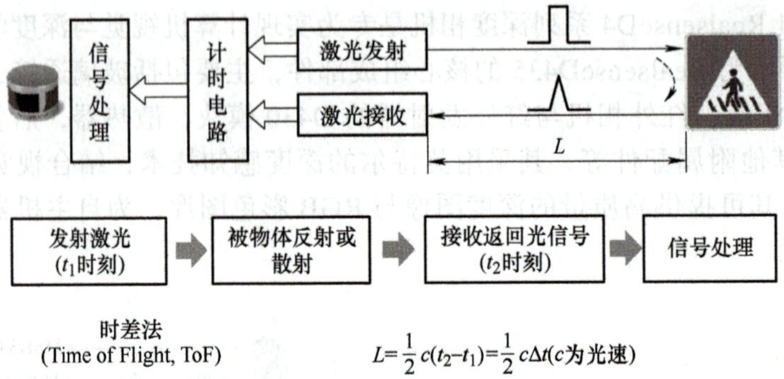

时差法
(Time of Flight, ToF)

$$L=\frac{1}{2}c(t_2-t_1)=\frac{1}{2}c\Delta t（c为光速）$$

图 3-4　典型的自主机器人机载激光雷达的工作原理

表 3-3　Velodyne 公司的线束激光雷达参数

产品	VLP-16	HDL-32E	VLP-32C	HDL-64E	VLS-128
通道数	16	32	32	64	128
探测距离	100m	100m	200m	120m	300m
垂直视角	-15° ～ 15°	-30° ～ 10°	-25° ～ 15°	-25° ～ 2°	-25° ～ 15°
垂直视角分辨率	2°	1.33°	0.33°	0.4°	0.11°
水平视角	360°	360°	360°	360°	360°
水平视角分辨率	0.1° ～ 0.4°	0.1° ～ 0.4°	0.1° ～ 0.4°	0.08° ～ 0.35°	0.1° ～ 0.4°
数据量 /（万点 /s）	30	139	120	220	960

其中，VLS-128 是 Velodyne 公司的 128 线激光雷达，其探测距离是上一代产品 HDL-64E 的 2 倍以上，达到 300m，最小垂直角分辨率可以到 0.11°。然而，激光雷达成本相对价格高，机械式激光雷达的电动机外壳、光学透镜等重量与体积较大，容易造成机械磨损，长时间使用会造成性能降低，因而其耐久度差，可靠性随时间积累而降低。此外，激光雷达的信号接收质量易因光学透镜变脏而降低。

3.2　多传感器联合标定

传感器标定是自主机器人感知任务中的必要环节，是后续传感器融合的必要步骤与先决条件，其目的是将两个或者多个传感器变换到统一的时空坐标系。任何传感器在制造、安装之后都需要通过实验进行标定，以保证传感器符合设计指标，保证测量值的准确性。此外，因各式传感器的工作属性不同，导致其适应范围与局限性也不相同，为保证自主机器人在各种复杂动态环境下自主、持续、可靠地工作，通常需要采用多传感器融合方法，多传感器联合标定技术则是关键前提。本节将对自主机器人环境感知任务中涉及的联合标定问题进行详细介绍，主要包括多相机标定、相机 - 惯导标定、相机 - 激光雷达标定以及激光雷达 - 惯导标定。

3.2.1 多相机标定

自主机器人视觉环境感知的关键是将其视觉传感器采集的图像信息与真实场景信息进行匹配对应，成像模型则是从数学角度来量化此种对应关系，而相机标定旨在求解成像模型参数。

1. 单相机内外参数标定

图 3-5 所示为自主机器人机载相机成像示意图。图中点转换过程涉及四个坐标系，分别是世界坐标系 $x_w y_w z_w$ 、相机坐标系 $x_c y_c z_c$ 、成像平面坐标系 xy 和图像坐标系 uv 。假设现实世界中存在一个感知对象 P_w ，在世界坐标系中其位置为 (x_w,y_w,z_w) ，通过四个坐标系之间的转换，确定 P_w 在图像坐标系上的投影 P 。

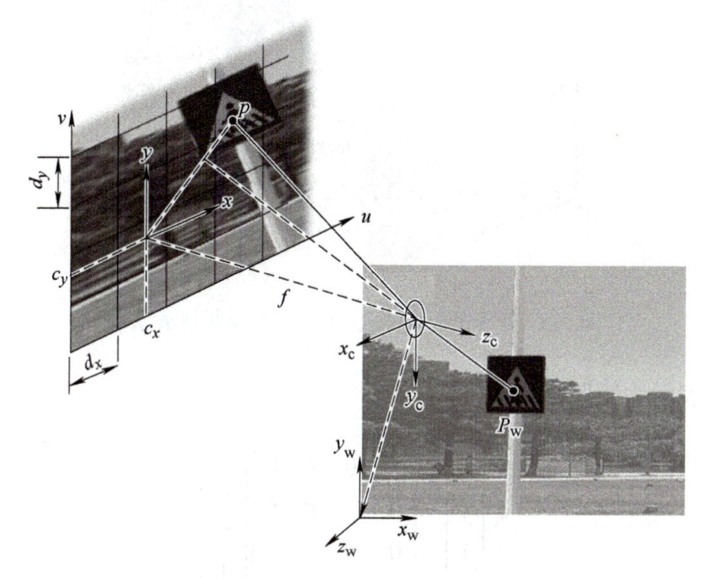

图 3-5　自主机器人机载相机成像示意图

（1）图像坐标系与成像平面坐标系转换　如图 3-5 所示，若成像平面坐标系原点 (c_x,c_y) 在图像坐标系 uv 中的坐标为 (u_0,v_0) ，每一个像素在 x 轴与 y 轴方向上的物理尺寸为 d_x 和 d_y ，则图像中任意一个像素在两个坐标系下的坐标有如下关系：

$$u=\frac{x}{d_x}+u_0,\quad v=\frac{y}{d_y}+v_0 \tag{3-1}$$

式（3-1）可表示为下面的矩阵：

$$z_c\begin{bmatrix}u\\v\\1\end{bmatrix}=\begin{bmatrix}\frac{1}{d_x} & 0 & u_0\\ 0 & \frac{1}{d_y} & v_0\\ 0 & 0 & 1\end{bmatrix}\begin{bmatrix}x\\y\\1\end{bmatrix} \tag{3-2}$$

（2）成像平面坐标系与相机坐标系转换　上述过程为从三维坐标到二维坐标的转换，即投影透视过程，用中心投影法将感知对象投射到投影面上，从而获得一种接近视觉效果的单面投影图，表现出人眼看到景物近大远小的一种成像方式。

如图 3-6 所示，假设相机坐标系中有一点 $P_c(x_c, y_c, z_c)$，结合相似三角形原理，则在理想成像平面坐标系下（无畸变）的成像点 $p(x, y)$ 的坐标为

$$x = f\frac{x_c}{z_c} \quad y = f\frac{y_c}{z_c} \tag{3-3}$$

式中，f 是焦距（像平面与相机坐标系原点的距离）。

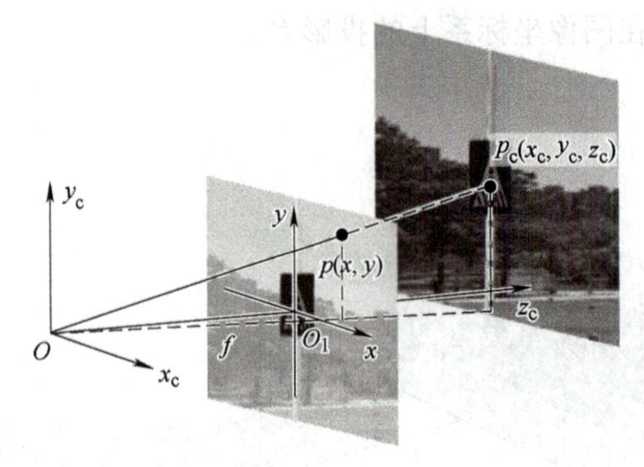

图 3-6　成像平面坐标系与相机坐标系转换示意图

将以上关系表示为矩阵形式：

$$z_c\begin{bmatrix} x \\ y \\ 1 \end{bmatrix} = \begin{bmatrix} f & 0 & 0 & 0 \\ 0 & f & 0 & 0 \\ 0 & 0 & 1 & 0 \end{bmatrix}\begin{bmatrix} x_c \\ y_c \\ z_c \\ 1 \end{bmatrix} \tag{3-4}$$

则矩阵

$$\boldsymbol{M}_1 = \begin{bmatrix} \frac{1}{d_x} & 0 & u_0 \\ 0 & \frac{1}{d_y} & v_0 \\ 0 & 0 & 1 \end{bmatrix}\begin{bmatrix} f & 0 & 0 & 0 \\ 0 & f & 0 & 0 \\ 0 & 0 & 1 & 0 \end{bmatrix} = \begin{bmatrix} f_x & 0 & u_0 & 0 \\ 0 & f_y & v_0 & 0 \\ 0 & 0 & 1 & 0 \end{bmatrix} \tag{3-5}$$

式中，$\boldsymbol{M}_1$ 是内参矩阵，其中 f_x、f_y 的单位为个（像素数目）。

值得注意的是，$\boldsymbol{M}_1$ 矩阵内各值仅与相机的焦距、主点以及传感器等设计技术指标有关，而与外部因素（例如相机位置信息、周边环境、光照条件等）无关。内参在相机出厂时就是确定的。然而，由于制作工艺等问题，即使是同一生产线生产的相机，内参都有着些许差别，因而需要通过实验测定来确定相机的内参，即开展相机的标定。

（3）相机坐标系与世界坐标系的变换　一般情况下，世界坐标系与相机坐标系不重合。如图 3-5 所示，世界坐标系中的某一点 $P_\mathrm{w}(x_\mathrm{w},y_\mathrm{w},z_\mathrm{w})$ 投射到像面上时，先需将该点的坐标转换到相机坐标系下。刚体从世界坐标系转换到相机坐标系的过程，可以通过旋转、平移来实现。假设 P_w 到光心的垂直距离为 s（即上文中的 z_c），在像面上的坐标为 $P_\mathrm{c}(x_\mathrm{c},y_\mathrm{c},z_\mathrm{c})$，世界坐标系与相机坐标系之间的相对旋转为矩阵 $\boldsymbol{R}$（三行三列的旋转矩阵），相对位移为向量 $\boldsymbol{T}$（三行一列的平移矩阵），其变换矩阵可由一个旋转矩阵与平移向量组合成的齐次坐标矩阵来表示：

$$\begin{bmatrix} x_\mathrm{c} \\ y_\mathrm{c} \\ z_\mathrm{c} \\ 1 \end{bmatrix} = \begin{bmatrix} \boldsymbol{R} & \boldsymbol{T} \\ \boldsymbol{0}^\mathrm{T} & 1 \end{bmatrix} \begin{bmatrix} x_\mathrm{w} \\ y_\mathrm{w} \\ z_\mathrm{w} \\ 1 \end{bmatrix} = \boldsymbol{M}_2 \begin{bmatrix} x_\mathrm{w} \\ y_\mathrm{w} \\ z_\mathrm{w} \\ 1 \end{bmatrix} \tag{3-6}$$

式中，$\boldsymbol{M}_2$ 表示外参矩阵，其只与相机外部参数有关，是相机在世界坐标系下的位置姿态矩阵，且随刚体位置的变化而变化。

确定 $\boldsymbol{M}_2$ 矩阵的过程通常称为视觉定位。自主机器人在机载相机安装之后，需要标定在自主机器人坐标系下的相机位置。此外，因自主机器人运动过程中易产生颠簸、振动等，机载相机的位置会随着时间发生缓慢的变化，因而自主机器人需要定期对相机位置进行重新标定，这一过程称为校准。

在得到图像坐标系与成像平面坐标系、成像平面坐标系与相机坐标系、相机坐标系与世界坐标系之间的关系后，便可以求出图像坐标系与世界坐标系之间的转换关系。

世界坐标系中的某一点 $P_\mathrm{w}(x_\mathrm{w},y_\mathrm{w},z_\mathrm{w})$，在图像坐标系中的位置为 (u,v)，则两者关系如下：

$$z_\mathrm{c}\begin{bmatrix} u \\ v \\ 1 \end{bmatrix} = \begin{bmatrix} \dfrac{1}{d_x} & 0 & u_0 \\ 0 & \dfrac{1}{d_y} & v_0 \\ 0 & 0 & 1 \end{bmatrix} \begin{bmatrix} f & 0 & 0 & 0 \\ 0 & f & 0 & 0 \\ 0 & 0 & 1 & 0 \end{bmatrix} \begin{bmatrix} \boldsymbol{R} & \boldsymbol{T} \\ \boldsymbol{0}^\mathrm{T} & 1 \end{bmatrix} \begin{bmatrix} x_\mathrm{w} \\ y_\mathrm{w} \\ z_\mathrm{w} \\ 1 \end{bmatrix} = \boldsymbol{M}_1\boldsymbol{M}_2 \begin{bmatrix} x_\mathrm{w} \\ y_\mathrm{w} \\ z_\mathrm{w} \\ 1 \end{bmatrix} \tag{3-7}$$

（4）实际成像畸变模型　理想的透视模型是针孔成像模型，物与像会满足相似三角形的关系。但因相机光学系统存在加工、装配等误差，透镜则不能严格满足物与像成相似三角形的关系，导致相机图像平面上实际所成的像与理想成像之间会存在畸变。畸变主要是径向畸变，也包括切向畸变等，如图 3-7a 所示。畸变属于成像的几何失真，是由于焦平面上不同区域对图像的放大率不同而形成的画面扭曲变形现象，变形程度从画面中心至画面边缘依次递增。

在自主机器人视觉环境感知中，自主机器人要求相机能够实现对周围环境的高精度重建，若不对畸变加以矫正，则无法得到精确的环境信息。

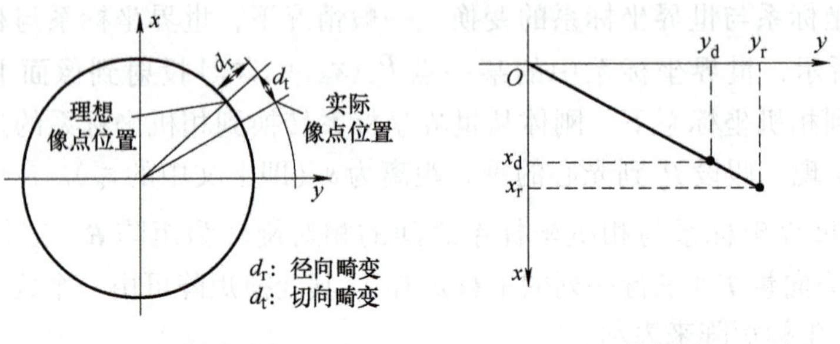

a) 实际成像畸变　　b) 径向畸变

图 3-7　实际成像畸变及其径向畸变

如图 3-7b 所示，对于图像的径向畸变，通常采用多项式拟合算法，假设图像中的像素点理想坐标为$(x_{\mathrm{d}},y_{\mathrm{d}})$，畸变后坐标为$(x_{\mathrm{r}},y_{\mathrm{r}})$，则

$$r_0=\sum_{i=1}^{n}k_i r^i \tag{3-8}$$

式中，$r_0=\sqrt{x_{\mathrm{r}}^2+y_{\mathrm{r}}^2}$；$r=\sqrt{x_{\mathrm{d}}^2+y_{\mathrm{d}}^2}$；$k_i$是畸变系数。

因径向畸变仅与像素点离图像中心的距离有关，因此在直角坐标系中有

$$\frac{x_{\mathrm{d}}}{y_{\mathrm{d}}}=\frac{x_{\mathrm{r}}}{y_{\mathrm{r}}} \tag{3-9}$$

将式（3-9）代入式（3-8）得

$$\begin{cases}x_{\mathrm{corr}}=x_{\mathrm{d}}(k_1r^2+k_2r^4+k_3r^6+\cdots)\\ y_{\mathrm{corr}}=y_{\mathrm{d}}(k_1r^2+k_2r^4+k_3r^6+\cdots)\end{cases} \tag{3-10}$$

式中，x_{corr}、y_{corr}分别是x轴和y轴上的畸变变化量；k_1、k_2、k_3是径向畸变参数。

在实际应用中，常用$r=0$处的前三项泰勒级数展开来近似描述径向畸变，结合式（3-10）可知，对于径向畸变校正，需要求解 3 个径向畸变参数k_1、k_2与k_3，也属于相机内参，在标定时与其余内参同时进行。

切向畸变是由于透镜与 CCD（电荷耦合元件）或者 CMOS（互补金属氧化物半导体）的安装位置误差导致的。因此，若存在切向畸变，一个矩形被投射到成像平面上时，则会变成一个梯形。矫正前后的坐标关系为

$$\begin{cases}x_{\mathrm{corr}}=x_{\mathrm{d}}+[2p_1x_{\mathrm{d}}y_{\mathrm{d}}+p_2(r^2+2x_{\mathrm{d}}^2)]\\ y_{\mathrm{torr}}=y_{\mathrm{d}}+[p_1(r^2+2y_{\mathrm{d}}^2)+2p_2x_{\mathrm{d}}y_{\mathrm{d}}]\end{cases} \tag{3-11}$$

式中，p_1、p_2是切向畸变参数。

（5）常用相机标定方法　目前相机标定方法可分为三种类型：传统的相机标定方法、主动视觉相机标定方法以及相机自标定方法。其中，传统的相机标定方法具有理论清晰明了、求解简单、标定精度高的优点，但是标定的过程相对复杂，对标定模块的精度要求较高，其主要包括直接线性变换法（DLT 法）、RAC 标定方法等；主动视觉相机标定方法一

般适用于相机在世界坐标系中运动参数已知的情况，通常能够线性求解，且获得的结果具备很强的鲁棒性；相比之下，相机自标定方法不需要高精度的标定模块，可从图像序列中获得的约束关系来计算出实时、在线的相机模型参数，虽然鲁棒性相对不强，但是灵活性较高，成为相机标定方法的主流，其典型代表为张正友平面标定方法。

2. 多相机标定

在自主机器人视觉环境感知应用中，为了尽可能减少感知盲区，往往采用多相机模式。确定多相机之间相对位置关系的过程称为相机的外参标定。本文以双目相机的双目立体视觉为例，介绍多相机标定原理及方法。

在自主机器人的标准立体视觉中，如图 3-8 所示，左、右两台相机的焦距及其他内部参数均相等，光轴与相机的成像平面垂直，两台相机的 x 轴重合，y 轴相互平行。类似于单相机内外参数标定，双目相机标定的目标是确定左、右相机之间的外参（旋转矩阵 $\boldsymbol{R}$ 和平移向量 $\boldsymbol{T}$），以及左、右相机的内参 [相机的焦距 f 和主点坐标 (u_0,v_0)]。其中，外参用于将左相机坐标系中的点映射到右相机坐标系，内参则用于将图像中的像素坐标转化为真实世界中的坐标。

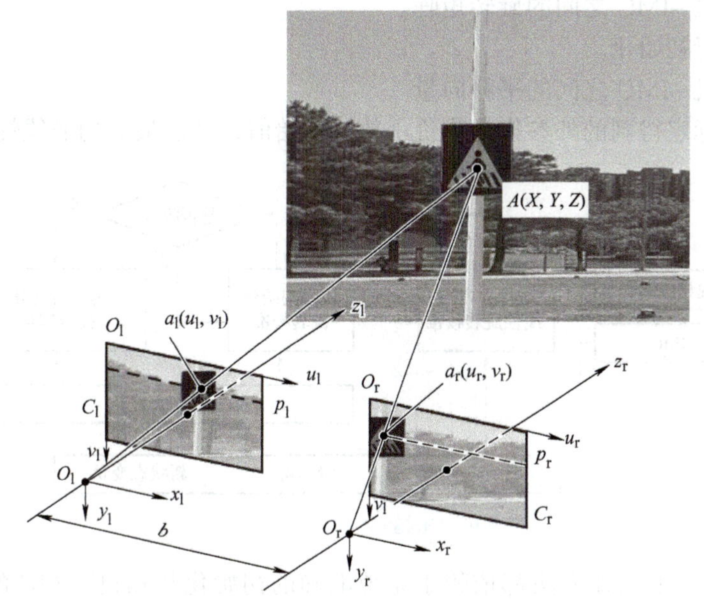

图 3-8 典型的自主机器人立体视觉感知示意图

假设左侧相机相对于世界坐标系的旋转矩阵为 $\boldsymbol{R}_\mathrm{l}$，平移向量为 $\boldsymbol{T}_\mathrm{l}$，右侧相机相对于世界坐标系的旋转矩阵为 $\boldsymbol{R}_\mathrm{r}$，平移向量为 $\boldsymbol{T}_\mathrm{r}$，则两个相机之间的位置关系可表示为

$$\begin{aligned}\boldsymbol{R}&=\boldsymbol{R}_\mathrm{r}\boldsymbol{R}_\mathrm{l}^{-1}\\ \boldsymbol{T}&=\boldsymbol{T}_\mathrm{r}-\boldsymbol{R}\boldsymbol{T}_\mathrm{l}\end{aligned} \tag{3-12}$$

双目视觉系统的两个相机之间的外参数可通过上述公式求得。

双目相机标定通常包括以下步骤：

1）拍摄标定板图像。开启双目相机，同时拍摄不同距离、不同角度的多张标定板图像，要求标定板上的所有角点均能够清晰可见。

2）角点坐标获取。对于每张标定板图像，使用手工标注或自动角点检测方法来获得标定板上的角点坐标。

3）内参标定。对于原始左、右视图，分别进行内参标定，并根据内参矫正畸变。

4）对应点对生成。将左右相机中对应的角点坐标配对生成对应点对。

5）外参获取。根据上述对应点对，计算相机的外参 $[\boldsymbol{R}|\boldsymbol{T}]$。

6）图像剪裁。

3.2.2 相机－惯导标定

本小节以单目相机与惯导（即相机 -IMU）标定为例展开介绍，其可分为在线标定、离线标定两种类型。其中，在线标定通常是以即插即用的方式对视觉－惯性系统进行标定；离线标定通常是在使用上述传感器之前，在采集大量数据集的过程中，通过重复移动轨迹的一致性原理，获得视觉－惯性系统的外参，此种标定方法相对更精确、更可靠。

以 VINS-Mono 在线标定方法为例，如图 3-9 所示，外参标定步骤如下：

1）标定相机 -IMU 之间的旋转矩阵。

2）系统进行初始化。

3）标定相机 -IMU 之间的平移向量。

4）将上述标定得到的外参作为代价函数的初始值，开展最后的非线性优化。

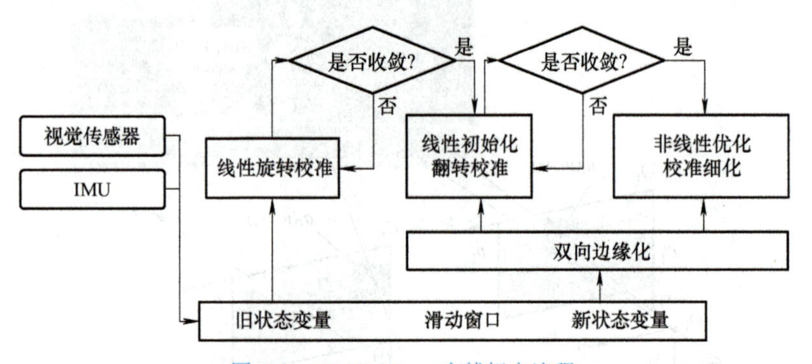

图 3-9　VINS-Mono 在线标定流程

鉴于准确的环境感知方法都依赖于系统准确的初始化与相机 -IMU 的准确标定，在标定相机 -IMU 之前，需将相机 -IMU 之间的相对位姿固定，确保自主机器人在运动过程中，两者之间相对坐标系不再发生改变。相机 -IMU 的外参标定主要涉及从相机坐标系 $\{C\}$ 到 IMU 坐标系 $\{B\}$ 的变换矩阵（即旋转矩阵 $\boldsymbol{R}$、平移向量 $\boldsymbol{T}$）获取，即求取从相机到 IMU 的旋转矩阵 $\boldsymbol{R}$，然后再求取平移向量 $\boldsymbol{T}$。下面内容将依次介绍：

1. 相机 -IMU 旋转矩阵

对于相机 -IMU 的旋转矩阵计算，考虑到单目相机可以跟踪系统的位姿，两幅图像之间可以通过经典的五点法来解决图片的相对旋转 $\boldsymbol{R}_{c_k c_{k+1}}$。此外，角速度可以通过对陀螺仪积分来获得相关的旋转 $\boldsymbol{R}_{b_k b_{k+1}}$。因此，对于任意的 k 帧图片，遵循以下等式：

$$\boldsymbol{R}_{b_k b_{k+1}} \cdot \boldsymbol{R}_{bc} = \boldsymbol{R}_{bc} \cdot \boldsymbol{R}_{c_k c_{k+1}} \tag{3-13}$$

式中，$\boldsymbol{R}_{bc}$ 是相机 -IMU 旋转矩阵。

将式（3-13）的旋转矩阵用四元数来表示：

$$\boldsymbol{q}_{b_k b_{k+1}} \otimes \boldsymbol{q}_{bc} = \boldsymbol{q}_{bc} \otimes \boldsymbol{q}_{c_k c_{k+1}} \Rightarrow [(\boldsymbol{q}_{b_k b_{k+1}})^{+} - (\boldsymbol{q}_{c_k c_{k+1}})^{\oplus}] \cdot \boldsymbol{q}_{bc} = \boldsymbol{Q}_{k,k+1} \cdot \boldsymbol{q}_{bc} = 0 \tag{3-14}$$

式中，$\boldsymbol{q}_{b_k b_{k+1}}$、$\boldsymbol{q}_{c_k c_{k+1}}$ 和 $\boldsymbol{q}_{bc}$ 是式（3-13）的四元数表示；$\boldsymbol{Q}_{k,k+1}$ 是四元数运算（左乘右乘）后的结果。

对于给定的多对连续图像之间的旋转，可以构建一个超定方程：

$$\begin{bmatrix} w_{0,1} \cdot \boldsymbol{Q}_{0,1} \\ w_{1,2} \cdot \boldsymbol{Q}_{1,2} \\ \vdots \\ w_{N-1,N} \cdot \boldsymbol{Q}_{N-1,N} \end{bmatrix} \cdot \boldsymbol{q}_{bc} = \boldsymbol{Q}_N \cdot \boldsymbol{q}_{bc} = 0 \tag{3-15}$$

式中，N 是旋转矩阵收敛时所使用帧的数量；$w_{k,k+1}$ 是异常处理的权重。

当旋转校准与相机 -IMU 传入的测量 $\boldsymbol{R}_{b_k b_{k+1}}$、$\boldsymbol{R}_{c_k c_{k+1}}$ 一起运行时，先前估计的结果 $\hat{\boldsymbol{R}}_{bc}$ 可以作为初始值对残差进行加权：

$$r_{k,k+1} = \arccos \frac{\operatorname{tr}(\hat{\boldsymbol{R}}_{bc}^{-1} \boldsymbol{R}_{b_k b_{k+1}}^{-1} \hat{\boldsymbol{R}}_{bc} \boldsymbol{R}_{c_k c_{k+1}}) - 1}{2} \tag{3-16}$$

式中，arccos 表示反余弦函数；tr 表示求矩阵迹函数。

残差函数的权重为

$$w_{k,k+1} = \begin{cases} 1 & r_{k,k+1} < \partial \\ \dfrac{\partial}{r_{k,k+1}} & \text{其他} \end{cases} \tag{3-17}$$

式中，∂ 表示分段函数的阈值。

值得注意的是，若没有足够的特征来估计相机旋转，则将 $w_{k,k+1}$ 设置为零。超定方程式（3-15）的解可获得对应于 $\boldsymbol{Q}_N$ 的最小奇异值的右单位奇异向量 $\boldsymbol{q}_{bc}$，然后通过式（3-13）与式（3-14）即可解算出对应的旋转矩阵 $\boldsymbol{R}_{bc}$。

2. 相机 -IMU 平移向量

在获得旋转矩阵 $\boldsymbol{R}_{bc}$ 的基础上，接下来估计相机 -IMU 的平移向量 $\boldsymbol{T}_{bc}$，通常采用紧耦合的滑动窗口来初始化参数。在 IMU 坐标系下，定义状态向量为

$$\begin{cases} \chi = [x_n, x_{n+1}, \cdots, x_{n+N}, p_{bc}, \lambda_m, \lambda_{m+1}, \cdots, \lambda_{m+M}] \\ \boldsymbol{x}_k = [\boldsymbol{p}_{b_0 b_k}, \boldsymbol{v}_{b_0 b_k}, \boldsymbol{g}^{b_k}] \end{cases} \tag{3-18}$$

式中，χ是所有IMU状态变量；x_k是第k个IMU的状态；p_{bc}是IMU坐标系到相机坐标系的旋转和平移；λ_m是第m个特征从第一次观察开始的深度；N是IMU的状态在滑动窗口中s的数量；M是在滑动窗口中具有足够视差的特征的数量；n、m是在滑动窗口中的起始索引；$\boldsymbol{p}_{b_0b_k}$是第k个IMU的位置状态；$\boldsymbol{v}_{b_0b_k}$是第k个IMU的速度状态；$\boldsymbol{g}^{b_k}$是第k个IMU的重力向量；$\boldsymbol{p}_{b_0b_0}=[0,0,0]$提前设定好。

初始化通常通过最大似然估计来完成，核心是计算最小滑动窗口内单目相机与IMU所有测量误差的马氏范数之和：

$$\min_{\chi}\left\{\left\|\boldsymbol{r}_p-\boldsymbol{H}_p\chi\right\|^2+\sum_{k\in B}\left\|\hat{\boldsymbol{z}}_{b_kb_{k+1}}-\boldsymbol{H}_{b_kb_{k+1}}\chi\right\|^2_{\boldsymbol{P}_{b_kb_{k+1}}}+\sum_{(l,j)\in C}\left\|\hat{\boldsymbol{z}}_{c_jl}-\boldsymbol{H}_{c_jl}\chi\right\|^2_{\boldsymbol{P}_{c_jl}}\right\} \tag{3-19}$$

式中，B是所有IMU测量值的集合；C是任何特征与任何相机姿态之间的所有观测值的集合。

由于增量与相对旋转是已知的，式（3-19）可以使用非迭代线性方式求解。

其中，$\{\boldsymbol{r}_p,\boldsymbol{H}_p\}$是线性估计器的解，$\{\boldsymbol{p}_{b_kb_{k+1}},\boldsymbol{H}_{b_kb_{k+1}}\}$是线性IMU测量模型，$\boldsymbol{H}_{c_jl}$是线性相机测量模型，IMU的测量$\hat{\boldsymbol{z}}^{b_k}_{b_{k+1}}$可以表示为

$$\hat{\boldsymbol{z}}^{b_k}_{b_{k+1}}=[\alpha^{b_k}_{b_{k+1}}\quad\beta^{b_k}_{b_{k+1}}]^{\mathrm{T}} \tag{3-20}$$

式（3-19）的描述过于复杂，为了便于参数的求解，将线性代价函数转换为以下形式：

$$(\boldsymbol{\Lambda}_p+\boldsymbol{\Lambda}_B+\boldsymbol{\Lambda}_C)\chi=(\boldsymbol{b}_p+\boldsymbol{b}_B+\boldsymbol{b}_C) \tag{3-21}$$

式中，$\{\boldsymbol{\Lambda}_B,\ \boldsymbol{b}_B\}$、$\{\boldsymbol{\Lambda}_C,\ \boldsymbol{b}_C\}$分别是IMU、视觉测量的信息矩阵与向量。

由于已知增量与对应的旋转，代价函数的状态是线性的，并且式（3-21）具有唯一的解。通过对该方程线性的求解，则可获得相机–IMU之间的平移向量$\boldsymbol{T}_{bc}$。

3. 相机–IMU代价函数

上述问题可以被公式化为一个联合优化的代价函数$J(x)$：

$$J(x)=\sum_{i=1}^{I}\sum_{k=1}^{K}\sum_{j\in(i,k)}\boldsymbol{e}_{\mathrm{v}}^{i,j,k^{\mathrm{T}}}\boldsymbol{W}_{\mathrm{v}}^{i,j,k}\boldsymbol{e}_{\mathrm{v}}^{i,j,k}+\boldsymbol{e}_{\mathrm{s}}^{k^{\mathrm{T}}}\boldsymbol{W}_{\mathrm{s}}^{k}\boldsymbol{e}_{\mathrm{s}}^{k} \tag{3-22}$$

式中，$\boldsymbol{e}_{\mathrm{v}}$是视觉测量的残差权重；$\boldsymbol{e}_{\mathrm{s}}$是惯性测量的残差权重；$\boldsymbol{W}$是位置测量的信息矩阵；$i$是图像的特征索引；$k$是相机数量索引；$j$是目标位置。

3.2.3 相机–激光雷达标定

针对激光雷达与多相机的标定和数据融合，首先需对单个激光雷达与多相机进行联合标定，获得激光雷达坐标系与多个相机坐标系之间的转换关系（即旋转与平移），确保可以将所得到的激光点云数据投射到相机坐标系下，进而完成两种传感器数据的融合。在自

主机器人实际应用中，具体思路仍为对应特征点的匹配，然后基于激光雷达测得的每个标定板位置，获得对应法向量与距离，从而求出点到平面的距离；接着通过线性结构得到初始解，再基于参数拟合或者非线性优化等方法得到对应的外参数据。本小节结合棋盘格，以激光雷达与单相机的标定为例展开介绍，如图 3-10 所示。

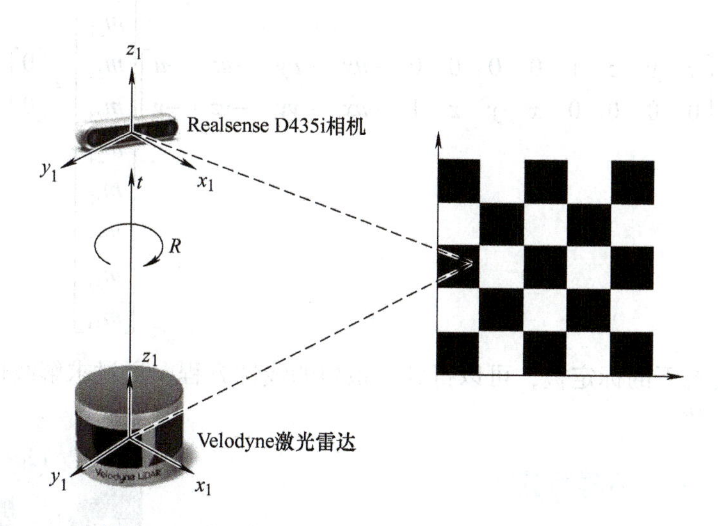

图 3-10　基于棋盘格的单相机 – 激光雷达标定方法

具体地，激光雷达与相机同时观察一个参照物，例如棋盘格，因相机捕获的图像数据为二维平面数据，以（u，v）表示，激光雷达捕获的激光数据为三维点云数据，以（x，y，z）表示。标定的目的是建立一个转化矩阵 $\boldsymbol{M}$，将三维的激光点云（x，y，z）映射到二维的图像数据（u，v）中，其数学关系为

$$\begin{bmatrix} u \\ v \\ 1 \end{bmatrix} = \begin{bmatrix} f_u & 0 & u_0 \\ 0 & f_v & v_0 \\ 0 & 0 & 1 \end{bmatrix} [\boldsymbol{R} \mid \boldsymbol{t}] \begin{bmatrix} x \\ y \\ z \\ 1 \end{bmatrix} = \boldsymbol{M} \begin{bmatrix} x \\ y \\ z \\ 1 \end{bmatrix} = \begin{bmatrix} m_{11} & m_{12} & m_{13} & m_{14} \\ m_{21} & m_{22} & m_{23} & m_{24} \\ m_{31} & m_{32} & m_{33} & m_{34} \end{bmatrix} \begin{bmatrix} x \\ y \\ z \\ 1 \end{bmatrix} \tag{3-23}$$

式中，（f_u，f_v，u_0，v_0）表示相机内参数，其求解方式详见 3.2.1 节多相机标定；$\boldsymbol{R}$ 表示激光雷达坐标系到相机坐标系的旋转矩阵；$\boldsymbol{t}$ 表示激光雷达坐标系到相机坐标系的平移量。

因此，相机坐标系下二维坐标（u，v）为

$$\begin{cases} u = \dfrac{m_{11}x + m_{12}y + m_{13}z + m_{14}}{m_{31}x + m_{32}y + m_{33}z + m_{34}} \\ v = \dfrac{m_{21}x + m_{22}y + m_{23}z + m_{24}}{m_{31}x + m_{32}y + m_{33}z + m_{34}} \end{cases} \tag{3-24}$$

通过计算整理，可以推导得出约束关系：

$$\begin{bmatrix} x & y & z & 1 & 0 & 0 & 0 & 0 & -ux & -uy & -uz & -u \\ 0 & 0 & 0 & 0 & x & y & z & 1 & -ux & -vy & -vz & -v \end{bmatrix} \begin{bmatrix} m_{11} \\ m_{12} \\ m_{13} \\ m_{14} \\ m_{21} \\ m_{22} \\ m_{23} \\ m_{24} \\ m_{31} \\ m_{32} \\ m_{33} \\ m_{34} \end{bmatrix} = \begin{bmatrix} 0 \\ 0 \end{bmatrix} \tag{3-25}$$

根据不同姿态下的标定板，可以得到一系列的线性方程，通过求解线性方程，得到的参数即为标定参数。

3.2.4 激光雷达 – 惯导标定

在自主机器人实际应用中，因激光雷达与惯导（IMU）之间存在安装位姿误差，导致两种传感器测量获得的同一个感知对象的三维坐标不同，通常可通过对应坐标点的关系来计算得到坐标系之间的转换矩阵，以完成激光雷达 –IMU 坐标系的联合标定。两坐标系下三维坐标的关系模型如图 3-11 所示。

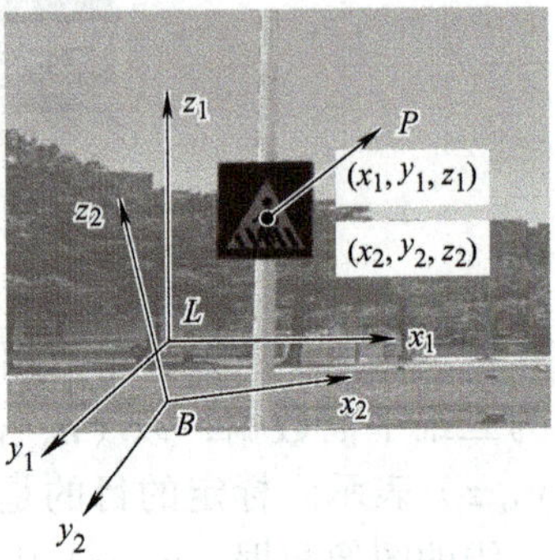

图 3-11 激光雷达与惯导坐标系下三维坐标的关系模型

（$Lx_1y_1z_1$）为激光雷达坐标系 M，（$Bx_2y_2z_2$）为 IMU 坐标系 N，感知对象 P 在两个坐标系之间的坐标分别为（x_1，y_1，z_1）、（x_2，y_2，z_2），两者之间的坐标变换矩阵为 $\boldsymbol{T}_{3D}$（4×4 矩阵），由旋转矩阵 $\boldsymbol{R}$ 与平移向量 $\boldsymbol{T}$ 组成：

$$(x_1, y_1, z_1)^{\mathrm{T}} = \boldsymbol{T}_{3D}^{\mathrm{T}}(x_2, y_2, z_2)^{\mathrm{T}} \tag{3-26}$$

三维坐标转换矩阵为

$$\boldsymbol{T}_{3D} = \begin{bmatrix} t_{11} & t_{12} & t_{13} & t_{14} \\ t_{21} & t_{22} & t_{23} & t_{24} \\ t_{31} & t_{32} & t_{33} & t_{34} \\ t_{41} & t_{42} & t_{43} & t_{44} \end{bmatrix} = \begin{bmatrix} \boldsymbol{R} & 0 \\ \boldsymbol{T} & 1 \end{bmatrix} \tag{3-27}$$

式中，$\boldsymbol{R}$ 表示对应比例、旋转、错切等几何变换；$\boldsymbol{T} = [t_{41}, t_{42}, t_{43}]$ 表示对应平移变换；$[t_{14}, t_{24}, t_{34}]$ 表示对应投影变换；$[t_{44}]$ 表示对应整体比例的变换。

本小节以刚性变换为例，则 $[t_{14}, t_{24}, t_{34}]^{\mathrm{T}} = [0,0,0]^{\mathrm{T}}$，$[t_{44}] = [1]$。坐标系 N 相对于坐标系 M 的欧拉角为俯仰角 θ、横滚角 γ、方位角 ψ，相对于轴向的平移量为 t_x、t_y、t_z，则

$$
\boldsymbol{R}=\begin{bmatrix}\cos\gamma\cos\psi+\sin\gamma\sin\theta\sin\psi & -\cos\gamma\sin\psi+\sin\gamma\sin\theta\cos\psi & -\sin\gamma\cos\theta\\ \cos\theta\sin\psi & \cos\theta\cos\psi & \sin\theta\\ \sin\gamma\cos\psi-\cos\gamma\sin\theta\sin\psi & -\sin\gamma\sin\psi-\cos\gamma\sin\theta\cos\psi & \cos\gamma\cos\theta\end{bmatrix}^{\mathrm{T}} \tag{3-28}
$$

根据旋转矩阵 $\boldsymbol{R}$，反解欧拉角：

$$
\begin{aligned}
\theta&=\arcsin[\boldsymbol{R}^{\mathrm{T}}(23)]\\
\gamma&=\arctan\left[-\frac{\boldsymbol{R}^{\mathrm{T}}(13)}{\boldsymbol{R}^{\mathrm{T}}(33)}\right]\\
-\psi&=\arctan\left[-\frac{\boldsymbol{R}^{\mathrm{T}}(21)}{\boldsymbol{R}^{\mathrm{T}}(22)}\right]
\end{aligned} \tag{3-29}
$$

假设点 P 在 IMU 坐标系下的坐标为 $\boldsymbol{A}$，在雷达坐标系下的坐标为 $\boldsymbol{B}$，则两者的关系可以表示为

$$
\boldsymbol{A}\boldsymbol{T}_{3\mathrm{D}}=\boldsymbol{B} \tag{3-30}
$$

3.3　图像预处理与特征检测

在自主机器人环境感知中，图像预处理与特征检测是两种关键方式，为后续图像分析、识别、分割与跟踪等任务奠定了坚实基础。其中，图像预处理是对原始图像进行一系列操作，以改善图像质量或强调图像中的某些信息，使其更适合于后续的特征提取与分析；特征检测指的是从图像中提取显著信息点或区域，其结果通常是把图像上的点分为不同的子集，这些子集往往属于孤立的点、连续的曲线或者连续的区域。

本节将详细介绍图像预处理与特征检测的基本方法与技术，并给出其在自主机器人环境感知中的应用与重要性，同时，涉及其最新研究成果与发展趋势，为未来研究与应用提供有价值的参考。本节共三部分：图像预处理、特征点检测以及边缘检测。其中，图像预处理部分将介绍一系列常见的预处理方法，并阐述它们对图像质量与信息提取的影响；特征点检测部分将介绍与讨论经典的特征点检测方法；边缘检测部分将分析各种边缘检测方法的原理与特点。

3.3.1　图像预处理

在自主机器人环境感知中，图像预处理是指在对原始图像开展后续处理之前，对其进行一系列操作，以达到提高图像质量、降低噪声、增强图像特征等目的，从而确保后续高级图像处理任务能够获得更加准确、可靠的结果。本小节主要介绍图像预处理领域的两种典型方法：基于变换的图像预处理与基于滤波的图像预处理，其常用方法可见表 3-4。

1. 基于变换的图像预处理方法

基于变换的图像预处理通过对图像进行数学变换，改变图像数据的表达方式，从而简

化图像信息的分析、提取和增强。这种预处理方法通常涉及将图像从空间域转换到频域或其他特征域，以便更有效地进行后续处理。

表 3-4 典型的图像预处理方法

基于变换的图像预处理方法	基于滤波的图像预处理方法
小波变换	逆滤波
灰度变换	维纳滤波
傅里叶变换	均值滤波
仿射变换	高斯滤波
透视变换	双边滤波

常见的基于变换的图像预处理方法包括傅里叶变换、灰度变换、小波变换等。其中，傅里叶变换是最早也是最重要的图像变换方法之一，其将图像分解为不同频率与方向的正弦波与余弦波的组合，便于分析图像中的频率分布与周期性结构。灰度变换主要用于改善图像的质量与显示效果，其根据某种目标条件，按照一定的变换关系，逐点改变源图像中每一个像素的灰度值。这种变换方法旨在提高图像的对比度，使图像能够显示更多的细节，以改善图像的视觉效果。小波变换是一种经典的图像变换方法，其通过多尺度分析，将图像分解为一系列小波基函数的叠加，从而能够同时捕捉图像中的空间细节与频率特征。小波变换在图像去噪、增强、压缩等方面表现出色，特别是在处理非平稳与非线性信号时具有独特的优势。

总的来说，基于变换的图像预处理方法通常包括以下几个步骤：首先，选择合适的变换方法对图像进行变换；然后，在变换域中对图像数据进行分析与处理，例如滤波、增强、压缩等；最后，通过逆变换将处理后的图像数据转换回空间域，得到预处理后的图像。这种预处理方法能够有效地突出图像中的有用信息，抑制或消除无用信息，为后续的图像处理与分析打下良好的基础。

在实际应用中，基于变换的图像预处理方法广泛应用于图像预处理领域。通过合理地选择与设计变换方法，可实现对图像信息的有效提取与利用，提高其效率与精度。

2. 基于滤波的图像预处理方法

基于滤波的图像预处理用于改善图像质量、消除噪声、增强特定特征等。滤波操作涉及对图像像素值的数学运算，以达到期望的图像效果。

基于滤波的图像预处理方法种类繁多，其中常见且有效的方法包括逆滤波、维纳滤波、均值滤波、高斯滤波与双边滤波。其中，逆滤波试图通过退化函数的倒数来恢复原始图像，但这种方法对噪声敏感，容易在恢复过程中放大噪声。维纳滤波则可克服逆滤波的上述缺点，基于最小均方误差准则来设计滤波器，旨在平衡噪声抑制与图像细节保持之间的关系。均值滤波是一种简单的线性滤波方法，通过计算像素邻域内像素值的平均值来平滑图像，适用于去除图像中的颗粒噪声，但此种方法可能会模糊图像的边缘与细节。高斯滤波采用高斯函数作为滤波器，能够在平滑噪声的同时较好地保持图像的边缘与细节。双边滤波则是一种非线性滤波方法，它同时考虑像素的空间邻近度与像素值相似度，从而在平滑噪声的同时保持边缘的清晰，使双边滤波适用于处理具有丰富边缘与纹理的图像。

在实际应用中，选择哪种滤波方法取决于自主机器人采集的图像特点与具体需求。通过合理的滤波处理，可以有效改善图像的视觉效果，并为后续高级应用奠定坚实的基础。

本文以基于灰度变换的图像预处理为例，介绍其典型方法，包括线性灰度变换、对数灰度变换、幂律（伽马）灰度变换与灰度级反转等。

（1）线性灰度变换　线性灰度变换是将输入图像的灰度值按照线性函数进行变换。假设源图像像素的灰度值 $D = f(x, y)$，处理后图像像素的灰度值 $D' = g(x, y)$，则线性灰度变换可以表示为

$$g(x,y) = af(x,y) + b \tag{3-31}$$

式中，a 是线性变换系数，用于控制灰度值的缩放，当 $a > 1$ 时，图像对比度增强，$a < 1$ 时，图像对比度减弱；b 是线性变换系数，用于控制灰度值的平移，当 b 不为零时，图像整体灰度值会向上或向下平移。

（2）对数灰度变换　对数灰度变换主要用于扩展低灰度值范围，压缩高灰度值范围，从而实现增强图像中较暗区域的细节，其公式为

$$s = c\log(1+r) \tag{3-32}$$

式中，s 是变换后的灰度值；r 是原始灰度值；c 是用于控制变换强度的参数。

（3）幂律（伽马）灰度变换　幂律（伽马）灰度变换通过调整伽马值来改变图像的灰度分布，从而调整图像的亮度，其公式为

$$s = cr^{\gamma} \tag{3-33}$$

式中，s 是变换后的灰度值；r 是原始灰度值；c 是用于控制变换强度的参数；γ 是用于控制变换强度的参数，当 $\gamma < 1$ 时，图像的低灰度值区域被扩展，高灰度值区域被压缩，使得图像变亮，当 $\gamma > 1$ 时，情况相反。

（4）灰度级反转　灰度级反转是将图像的黑白颜色进行互换，从而突出图像中的某些特征，其公式为

$$s = L - 1 - r \tag{3-34}$$

式中，s 是变换后的灰度值；r 是原始灰度值；L 是图像灰度级的总数（通常为 256）。

上述典型灰度变换方法的示例结果如图 3-12 所示。

原始图像

线性灰度变换

对数灰度变换

幂律(伽马)灰度变换

灰度级反转

图 3-12　典型灰度变换方法的示例结果

3.3.2 特征点检测

在自主机器人环境感知中，特征点检测旨在从图像中识别出具有显著特性的点或区域，这些点或区域往往包含着图像的关键信息，例如边缘、角点、斑点等。特征点检测的基本原理是通过对图像进行局部分析，找到那些在不同尺度、不同视角或不同光照条件下都能保持稳定性与可重复性的点。为实现特征点检测，通常需要使用一系列算法，这些算法可以自动检测图像中的关键点，并赋予它们独特的描述符，以便在后续的图像处理任务中进行匹配与识别。

具体来说，特征点检测方法通常包括以下步骤：首先，对输入图像进行尺度空间表示，通过在不同的尺度下对图像进行平滑与降采样，得到一系列不同尺度的图像金字塔；然后，在每个尺度的图像上搜索可能的特征点，通常采用比较像素点与其邻域内其他像素点的灰度值差异来实现，若一个像素点在其邻域内具有显著的灰度值变化，则其被认为是一个候选特征点，接着对这些候选特征点进行筛选与验证，以去除不稳定的点或误检点，这通常采用计算特征点的响应函数或显著性度量来实现，只有响应函数值超过一定阈值的点才会被保留下来作为真正的特征点；最后，为每个特征点生成一个独特的描述符，此描述符通常是一个包含特征点位置、尺度、方向等信息的向量，可在后续高级图像任务中通过比较不同图像中的特征点描述符来实现图像之间的匹配、识别等。本小节主要介绍特征点检测的两类典型方法：角点检测与其他特征点检测，其常用方法可见表 3-5。

表 3-5 典型的特征点检测方法

角点检测方法	其他特征点检测方法
Harris 角点检测	Haar 特征点检测
Shi-Tomasi 角点检测	BRIEF 特征点检测
FAST 角点检测	SIFT 特征点检测
Moravec 角点检测	SURF 特征点检测
SUSAN 角点检测	ORB 特征点检测

1. 角点检测方法

角点通常是指在多个方向上灰度变化均较大的点，其通常位于图像中边缘的交点处，例如感知对象的角、轮廓的拐点等。角点检测的目的是在图像中找出这些具有显著特征的点，以便后续进行高级图像任务处理。

在角点检测中，诸多经典方法被广泛应用。其中，Harris 角点检测方法是一种基于图像亮度二阶矩阵的方法，其通过计算像素点在各个方向上的梯度变化，得到像素点周围区域的自相关矩阵，并根据该矩阵的特征值来判断该点是否为角点。Harris 角点检测方法具有旋转不变性，且对光照变化具备较强的鲁棒性，在自主机器人环境感知应用中均取得了良好的效果。除了 Harris 角点检测方法外，还有 FAST 角点检测方法等高效的角点检测方法。FAST 角点检测方法通过比较像素点与其周围像素点的亮度差异，来快速检测图像中的角点。它具有计算速度快、检测效率高等特点，适用于自主机器人环境感知应用中对实时性要求较高的任务。

2. 其他特征点检测方法

在大多数自主机器人环境感知应用中，单纯的角点检测并不能满足实际需求。例如，从远处看上去是角点的地方，当成像距离拉近之后，可能呈现为一个图像区域，而非角点特征；或者当成像角度变化时，透视现象会使得图像中的视觉信息发生畸变，导致难以提取出角点特征。因此，越来越多的更加稳定的图像特征被研究与设计出来，与朴素的角点相比，该类特征的检测与匹配更为高效和稳定。

Haar 特征主要用于目标检测任务，尤其是在人脸检测中得到了广泛应用。Haar 特征通过计算图像中相邻区域之间的像素强度差异来形成特征，该特征对于表达图像中的边缘、纹理等信息非常有效。BRIEF 描述子通常与特征点检测算法（例如 FAST）结合使用，用于描述关键点周围的像素点对。BRIEF 描述子是一种二进制描述子，通过比较一系列随机像素对之间的亮度差异来生成一个紧凑的二进制字符串，该字符串可以作为特征点的唯一标识。SIFT 算法是一种经典的特征点检测与描述方法，其不仅能够在图像中检测出稳定的关键点，也能够为每个关键点生成一个独特的描述子。SIFT 算法具有尺度、旋转不变性，对光照变化、仿射变换等也具有一定的鲁棒性。SURF 算法在保持 SIFT 算法性能的同时，通过引入积分图像、Hessian 矩阵等技术来加速计算过程。SURF 算法具有更高的计算效率，适用于实时性要求较高的应用场景。ORB 算法结合 FAST 角点检测器与 BRIEF 描述子的优点，并通过引入方向性、旋转不变性来实现改进。ORB 算法不仅具有较快的检测速度，而且生成的描述子也具有较好的匹配性能，因此被广泛应用于自主机器人环境感知应用中。

本文以基于 ORB 的特征点检测为例，介绍其工作原理。ORB 算法是一种结合 FAST 特征点检测算法与 BRIEF 描述子优点的特征点检测与描述方法。其设计旨在保证实时性的同时，提供鲁棒性强的特征点检测与描述能力。ORB 算法的特点在于其高效性、旋转不变性以及对光照变化的适应性，其在各种动态复杂的图像场景中均能表现出色。

首先，ORB 使用 FAST 算法来检测角点。FAST 算法的核心思想是比较像素点与其周围像素点的亮度差异。具体地，设定一个阈值 t，对于图像中的一个像素点 p，如果在其半径为 r（通常 r 取 3）的 Bresenham 圆上有 n 个连续的像素点（通常 n 取 12）的亮度都大于 p 点亮度加上 t，或者都小于 p 点亮度减去 t，则 p 点被认为是候选角点。其数学形式可表示为：

1）存在 n 个连续的点在圆上，使得 $I_p+t \leqslant I_x$ 对于所有 x。

2）存在 n 个连续的点在圆上，使得 $I_p-t \geqslant I_x$ 对于所有 x。

其中，I_p 是像素点 p 的亮度；I_x 是圆上像素点 x 的亮度。

接着，ORB 通过灰度质心定向法为每个 FAST 角点赋予方向。

1）计算角点周围像素的矩 m_{pq}：

$$m_{pq}=\sum_{x,y} x^p y^q I(x,y) \tag{3-35}$$

式中，$I(x,y)$ 是角点周围像素的灰度值。

2）计算图像的质心 C：

$$C=\left(\frac{m_{10}}{m_{00}},\frac{m_{01}}{m_{00}}\right) \tag{3-36}$$

并计算角点与质心的夹角 θ，该夹角即为角点的方向。最后，ORB 采用改进的 BRIEF 描述子来描述上述带有方向的角点。

原始的 BRIEF 描述子是由一系列随机像素对之间的亮度比较结果组成的二进制字符串。ORB 通过“Steered BRIEF”方法，根据角点的方向 θ 来旋转 BRIEF 描述子中的测试点对。假设原始测试点对为 (x_i, y_i)，则旋转后的测试点对为 (x_i', y_i')，两者关系为

$$(x_i', y_i')=(x_i\cos\theta-y_i\sin\theta, x_i\sin\theta+y_i\cos\theta) \tag{3-37}$$

在旋转后的测试点对上进行亮度比较，生成一个具有旋转不变性的二进制字符串作为特征点的描述子。ORB 特征点检测的示例结果如图 3-13 所示。

图 3-13 ORB 特征点检测的示例结果

综上所述，ORB 特征点检测通过结合 FAST 角点检测器和改进的 BRIEF 描述子，并引入方向性与旋转不变性，以实现特征点的快速、稳定与准确的检测及描述，使 ORB 算法在高级图像处理任务中展现出优异的性能。

3.3.3 边缘检测

在自主机器人环境感知中，边缘检测旨在识别并提取图像中局部强度变化最显著的位置，这些位置通常对应于感知对象的边界、表面方向的改变、光照强度的变化或场景深度的突变等。边缘检测的基本原理在于对图像中的像素强度进行微分运算，从而找出强度变化剧烈的位置。

边缘检测方法通常具有以下特性：首先，边缘检测方法通常依赖于一阶或二阶导数。一阶导数（例如梯度）可用于检测边缘，其表示强度变化的速率与方向，边缘通常对应于一阶导数的峰值或谷值。二阶导数（例如拉普拉斯算子）通过检测强度的零交叉点来定位边缘。其次，为降低噪声对边缘检测的影响，通常在计算导数之前会对图像进行平滑处理。其通常通过应用滤波器（例如高斯滤波器）来实现，滤波器能够减少图像中的高频噪声成分，同时保留或增强边缘信息。其中，阈值设定在边缘检测过程中至关重要。通过设定一个或多个阈值，以区分哪些梯度变化是由噪声引起，哪些是由实际边缘引起。若阈值设置过高，可能会丢失重要的边缘信息。若阈值设置过低，则可能将噪声误识别为边缘。

最后，边缘检测方法的输出通常是一组边缘图像，其每个像素的值表示该位置是边缘的可能性。

本小节主要介绍典型的边缘检测方法：基于一阶导数的边缘检测、基于二阶导数的边缘检测以及基于 Canny 算子的边缘检测。前两种方法的常用方法见表 3-6。

表 3-6　典型基于一阶导数与基于二阶导数的边缘检测方法

基于一阶导数的边缘检测方法	基于二阶导数的边缘检测方法
Roberts 算子	Laplacian 算子
Prewitt 算子	LoG 算子
Sobel 算子	Zero-crossing 算法
Kirsch 算子	Marr-Hildreth 算法
Isotropic Sobel 算子	Frei-Chen 算子

1. 基于一阶导数的边缘检测

基于一阶导数的边缘检测方法主要依赖图像中灰度级的变化率来检测边缘。此类方法的基本思想是通过计算图像中每个像素点的一阶导数（或梯度）来检测边缘。在边缘处，灰度级的变化率通常较大，因此一阶导数的值也会相应地增大。

常见的基于一阶导数的边缘检测方法是 Sobel 算子。首先，Sobel 算子利用两个 3×3 的卷积核（一个检测水平边缘，另一个检测竖直边缘）与图像进行卷积运算，以获得图像中每个像素点的一阶导数；然后，通过计算一阶导数的幅值与方向，获得边缘的位置与方向。Sobel 算子对噪声有一定的平滑作用，能够降低噪声对边缘检测的影响。除了 Sobel 算子外，Prewitt 算子、Roberts 算子也是基于一阶导数的边缘检测方法。Prewitt 算子同样使用两个 3×3 的卷积核来检测水平与竖直边缘，但其权重分布与 Sobel 算子略有不同。Roberts 算子则使用 2×2 的卷积核，对图像进行对角方向的边缘检测。上述方法各有特点，适用于不同的自主机器人环境感知场景。

在实际应用中，基于一阶导数的边缘检测方法具有计算简单、速度快、实时性好等特点。然而，因其主要依赖灰度级的变化率来检测边缘，对噪声敏感且可能无法准确检测到弱边缘。此外，由于一阶导数仅能提供边缘的方向信息而无法提供边缘的宽度信息，在实际应用中可能需要结合其他方法进行后处理，以获得更准确的边缘检测结果。

2. 基于二阶导数的边缘检测

基于二阶导数的边缘检测方法主要依赖于图像灰度级变化的二阶导数来检测边缘，其能够更准确地定位边缘的位置，并提供关于边缘强度的信息。鉴于边缘处通常对应着灰度级变化的极值点，而二阶导数在此类点处会取得零值。

广泛使用的基于二阶导数的边缘检测方法是 Laplacian 算子。Laplacian 算子是一个二阶微分算子，其通过计算图像中每个像素点的二阶导数来检测边缘。在边缘处，Laplacian 算子的值会取得局部极值，以确定边缘的位置。然而，因 Laplacian 算子对噪声非常敏感，在实际应用中通常先采用滤波器对图像进行平滑处理，以减少噪声对边缘检测的影响。除了 Laplacian 算子外，LoG 算子也是一种基于二阶导数的边缘检测方法。

LoG 算子首先对图像进行高斯滤波，以减少噪声与细节的影响，然后计算滤波后图像的 Laplacian 变换。此种方法将高斯滤波的平滑效果与 Laplacian 算子的边缘检测能力进行有效结合，能够在抑制噪声的同时准确地检测出边缘。值得注意的是，在实际应用中，二阶导数可能产生双边缘效应，即在边缘处检测到两个边缘，此种效应需要通过后续处理来消除。

不同于基于一阶导数与基于二阶导数的边缘检测方法，本文以基于 Canny 算子的边缘检测为例，介绍其工作原理。Canny 边缘检测方法是一种多阶段算法，由 John F. Canny 提出。该方法的主要目标是找到图像中的最优边缘，在尽可能多地标识出真实边缘的同时，尽可能少地产生误报或漏报。

首先，为降低噪声对边缘检测的影响，对原始图像进行高斯滤波处理。高斯滤波使用的高斯核函数公式为

$$g(x,y)=\frac{1}{2\pi\sigma^2}\mathrm{e}^{-\frac{x^2+y^2}{2\sigma^2}} \tag{3-38}$$

式中，(x,y) 是图像中的像素坐标；σ 是高斯函数的标准差，决定滤波器的平滑程度。

接着，计算图像的梯度。梯度是描述图像中像素值变化方向与速率的量。在 Canny 算法中，通常使用 Sobel 算子来计算图像的梯度。Sobel 算子包含两个卷积核，分别用于计算水平方向与竖直方向的梯度。梯度的幅度 G 和方向 θ 可用以下公式表示：

$$\begin{cases} G=\sqrt{(G_x^2+G_y^2)} \\ \theta=\arctan2(G_y,G_x) \end{cases} \tag{3-39}$$

式中，G_x 是水平方向的梯度值；G_y 是竖直方向的梯度值。

得到梯度幅度与方向后，执行非极大值抑制。此步的目的是去除那些不是边缘的点，即局部梯度不是最大的点。通过比较每个像素与其周围像素的梯度值，只有局部梯度最大的点才会被保留下来。

然后，采用双阈值处理对边缘进行筛选。设定两个阈值：高阈值与低阈值。梯度值高于高阈值的像素点被认为是强边缘点，梯度值介于两个阈值之间的像素点被认为是弱边缘点，而梯度值低于低阈值的像素点则被认为是非边缘点。

最后，通过边缘跟踪将强边缘点和与其相连的弱边缘点连接起来，形成完整的边缘。

基于 Canny 算子的边缘检测方法的示例结果如图 3-14 所示。

图 3-14　基于 Canny 算子的边缘检测方法的示例结果

总的来说，基于 Canny 算子的边缘检测方法通过高斯滤波、计算梯度、非极大值抑制、双阈值处理以及边缘跟踪等步骤，能够准确地识别并提取出图像中的边缘信息，为后续图像处理与分析提供有力的支持。

3.4　基于深度学习的环境感知

深度学习的蓬勃发展为自主机器人环境感知领域带来巨大变革，通过构建复杂的神经网络模型，深度学习可以从自主机器人机载传感器数据中学习到丰富的环境信息，例如感知对象的形状、大小、位置、速度等，进而实现对周围环境的精确感知与理解。目前自主机器人的环境感知任务主要包括目标检测、目标跟踪以及图像分割，本节较为详细地介绍上述基于深度学习的环境感知任务原理及方法。

3.4.1　深度学习基本原理

深度学习作为机器学习领域的一个重要分支，通过构建多层次的神经网络模型，实现对复杂数据的高效表示以及深层特征学习。其核心思想在于，通过模拟人脑神经元的连接与激活机制，构建能够逐层抽象数据特征的神经网络模型。

在深度学习中，一个神经网络通常由多个层次组成，包括输入层、隐藏层与输出层。每一层都包含多个神经元，其通过权重与偏置参数进行连接。数据的输入通过输入层进入网络，经过隐藏层的逐层处理，最终在输出层产生预测结果。在训练过程中，网络通过反向传播算法调整权重与偏置参数，以最小化预测结果与实际标签之间的误差。

深度学习的魅力在于其强大的特征学习能力。相比于传统的机器学习方法，深度学习能够自动从原始数据中学习到层次化的特征表示，此类特征表示往往更加抽象与高级，能够更好地描述数据的内在结构与规律，有利于深度学习在处理复杂任务时，例如目标检测、目标跟踪以及图像分割等，展现出显著的优势。

此外，深度学习依赖于大量的数据与计算资源。随着数据量的不断增长以及计算能力的提升，深度学习模型变得更加复杂与精细，进一步提高了其在各种任务上的性能。同时，深度学习也催生了一系列新技术、新应用，例如卷积神经网络（Convolutional Neural Networks，CNN）、循环神经网络（Recurrent Neural Networks，RNN）以及生成对抗网络（Generative Adversarial Networks，GAN）等。

本小节主要介绍典型的深度学习神经网络：前馈神经网络、反馈神经网络以及 Transformer。前两种神经网络的主流方法见表 3-7。

表 3-7　前馈神经网络与反馈神经网络的主流方法

前馈神经网络	反馈神经网络
卷积神经网络	循环神经网络
深度置信网络	长短期记忆网络
深度前馈网络	门控循环单元
多层感知机	双向循环神经网络
全连接神经网络	图神经网络

1. 前馈神经网络

前馈神经网络（Feedforward Neural Network）是一种基本的神经网络结构，其特点是信息在网络中单向传递，从输入层流向输出层，没有反馈或循环连接。此种网络结构使得前馈神经网络具有直观、易于理解的特性。

在前馈神经网络中，每一层神经元只与下一层神经元相连，接收前一层神经元的输出，并产生自己的输出作为下一层的输入。输入层负责接收原始数据，隐藏层则对数据进行处理与转换，而输出层则产生最终的预测或分类结果。每一层神经元都通过权重与偏置参数与前一层神经元相连，并通过激活函数对输入进行非线性变换，从而增加网络的表达、学习能力。前馈神经网络的学习过程通常使用反向传播算法进行训练。在训练过程中，网络首先根据输入数据与标签计算出预测结果，然后通过计算预测结果与实际标签之间的误差来调整网络的权重与偏置参数。此过程通过计算反向传播误差梯度来实现，即从输出层开始逐层向前计算误差梯度，并根据梯度更新网络的参数。

前馈神经网络具有许多优点，例如结构简单、易于实现、并行计算能力强等，其可处理各种类型的图像数据，并在各种图像处理任务中表现出色。然而，前馈神经网络也存在诸多局限性，例如容易过拟合、对数据的预处理与特征提取要求较高等。因此，在实际应用中，需要根据具体问题与数据特点选择合适的网络结构与参数设置。

2. 反馈神经网络

反馈神经网络（Feedback Neural Network）是一种具有反馈连接的神经网络系统，其特点在于处理单元之间不仅存在前馈连接，也包含反馈连接，即每个神经元不仅将信息传递给下一层神经元，同时也将自身的输出信号作为输入信号反馈给其他神经元，甚至包括自身。通过利用反馈连接，反馈神经网络能够处理更加复杂的问题，并在一定程度上提高网络的计算能力与泛化能力。此种反馈连接使得网络表现出非线性动力学系统的动态特性。

反馈神经网络的主要特性是网络系统具有若干稳定状态。当网络从某一初始状态开始，网络系统总可以收敛到某个稳定的平衡状态。此外，系统稳定的平衡状态可以通过设计网络的权值被存储到网络中，使反馈神经网络具有较强的联想记忆与优化计算功能。反馈神经网络可以分为全反馈网络结构与部分反馈网络结构。其中，全反馈网络的代表是Hopfield网络，其为一种单层反馈神经网络，由J. Hopfield教授提出。Hopfield网络具有联想记忆的功能，若将李雅普诺夫函数定义为巡游函数，其也可用来解决快速寻优问题。

本文以基于卷积神经网络与Transformer的深度学习为例，介绍其工作原理。

（1）卷积神经网络　卷积神经网络（CNN）是深度学习中一类特别重要的网络结构，其设计灵感来源于生物视觉皮层的结构。卷积神经网络通过模拟人脑对视觉信息的处理过程，使得自主机器人能够理解与识别图像中的复杂模式。如图3-15所示，卷积神经网络主要由“卷积层－激活函数层－池化层”组合而成，此种组合方式使得卷积神经网络具有三个基本性质：稀疏连接、参数共享以及近似平移不变性。

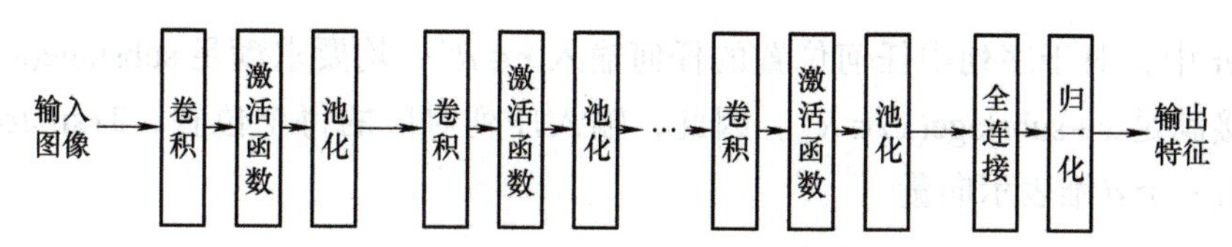

图 3-15 卷积神经网络典型结构

首先，稀疏连接是卷积神经网络的一个显著特性，与全连接神经网络形成鲜明对比。在全连接神经网络中，每个神经元都与前一层中的所有神经元相连。而在卷积神经网络中，卷积层中的神经元仅与部分神经元相连，该部分区域被称为“感受野”（Receptive Field）。此种连接方式使得卷积神经网络的参数量大大减少，可有效提高网络的学习效率，并降低过拟合的风险。具体来说，卷积神经网络是通过卷积核（也称为滤波器或特征检测器）来实现稀疏连接。每个卷积核在输入图像上滑动，并与滑动窗口内的像素进行加权求和，从而生成一个特征图。因卷积核的大小远小于输入图像的大小，因此每个神经元仅与输入图像中的一小部分区域相连，从而实现稀疏连接。

其次，参数共享是卷积神经网络的另一个重要性质。鉴于图像中的局部统计特性往往在整个图像中都是相似的，因而使用相同的卷积核对输入图像进行卷积操作，即在卷积神经网络中，同一特征图中的所有神经元都共享同一组卷积核的参数。此种参数共享的方式可进一步减少卷积神经网络的参数数量，并提高网络的泛化能力。通过共享参数，卷积神经网络可以学习到图像中的局部特性，并在整个图像中进行推广与应用。此种性质使得卷积神经网络在处理图像数据时具有更好的鲁棒性与适应性。

最后，近似平移不变性是卷积神经网络的另一个关键性质。因卷积操作具有平移等变性，即输入图像中的目标位置发生变化时，卷积操作的结果也会相应地发生平移，但形状与大小保持不变。此种性质使得卷积神经网络在处理图像时能够忽略目标的位置信息，仅关注其形状、纹理等特征信息。近似平移不变性对于图像处理任务非常重要。例如，在图像分割任务中，感知对象的分割位置可能会因拍摄角度、光照条件等因素而发生变化，然而，因卷积神经网络的近似平移不变性，上述变化并不会对分割结果产生太大影响。因此，卷积神经网络能够更好地适应各种动态复杂的周围环境，并取得更好的性能表现。

总的来说，稀疏连接、参数共享与近似平移不变性是卷积神经网络的三个基本性质，上述性质使得卷积神经网络在图像处理领域具有独特的优势与广泛的应用前景。

（2）Transformer 模型　在图像处理领域，Transformer 模型作为一种新兴的深度学习架构，近年来已引起广泛关注。与传统的卷积神经网络相比，Transformer 模型在处理图像序列数据时具有独特的优势。Transformer 整体结构如图 3-16 所示，其核心由编码器（Encoder）与解码器（Decoder）两大模块构成。编码器与解码器的构建均基于多头注意力（Multi-head attention）机制，输入与输出的序列嵌入会经过位置编码的增强，再分别进入编码器与解码器的处理流程。

Transformer 的编码器由多层相同结构堆叠而成，每层均包含两个子阶段（子阶段表示为 substage）：一个是多头注意力机制，另一个是位置敏感的前馈网络。在编码过程中，多头注意力机制的计算涉及查询（Query）、键（Key）与值（Value），其均来源于前一编码器层的输出。同时，为确保信息流的完整性与稳定性，每个子阶段都采用残差连接（Residual Connection），并在其后加入归一化操作（Layer Normalization）。在

Transformer 中，对于序列中任何位置的任何输入 $x \in R^d$，均要求满足 substage$(x) \in R^d$，以便残差连接满足 $x+\text{substage}(x) \in R^d$。因此，输入序列对应的每个位置，Transformer 编码器都将输出一个 d 维表示向量。

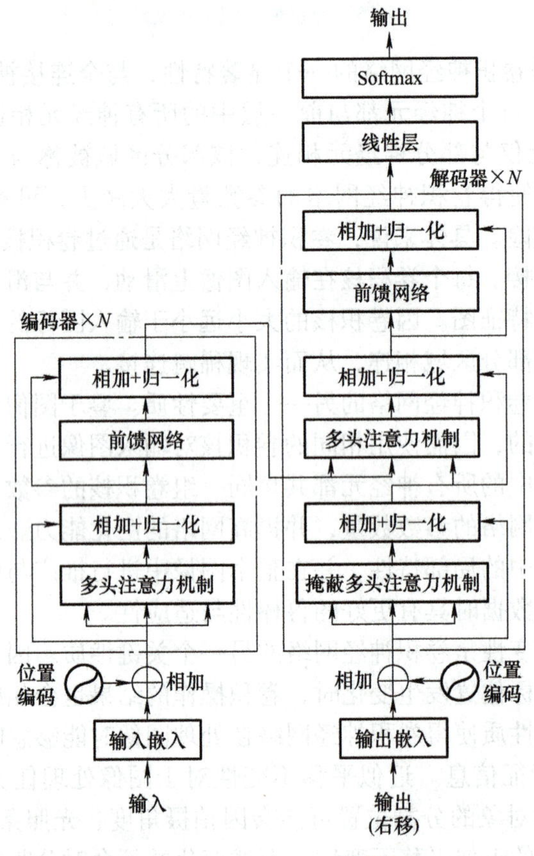

图 3-16 Transformer 整体结构

此外，解码器的结构也遵循相似的层次叠加原则，包含与编码器相同的两个子阶段，并在其间额外插入一个编码器 - 解码器注意力（Encoder–Decoder Attention）层。在解码过程中，编码器 - 解码器注意力层的查询来自于前一个解码器层的输出，而键与值则来源于整个编码器的输出。特别地，解码器自注意力机制中的查询、键与值同样来自上一个解码器层的输出，但仅考虑当前位置之前的所有输入，此种掩码（Masked）多头注意力机制能够确保预测的自回归（Auto–Regressive）属性。

3.4.2 目标检测

自主机器人目标检测旨在图像或视频中自动识别与定位出特定的目标对象。目标检测任务可分为两个子问题：一是判断图像中是否存在目标物体，即目标分类问题；二是确定目标对象在图像中的具体位置，即目标定位问题。为解决上述两个子问题，目标检测方法通常结合特征提取与分类识别两大关键技术。

在特征提取阶段，前沿目标检测方法利用深度神经网络（例如卷积神经网络、Transformer）对图像进行深度分析，从原始像素中抽取出有助于区分不同物体的关键信息。其中，特征信息可以是形状、颜色、纹理等视觉特征，也可以是更高层次的语义特征。

在分类识别阶段，前沿目标检测方法将提取到的特征信息输入到分类器中，通过比较与计算来判断图像中是否存在目标物体，并确定其所属类别。除了分类识别外，目标检测方法也需要确定目标对象在图像中的具体位置，通常采用边框回归技术来实现。其中，边框回归是一种机器学习技术，用于预测目标对象的边界框（Bounding Box）位置与大小。在目标检测中，边框回归器会根据提取到的特征信息来预测每个目标物体的边界框，从而确定其在图像中的精确位置。

本小节主要介绍基于深度学习的目标检测主流方法：基于候选区域的目标检测与基于回归的目标检测。两种目标检测的主流方法见表 3-8。

表 3-8　两种目标检测的主流方法

基于候选区域的目标检测方法	基于回归的目标检测方法
R-CNN	SSD
SPP-Net	CornerNet
Fast-RCNN	RetinaNet
Faster-RCNN	EfficientDet
Mask R-CNN	YOLO

（1）基于候选区域的目标检测　在目标检测领域，基于候选区域的目标检测方法通过生成候选区域、特征提取、分类与定位等步骤，实现对自主机器人机载图像或视频目标的准确检测。

生成候选区域是该类方法的第一步。其中，选择性搜索（Selective Search）是一种常用方法，其通过图像分割与区域合并的方式，根据颜色、纹理、大小等特征，将图像分割成若干个小区域，并逐步合并这些区域，形成可能包含目标的候选区域。此种方法生成候选区域的数量相对较少，且具有较高的召回率。

在获得候选区域后，候选区域的分类与定位成为后续关键步骤。通常，此步骤会借助深度神经网络来完成。深度神经网络首先会对每个候选区域进行特征提取，将图像信息转化为特征向量；然后，利用上述特征向量，通过分类器判断候选区域是否包含目标，并预测目标的类别。同时，回归模型也会对候选区域进行微调，以更精确地定位目标在图像中的位置。

基于候选区域的目标检测方法能够有效地处理复杂的背景信息，并准确地定位目标。然而，因候选区域生成阶段的计算复杂度与资源消耗相对较高，该方法在处理大规模图像或实时性要求较高的场景时，可能会受到一定的限制。

（2）基于回归的目标检测　基于回归的目标检测方法是一种高效且直观的技术。与基于候选区域的目标检测方法不同，基于回归的目标检测方法不依赖于预先生成的候选区域，而是直接通过深度神经网络学习从输入图像到目标边界框与类别标签的映射。

回归模型的核心在于其直接预测目标在图像中的位置与大小，通常采用一系列卷积层、池化层与全连接层来实现，这些层共同构建一个复杂的函数，该函数能够将图像像素映射到目标边界框的坐标与类别标签。

在训练过程中，基于回归的目标检测方法利用标注数据进行监督学习。这些标注数据通常包括目标在图像中的真实边界框坐标以及对应的类别标签。通过最小化预测边界框与真实边界框之间的差异（例如使用均方误差损失函数），模型能够逐渐学习到如何从图像中准确地检测出目标。

基于回归的目标检测方法具有速度快、效率高等特点。因不需要生成候选区域，此种方法能够大大减少计算量，从而实现实时或接近实时的目标检测。此外，因模型直接学习从图像到边界框的映射，因此能够更好地适应各种复杂场景与目标形态。然而，该类方法也存在一定的挑战。首先，直接预测边界框坐标与类别标签可能面临数据不平衡的问题，即负样本（不包含目标的区域）数量远大于正样本（包含目标的区域）；其次，对于小目标或遮挡目标的检测，该类方法可能难以获得满意的性能。为解决上述问题，各种改进策略被研究出来，其中，焦点损失（Focal Loss）函数可用来处理数据不平衡问题，多尺度特征融合等方法可用来提高对小目标与遮挡目标的检测能力。

YOLO（You Only Look Once）系列在目标检测领域一直备受关注，其通过单次前向传播直接输出目标的边界框与类别概率，以实现实时且高效的目标检测。随着深度学习技术的发展，如何设计更高效、更准确的检测器成为研究热点，YOLOv9 正是在此种背景下被提出，旨在解决现有方法中存在的问题，例如设计更好的损失函数、减少特征提取过程中的信息损失等。本文以 YOLOv9 的目标检测方法为例，介绍其工作原理。

YOLOv9 的核心改进与创新主要如下：

（1）轻量级的网络结构 YOLOv9 提出 Generalized Efficient Layer Aggregation Network（GELAN）的轻量级网络结构，如图 3-17 所示。

该结构基于 ELAN，引入 CSPNet 结构，并使用任意的计算块，例如 Bottleneck、ResBlock 等。此种设计使得网络在保持性能的同时，可有效降低计算复杂度。

在 GELAN 中，关键计算过程可表达为

$$O = \mathrm{GELAN}(I, W) \tag{3-40}$$

式中，I是输入特征图；W是网络权重；O是输出特征图。

（2）可编程梯度信息（PGI） 为解决网络随着深度的增加而损失大量信息的问题，YOLOv9 引入可编程梯度信息（PGI）。PGI 允许网络在训练过程中自适应地调整梯度信息，从而保留更多的有用信息，如图 3-18 所示。

在 PGI 中，梯度信息可根据需要进行调整，这一过程表达为

$$\nabla W = f_{\mathrm{PGI}}(\nabla L, \theta) \tag{3-41}$$

式中，∇L 是损失函数关于权重的梯度；θ是 PGI 的相关参数；∇W是经过 PGI 调整后的梯度。

此外，YOLOv9 的损失函数通常包括边界框回归损失、分类损失与置信度损失等。其中，边界框回归损失的计算方法包括 GIoU、DIoU、CIoU 等。这些损失函数的目的是使预测边界框与真实边界框之间的差异最小化。

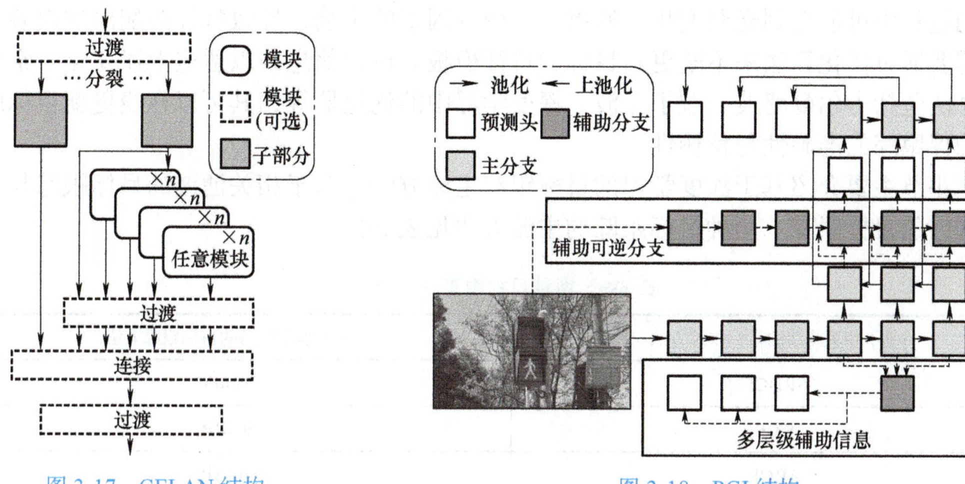

图 3-17　GELAN 结构

图 3-18　PGI 结构

与现有目标检测器相比，YOLOv9 在多个方面均已取得显著的性能提升。具体来说，与 YOLO MS 相比，YOLOv9 的参数减少约 10%，计算量减少 5% ～ 15%，AP（平均精度）方面提高 0.4% ～ 0.6%。上述结果表明，YOLOv9 在保持高效率的同时，也可实现更高的检测精度。YOLOv9 的示例结果如图 3-19 所示。

图 3-19　YOLOv9 的示例结果

3.4.3　目标跟踪

除目标检测外，目标跟踪是自主机器人环境感知中另一个重要任务，其涉及在连续的视频帧中，自动定位并跟踪特定目标的位置、大小与姿态。目标跟踪任务主要基于视觉特征匹配、运动模型预测以及优化算法等，以确保在复杂多变场景中实现对目标物体的持续跟踪。

目标跟踪方法通常具有以下特性：首先，目标跟踪依赖于目标的视觉特征。这些特征可以是颜色、形状、纹理等底层特征，也可以是更高级的深度学习特征。通过提取目标在初始帧中的特征，并在后续帧中搜索与这些特征最匹配的区域，可以实现目标的初步定位。其次，运动模型在目标跟踪中扮演着重要角色。因视频帧之间的时间连续性，目标在相邻帧之间的位置变化通常遵循一定的运动规律。通过构建合适的运动模型，例如匀速模型、匀加速模型或基于物理的运动模型等，可预测目标在下一帧中的可能位置，从而缩小搜索范围，提高跟踪效率，此外，优化算法是目标跟踪中的另一个关键组成部分。因目标在运动过程中可能受到光照变化、遮挡、形变等因素的影响，导致特征匹配出现误差。因此，需要通过优化算法来不断更新目标的特征模板与位置信息，以适应上述变化。常见的优化算法包括卡尔曼滤波、粒子滤波、深度学习中的优化器等，其可以在线更新目标的状态，确保跟踪的准确性与鲁棒性。

本小节主要介绍基于深度学习的目标跟踪主流方法：基于相关滤波的目标跟踪与基于孪生网络的目标跟踪。两种目标跟踪的主流方法见表 3-9。

表 3-9　两种目标跟踪的主流方法

基于相关滤波的目标跟踪方法	基于孪生网络的目标跟踪方法
SRDCF	SiamFC
KCF	SiamRPN
ARCF	SiamAPN
AutoTrack	HiFT
ADTrack	TCTrack++

1. 基于相关滤波的目标跟踪

基于相关滤波（Correlation Filter）的目标跟踪方法利用滤波器来学习目标模板与候选区域之间的相关性。在跟踪过程中，首先，通过第一帧或前几帧中的目标区域来训练一个滤波器，该滤波器能够最大化目标区域与滤波器之间的响应，同时最小化背景或其他非目标区域的响应。在后续跟踪过程中，当新帧到来时，会提取当前帧中的候选区域，并通过之前训练的滤波器来计算这些区域与目标模板之间的相关性；然后，通过寻找响应图中的最大值来确定目标在当前帧中的位置。因频域操作的高效性，此种方法能够实现快速的跟踪速度，并且对于光照变化、尺度变化等挑战具有一定的鲁棒性。

具体来说，在基于相关滤波的目标跟踪中，首先需要设计一个滤波模板 w。这个模板在跟踪过程中起着关键作用，其将用于计算输入图像 x 与目标模板之间的相关性。之后，相关性的计算是通过将滤波模板 w 与输入图像 x（通常是目标候选区域）进行卷积或相关运算来实现。其数学表示为

$$y = x \otimes w \tag{3-42}$$

式中，$\otimes$ 是卷积运算；y 是响应输出；x 是输入图像；w 是滤波模板。

然而，直接进行卷积运算可能会非常耗时。为提高计算效率，可利用卷积定理将卷积运算转换为频域中的点乘运算。首先，对输入图像 x 与滤波模板 w 进行傅里叶变换：

$$\hat{x} = \mathcal{F}(x)$$

$$\hat{w} = \mathcal{F}(w) \tag{3-43}$$

式中，$\mathcal{F}$ 是傅里叶变换；$\hat{x}$ 是 x 的傅里叶变换结果；$\hat{w}$ 是 w 的傅里叶变换结果。

然后，在频域中进行点乘运算，得到响应输出的频域表示：

$$\hat{y} = \hat{x} \cdot \widehat{w^*} \tag{3-44}$$

式中，$\widehat{w^*}$ 是 $\hat{w}$ 的共轭复数。

最后，通过逆傅里叶变换将响应输出从频域转换回空间域：

$$y = \mathcal{F}^{-1}(\hat{y}) \tag{3-45}$$

式中，$\mathcal{F}^{-1}$ 是逆傅里叶变换。

在得到响应输出 y 后，可以通过寻找响应图中的最大值来确定目标在当前帧中的位置。响应图中的最大值通常对应于目标的位置。为应对目标在运动过程中可能出现的外观变化，基于相关滤波的目标跟踪方法通常会采用在线更新机制来实时更新滤波模板 w。具体更新策略可以根据不同的算法而有所不同。

基于相关滤波的目标跟踪方法通过设计滤波模板并计算输入图像与目标模板之间的相关性来实现目标的定位跟踪。利用卷积定理和傅里叶变换可以提高计算效率，使得这种方法能够实现快速的跟踪速度。同时，通过在线更新机制可以适应目标在运动过程中的外观变化。

2. 基于孪生网络的目标跟踪

基于孪生网络（Siamese Network）的目标跟踪方法凭借其强大的特征学习能力与端到端的训练方式，在目标跟踪领域展现出优秀的性能。孪生网络由两个结构相同、参数共享的子网络组成，它们分别处理模板图像（即目标在第一帧或前几帧中的图像）与搜索图像（即当前帧中可能包含目标的图像）。在跟踪阶段，给定模板图像与当前帧的搜索图像，孪生网络能够快速计算出搜索图像中所有候选区域与模板图像之间的相似度，并生成一个响应图。响应图中的最大值通常对应于目标在当前帧中的位置。由于孪生网络具有端到端的训练方式，其能够直接输出目标的位置信息，无须进行后处理或参数调整。

具体来说，孪生网络由两个结构相同、参数共享的子网络组成，分别用于处理模板图像 z 和搜索图像 x。这两个子网络通常使用卷积神经网络来实现，用于提取图像的特征。

假设模板图像 z 经过子网络后得到的特征向量为 $\phi(z)$，搜索图像 x 中的候选区域经过子网络后得到的特征向量为 $\phi(x)$。这些特征向量通常是高维的，包含图像的关键信息。

在得到特征向量后，需要计算模板图像与搜索图像中候选区域之间的相似度，通常通过计算两个特征向量之间的点积或余弦相似度来实现：

$$f(z,x) = \phi(z) \cdot \phi(x) \tag{3-46}$$

或者

$$f(z,x) = \frac{\phi(z) \cdot \phi(x)}{|\phi(z)||\phi(x)|} \tag{3-47}$$

式中，$f(z,x)$ 是模板图像与搜索图像中候选区域之间的相似度，点积或余弦相似度的值越大，表示两者越相似。

为确定目标在搜索图像中的位置，也需要生成一个响应图，通常通过将模板图像的特征向量与搜索图像中所有候选区域的特征向量进行相似度计算，并将结果映射到一个二维网格上来实现：

$$g = f(z, X) \tag{3-48}$$

式中，X是搜索图像中所有候选区域的集合；g是二维响应图，响应图中的每个值表示模板图像与对应候选区域之间的相似度。

最后，通过寻找响应图中的最大值来确定目标在搜索图像中的位置。最大值通常对应于目标的位置。其数学表达为

$$(x', y') = \operatorname{argmax}(g) \tag{3-49}$$

式中，(x', y')是被跟踪目标在搜索图像中的位置；$\operatorname{argmax}(g)$是在响应图g中寻找最大值的位置。

基于孪生网络的目标跟踪方法通过学习模板图像与搜索图像之间的相似度，实现对目标在连续帧中的准确跟踪。该方法具有结构简单、计算效率高、鲁棒性强等优点，因而广泛应用于自主机器人目标跟踪领域。

本文以基于 TCTrack++ 的目标跟踪方法为例，介绍其工作原理。TCTrack++ 作为目标跟踪领域具有显著影响力的论文之一，它提出一种基于时序信息的高效目标跟踪框架。与传统的目标跟踪方法相比，TCTrack++ 特别关注目标跟踪场景中的特色挑战，例如自主机器人的高机动性、快速变化的光照条件以及复杂的背景干扰等，且可拓展至多目标跟踪任务。具体框架如图 3-20 所示。

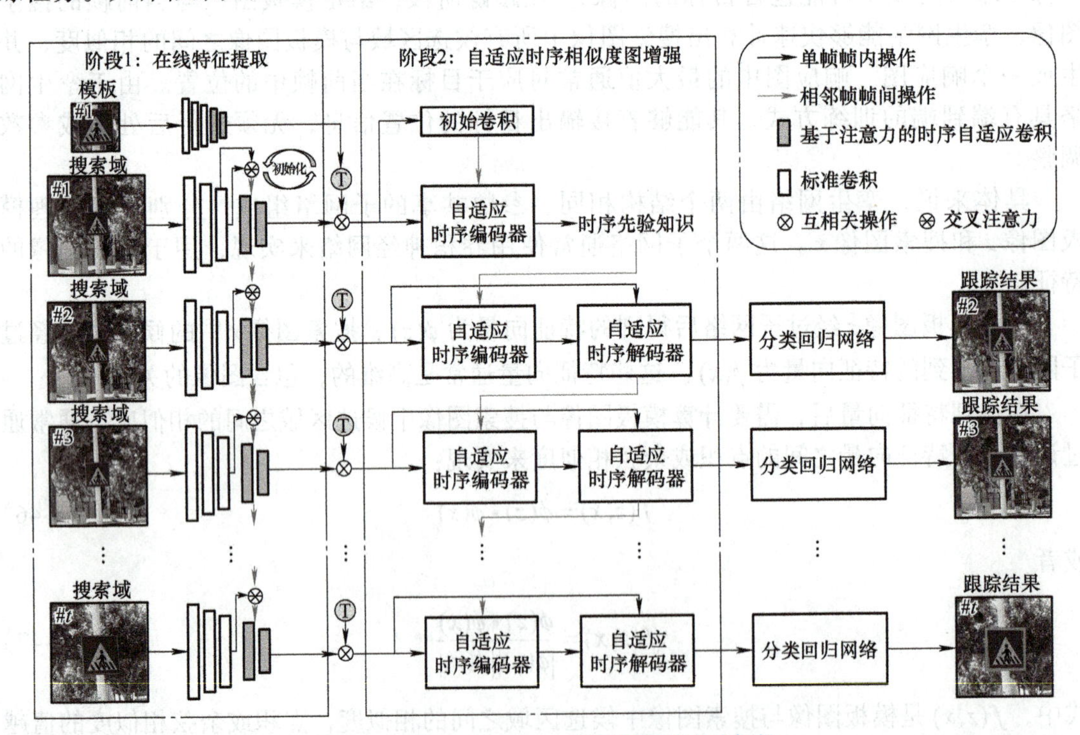

图 3-20　基于 TCTrack++ 的目标跟踪方法框架

首先，TCTrack++ 通过两个维度即特征维度与相似度图维度，引入时序信息，以更好地实现速度与性能的平衡。在特征提取过程中，它采用改进的 ATT-TAdaConv 方法，此

种方法能够高效地在特征维度引入时序信息，具体结构如图 3-21 所示。

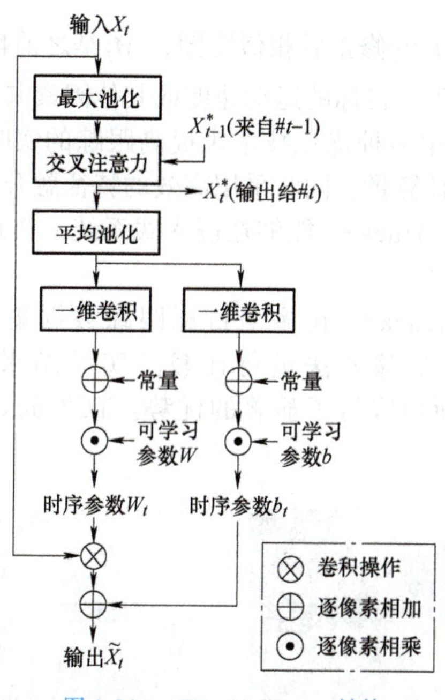

图 3-21　ATT-TAdaConv 结构

此种方法的关键在于其能够根据目标的历史运动轨迹与外观变化，动态地调整特征提取的参数，从而更准确地捕捉目标的特征。具体来说，ATT-TAdaConv 是基于时间自适应卷积（TAdaConv）改进的一个关键组件，用于在特征维度引入时序信息。时间自适应卷积与普通卷积的主要区别在于，其加入每一帧的校准因子 α，使得卷积核能够动态地适应目标的外观变化。

时间自适应卷积的公式表示为

$$W_t = W_b \alpha_t$$

$$b_t = b_b \beta_t \tag{3-50}$$

式中，W_t 是当前帧（第 t 帧）的时间权重；b_t 是当前帧（第 t 帧）的偏置项；W_b 是基础权重；b_b 是基础偏置项；α_t 是当前帧的校准因子，根据目标的历史信息和当前帧的特征来计算；β_t 是当前帧的校准因子，根据目标的历史信息和当前帧的特征来计算。

其次，在相似度图维度，TCTrack++ 使用更加高效的时序信息策略，其通过不断积累的时序信息来修正特征图，从而更准确地描述目标在连续帧之间的变化。此种策略的关键在于其能够有效地利用目标的运动规律与外观变化信息，以提高跟踪的准确性与鲁棒性。通常涉及对特征图进行加权平均或融合等操作，以反映目标在连续帧之间的变化。

TCTrack++ 的相似度图修正公式表示为

$$M_t = \sum_{i=1}^{t} \omega_i M_i \tag{3-51}$$

式中，M_t是当前帧（第 t 帧）的修正后相似度图；M_i是之前帧的相似度图；ω_i是对应的权重，根据帧之间的时间间隔、目标的运动速度或其他因素来计算。

此外，TCTrack++ 也采用多种优化技术来提高跟踪的实时性与准确性。例如，其使用轻量级的网络结构来减少计算量，同时采用高效的特征融合方法来融合不同层次的特征信息。这些优化技术使得 TCTrack++ 能够在嵌入式系统上实现实时性的要求，并且获得与其他前沿跟踪器相似的精度。

在实验结果方面，TCTrack++ 在多个目标跟踪数据集上开展定性定量的评估与测试，并与其他前沿目标跟踪方法进行比较。实验结果表明，TCTrack++ 在准确性、鲁棒性与实时性等方面均取得了显著的优势。TCTrack++ 目标跟踪的示例结果如图 3-22 所示。

a) 跟踪模板

b) 跟踪结果

图 3-22　TCTrack++ 目标跟踪的示例结果

综上所述，TCTrack++ 是一项在目标跟踪领域具有重要意义的成果。它提出一种基于时序信息的高效目标跟踪框架，通过引入时序信息与采用多种优化技术，实现对目标的高精度、高鲁棒性的实时跟踪。

3.4.4　图像分割

图像分割是自主机器人环境感知的另一重要任务，其基于图像数据的内在特性进行特征提取和分类，以实现将图像划分为若干个互不交叠的、具有相似特性的区域。通过选择合适的分割方法和算法参数，可以获得满足特定应用需求的精确而可靠的分割结果。

图像分割的基本原理基于以下核心点：

1）图像分割依据的是图像数据的内在特性。此种特性可能包括像素的亮度、颜色、纹理、形状或其他更复杂的属性。通过对此种特性的分析，能够识别出图像中不同物体或区域的边界，从而实现分割。

2）图像分割过程通常涉及对图像数据的特征提取与分类。特征提取是指从原始图像数据中提取出有意义的、能够描述图像内容的信息。此类特征可以是像素级别的，例如颜色直方图、梯度等，也可以是更高层次的，例如形状、纹理等。在特征提取的基础上，分类算法用于将像素或像素组归类到不同的区域中。

3）图像分割方法的选择取决于具体的应用场景与需求。例如，在自主机器人环境感知任务中，通常需要快速且准确地分割出诸如道路、车辆与行人等关键元素。因此，图像分割方法需要具备足够的灵活性与鲁棒性，以适应不同场景下的挑战。

4）图像分割的结果通常以二值图像或带有标签的图像形式呈现。在二值图像中，不同区域被赋予不同的灰度值（通常为 0 与 255），以便开展后续高级视觉分析或处理。而在带有标签的图像中，每个像素都被赋予一个唯一的标签，用于表示其所属的区域或物体。该标签可以用于后续高级图像处理任务。

本小节主要介绍基于深度学习的图像分割主流方法：基于卷积神经网络的图像分割与基于 Transformer 的图像分割。两种图像分割的主流方法见表 3-10。

1. 基于卷积神经网络的图像分割

图像分割旨在将图像划分为多个具有特定语义含义的区域或对象。随着深度学习技术的兴起，特别是卷积神经网络的广泛应用，基于卷积神经网络的图像分割方法已取得显著的进步。

表 3-10　两种图像分割的主流方法

基于卷积神经网络的图像分割方法	基于 Transformer 的图像分割方法
FCN	SETR
SegNet	Segmenter
U-Net	SegFormer
DeepLab	MaskFormer
PSPNet	SAM

在自主机器人的图像分割领域，经典卷积神经网络架构，例如 U-Net、SegNet 与 FCN（全卷积网络）等，被广泛使用，见表 3-10。上述网络结构通过编码 - 解码的方式，实现从图像到像素级分割结果的映射。编码部分通常使用传统的卷积神经网络结构进行特征提取，而解码部分则通过上采样、反卷积或跳层连接等操作逐步恢复图像的空间分辨率，并输出与输入图像大小相同的分割结果。

基于卷积神经网络的图像分割方法具有以下特点：首先是强大的特征表示能力，卷积神经网络能够自动学习和提取图像中的多层次特征，为图像分割提供丰富的信息支持；其次是端到端的训练方式，卷积神经网络可以实现从输入图像到输出分割结果的直接映射，简化图像处理流程；最后是灵活性与可扩展性，卷积神经网络可以通过调整网络结构与参数设置来适应不同的图像分割任务与数据集。

尽管基于卷积神经网络的图像分割方法已取得显著成果，但仍面临一些挑战。例如，对于细节丰富的图像，卷积神经网络可能难以完全恢复其空间分辨率，导致分割结果不够精细。此外，卷积神经网络在处理全局上下文信息方面也存在一定的局限性。为克服这些挑战，一系列改进方法被提出，例如引入注意力机制、使用多尺度特征融合以及采用更复杂的网络结构等。

2. 基于 Transformer 的图像分割

在图像分割领域，虽然卷积神经网络已取得显著的成功，但近年来，基于 Transformer

的模型也逐渐崭露头角，为图像分割任务带来新的视角与解决方案。Transformer最初是为自然语言处理任务设计的，但其强大的全局建模能力与自注意力机制，使其在处理图像数据时也表现出卓越的性能。

Transformer的核心是自注意力机制，其允许模型在处理序列数据（在图像分割中，可以视为像素序列或图像块的序列）时，能够考虑到整个序列的信息，而不仅仅是局部信息。此种全局建模能力使得Transformer在处理图像分割任务时，能够更好地捕捉图像中的长距离依赖关系，提高分割的精度。

在图像分割中，Transformer的架构通常需要与卷积神经网络结合使用，以充分利用CNN在局部特征提取方面的优势。一种常见的做法是将卷积神经网络的编码器与Transformer的解码器相结合，形成一个混合模型。编码器使用卷积神经网络来提取图像的局部特征，而解码器则使用Transformer的自注意力机制来对这些特征进行全局建模，并生成最终的分割结果；另一种方法是将Transformer直接应用于图像块上，将图像分割任务转化为一个序列到序列（Sequence-to-Sequence）的预测问题。在此种情况下，图像被分割成一系列的图像块，每个图像块被视为一个序列元素，并通过Transformer模型进行处理。此种方法能够更直接地利用Transformer的全局建模能力，但也可能面临计算复杂度较高的问题。

基于Transformer的图像分割方法具有以下特点：首先是全局建模能力，Transformer的自注意力机制使其能够捕捉图像中的长距离依赖关系，其对于分割任务中的边缘与细节处理尤为重要；其次是灵活性，Transformer可以处理可变长度的输入序列，使其能够适应不同分辨率的图像与不同大小的图像块；最后是并行计算，Transformer中的自注意力计算是并行的，有助于提高模型的计算效率。

尽管基于Transformer的图像分割方法具有许多优势，但也面临一定的挑战。首先，因Transformer的计算复杂度较高，处理高分辨率图像时可能需要大量的计算资源；其次，Transformer在处理局部细节方面可能不如卷积神经网络精细。为克服上述挑战，可采用将Transformer与卷积神经网络结合使用、设计轻量级Transformer架构等方式来降低计算复杂度。此外，引入多尺度特征融合与注意力机制等策略也可进一步提高Transformer在图像分割任务中的性能。

本文以基于SAM的图像分割方法为例，介绍其工作原理。鉴于传统的图像分割方法往往依赖于特定的特征与模型，难以适应新的数据和任务，SAM提出一种创新的通用图像分割方法，其核心思想是通过构建一个基于提示的模型，并利用大规模的数据集进行预训练，以实现图像分割任务的强大泛化能力。该方法能够根据用户提供的提示（例如单击、框选等）快速、准确地生成图像分割结果，具体结构如图3-23所示。

为实现上述目标，一个基于Transformer的模型架构被提出。该模型通过自注意力机制捕获图像中的长距离依赖关系，并使用多头自注意力来提高模型的表示能力。具体地，模型的输入是一个经过处理的图像序列，其中每个元素对应于图像中的一个patch（小块）。模型通过多个堆叠的Transformer层对这些序列进行处理，生成每个patch的嵌入表示。

在分割阶段，模型接收用户提供的提示（例如用户单击或框选一个区域），并根据这些提示生成对应的分割掩码。为将提示信息整合到模型中，一个提示编码器（Prompt

Encoder）被引入。提示编码器将提示信息转换为嵌入表示，并将其与图像序列的嵌入表示进行融合。然后，模型通过解码器生成最终的分割掩码。解码器使用自注意力机制与交叉注意力机制来综合考虑图像序列与提示信息，以生成准确的分割结果。

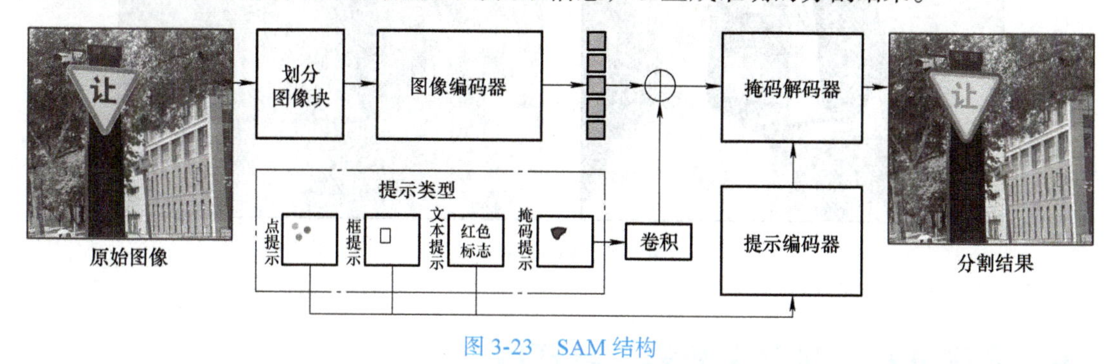

图 3-23　SAM 结构

模型的核心计算公式为

自注意力机制

$$\text{Attention}(\boldsymbol{Q},\boldsymbol{K},\boldsymbol{V})=\text{Softmax}\left(\frac{\boldsymbol{Q}\boldsymbol{K}^{\mathrm{T}}}{\sqrt{d_{\mathrm{k}}}}\right)\boldsymbol{V} \tag{3-52}$$

式中，$\boldsymbol{Q}$ 是查询矩阵；$\boldsymbol{K}$ 是键矩阵；$\boldsymbol{V}$ 是值矩阵；d_{k} 是键的维度。

自注意力机制通过计算查询与键之间的点积，并使用 Softmax 函数进行归一化，得到注意力权重，最后将这些权重应用于值矩阵上。

多头自注意力

$$\text{MultiHead}(\boldsymbol{Q},\boldsymbol{K},\boldsymbol{V})=\text{Concat}(\text{head}_1,\cdots,\text{head}_h)\boldsymbol{W}^{O} \tag{3-53}$$

式中，head_i 是 $\text{Attention}(\boldsymbol{Q}\boldsymbol{W}_i^{Q},\boldsymbol{K}\boldsymbol{W}_i^{K},\boldsymbol{V}\boldsymbol{W}_i^{V})$；$\boldsymbol{W}_i^{Q}$，$\boldsymbol{W}_i^{K}$，$\boldsymbol{W}_i^{V}$，$\boldsymbol{W}^{O}$ 是可学习的参数矩阵；h 是头的数量。

多头自注意力通过并行计算多个自注意力头，并将它们的输出进行拼接与线性变换，以提高模型的表示能力。

此外，为训练上述模型，一个庞大的数据集被构建，其包含超过 1100 万张图片、超过 10 亿个分割掩码。通过使用数据引擎（Data Engine）与迭代优化的方法，将模型训练成一个可提示的、支持灵活提示的分割器。SAM 的训练流程如图 3-24 所示。

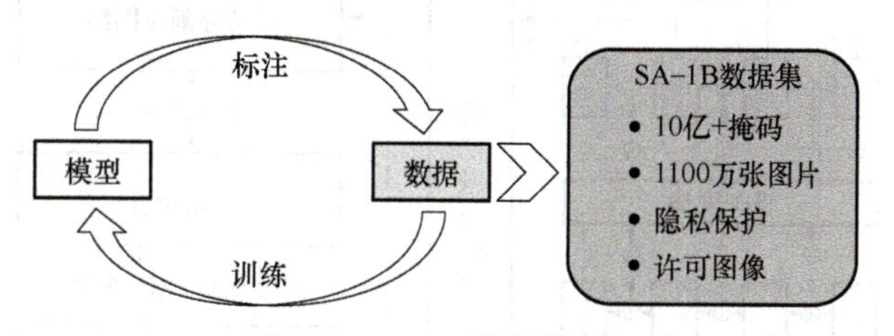

图 3-24　SAM 的训练流程

SAM 模型可在零样本或少样本学习场景下取得优异的性能。该模型能够根据用户提供的简单提示快速生成准确的分割结果，并展现出强大的泛化能力。SAM 的示例结果如图 3-25 所示。

图 3-25 SAM 的示例结果

3.5 实例分析：机器人智能三维环境感知

1. 任务描述

场景理解（Scene Understanding）是通过自主机器人机载视觉传感器对观察到的复杂动态场景进行感知、分析与解释的过程。此过程主要将来自机载视觉传感器的信号信息与场景模型进行匹配。在此基础上，场景理解就是对描述场景的图像数据进行语义添加与语义提取，此场景可以包含许多不同类型的物理对象（例如人、车辆、道路、天空等），它们之间或与环境（例如设备）或多或少地相互作用，其核心任务之一就是全景分割（Panoptic Segmentation）。本实例主要基于自主机器人环境感知的常见场景，综合3.1 ～ 3.4 节所学的自主机器人环境感知理论与方法，学习 EfficientPS 原理与部署方法，完成 EfficientPS 全景分割实验。

2. 原理介绍

EfficientPS 是一种高效的全景分割方法，该方法基于深度学习，结合前沿网络结构与计算机视觉技术，旨在实现高精度且快速的全景分割任务。如图 3-26 所示，该方法可分为特征提取、特征增强、语义分割头、实例分割头、全景融合等部分，通过对输入图像进行处理最终得到鲁棒的全景图像分割结果，从而实现自主机器人的场景理解。

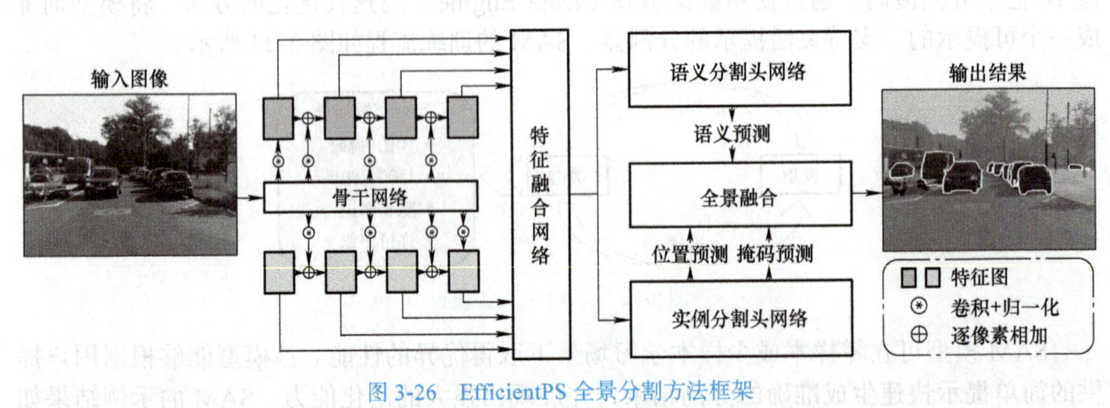

图 3-26 EfficientPS 全景分割方法框架

基于以上原理基础，本实例以全景图像为输入，开展 EfficientPS 全景分割实验。

3. 实验部署步骤

（1）数据集　本实例使用 KITTI 全景分割数据集进行 EfficientPS 模型的训练与测试，实现全景分割。若读者需要完整的 KITTI 全景分割数据集及其真实值标签，可自行在开源项目主页下载：http://panoptic.cs.uni-freiburg.de/#dataset。

（2）配置项目环境　读者可以在 https://github.com/DeepSceneSeg/EfficientPS 下载本实例项目完整开源代码的工程文件夹 EfficientPS。本实例项目部署于 Linux 系统，配套 Python 3.7、PyTorch 1.7、CUDA 10.2 与 GCC 7 等，且需创建并编译相应环境。

（3）模型训练　在完成上述项目环境配置后，可在 config.py 和 train.py 文件中编辑相应路径，使用 GPU 显卡进行训练，在 Terminal 模式或 Visual Stutio Code 环境中运行 train.py 代码，运行 train.py 后，计算机加载预训练模型与 KITTI 数据集并开始训练。

（4）模型测试　在 config.py 和 test.py 文件中编辑相应路径，使用 GPU 显卡进行测试，即在 Terminal 模式或 Visual Stutio Code 环境中运行 test.py 代码，将加载 KITTI 测试集开始全景分割。

4. 实验结果展示

EfficientPS 在 KITTI 数据集上的示例运行效果，如图 3-27 所示。

图 3-27　EfficientPS 在 KITTI 数据集上的示例运行结果

5.小结

本实例从基于EfficientPS的场景理解实践出发，介绍EfficientPS框架。通过搭建场景理解环境，测试EfficientPS场景理解效果。结果表明：EfficientPS能够在复杂场景下实现实时鲁棒场景理解。

习题

3-1 自主机器人实现环境感知功能具有什么意义？

3-2 请简要说明环境感知传感器的选用策略。

3-3 惯性导航系统有何特点？能否独立使用？

3-4 视觉传感器适用于哪些环境感知场景？

3-5 简述激光雷达的测量原理。激光雷达适用于哪些环境感知场景？

3-6 相机内参矩阵每个参数的含义是什么？

3-7 请简述多传感器联合标定的步骤。

3-8 请简述ORB-SLAM的算法框架。

3-9 相较于单一传感器，多传感器联合在环境感知中有何优势？

3-10 查阅相关资料，分析多传感器联合感知技术的发展趋势和应用前景。

3-11 请简要说明图像预处理的基本原理，并列举至少三种常用的图像预处理技术。

3-12 特征点检测有什么特点？选择一种特征点检测算法，简要说明其原理。

3-13 请简要说明Canny边缘检测的步骤和应用。

3-14 解释深度学习在环境感知中的基本原理，并简述其优点和挑战。

3-15 什么是目标检测？选择一种常用的目标检测模型，简要介绍其工作原理。

3-16 目标跟踪在自主机器人中的意义是什么？

3-17 简要介绍图像分割的基本原理，并描述一种常用的图像分割算法。

3-18 基于EfficientPS的场景理解方法主要解决了哪些问题？请简述其工作原理。

3-19 描述EfficientPS在处理场景理解任务时的优点，并列举两个具体应用场景。

3-20 结合实例，讨论自主机器人环境感知未来有哪些可能的发展方向。

参考文献

[1] QIN T，LI P，SHEN S. VINS-Mono：A Robust and Versatile Monocular visual-inertial state estimator[J]. IEEE Transactions on Robotics，2018，34（4）：1004-1020.

[2] MUR-ARTAL R，MONTIEL J M M，TARDOS J D. ORB-SLAM：a versatile and accurate monocular SLAM system[J]. IEEE Transactions on Robotics，2015，31（5）：1147-1163.

[3] MUR-ARTAL R，TARDOS J D. ORB-SLAM2：an open-source SLAM system for monocular，stereo，and RGB-D cameras[J]. IEEE Transactions on Robotics，2017，33（5）：1255-1262.

[4] CAMPOS C，ELVIRA R，RODRÍGUEZ J J G，et al. ORB-SLAM3：an accurate open-source library for visual，visual-inertial，and multimap SLAM[J]. IEEE Transactions on Robotics，2021，37（6）：1874-1890.

[5] 甄先通，黄坚，王亮，等. 自动驾驶汽车环境感知[M]. 北京：清华大学出版社，2020.

[6] 王建. 智能车辆技术基础[M]. 北京：清华大学出版社，2021.

[7] Honywell. 航行致远　赋能未来 [EB/OL].（2021-09-18）[2024-05-10]. https://www.honeywell.com.cn/aero/home.
[8] ADI. 智能边缘前沿 [EB/OL].（2022-10-18）[2024-05-10]. https://www.analog.com/cn/index.html.
[9] iXblue.Pushing back the frontiers[EB/OL].（2023-06-20）[2024-05-10]. https://www.ixblue.com/.
[10] Movella.Xsens [EB/OL].（2024-05-10）[2024-05-10]. https://www.movella.com/products/xsens.
[11] Baumer. 传感器解决方案产品组合 [EB/OL].（2021-01-03）[2024-05-10]. https://www.baumer.cn/cn/zh.
[12] IDS. 一流的图像处理和德国制造的工业相机 [EB/OL].（2024-05-10）[2024-05-10]. https://cn.ids-imaging.com.
[13] StereoLabs*. Redefining autonomy with AI vision[EB/OL].（2024-05-10）[2024-05-10]. https://www.stereolabs.com.
[14] Intel REALSENSE. Robotic automation for smart agriculture and renewable energy[EB/OL].（2024-05-10）[2024-05-10]. https://www.intelrealsense.com.
[15] 王敏，杨忠 . 数字图像预处理技术研究 [M]. 北京：科学出版社，2019.
[16] SZELISKI R. Computer Vision：Algorithms and Applications[M]. 2nd ed. Washington：Springer 2022.
[17] JÄHNE B. Digital Image Processing[M]. 6th ed. Berlin：Springer，2005.
[18] 高飞，刘盛，卢书芳 . 数字图像处理系列教程：基础知识篇 [M]. 北京：清华大学出版社，2022.
[19] PRINCE S J D. Computer vision：models，learning，and inference[M]. New York：Cambridge University Press，2012.
[20] 高随祥，文新，马艳军，等 . 深度学习导论与应用实践 [M]. 北京：清华大学出版社，2019.
[21] 王东 . 机器学习导论 [M]. 北京：清华大学出版社，2021.
[22] 郝晓莉，王昌利，侯亚丽，等 . 深度学习算法与实践 [M]. 北京：清华大学出版社，2023.
[23] 邓立国，李剑锋，林庆发，等 .Python 深度学习原理、算法与案例 [M]. 北京：清华大学出版社，2023.
[24] HARTLEY R，ZISSERMAN A. Multiple view geometry in computer vision[M]. 2nd Cambridge：Cambridge University Press，2003.
[25] GOODFELLOW I，BENGIO Y，COURVILLE A. Deep learning[M]. Cambridge：MIT Press，2016.
[26] HAMILTON W L. Graph representation learning[M]. San Rafael：Morgan & Claypool Publishers，2020.
[27] VASWANI A，SHAZEER N，PARMAR N，et al. Attention is all you need[J]. Advances in Neural Information Processing Systems，2017，30：1-11.
[28] KAMATH U，GRAHAM K，EMARA W. Transformers for machine learning：A Deep Dive[M]. New York：Chapman and Hall/CRC，2022.
[29] GIRSHICK R，DONAHUE J，DARRELL T，et al. Rich feature hierarchies for accurate object detection and semantic segmentation[C]//Proceedings of the IEEE Conference on Computer Vision and Pattern Recognition. Washington：IEEE Computer Society Press，2014：580-587.
[30] LIU L，OUYANG W L，WANG X G，et al. Deep learning for generic object detection：a survey[J]. International Journal of Computer Vision，2020，128：261-318.
[31] TAN M X，PANG R M，LE Q V. EfficientDet：scalable and efficient object detection[C]//Proceedings of the IEEE/CVF Conference on Computer Vision and Pattern Recognition. 2020：10781-10790.
[32] FU C H，LI B W，DING F Q，et al. Correlation filters for unmanned aerial vehicle-based aerial tracking：a review and experimental evaluation[J]. IEEE Geoscience and Remote Sensing Magazine，

2021，10（1）：125-160.
[33] FU C H，LU K H，ZHENG G Z，et al. Siamese object tracking for unmanned aerial vehicle：a review and comprehensive analysis[J]. Artificial Intelligence Review，2023，56：1417-1477.
[34] CAO Z，HUANG Z Y，PAN L，et al. Towards real-world visual tracking with temporal contexts[J]. IEEE Transactions on Pattern Analysis and Machine Intelligence，2023，45（12）：15834-15849.
[35] MINAEE S，BOYKOV Y，PORIKLI F，et al. Image segmentation using deep learning：a survey[J]. IEEE Transactions on Pattern Analysis and Machine Intelligence，2022，44（7）：3523-3542.
[36] THISANKE H，DESHAN C，CHAMITH K，et al. semantic segmentation using vision transformers：a survey[J]. Engineering Applications of Artificial Intelligence，2023，126：1-14.
[37] KIRILLOV A，MINTUN E，RAVI N，et al. Segment anything[C]//Proceedings of the IEEE/CVF International Conference on Computer Vision. Washington：IEEE Computer Society Press，2023：4015-4026.
[38] MOHAN R，VALADA A. EfficientPS：efficient panoptic segmentation[J]. International Journal of Computer Vision，2021，129（5）：1551-1579.

第 4 章　自主机器人定位与建图

导读

本章着重讨论自主机器人在未知环境中的定位与建图问题。机器人定位即确定机器人在环境地图中的位置和姿态，而建图则是构建未知环境的地图。这两个问题通常是相互关联的，因为定位需要地图信息，而建图又需要准确的定位信息。本章首先介绍机器人定位技术，包括概率表示方法和基础的滤波算法。随后，介绍环境地图的不同表示方法，从二维栅格地图到三维语义地图。接着，详细阐述机器人同步定位与建图（SLAM）技术，包括其原理和几种主流的 SLAM 算法。最后，通过实例分析，展示移动机器人如何构建三维点云地图，包括状态估计、回环检测和全局位姿图的构建等关键技术。本章旨在为读者提供自主机器人定位与建图领域的基础知识和最新进展。

本章知识点

- 机器人定位理论
- 环境地图表示
- 机器人同步定位与建图技术

4.1　机器人定位理论

4.1.1　概率生成法则

在本节内容中，机器人的状态统一用 x 表示，常见的状态变量有机器人位姿、速度和角速度、执行机构构型等。t 时刻的状态表示为 x_t。在机器人定位过程中，传感器是非常重要的。机器人利用传感器从环境中获取状态信息，这些传感器包括摄像头、测距扫描仪和触觉传感器等，用于感知环境并获取有关周围状态的数据。例如，机器人可能使用摄像头来捕获周围的图像，用于识别和定位物体或地标。此外，机器人还可以利用激光或超声波测距扫描仪来获取周围物体的距离和形状信息，从而构建环境地图或避障。另外，触觉传感器可以让机器人感知与物体的接触或压力，进而执行柔性的操作或避免碰撞。t

时刻传感器的测量表示为 z_t。机器人为了实现特定任务或达到目标需要采取行动或决策，这些行为被称为控制动作。控制动作可以包括机器人的横移、转向、停止、抓取物体等操作，这些动作直接影响机器人在环境中的行为和状态演变，t 时刻的控制输入用符号 u_t 表示。

在实际环境中，机器人的自身状态通常是不完全可知的，存在各种不确定性和噪声。这些不确定性可能来源于多个方面，例如传感器测量的误差、环境干扰、机器人运动模型的不准确性等。概率生成法则提供了一种处理这种不确定性的理论基础和数学工具。它是一种统计模型，描述了一组随机变量之间的联合概率分布。在概率生成模型中，通常假设存在一组隐藏变量（或称为潜变量），这些变量不可直接观测，但可以通过可观测的数据来推断。模型通过学习这些隐藏变量的概率分布，以及它们与可观测数据之间的关系，来捕捉数据的内在结构和规律。通过概率生成法则，机器人能够根据先验知识和传感数据，更新对自身位置和环境状态的估计，从而实现精确的定位。

在具体介绍概率生成法则之前，先了解几个关键概念：

1. 运动模型（Motion Model）

运动模型描述了机器人在时间上的状态转移，即在给定当前状态和控制输入的情况下，机器人下一个状态的概率分布。数学表达式为 $p(x_t|x_{t-1},u_t)$，其中，x_{t-1} 为机器人在 $t-1$ 时刻的状态。$p(x_t|x_{t-1},u_t)$ 也被称为状态转移概率。

2. 观测模型（Observation Model）

观测模型（也称观测概率）描述了在给定机器人状态的情况下，传感器测量值的概率分布。数学表达式为 $p(z_t|x_t)$。观测模型需要考虑传感器的特性、环境的特征及噪声。

3. 马尔可夫假设（Markov Assumption）

一个随机过程在给定当前状态的情况下，其未来的状态仅依赖于当前状态，而与过去的状态无关。这种特性称为“无后效性”或“无记忆性”。

首先详细介绍机器人的运动模型（状态转移）的数学表达式是如何得到的。在机器人定位中，概率生成法则通过概率模型来描述状态转移（机器人状态变化）和测量之间的关系。描述状态演变的概率法则可以由以下形式的概率分布表示：

$$p(x_t|x_{0:t-1},z_{1:t-1},u_{1:t}) \tag{4-1}$$

式中，$x_{0:t-1}=\{x_0,x_1,\cdots,x_{t-1}\}$；$z_{1:t-1}=\{z_1,z_2,\cdots,z_{t-1}\}$。假设机器人首先执行控制动作 u_t，然后根据此控制动作获得测量 z_t。式（4-1）说明，机器人当前状态 x_t 受过去所有的状态、量测和控制输入的影响。接下来，引入状态完整性（State Completeness）的概念。状态完整性是指一个状态变量能够包含足够的信息来最好地预测未来的状态。这通常意味着状态变量应该包含机器人过去的所有相关状态测量和控制信息。未来是随机的，但在 x_t 之前的状态变量不会影响机器人的未来状态。换句话说，状态完整性是符合马尔可夫假设的。在 x_t 是完整的前提下，式（4-1）可以简化为：$p(x_t|x_{t-1},u_t)$。这个简化过程本质上利用了

条件独立（Conditional Independence）。通过此类简化，可以降低对历史信息的依赖，加快计算速度。同理，如果 x_t 是完整的，机器人的观测模型可以做类似处理：

$$p(z_t|x_{0:t},z_{1:t-1},u_{1:t})=p(z_t|x_t) \tag{4-2}$$

式（4-2）表示，在状态完整的情况下，测量 z_t 仅与 x_t 有关。

状态转移概率和测量概率共同描述了机器人及其环境组成的动态随机系统。这种系统的演变可以用动态贝叶斯网络（Dynamic Bayesian Network，DBN）或隐马尔可夫模型（Hidden Markov Model，HMM）来表示和建模。图 4-1 所示的动态贝叶斯网络清晰地展示了由这些概率定义的状态和测量的演变过程。

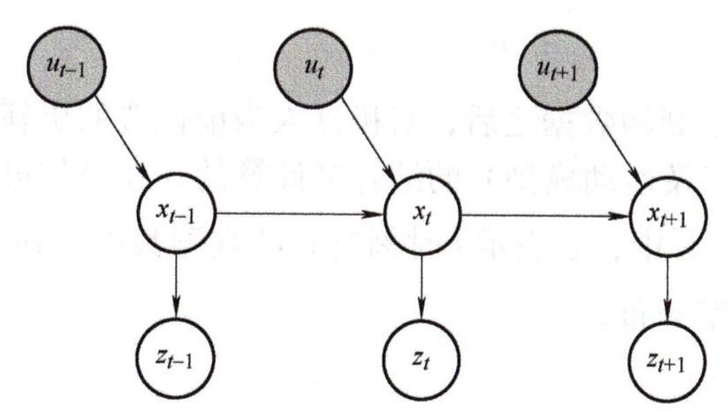

图 4-1　采用动态贝叶斯网络表示的特征演变过程

在这个模型中，t 时刻的状态 x_t 随机地依赖于 $t-1$ 时刻的状态 x_{t-1} 和控制 u_t，即状态转移概率 $p(x_t|x_{t-1},u_t)$ 描述了机器人如何根据控制输入从一个状态转移到下一个状态。同时，t 时刻的测量 z_t 随机地依赖于 t 时刻的状态 x_t，测量概率 $p(z_t|x_t)$ 描述了机器人处于特定状态时可能观测到的测量。

这种时间生成模型是一种强大的工具，可用于推断机器人的状态和环境的特性，尤其在面对不完全观测时具有广泛的应用。通过结合状态转移和测量概率，机器人能够根据已知的控制输入和测量数据，推断其未知的状态，并在不确定环境中进行准确的定位和导航。

总的来说，在机器人定位过程中，概率生成法则可以应用于以下几个方面：

（1）融合感知数据和先验信息　将传感器测量结果与地图信息或先前的定位估计结合，以更新机器人对当前位置和环境状态的信念。

（2）处理不确定性和噪声　通过概率生成法则，机器人能够量化和管理环境中的不确定性和噪声，提高定位的准确性和可靠性。

（3）实现贝叶斯滤波算法　概率生成法则是贝叶斯滤波算法的核心原理，用于根据先验概率和观测数据更新状态的后验概率分布。

（4）条件独立性假设　概率生成法则中的条件独立性假设简化了状态估计问题的复杂度，使得机器人能够有效地推断和更新状态。

利用概率生成法则，可以将机器人状态和观测数据的联合概率分布分解为机器人状态的先验概率（即不依赖于当前观测数据的概率）和给定机器人状态下观测数据的条件概率（即似然概率）。

4.1.2 贝叶斯滤波定位算法

在理解了概率生成法则之后，可以更深入地探讨如何利用这些法则进行机器人定位。贝叶斯滤波（Bayesian Filtering）定位算法是一种根据传感器测量和控制输入来估计系统状态的概率方法。在详细介绍贝叶斯滤波之前，首先介绍几个机器人定位中的概念。

1. 先验概率（Prior Probability）

先验概率表示在未观察到数据之前，对机器人当前位置的初始信念或假设。它基于对环境、机器人初始位置和运动特性的了解。先验概率的数学表示为$p(x_t \mid u_t, z_{t-1})$，表示某初始时刻的状态x_t的概率分布。

2. 后验概率（Posterior Probability）

后验概率是在结合了观测数据之后，对机器人当前位置的更新信念。后验概率是通过先验概率和观测数据（以及运动模型）的结合来计算的。在马尔可夫假设下，后验概率的数学表示为$p(x_t|u_t, z_t)$，其中，z_t表示t时刻所有的观测数据。$p(x_t|u_t, z_t)$表示在t时刻结合观测数据后的状态概率分布。

3. 似然（Likelihood）

似然函数$p(z_t|x_t)$表示在机器人当前状态x_t下，观测数据z_t出现的概率。

4. 贝叶斯定理（Bayes' Theorem）

贝叶斯定理用于结合传感器数据和先验知识，更新对机器人的位姿估计，可以表示为

$$p(x_t|u_t, z_t) = \frac{p(z_t \mid x_t) p(x_t \mid u_t, z_{t-1})}{p(z_t \mid u_t, z_{t-1})} \tag{4-3}$$

式中，$p(z_t \mid u_t, z_{t-1})$表示机器人在观测值为z_{t-1}的情况下，下一时刻观测值z_t的概率。贝叶斯滤波基于贝叶斯定理和递归贝叶斯估计的概念，通过使用先验概率和观测数据，更新状态的后验概率。在上一章节中已经提到，受观测噪声的影响，机器人真实的状态很难精准获取。采用置信度（状态估计的后验概率）来描述状态的最优估计。置信度表示机器人在某个特定时刻对状态的信任程度，置信度越高表示对机器人位姿的估计越准确。采用$\text{bel}(x_t)$表示状态x_t的置信度，则有

$$\text{bel}(x_t) = p(x_t | z_{1:t}, u_{1:t}) \tag{4-4}$$

式（4-4）中置信度是在考虑了t时刻的观测量的基础上得到的，在未获得t时刻的观测量之前，根据已有观测和运动模型来推测x_t的状态，有

$$\widehat{\text{bel}(x_t)} = p(x_t | z_{1:t-1}, u_{1:t}) \tag{4-5}$$

贝叶斯滤波的目标是通过结合运动模型和观测模型，在每个时间步长递归地估计系统的状态。贝叶斯滤波定位算法的两个关键步骤是预测和更新。

（1）预测（Prediction）　在预测步骤中，根据运动模型从前一个时刻的状态估计出

当前时刻的状态先验分布。如式（4-5）所示。

（2）更新（Update）　在更新步骤中，根据观测模型结合当前观测数据更新状态估计。这一步的目的是利用当前观测数据修正预测得到的先验分布，从而获得更准确的后验分布。式（4-4）展示了更新的过程。

程序 4-1 以伪代码形式展示了基本的贝叶斯滤波定位算法流程。在实际应用中，贝叶斯滤波将连续更新机器人位姿的概率分布，由前一步计算的置信度 $\text{bel}(x_{t-1})$ 不断迭代计算当前的置信度 $\text{bel}(x_t)$ 。

程序 4-1　贝叶斯滤波定位算法伪代码

算法：贝叶斯滤波定位算法
1. 初始化 $\text{bel}(x_0)$
2. t=1
3. For t=1 to T:
4. 　　Input u_t、z_t
5. 　　$\widehat{\text{bel}(x_t)}=0$
6. 　　For each x_{t-1} :
7. 　　　　$\widehat{\text{bel}(x_t)}+=p(x_t \vert u_t,x_{t-1})\bullet\text{bel}(x_{t-1})$
8. 　　　　$\widehat{\text{bel}(x_t)}=\dfrac{\widehat{\text{bel}(x_t)}}{\sum_{x_t}\widehat{\text{bel}(x_t)}}$
9. 　　$\text{bel}(x_t)=0$
10. 　　For each x_t :
11. 　　　　$\text{bel}(x_t)+=p(z_t \vert x_t)*\widehat{\text{bel}(x_t)}$
12. 　　$\eta=\dfrac{1}{\sum_{x_t}p(z_t \vert x_t)*\widehat{\text{bel}(x_t)}}$
13. 　　$\text{bel}(x_t)*=\eta$
14. 　　t+=1
15. $\hat{x}_t=\arg\max_{x_t}\text{bel}(x_t)$
16. Return　$\hat{x}_t$、$\text{bel}(x_t)$

接下来，对程序 4-1 所示的贝叶斯滤波定位算法伪代码进行解释说明。

$t=1$ 时刻，需要一个初始化置信度 $\text{bel}(x_0)$（对应程序第 1 行）。常见的置信度初始化方式可以分为两种情况。如果知道状态 x_0 的确切值，则设置 $\text{bel}(x_0)$ 为 1，其他状态的初始置信度为 0。如果初始状态 x_0 完全未知，则可以使用在状态空间中 x_0 邻域上的均匀分布来初始化 $\text{bel}(x_0)$ 。

在初始化置信度 $\text{bel}(x_0)$ 之后，接下来基于上一时刻的置信度 $\text{bel}(x_{t-1})$ 和控制输入 u_t 来预测当前时刻的状态置信度 $\widehat{\text{bel}(x_t)}$ 。遍历所有可能的上一时刻状态 x_{t-1} ，并使用状态转移概率 $p(x_t \vert u_t,x_{t-1})$ 来计算当前时刻状态 x_t 的预测置信度 $\widehat{\text{bel}(x_t)}$（对应程序第 5～第 7 行）。由于累加操作可能导致 $\widehat{\mathrm{bel}(x_t)}$ 的总和不为 1，因此需要进行归一化处理（对应程序第 8 行），使得所有可能状态 x_t 的 $\widehat{\mathrm{bel}(x_t)}$ 之和等于 1，从而形成一个有效的概率分布。

算法的下一步根据当前时刻的观测值 z_t 来更新预测置信度。对于每个可能的当前状态 x_t，计算其似然概率 $p(z_t|x_t)$，并将其与预测置信度相乘，以得到更新后的置信度 $\mathrm{bel}(x_t)$（对应程序第 9 ～第 11 行）。之后再进行归一化（对应程序第 12 和第 13 行），η 是归一化常数，以确保更新后的置信度 $\mathrm{bel}(x_t)$ 是一个有效的概率分布。

最后，选择使后验概率最大的状态 $\hat{x}_t$ 作为机器人位姿估计值（对应程序第 15 行）。

为了便于理解，可以结合如图 4-2 所示的机器人定位问题来理解贝叶斯滤波算法。机器人不知道自身所处位置，它仅仅知道场景中四道门的位置（分别为 1，3，7，12）。

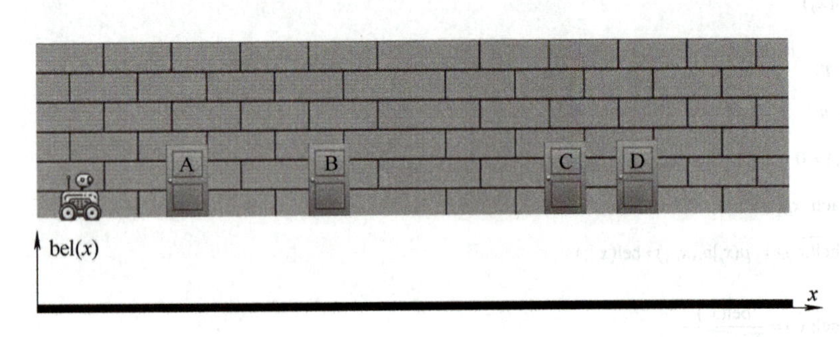

图 4-2　移动机器人及其初始置信度

首先，机器人观测到恰好一扇门位于行进方向的左边，但是机器人不知道它在哪个门旁边，假设初始概率分布为

$$p(x_0=1)=\frac{1}{4}, p(x_0=3)=\frac{1}{4}, p(x_0=7)=\frac{1}{4}, p(x_0=12)=\frac{1}{4} \tag{4-6}$$

在下一时刻，机器人自身里程计感知到它向前移动了两个单位，观测到又有一扇门出现在左边，令 $u_1=\{\text{前移两个单位}\}$，假设事件 A 为观测到左边有扇门，可得 $p(z_0=A)=1, p(z_1=A)=1$，根据机器人初始概率分布和运动控制动作 u_1 可知：

$$p(x_1=3\,|\,x_0=1,u_1)=\frac{1}{4}, p(x_0=5\,|\,x_0=3,u_1)=\frac{1}{4} \tag{4-7}$$

$$p(x_0=9\,|\,x_0=7,u_1)=\frac{1}{4}, p(x_0=14\,|\,x_0=12,u_1)=\frac{1}{4} \tag{4-8}$$

根据式（4-3）可知：

$$p(x_1=3\,|\,u_1,z_1=A)=\frac{p(z_1=A|x_1=3)\,p(x_1=3|u_1,z_0=A)}{p(z_1=A|u_1,z_0=A)}=\frac{1\times 1}{1}=1 \tag{4-9}$$

因此，机器人在向前移动 2 个单位的距离后位于第 2 个门所处的位置。

4.1.3　卡尔曼滤波定位算法

4.1.2 节介绍了基于贝叶斯定理进行机器人位姿估计的贝叶斯滤波定位算法。本小节将介绍应用十分广泛的卡尔曼滤波（Kalman Filter，KF）定位算法。对于线性系统，贝叶斯滤波定位算法虽然通用，但在计算复杂度方面存在较大问题。更适合的算法是由匈牙利数学家 Rudolf E. Kalman 于 1960 年提出的卡尔曼滤波定位算法。在详细介绍卡尔曼滤波定位算法之前，首先了解几个关键概念。

1. 高斯分布

高斯分布（或正态分布）是一种连续概率分布，常用于描述随机变量的概率分布。其概率密度函数为

$$f(x)=\frac{1}{\sqrt{2\pi\sigma^2}}\mathrm{e}^{-\frac{(x-\mu)^2}{2\sigma^2}} \tag{4-10}$$

式中，μ是均值（或期望值）；σ^2是方差；σ是标准差。

2. 多维高斯分布

多维高斯分布（也称为多变量高斯分布或联合高斯分布）是一个在多元统计分析中广泛使用的连续概率分布。它描述了一个多维随机变量的概率分布，其中每个随机变量都可以看作是一个维度。

一个 n 维高斯分布（或多维高斯分布）由以下概率密度函数定义：

$$f(x)=\frac{1}{(2\pi)^{n/2}\left|\boldsymbol{\Sigma}\right|^{1/2}}\exp\left(-\frac{1}{2}(x-\mu)^{\mathrm{T}}\boldsymbol{\Sigma}^{-1}(x-\mu)\right) \tag{4-11}$$

式中，$\boldsymbol{\Sigma}$ 是一个对称正定矩阵，被称为协方差矩阵，它描述了各个维度之间的方差和协方差。

3. 状态转移矩阵

状态转移矩阵描述了系统从一个状态转移到另一个状态的概率。状态转移矩阵通常表示为 $\boldsymbol{A}$，在卡尔曼滤波中，状态方程可以写作：

$$\boldsymbol{x}_t=\boldsymbol{A}\boldsymbol{x}_{t-1}+\boldsymbol{B}\boldsymbol{u}_{t-1}+\boldsymbol{w}_{t-1} \tag{4-12}$$

式中，$\boldsymbol{B}$ 是控制输入矩阵；$\boldsymbol{w}_{t-1}$ 是过程噪声。

4. 过程噪声

过程噪声 $\boldsymbol{w}_t$ 通常被假设为均值为 0 的高斯白噪声，其协方差矩阵为 $\boldsymbol{Q}$。这意味着 $\boldsymbol{w}_t$ 服从均值为 0、协方差为 $\boldsymbol{Q}$ 的高斯分布。

5. 观测矩阵

观测矩阵 $\boldsymbol{H}$ 描述了系统状态与观测值之间的关系。观测方程通常写作：

$$\boldsymbol{z}_t=\boldsymbol{H}\boldsymbol{x}_t+\boldsymbol{v}_t \tag{4-13}$$

式中，z_t是t时刻的观测值；v_t是观测噪声。v_t描述了由于传感器精度、测量误差等因素引入的不确定性。与过程噪声类似，观测噪声也通常被假设为均值为0的高斯白噪声，其协方差矩阵为$\boldsymbol{R}$。

卡尔曼滤波是一种高效的递归滤波器，用于存在不确定性和噪声的情况下，通过结合系统的动态模型和观测模型，递归地估计系统的状态。在卡尔曼滤波定位算法中，置信度通常使用多维高斯分布来描述。多维高斯分布由两个主要参数定义：均值$\boldsymbol{\mu}$和协方差矩阵$\boldsymbol{\Sigma}$。均值表示估计的状态值，而协方差矩阵表示状态估计的不确定性。

基于卡尔曼滤波定位算法的主要步骤包括状态预测、协方差预测、测量更新、状态更新、协方差更新，具体内容如下：

（1）状态预测　在已知当前的位姿$\boldsymbol{\mu}_{t-1}$和控制输入$\boldsymbol{u}_t$（如速度和转向角度）的情况下预测机器人在下一时刻的位姿。

（2）协方差预测　基于状态转移模型和过程噪声模型，更新预测位姿的协方差矩阵$\boldsymbol{\Sigma}$。

（3）测量更新　使用传感器的测量值来修正预测的机器人位姿。传感器提供了对环境的测量数据z_t，这些数据可以用来提高位姿估计的准确性。通过比较预测的位姿和传感器观测到的数据，可以计算出修正量，从而调整预测的位姿。这一步通常涉及计算卡尔曼增益$\boldsymbol{K}_t$，用于平衡预测和观测之间的信息。

（4）状态更新　通过前一步计算的修正量，更新机器人的位姿估计$\boldsymbol{\mu}_t$。

（5）协方差更新　通过结合测量噪声模型和卡尔曼增益，调整协方差矩阵$\boldsymbol{\Sigma}$，确保它准确反映当前位姿估计的置信度$\text{bel}(x_t)$。

接下来，程序4-2描述了KF定位算法的伪代码。

程序 4-2　KF 定位算法的伪代码

算法：KF 定位算法
1：初始化位姿估计$\boldsymbol{\mu}_0$和协方差矩阵$\boldsymbol{\Sigma}_0$
2：for t=1 to T：
3：　　$\boldsymbol{\mu}_t^- = \boldsymbol{A}\boldsymbol{\mu}_{t-1} + \boldsymbol{B}\boldsymbol{u}_t$
4：　　$\boldsymbol{\Sigma}_t^- = \boldsymbol{A}\boldsymbol{\Sigma}_{t-1}\boldsymbol{A}^{\mathrm{T}} + \boldsymbol{Q}$
5：　　$\boldsymbol{K}_t = \boldsymbol{\Sigma}_t^-\boldsymbol{H}^{\mathrm{T}}(\boldsymbol{H}\boldsymbol{\Sigma}_t^-\boldsymbol{H}^{\mathrm{T}} + \boldsymbol{R})^{-1}$
6：　　$\boldsymbol{\mu}_t = \boldsymbol{\mu}_t^- + \boldsymbol{K}_t(z_t - \boldsymbol{H}\boldsymbol{\mu}_t^-)$
7：　　$\boldsymbol{\Sigma}_t = (\boldsymbol{I} - \boldsymbol{K}_t\boldsymbol{H})\boldsymbol{\Sigma}_t^-$
8：end for
9：返回$\boldsymbol{\mu}_t$和$\boldsymbol{\Sigma}_t$

接下来，对程序4-2所示的KF定位算法的伪代码进行解释说明。

首先，初始化机器人位姿估计$\boldsymbol{\mu}_0$和协方差矩阵$\boldsymbol{\Sigma}_0$（用于描述$\boldsymbol{\mu}_0$的不确定性）（对应程序第1行）。之后，利用状态转移方程和上一时刻的位姿估计$\boldsymbol{\mu}_{t-1}$以及控制输入$\boldsymbol{u}_t$来预测当前时刻的位姿$\boldsymbol{\mu}_t^-$（对应程序第3行）。然后，通过状态转移矩阵$\boldsymbol{A}$和上一时刻的协方

差矩阵 $\boldsymbol{\Sigma}_{t-1}$ 预测当前时刻的协方差矩阵 $\boldsymbol{\Sigma}_t^-$（对应程序第 4 行）。

在完成 KF 定位算法的预测部分之后，开始结合传感器的测量数据 z_t 来更新预测值，从而提高位姿估计的准确性。首先，通过观测矩阵 $\boldsymbol{H}$ 和观测噪声协方差矩阵计算卡尔曼增益 $\boldsymbol{K}_t$（对应程序第 5 行）。之后，使用卡尔曼增益 $\boldsymbol{K}_t$ 和测量数据 z_t 对预测部分的位姿估计值 $\boldsymbol{\mu}_t^-$ 和协方差矩阵 $\boldsymbol{\Sigma}_t^-$ 更新（对应程序第 5 行和第 6 行）。

在介绍了 KF 定位算法程序之后，通过一个例子来学习如何使用 KF 定位算法解决匀加速机器人速度和位置的估计问题。

如图 4-3 所示，假设有一个移动机器人，其初始速度为 0，初始位置也为 0。机器人以 1 的加速度向前运动，期间机器人通过 GPS 来感知自身的位置，然而，GPS 的精度较低，其测量误差的方差为 1（假设其符合高斯分布）。此外，机器人的运动还受到其他因素的影响，如风阻、地面摩擦力和其他环境因素（视为过程噪声，符合均值为 0 的高斯分布，协方差矩阵设置为 $\boldsymbol{Q}=[[0.1,0],[0,0.1]]$）。因此，不能完全依赖 GPS 测量来完成对机器人的定位。机器人在运动 1 个时间步长后，GPS 感知到此时位置为 0.4。

图 4-3　移动机器人行进示意图

为了实现机器人的定位，首先确定机器人运动的状态方程，然后估计机器人的速度和位置，因此将机器人的状态定义为 $\boldsymbol{x}_t=[p_t,v_t]^{\mathrm{T}}$，其中，$p_t$ 是机器人的位置，v_t 是机器人的速度。以下是一个简单的机器人运动学模型：

$$v_t = v_{t-1} + a_{t-1}\Delta t \tag{4-14}$$

$$p_t = p_{t-1} + v_{t-1}\Delta t + \frac{1}{2}a_{t-1}\Delta t^2 \tag{4-15}$$

式中，a_{t-1} 是机器人的加速度；Δt 是时间间隔。

结合机器人状态的定义，将式（4-14）以及式（4-15）写成矩阵形式：

$$\boldsymbol{x}_t = \begin{bmatrix} p_t \\ v_t \end{bmatrix} = \begin{bmatrix} 1 & \Delta t \\ 0 & 1 \end{bmatrix} \begin{bmatrix} p_{t-1} \\ v_{t-1} \end{bmatrix} + \begin{bmatrix} \frac{1}{2}\Delta t^2 \\ \Delta t \end{bmatrix} a_t \tag{4-16}$$

对应程序 4-2 第 3 行的公式，得矩阵 $\boldsymbol{A}$ 和矩阵 $\boldsymbol{B}$ 分别为

$$A=\begin{bmatrix}1 & \Delta t\\0 & 1\end{bmatrix} \tag{4-17}$$

$$B=\begin{bmatrix}\frac{1}{2}\Delta t^2\\ \Delta t\end{bmatrix} \tag{4-18}$$

假设每次估计的时间步长为 1，代入速度值为 1，可以得到 A 和 B 的具体值：

$$A=\begin{bmatrix}1 & 1\\0 & 1\end{bmatrix} \tag{4-19}$$

$$B=\begin{bmatrix}\frac{1}{2}\\ 1\end{bmatrix} \tag{4-20}$$

接下来，需要确定观测矩阵 H 和观测噪声 R。假设 GPS 的测量误差符合高斯分布且方差为 1，因此观测噪声 $R=1$。同时，由于只能通过 GPS 来感知机器人的位置 p_t，观测方程可以表示为

$$p_t=Hx_t=H\begin{bmatrix}p_t\\v_t\end{bmatrix}=[1,0]\begin{bmatrix}p_t\\v_t\end{bmatrix} \tag{4-21}$$

由式（4-21）可知，H 可以设置为 $[1,0]$。

之后，从初始化位姿估计和协方差矩阵开始计算，初始位姿估计已给出为 $\mu_0=[0,0]^{\mathrm{T}}$，初始化协方差矩阵为 $\Sigma_0=[[1,0],[0,1]]$，观测值 $z_1=0.4$。

执行程序 4-2 第 3 ～第 7 行，可得

$$\mu_1^-=A\mu_0+Bu_1=\begin{bmatrix}1 & 1\\0 & 1\end{bmatrix}\begin{bmatrix}0\\0\end{bmatrix}+\begin{bmatrix}\frac{1}{2}\\1\end{bmatrix}[1]=\begin{bmatrix}\frac{1}{2}\\1\end{bmatrix} \tag{4-22}$$

$$\Sigma_1^-=A\Sigma_0A^{\mathrm{T}}+Q=\begin{bmatrix}1 & 1\\0 & 1\end{bmatrix}\begin{bmatrix}1 & 0\\0 & 1\end{bmatrix}\begin{bmatrix}1 & 0\\1 & 1\end{bmatrix}+\begin{bmatrix}0.1 & 0\\0 & 0.1\end{bmatrix}=\begin{bmatrix}2.1 & 1\\1 & 1.1\end{bmatrix} \tag{4-23}$$

$$K_1=\Sigma_1^-H^{\mathrm{T}}(H\Sigma_1^-H^{\mathrm{T}}+R)^{-1}=\begin{bmatrix}\frac{21}{31}\\ \frac{10}{31}\end{bmatrix} \tag{4-24}$$

$$\mu_1=\mu_1^-+K_1(z_1-H\mu_1^-)=\begin{bmatrix}\frac{67}{155}\\ \frac{30}{31}\end{bmatrix} \tag{4-25}$$

$$\boldsymbol{\Sigma}_1=(\boldsymbol{I}-\boldsymbol{K}_1\boldsymbol{H})\boldsymbol{\Sigma}_t^-=\begin{bmatrix}\frac{21}{31} & \frac{10}{31}\\ \frac{10}{31} & \frac{241}{310}\end{bmatrix} \tag{4-26}$$

通过上述计算，得到了位姿估计均值 $\boldsymbol{\mu}_1$ 和协方差矩阵更新值 $\boldsymbol{\Sigma}_1$。

在实际应用中，KF 定位算法通常需要根据具体的问题和数据特点，选择合适的状态空间模型和观测模型，以提高算法的性能。KF 定位算法通常需要进行一些优化，比如调整状态空间模型、调整观测模型、调整协方差矩阵等。通过这些优化，可以提高算法的收敛速度和估计精度，从而更好地实现机器人的定位任务。

4.1.4　粒子滤波定位算法

上面内容介绍了贝叶斯滤波定位算法和卡尔曼滤波定位算法，本小节将介绍一种基于贝叶斯定理进行状态估计的方法——粒子滤波定位算法。粒子滤波定位算法引入了一种蒙特卡洛方法，通过随机采样的方式来近似表示状态的概率分布。粒子滤波定位算法使用一组随机样本（粒子）来表示状态的概率分布，每个粒子都有一个权重，表示该粒子的重要性。通过对粒子的重采样和更新，可以逐步提高对机器人位姿的估计精度。在详细介绍粒子滤波定位算法之前，首先了解一个关键概念。

蒙特卡洛方法（Monte Carlo Method）的思想是通过从概率分布中抽取大量随机样本来估计某个数学问题的解。其核心公式可以用期望的估计来展示，即对于任意随机变量 X（其概率分布为 $p(x)$）的某个函数 $f(X)$ 的期望，蒙特卡洛方法通过从 $p(x)$ 中抽取 N 个独立同分布的样本 $\{x_1, x_2, \cdots, x_N\}$ 来近似估计：

$$E[f(X)]\approx\frac{1}{N}\sum_{i=1}^{N}f(x_i) \tag{4-27}$$

在粒子滤波中，蒙特卡洛方法被用来生成一组粒子（即样本），这些粒子代表了机器人的可能位姿。每个粒子都有一个权重，这些权重反映了粒子与真实状态之间的相似程度。通过计算粒子的加权和，可以估计出机器人的当前状态。

基于粒子滤波定位算法采用粒子滤波来估计机器人的位姿。随着时间的推移，通过预测和更新步骤来调整这些位姿的概率分布。基于粒子滤波定位算法的基本更新步骤为：提取、预测、测量更新、重要性权重计算和重采样。

（1）提取　从上一个时间的粒子集合 Y_{t-1} 中提取到每个粒子的姿态 $\boldsymbol{x}_{t-1}^{[k]}$。

（2）预测　根据先前的姿态 $\boldsymbol{x}_{t-1}^{[k]}$ 和控制输入 u_t 采样出一个新的姿态 $\boldsymbol{x}_t^{[k]}$。

（3）测量更新　对于每个观测到的特征，确定与测量值 z_t^i 相对应的特征索引 j，并将测量结果更新到滤波器中，每个粒子维护一个特征位置的概率分布，并根据测量更新这些概率分布。

（4）重要性权重计算　对新粒子的重要性权重 $w^{[k]}$ 进行计算。该权重基于每个粒子预测的观测值与实际观测值之间的一致性，权重越高意味着该粒子的状态估计与实际观测数据越一致。

（5）重采样　在这一步中，粒子根据它们的重要性权重被选择。在 M 个粒子中，每个粒子被采样的概率与其重要性权重 $w^{[k]}$ 成正比。

下面结合一个实例感受一下粒子滤波定位算法的工作流程。

如图 4-4 所示，机器人并不知道自身所处位置，这时候初始化所有的粒子，所有的粒子权重相同（反映在图中为 x-bel（x）坐标图中黑色粒子的高度，粒子高度越高，粒子重要性权重越高）。

如图 4-5 所示，机器人通过摄像头捕捉到行进方向的左手边有一棵树，因此靠近树的粒子的权重提高。

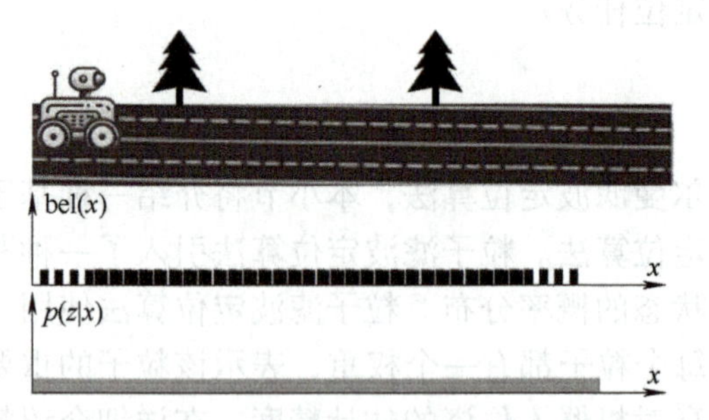

图 4-4　机器人粒子滤波定位的初始位置

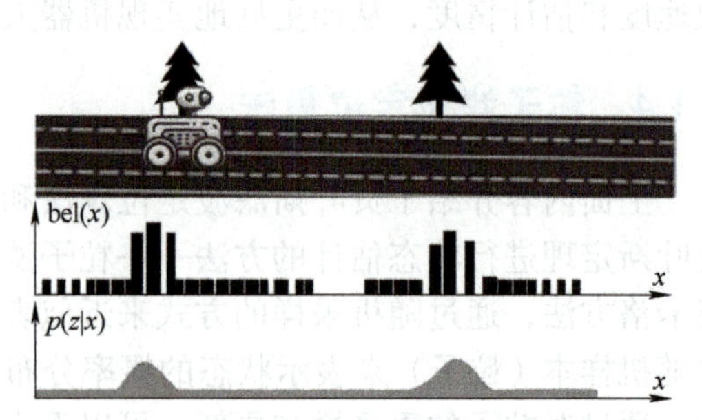

图 4-5　机器人粒子滤波定位的中间位置

如图 4-6 所示，通过重采样去除权重低的粒子，并复制权重高的粒子，增加高重要性粒子位置的粒子密度，最后将所有粒子的权重设置成相同的值。

如图 4-7 所示，机器人重新感知，得知身边出现第二棵树，靠近第二棵树位置的粒子的重要性增加，在重采样后，粒子密集分布在第二棵树的位置，由此推断出机器人位置。

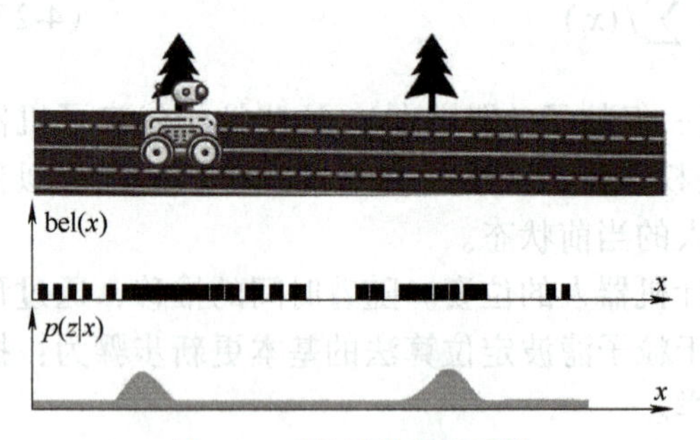

图 4-6　对粒子进行重采样

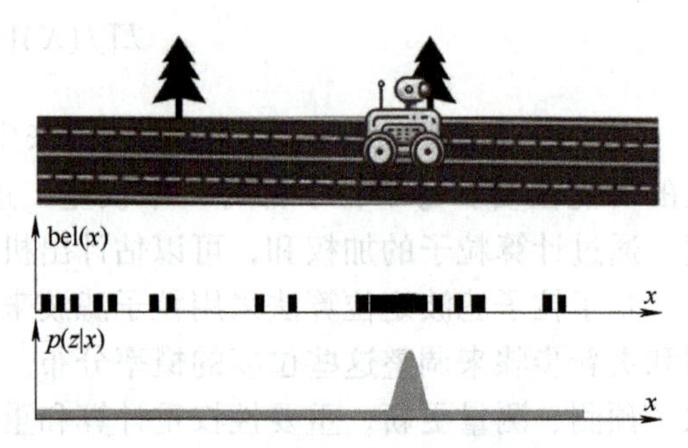

图 4-7　机器人粒子滤波定位的最终位置

在具体的实施过程中，粒子滤波定位算法需要根据具体的问题和数据特点，选择合适的参数和权重计算方法，以提高算法的性能。在实际应用中，粒子滤波定位算法通常需要进行一些优化，比如，调整粒子的数量、调整重采样的策略、调整权重的计算方法等。通过这些优化，可以提高算法的收敛速度和估计精度，从而更好地实现机器人的定位任务。

粒子滤波定位算法已经在机器人定位领域得到了广泛的应用，取得了很好的效果。通过合理的参数设置和优化策略，粒子滤波定位算法可以实现高精度的机器人定位，为机器人导航和环境感知提供重要的技术支持。

在介绍完卡尔曼滤波定位算法和粒子滤波定位算法之后，可以对这两种算法进行一个简单的对比。卡尔曼滤波定位算法适用于小规模、线性问题，计算复杂性中等，适合实时应用；而粒子滤波定位算法适用于大规模、非线性问题，计算复杂性较高，实时性较差。到目前为止，为了解决这两种算法的缺点，出现了许多的融合改进版本，这些改进版本在一定程度上改善了算法的缺点，不仅扩大了算法的适用范围，而且提高了定位精度。

4.1.5　小结

在机器人定位领域，贝叶斯滤波定位算法基于概率生成法则，结合状态转移和测量概率，旨在实现精准定位。之后，为了解决线性系统的定位问题，卡尔曼滤波定位算法通过递归地更新状态的均值和方差，在线性系统中实现了机器人位姿的精确估计。而粒子滤波定位算法则能够处理非线性、非高斯系统，并且不受马尔可夫假设的限制。在实际应用中，根据具体应用场景选择合适的算法，对于提高机器人的定位精度至关重要。

4.2　环境地图表示

本节将深入介绍环境地图的概念。环境地图是描述环境中各个物体位置分布的重要工具，它对于实现高效、准确的导航过程具有核心意义。通过构建和利用环境地图，可以更加清晰地理解环境结构，从而为机器人的自主导航和路径规划提供有力的支持。

地图通常可以划分为基于特征的地图和基于位置的地图两大类。在基于特征的地图中，n 是一个特征的唯一索引。对于每一个特征，$\boldsymbol{m}_n$ 包含了该特征的属性信息及其对应的笛卡儿坐标位置。而在基于位置的地图中，索引号 n 则直接与地图上的某一特定位置相对应。在平面地图的表示中，特别是当需要明确指定地图元素在二维坐标系中的位置时，通常会使用 $\boldsymbol{m}_{x,y}$ 而不是 $\boldsymbol{m}_n$ 来标识一个地图元素。这里的 $\boldsymbol{m}_{x,y}$ 代表了位于坐标 (x,y) 处的地图元素的属性。

4.2.1　测距仪的波束模型

测距仪是一种测量设备，用于确定观测者到某个特定物体或点的距离。测距仪基于不同的技术原理可分为光学测距仪（如激光雷达）、声波测距仪（如声呐）、无线电测距仪（如雷达）等。通过测距仪收集物体的距离信息，可以进行环境地图构建。在使用测距仪（如激光雷达）进行环境测绘时，波束模型是至关重要的，这个模型描述了测距仪发射的波束如何与环境中的物体相互作用。波束模型通常包括波束的宽度、形状和传播特性，这些因素决定了测量的准确性和可靠性。

测量模型定义为一个条件概率密度 $p(z_t|\boldsymbol{x}_t,\boldsymbol{m})$，其中，$m$ 表示环境地图，$\boldsymbol{x}_t$ 为机器人位姿，z_t 是传感器在 t 时刻的测量值。传感器作业时，将会产生一系列的测量值。如相机传感器返回一组完整的数据（亮度、饱和度、色彩），测距传感器通常生成的是整个区域的扫描结果（如激光雷达扫描一周）。用符号 k 来表示测量数据的维度，对于一次测量 z_t，有

$$z_t = \{z_t^1, z_t^2, \cdots, z_t^k\} \tag{4-28}$$

式中，z_t^k 对应一个测量值。

测距扫描仪测量通过波束（如激光测距仪）或者测量锥（如超声波）来测量附近物体的距离。本小节内容主要介绍测距仪的波束模型。测距仪的波束模型可以看作是混合了四种机器人移动过程中存在的噪声的概率，其中每类噪声代表一种实际运行中测距仪产生的误差。这四类误差包括障碍物引起的误差、意外对象引起的误差、未检测到对象引起的误差和随机误差。测量模型 $p(z_t|\boldsymbol{x}_t, \boldsymbol{m})$ 是四个密度的混合，每一种密度都与一个特定类型的误差有关。图 4-8 详细展示了机器人移动过程中四种噪声的情况。

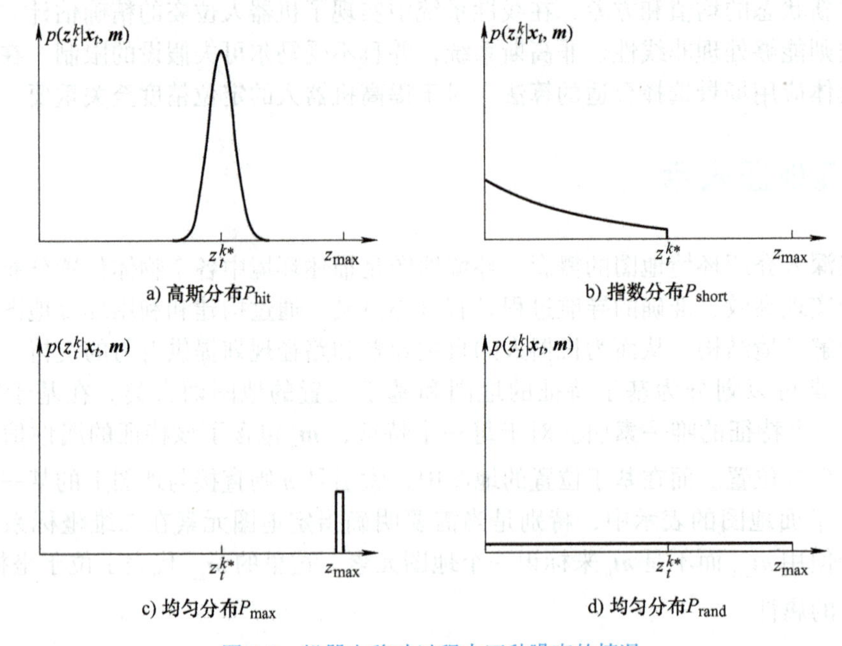

图 4-8　机器人移动过程中四种噪声的情况

1. 局部测量误差（障碍物引起的误差）

在一个理想化场景中，测距仪应当能精准地捕捉到其探测范围内最近物体的确切距离。使用 z_t^{k*} 表示由 z_t^k 测量到的对象的"真实"距离。然而，即使传感器能够精确无误地捕捉到最近物体的距离，其返回的数值也不可避免地会受到误差的干扰。这种误差主要源于测距传感器的有限分辨率以及大气条件对测量信号的影响等因素。这种测量噪声通常由一个窄的均值为 z_t^{k*} 、标准偏差为 σ_{hit} 的高斯分布来建模。对于特定 z_t^{k*} 值，图 4-8a 给出了其概率密度 P_{hit} 。值得注意的是，测距传感器的测量值通常被限定在一个区间 $[0, z_{max}]$ 内，这里 z_{max} 表示传感器所能达到的最大测量距离，测量概率为

$$P_{hit}(z_t^k | \boldsymbol{x}_t, \boldsymbol{m}) = \begin{cases} \eta \mathcal{N}(z_t^k, z_t^{k*}, \sigma_{hit}^2) & 0 \leqslant z_t^k \leqslant z_{max} \\ 0 & \text{其他} \end{cases} \tag{4-29}$$

式中，z_t^{k*}结合x_t和m，经过射线投射计算；$\mathcal{N}(z_t^k, z_t^{k*}, \sigma_{\text{hit}}^2)$ 为具有均值z_t^{k*}、标准偏差σ_{hit}的单变量正态分布，且

$$(z_t^k, z_t^{k*}, \sigma_{\text{hit}}^2) = \frac{1}{\sqrt{2\pi\sigma_{\text{hit}}^2}} \mathrm{e}^{-\frac{1}{2}\frac{(z_t^k - z_t^{k*})^2}{\sigma_{\text{hit}}^2}} \tag{4-30}$$

式中，η是归一化因子；标准偏差 σ_{hit} 是测量模型的一个固有的噪声参数。

2. 意外对象引起的误差

移动机器人的环境是动态的，而地图 $\boldsymbol{m}$ 是静态的。地图中未能涵盖的物体，尤其是与机器人共享空间的行人等移动对象，可能会对测距仪的测量结果产生干扰，使其倾向于报告较短的距离。为了处理这类由于未建模对象引起的误差，一种策略是将其纳入状态向量中，并尝试估计这些物体的位置；而另一种更为简便的方法则是将其视作传感器噪声的一部分。在将未建模对象视为传感器噪声的情境下，这些对象会导致测量到的距离值偏小，即小于真实的距离 z_t^{k*}。随着距离的增加，测距仪检测到这些意外对象的可能性会逐渐降低。这种情况下距离测量的概率在数学上用一个指数分布来描述。该分布的参数 λ_{short} 是测量模型的固有参数。根据指数分布的定义，可以得到

$$P_{\text{short}}(z_t \mid \boldsymbol{x}_t, \boldsymbol{m}) = \begin{cases} \eta\lambda_{\text{short}} \mathrm{e}^{-\lambda_{\text{short}} z_t^k} & 0 \leqslant z_t^k \leqslant z_t^{k*} \\ 0 & \text{其他} \end{cases} \tag{4-31}$$

式中，λ_{short} 是测量模型的固有参数；η 是归一化因子。

3. 未检测到对象引起的误差（检测失败）

在机器人感知与导航中，当环境中存在的对象未被正确检测时（即检测失败），会导致一系列潜在的误差。这些误差主要源于传感器在某些特定条件下的局限性。例如，在声呐传感器遭遇镜面反射时，环境障碍可能被完全忽略，从而造成了感知的盲区。同样，激光雷达在检测黑色吸光对象时，或在阳光强烈的环境中，也可能出现检测失败的情况，因为黑色物体对光的吸收性导致激光回波信号微弱，而强烈的阳光则可能产生噪声干扰。为了应对这种检测失败的情况，一种常见的策略是使传感器在无法检测到目标时返回其最大允许值 $z_{\max}$，以此作为测量失败的标志。然而，由于这类事件在复杂环境中时有发生，因此，在测量模型中明确考虑并建模最大测量范围就变得尤为重要。下面将用一个以 $z_{\max}$ 为中心的点质量分布（point-mass distribution）来建立这种情况的模型：

$$P_{\max}(z_t \mid \boldsymbol{x}_t, \boldsymbol{m}) = I(z = z_{\max}) = \begin{cases} 1 & z = z_{\max} \\ 0 & \text{其他} \end{cases} \tag{4-32}$$

式中，I 为一个指示函数，当其参数为真时取值为 1，否则取值为 0。

4. 随机误差

在某些情况下，传感器可能会产生一些难以解释的测量值，这些值通常是由外部因素引起的。例如，超声波信号可能因多面墙的反射而失真，或者不同传感器之间可能产生信

号串扰。为了对这些随机误差进行数学建模，将其简化为一个均匀分布。图 4-8d 给出了该分布的密度。

$$P_{\text{rand}}(z_t \mid \boldsymbol{x}_t, \boldsymbol{m}) = \begin{cases} \dfrac{1}{z_{\max}} & 0 \leqslant z_t^k \leqslant z_{\max} \\ 0 & \text{其他} \end{cases} \tag{4-33}$$

最后，四种不同的分布通过四个参数 z_{hit}、z_{short}、$z_{\max}$、z_{rand} 进行加权平均混合，并且 $z_{\text{hit}} + z_{\text{short}} + z_{\max} + z_{\text{rand}} = 1$，得到

$$P(z_t \mid \boldsymbol{x}_t, \boldsymbol{m}) = \begin{bmatrix} z_{\text{hit}} \\ z_{\text{short}} \\ z_{\max} \\ z_{\text{rand}} \end{bmatrix} \cdot \begin{bmatrix} P_{\text{hit}}(z_t \mid \boldsymbol{x}_t, \boldsymbol{m}) \\ P_{\text{short}}(z_t \mid \boldsymbol{x}_t, \boldsymbol{m}) \\ P_{\max}(z_t \mid \boldsymbol{x}_t, \boldsymbol{m}) \\ P_{\text{rand}}(z_t \mid \boldsymbol{x}_t, \boldsymbol{m}) \end{bmatrix} \tag{4-34}$$

上述四种噪声的概率密度线性组合后得到如图 4-9 所示的典型密度。

4.2.2 二维栅格地图

二维栅格地图，也称为二维占据栅格地图，是机器人导航领域中广泛采用的一种基础地图表示形式。它通过将环境空间划分成规则的二维网格（栅格），每个栅格代表环境中的一个特定区域，来模拟实际环境的地形和障碍物分布情况。这种地图形式能够直观地展现机器人周围环境的信息，为机器人的路径规划、导航和避障提供重要的依据。

在使用激光雷达等传感器获取环境信息时，传感器不可避免地会引入噪声，二维栅格地图在一定程度上可以应对噪声问题。在二维栅格地图中，每个栅格单元的状态由一个概率值表示，根据传感器的观测数据或先验知识，赋予或更新其被占据、空闲或未知状态的概率值。在初始化状态下，栅格全都是未知状态，如图 4-10 所示，其中黑色表示障碍区域，灰色表示未被扫描区域，白色表示空闲（无障碍）区域。以激光雷达建图为例，每次引入传感器测量都会更新栅格的概率值，从而平滑掉噪声的影响。

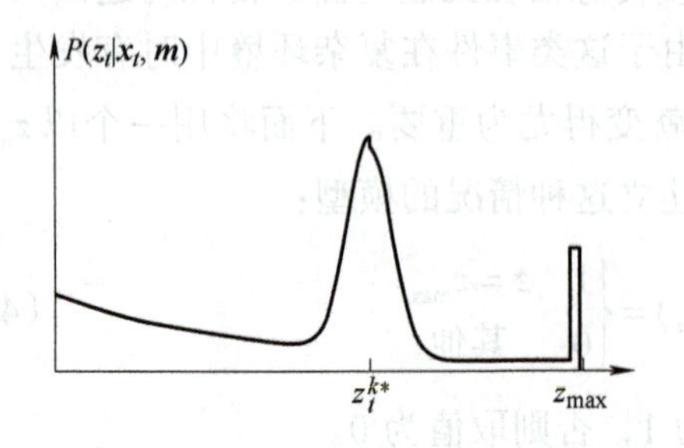

图 4-9 典型混合分布 $P(z_t \mid \boldsymbol{x}_t, \boldsymbol{m})$ 的“伪 - 密度”

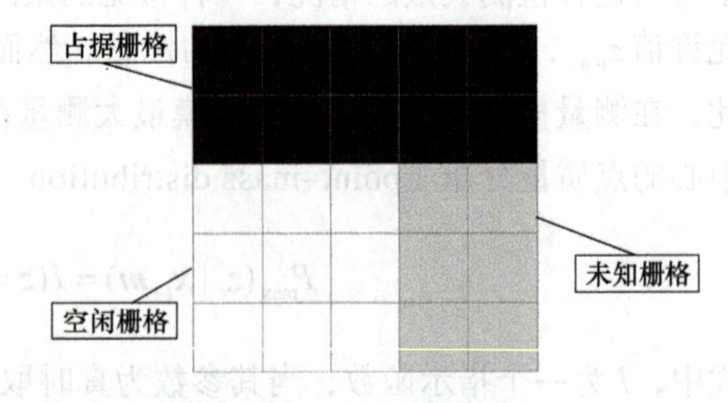

图 4-10 占据栅格地图

栅格地图中的每一个栅格，最终将只有占据和空闲两种状态。用 $p(s=0)$ 表示栅格空

闲的概率，$p(s=1)$ 表示栅格被占据的概率，这里 $p(s=0)+p(s=1)=1$ 。下面推导一种较为简单的栅格状态更新算法。引入式（4-35）作为栅格状态：

$$\mathrm{dd}(s)=\frac{p(s=0)}{p(s=1)} \tag{4-35}$$

对于栅格地图中的每个栅格，当传感器给出观测结果（$z \sim \{0,1\}$）之后，所涉及的栅格需要更新栅格状态 Odd（s），此时

$$\mathrm{Odd}(s \mid z)=\frac{p(s=0 \mid z)}{p(s=1 \mid z)} \tag{4-36}$$

由贝叶斯公式可得

$$\mathrm{Odd}(s \mid z)=\frac{p(z \mid s=0)}{p(z \mid s=1)} \bullet \frac{p(s=0)}{p(s=1)} \tag{4-37}$$

$$\mathrm{Odd}(s \mid z)=\frac{p(z \mid s=0)}{p(z \mid s=1)} \bullet \mathrm{Odd}(s) \tag{4-38}$$

式中，$\mathrm{Odd}(s \mid z)$ 表示观测之后的栅格状态；$\mathrm{Odd}(s)$ 表示观测之前的栅格状态。对等式两边取对数，进一步用 $\log\mathrm{Odd}(s)$ 来表示栅格 s 的状态 S:

$$\log\mathrm{Odd}(s \mid z)=\log\mathrm{Odd}(s)+\log \frac{p(z \mid s=0)}{p(z \mid s=1)} \tag{4-39}$$

此时只有 $\log \frac{p(z \mid s=1)}{p(z \mid s=0)}$ 含有测量值，而其他项均与测量值无关，即

$$S^{+}=S^{-}+\log \frac{p(z \mid s=0)}{p(z \mid s=1)} \tag{4-40}$$

S^{+} 和 S^{-} 分别表示测量前后栅格 s 的状态。激光雷达对一个栅格的测量只有占据和空闲两种结果，定义

$$\mathrm{Free}=\log \frac{p(z=0 \mid s=0)}{p(z=0 \mid s=1)} \tag{4-41}$$

$$\mathrm{Occu}=\log \frac{p(z=1 \mid s=0)}{p(z=1 \mid s=1)} \tag{4-42}$$

定义一个栅格的初始状态 S_{init} 为：默认栅格空闲与栅格占据的概率都为 0.5，则

$$S_{\mathrm{init}}=\log\mathrm{Odd}(s)=\log \frac{p(s=0)}{p(s=1)}=\log \frac{0.5}{0.5}=0 \tag{4-43}$$

经过上述建模过程，更新一个栅格的状态只需对激光雷达的测量结果做简单的加法即可，即

$$S^{+}=\begin{cases}S^{-}+\text{Free}\ z=0\\ S^{-}+\text{Occu}\ z=1\end{cases} \tag{4-44}$$

为方便读者理解，假设 Free=−0.6，Occu=0.8，栅格状态数值越大表示该栅格被占据的可能性越高。图 4-11 所示为两次激光雷达扫描更新地图过程，从 t_0 到 t_1 过程中，雷达扫描到三个栅格（3，2）（3，3）（3，4），其中测量到（3，2）为占据（z=1），其余两个为空闲（z=0），则根据上述算法可更新栅格（3，2）的状态 $S=0+0.8=0.8$，其余两个栅格则为 S=0−0.6=−0.6，这样就完成了一次栅格的状态更新。同理在 t_1 到 t_2 过程中，根据状态更新的规则得到图示结果。通过设置合适的阈值，小于该值认为无障碍物存在，在地图中显示为白色，不小于该值认定为有障碍物存在，在地图中显示为黑色。未扫描到的位置保持初始状态，为地图上的灰色部分，一张构建完整的栅格地图示例如图 4-12 所示。

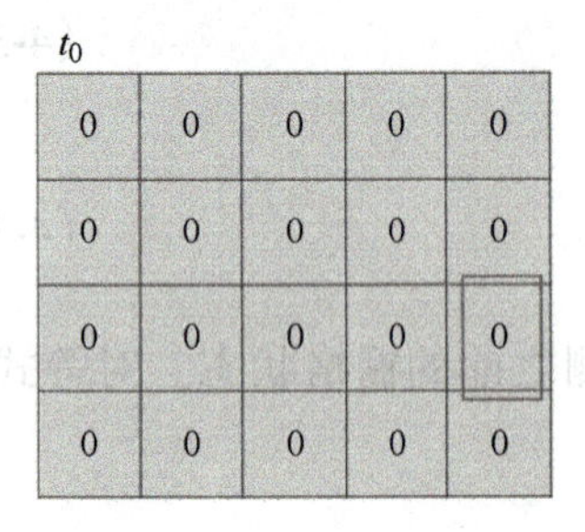

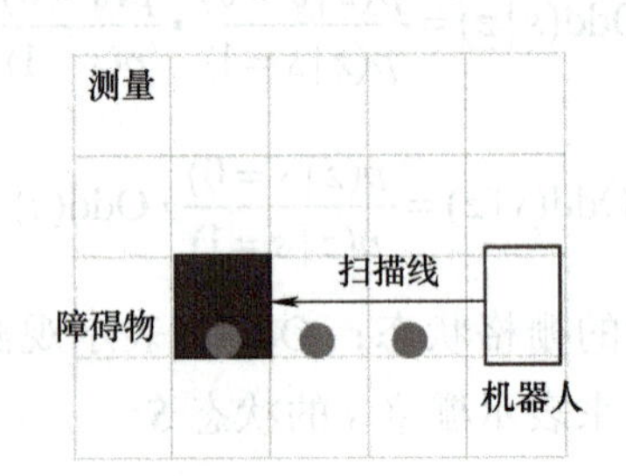

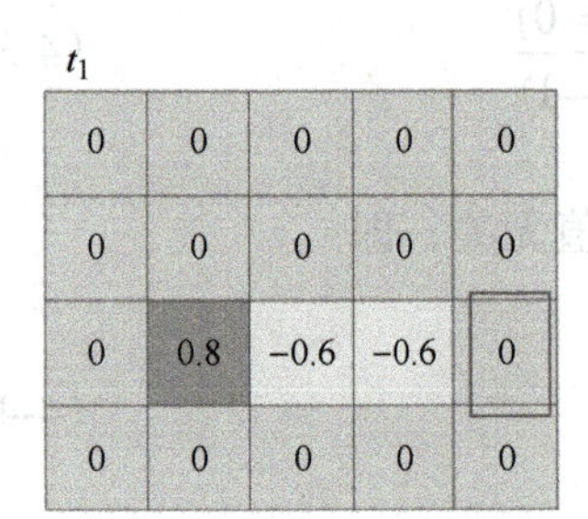

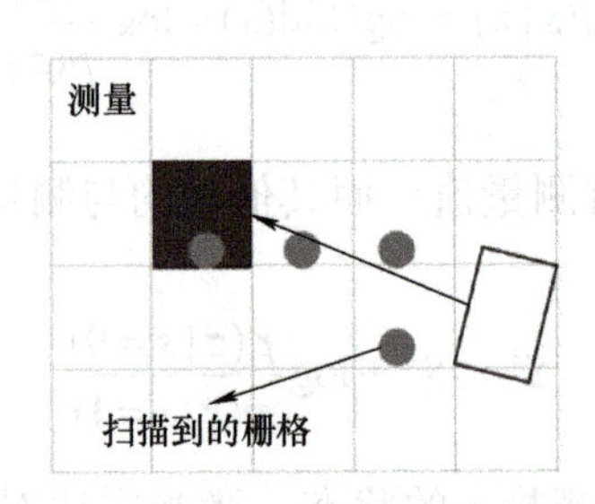

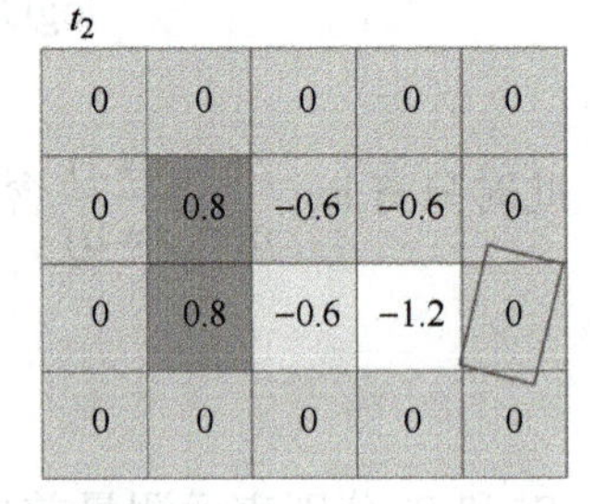

图 4-11　栅格地图状态更新过程

图 4-12　构建完整的栅格地图示例

4.2.3　三维点云地图

点云数据是通过各种类型的扫描设备获取的，如激光雷达、立体视觉相机、结构光扫描器等。这些设备通过测量与物体表面的距离来生成高密度的点，每个点包含 X、Y、Z

三轴坐标，有时还包括颜色（RGB）和强度等信息。三维点云地图示例如图 4-13 所示，通过大量空间中的点来表示物体和环境结构，能够提供环境的详细三维结构信息。对于地图表示而言，三维点云地图的优点十分显著，它可以尽可能多地保留原始的环境测量信息，更好地描述环境。但同时它的缺点也很明显，点云地图需要在环境模型中存储大量无序的三维数据点，因此它的实时性非常不理想，会带来大量的存储和运算开销。

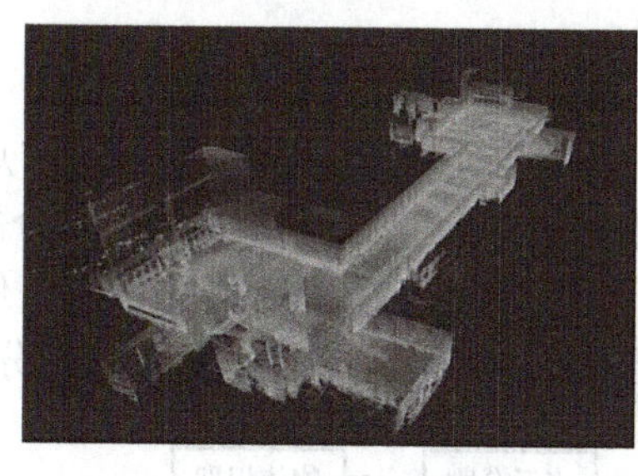

图 4-13　三维点云地图示例

为了形成点云地图，需要对摄像机获得的点云地图进行处理。点云数据处理包含一系列步骤，旨在从原始扫描数据中提取有用的信息，并将其转化为可用于各种应用的高质量、高精度的三维模型。本小节内容主要介绍点云预处理、点云配准和点云分割与点云分类。

1. 点云预处理

点云中每个点包含空间坐标和可能的其他信息如颜色、反射强度等。传感器采集到的原始点云数据往往会含有噪声。这些噪声一般可以利用高斯滤波、统计滤波等方法去除。此外，由于原始点云数据量十分庞大，为了后续处理方便，会对其进行下采样，常见的下采样方法有体素网格滤波、随机抽样等。

2. 点云配准

一般来说，扫描设备绝大多数情况下不能只通过一次扫描获取被测物体或环境的全部点云信息，需要在多视角下进行多次扫描。但是每个视角下得到的点云数据都有其自己独立的观测，需要一种技术将各个视角下的独立观测拼接起来，将点云融合到一个坐标系下形成一个完整的点云地图的过程叫配准（Registration）。该过程通过一个点集（目标点集）中的每一个点与另一个点集（原始点集）中的对应点的相互关系来实现点集与点集坐标系之间的转换，实现配准。点云配准可以分为粗配准（Coarse Registration）和精配准（Fine Registration）两个阶段。粗配准是一种在源点云和目标点云的初始相对位置完全未知的情况下进行的配准方法。其主要目的是在不知初始条件的前提下，快速估算一个大致的点云配准矩阵，使两片点云从任意初始状态下实现大致对齐，并为旋转矩阵 $\boldsymbol{R}$ 和平移向量 $\boldsymbol{T}$ 提供初始值，常见的有基于特征匹配的配准算法（SAC–IA）和基于概率分布的配准算法（NDT）等。整个计算过程要求较高的计算速度，对于计算结果的精确度要求不高。

精配准是在粗配准的基础上，进行更精确、更细化的配准。精配准是利用已知的初始变换矩阵，通过迭代最近点算法（ICP 算法）等方法计算得到较为精确的解，精配准流程如图 4-14 所示。

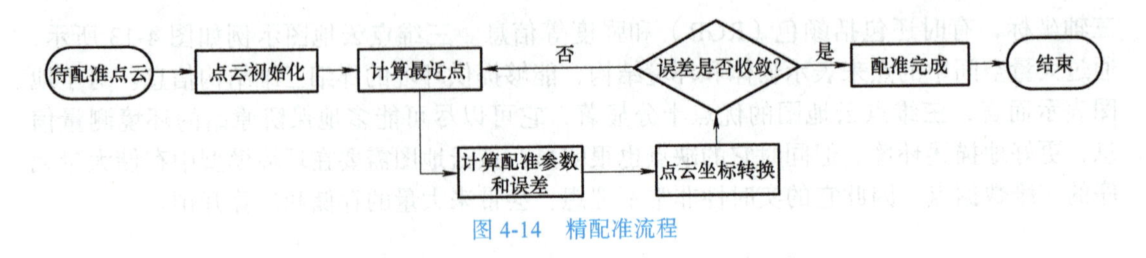

图 4-14 精配准流程

3. 点云分割与点云分类

点云分割是根据空间、几何和纹理等特征点进行划分，同一划分内的点云拥有相似的特征。点云分割的目的是分块，从而便于单独处理。点云分类为每个点分配一个语义标记，将点云分类到不同的点云集。同一个点云集具有相似或相同的属性，例如地面、树木、人等。点云分类也叫作点云语义分割。图 4-15 所示为点云分割与点云分类流程。

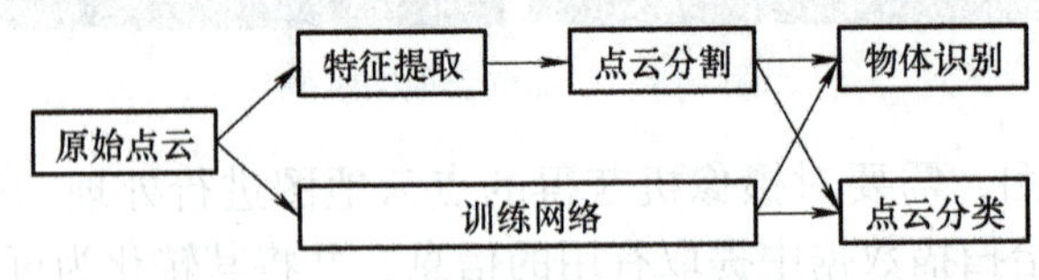

图 4-15 点云分割与点云分类流程

常见的点云分割方法有欧式聚类（Euclidean Clustering）分割、区域生长（Region Growing）算法等。

4.2.4 三维语义地图

三维语义地图建立在传统三维点云地图的基础上，在提供物理结构的同时，还标注了环境中各个物体的语义信息。语义信息能够提高机器人对周围环境的理解，帮助识别环境中物体的类别、运动状态等，能使机器人更好地完成人机交互、导航定位功能。这种类型的地图在机器人导航和交互中非常有用。图 4-16 所示为含有语义信息的三维地图。

相较于点云地图，语义地图以其独特的优势，能更精准地呈现机器人周边的环境信息。举例来说，当机器人进入一个房间时，点云地图虽能捕捉房间内的三维空间布局，但难以识别那些密集的点云所代表的具体物体。而语义地图则不同，它能帮助机器人精确地分辨出厨房里的锅碗瓢盆，客厅中的桌子、沙发和电视机等物品。这种对物体语义信息的识别和理解，使得语义地图在机器人导航研究中具有极其重要的意义。特别是随着大规模语言模型、自然语言处理等领域的飞速发展，语义信息成了连接人与机器人的关键桥梁。语义地图不仅增强了机器人对环境的感知能力，还有效促进了人机交互的顺畅进行，使得机器人能够更智能、更自然地与人类进行沟通和协作。因此，语义地图在推动机器人技术向更高层次发展方面发挥着不可或缺的作用。

在构建语义地图的过程中，关键在于如何准确地在地图上反映和标注出丰富的语义信息。这一过程被称作语义标注，其核心目的是为数据中的每个独立单元（比如图像中的每一像素或点云中的每个点）赋予一个具有实际意义的类别标签，如“建筑物”“道路”或“树木”等。为实现这一目标，通常借助机器学习模型，特别是深度学习网络，来自动识别和标注环境中物体的语义属性。首先，通过 LiDAR、RGB-D 摄像头等传感器收集环境的三维数据，这些数据经过处理转化为点云或网格模型，为后续的语义标注提供了场景的详细几何描述。随后，利用深度神经网络（DNN）等先进技术，从收集的图像和点云数据中提取出多尺度的特征信息。这些特征不仅有助于区分数据中的不同对象，而且是后续识别和分类的重要依据。

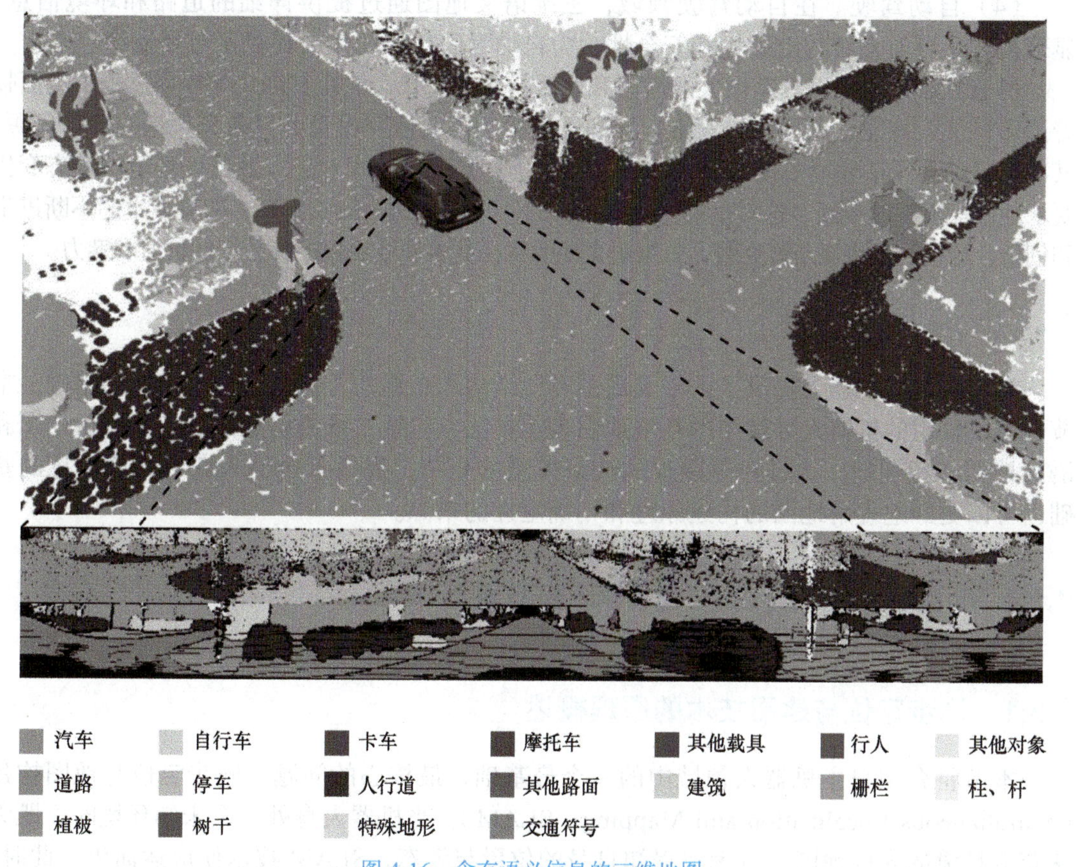

图 4-16　含有语义信息的三维地图

接着，通过对这些提取的特征进行精细处理，将每个点或像素归类到特定的语义类别中。为了进一步提高语义地图的完整性和准确性，还需要将来自不同传感器和时间点的数据进行融合，生成一个连贯且密集的语义地图。例如，多帧激光雷达数据结合摄像头的视觉信息可以构建出一个包含丰富语义信息的三维地图。最后，通过采用如泊松重建（Poisson Reconstruction）和最近邻（Nearest Neighbor）等先进算法，对生成的语义地图进行优化和细化，以确保其具备更高的精度和更丰富的细节层次。这一过程不仅提升了地图的实用性，也为后续的导航、定位等应用提供了强有力的支持。

语义地图的用途远不止于导航，它同样在高级任务规划（如物体操作和人机交互）中发挥着关键作用。通过融入语义信息，机器人得以与其环境以及人类用户进行更加智能化的互动。当前，三维语义地图已经在多个领域中展现出其广泛的应用价值。

（1）机器人导航与交互　机器人能够利用三维语义地图进行更为复杂精准的导航和任务执行。无论是识别并操作特定物体，还是理解并适应不同的环境场景，语义地图都为机器人提供了强大的支持。

（2）增强现实（AR）技术　在AR应用中，三维语义地图能够确保虚拟信息与实际环境更加精确地融合，为用户带来更加真实、沉浸式的体验。

（3）城市规划与管理　城市规划者通过三维语义地图可以深入了解城市的空间布局和功能区域划分，进而实现更有效的城市规划与资源配置。

（4）自动驾驶　在自动驾驶领域，三维语义地图通过提供详细的道路和环境信息，显著提升了导航系统的准确性和安全性，为自动驾驶技术的发展提供了重要支撑。

尽管三维语义地图具有巨大的潜力和广泛的应用前景，但在其创建和使用过程中也面临着诸多挑战。首先，高精度的三维扫描和语义标注需要依赖昂贵的设备和大量的计算资源。其次，自动从复杂环境中提取准确的语义信息仍然是一个技术难题。此外，环境的动态变化要求地图能够实时更新，这对于技术和资源都是一个巨大的挑战。未来，随着技术的不断进步和创新，这些挑战将逐渐被克服，三维语义地图将在更多领域展现出其独特的价值和魅力。

4.2.5　小结

环境地图为机器人提供了关于其周围环境结构和布局的关键信息，是导航的基础。本节介绍了常用的机器人导航中的环境地图表示方法，包括二维栅格地图、三维点云地图和语义地图。特别地，通过对测距仪的波束模型的介绍，提供了机器人获取距离信息的基础，可以更好地理解地图的构建原理和不确定性的来源。

4.3　机器人同步定位与建图技术概述

4.3.1　同步定位与建图技术的原理概述

本节将介绍自主机器人领域中的一个最基础、最核心的问题，同步定位与地图构建（Simultaneous Localization and Mapping，SLAM）。当机器人身处一个未知环境时，既无法获取环境的先验地图，也无法得知自身的位置与姿态，SLAM技术便应运而生。此时，机器人所能依赖的仅有其传感器感知到的测量数据 $\boldsymbol{z}_{1:t}$ 和控制指令 $\boldsymbol{u}_{1:t}$。“同步定位与地图构建”这一术语准确描述了SLAM问题的核心内容：在未知环境中，机器人需要一边构建环境地图，一边根据已经构建的地图确定自身的位置与姿态。SLAM问题是一个典型的“鸡生蛋，蛋生鸡”问题，即定位和建图是相互依赖的：没有准确的定位信息，机器人无法构建出精确的地图；而没有可靠的地图，机器人也无法确定自己的位置。这使得SLAM成为机器人技术中的一个重要研究方向，也是实现机器人自主导航和智能交互的关键技术之一。

从概率的角度来看，可以将SLAM等同于一个估计机器人位姿（位置和姿态）和环境地图的后验概率问题，即

$$p(\boldsymbol{x}_t,\boldsymbol{m}\mid\boldsymbol{z}_{1:t},\boldsymbol{u}_{1:t}) \tag{4-45}$$

式中，$\boldsymbol{x}_t$ 代表 t 时刻的机器人位姿；$\boldsymbol{m}$ 代表机器人所构建的环境地图；$\boldsymbol{z}_{1:t}$ 和 $\boldsymbol{u}_{1:t}$ 分别代表机器人历史上的观测值和控制量。

根据 $\boldsymbol{x}_t$ 所代表机器人位姿的不同，可以将SLAM分为在线SLAM问题（Online

SLAM Problem）和全 SLAM 问题（Full SLAM Problem）。

在线 SLAM 问题通常将估计当前时刻的瞬时位姿和地图作为主要任务，可以被认为是一种增量式 SLAM 问题。在解决在线 SLAM 问题时，一般只涉及计算机器人当前时刻的位姿 $\boldsymbol{x}_t$ 与环境地图 $\boldsymbol{m}$ 的后验 [即式（4-45）所示]，不需要保存历史上所有时刻的观测值和控制量。这类 SLAM 问题通常在计算资源和存储空间方面更加高效，更适用于实时性要求较高的应用场景。

全 SLAM 问题，也被称为全局 SLAM 问题，与在线 SLAM 问题的不同点在于，需要考虑机器人移动路径上的全部位姿。换句话说，在解决全 SLAM 问题时，需要计算机器人全路径上的位姿 $\boldsymbol{x}_{1:t}$ 以及环境地图 $\boldsymbol{m}$ 的后验概率，而不局限于当前时刻的位姿 $\boldsymbol{x}_t$，即

$$p(\boldsymbol{x}_{1:t},\boldsymbol{m}\mid \boldsymbol{z}_{1:t},\boldsymbol{u}_{1:t}) \tag{4-46}$$

全 SLAM 问题不仅关注当前时刻的机器人位姿和地图，还考虑了整个路径上的所有数据。全 SLAM 算法会保存并利用所有历史时刻的观测值 $\boldsymbol{z}_{1:t}$ 和控制量 $\boldsymbol{u}_{1:t}$，构建全局一致的地图和机器人轨迹。在实际的应用中，在线 SLAM 问题可以看作是对全 SLAM 问题的历史数据进行累积的结果，即

$$p(\boldsymbol{x}_t,\boldsymbol{m}\mid \boldsymbol{z}_{1:t},\boldsymbol{u}_{1:t})=\int\int\cdots\int p(\boldsymbol{x}_{1:t},\boldsymbol{m}\mid \boldsymbol{z}_{1:t},\boldsymbol{u}_{1:t})\mathrm{d}\boldsymbol{x}_1\mathrm{d}\boldsymbol{x}_2\cdots\mathrm{d}\boldsymbol{x}_{t-1} \tag{4-47}$$

图 4-17 通过两种图示模型展示了在线 SLAM 问题与全 SLAM 问题之间的区别。其中在线 SLAM 问题的目的是估计当前时刻的机器人位姿 $\boldsymbol{x}_t$ 和环境地图 $\boldsymbol{m}$，而全 SLAM 问题的目的是估计机器人所有历史时刻的位姿 $\boldsymbol{x}_{0:t}$ 和环境地图 $\boldsymbol{m}$。在图 4-17 中还可以获取到一个有用的信息：在估计后验的过程中，各个量通常是时间离散的。因此，在实际应用过程中，全 SLAM 问题涉及大量数据累积运算和内存消耗，解决全 SLAM 问题通常要比解决在线 SLAM 问题的难度更大。

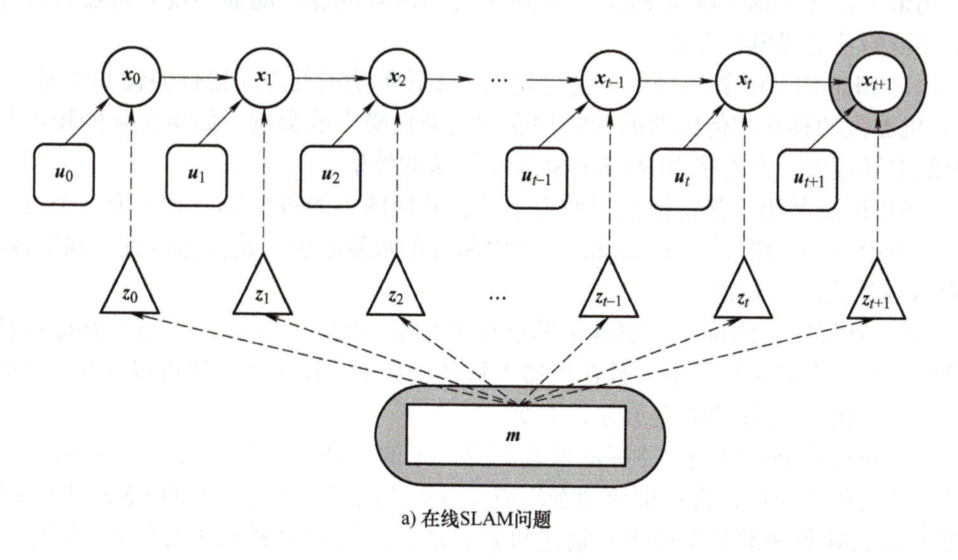

图 4-17　SLAM 问题的两种图示模型

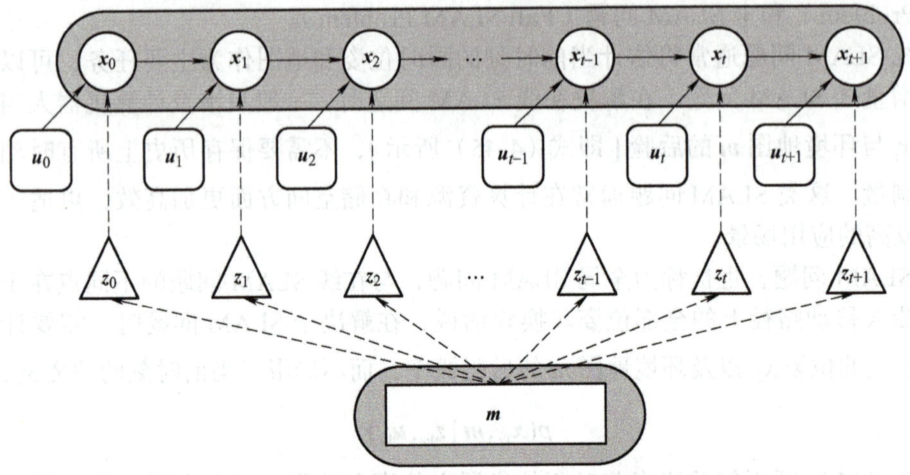

b) 全SLAM问题

图 4-17　SLAM 问题的两种图示模型（续）

本节接下来将继续探讨几种有代表性的用于解决 SLAM 问题的解决方案，分别是基于扩展卡尔曼滤波的 SLAM 算法（4.3.2 节）、基于粒子滤波的 SLAM 算法（4.3.3 节）和基于图优化的 SLAM 算法（4.3.4 节）。尽管这些方法有着悠久的发展历史，但是它们往往在许多现有 SLAM 算法中有着举足轻重的作用。

4.3.2　基于扩展卡尔曼滤波的 SLAM 算法

在前面的章节已经介绍了卡尔曼滤波器的基本原理及其在机器人定位领域的应用。本小节将深入探讨基于扩展卡尔曼滤波（Extended Kalman Filter，EKF）的 SLAM 算法（EKF SLAM）。基于 EKF 的 SLAM 算法是历史悠久、影响最深的 SLAM 算法之一，该算法利用最大似然数据关联将 EKF 应用到在线 SLAM 问题，能够实现对机器人自身位置及周围环境的精准建模与更新。

在探讨 EKF SLAM 算法之前，这里先列举出该算法的几点关键性假设和说明：

1）机器人的移动和传感器的观测均受到高斯白噪声的影响。如果实际的噪声与高斯白噪声的差异过大，会直接影响 EKF SLAM 算法的效果。

2）环境地图是用一张特征地图所表示的，其地图上的每个特征通常为一个点，它的意义是环境中的一个路标（landmark），通常路标的数量越少，路标的位置不确定性越小，EKF SLAM 算法的效果越好。

3）对于环境中的路标，其表现出的点特征是唯一的。换句话说，每个路标在特征地图上只能用同一个点进行表示，且在机器人移动过程中，路标的位置可以变化（实际应用中尽可能不变化），但其特征表示方式不变。

本小节仅讨论静态环境（路标的位置不变）下的 EKF SLAM 算法，读者可根据 EKF SLAM 算法的静态应用，自行推导动态环境（路标的位置会改变）下的 EKF SLAM 算法。

EKF SLAM 算法的基本原理是通过机器人的运动模型预测机器人在下一时刻的状态（运动预测），然后通过机器人搭载的传感器获取环境地标数据，并根据这些地标数据对自身位置进行匹配，得到机器人与这些地标的相对位置关系。利用这些相对位置关系，对机器人在全局地图上的位姿进行修正更新（测量更新），到这里完成了对机器人的状态估计。最后，根据更新后的机器人状态，对地图进行更新，添加新的环境路标的位置。

接下来详细讨论 EKF SLAM 算法的原理。首先，定义一个状态向量$\boldsymbol{X}_t$来同时表示机器人的位姿和环境路标的位置，由下列公式给出：

$$\boldsymbol{X}_t=[\boldsymbol{x}_t,\boldsymbol{m}_t]^{\mathrm{T}} \tag{4-48}$$

$$\boldsymbol{x}_t=[x_t,y_t,\theta_t]^{\mathrm{T}} \tag{4-49}$$

$$\boldsymbol{m}_t=[x_t^{m_1},y_t^{m_1},s_t^{m_1},x_t^{m_2},y_t^{m_2},s_t^{m_2},\cdots,x_t^{m_n},y_t^{m_n},s_t^{m_n}]^{\mathrm{T}} \tag{4-50}$$

式中，$\boldsymbol{x}_t$表示机器人在t时刻的位姿；x_t,y_t为机器人在地图中的坐标；θ_t表示机器人的方位角；$\boldsymbol{m}_t$表示t时刻的环境路标状态；$x_t^{m_i},y_t^{m_i},s_t^{m_i}$分别表示第$i$路标的坐标和索引。如果环境中存在$n$个路标，那么状态向量$\boldsymbol{X}_t$的维度为$3N+3$。EKF SLAM 的算法伪代码，如程序 4-3 所示。

程序 4-3　EKF SLAM 的算法伪代码

算法：EKF SLAM($\boldsymbol{X}_{t-1},\boldsymbol{\Sigma}_{t-1},\boldsymbol{u}_t,\boldsymbol{z}_t$)

1:　设 $\boldsymbol{F}_x=\begin{bmatrix}1&0&0&0&\cdots&0\\0&1&0&0&\cdots&0\\0&0&1&0&\cdots&0\end{bmatrix}$

2:　$\bar{\boldsymbol{X}}_t=g(\boldsymbol{X}_{t-1},u_t)+\mathcal{N}(0,\boldsymbol{F}_x^{\mathrm{T}}\boldsymbol{R}_t\boldsymbol{F}_x)$

3:　$\bar{\boldsymbol{\Sigma}}_t=\boldsymbol{G}_t^{\mathrm{T}}\boldsymbol{\Sigma}_{t-1}\boldsymbol{G}_t+\boldsymbol{F}_x^{\mathrm{T}}\boldsymbol{R}_t\boldsymbol{F}_x$

4:　for 所有当前观测的路标 $z_t^i=(r_t^i,\theta_t^i,s_t^i)^{\mathrm{T}}$ do

5:　　$z_t^i=h(\boldsymbol{X}_t,i)+\mathcal{N}(0,\boldsymbol{Q}_t)$

6:　　$h(\boldsymbol{X}_t,i)=h(\bar{\boldsymbol{X}}_t,i)+\boldsymbol{H}_t^i(\boldsymbol{X}_t-\bar{\boldsymbol{X}}_t)$

7:　　$\boldsymbol{F}_{x,i}=\begin{bmatrix}1&0&0&0\cdots0&0&0&0&0\cdots0\\0&1&0&0\cdots0&0&0&0&0\cdots0\\0&0&1&0\cdots0&0&0&0&0\cdots0\\0&0&0&0\cdots0&1&0&0&0\cdots0\\0&0&0&0\cdots0&0&1&0&0\cdots0\\0&0&0&\underbrace{0\cdots0}_{3i-3}&0&0&1&\underbrace{0\cdots0}_{3N-3i}\end{bmatrix}$

8:　　$\boldsymbol{H}_t^i=\boldsymbol{h}_t^i\cdot\boldsymbol{F}_{x,i}$

9:　　$\boldsymbol{K}_t^i=\bar{\boldsymbol{\Sigma}}_t\boldsymbol{H}_t^{i^{\mathrm{T}}}(\boldsymbol{H}_t^i\bar{\boldsymbol{\Sigma}}_t\boldsymbol{H}_t^{i^{\mathrm{T}}}+\boldsymbol{Q}_t)^{-1}$

10:　　$\bar{\boldsymbol{X}}_t=\bar{\boldsymbol{X}}_t+\boldsymbol{K}_t^i[\boldsymbol{z}_t^i-h(\bar{\boldsymbol{X}}_t,i)]$

11:　　$\bar{\boldsymbol{\Sigma}}_t=(\boldsymbol{I}-\boldsymbol{K}_t^i\boldsymbol{H}_t^i)\bar{\boldsymbol{\Sigma}}_t$

12:　end for

13:　$\boldsymbol{X}_t=\bar{\boldsymbol{X}}_t$

14:　$\boldsymbol{\Sigma}_t=\bar{\boldsymbol{\Sigma}}_t$

15:　return $\boldsymbol{X}_t,\boldsymbol{\Sigma}_t$

接下来，对程序 4-3 所示 EKF SLAM 的算法伪代码进行解释说明。假设机器人已知环境中一共存在 N 个路标，并已经为每个路标设置了一个独一无二的索引 s。

在一个 SLAM 过程中，通常认为机器人和路标的状态是受到高斯白噪声影响的。在初始时刻下，机器人和路标的状态向量的均值和协方差矩阵设置为

$$\boldsymbol{X}_0 = (0 \quad 0 \quad 0 \quad 0 \cdots 0) \tag{4-51}$$

$$\boldsymbol{\Sigma}_0 = \begin{bmatrix} 0 & 0 & 0 & 0 & \cdots & 0 \\ 0 & 0 & 0 & 0 & \cdots & 0 \\ 0 & 0 & 0 & 0 & \cdots & 0 \\ 0 & 0 & 0 & \infty & \cdots & 0 \\ \vdots & \vdots & \vdots & \vdots & & \vdots \\ 0 & 0 & 0 & 0 & \cdots & \infty \end{bmatrix} \tag{4-52}$$

其中，状态向量的维度与协方差矩阵的维度分别为 $3N+1$ 和 $(3N+1)\times(3N+1)$。式中表示假设机器人和路标在初始时刻下的状态为零，即地图坐标系的原点。而所有路标的坐标值是完全未知的。

在程序 4-3 所示的 2 ～ 3 行，机器人将对当前时刻的状态 $\boldsymbol{X}_{t-1}$ 根据机器人的运动学模型推算出下一时刻的状态 $\boldsymbol{X}_t$。采用机器人的速度运动学模型来推测 t 时刻状态的过程也被称为运动预测。有噪声情况下的机器人速度运动学模型可以表示为

$$\overline{\boldsymbol{X}}_t = \underbrace{\boldsymbol{X}_{t-1} + \boldsymbol{F}_x^{\mathrm{T}} \begin{bmatrix} -\dfrac{v_t}{\omega_t}\sin\theta_t + \dfrac{v_t}{\omega_t}\sin(\theta_t + \omega_t \Delta t) \\ \dfrac{v_t}{\omega_t}\cos\theta_t - \dfrac{v_t}{\omega_t}\cos(\theta_t + \omega_t \Delta t) \\ \omega_t \Delta t \end{bmatrix}}_{g(\boldsymbol{X}_{t-1}, \boldsymbol{u}_t)} + \mathcal{N}(0, \boldsymbol{F}_x^{\mathrm{T}} \boldsymbol{R}_t \boldsymbol{F}_x) \tag{4-53}$$

式中，v_t、ω_t 为机器人的控制量；$\boldsymbol{R}_t$ 为机器人的运动噪声的协方差矩阵；$g(\boldsymbol{X}_{t-1}, \boldsymbol{u}_t)$ 为运动方程；$\boldsymbol{F}_x$ 的作用是将机器人的状态维度扩展到 $3N+1$，因为运动预测过程中不涉及对路标的位置感知。

为了方便，直接使用 $\overline{\boldsymbol{X}}_{t-1}$ 来推导 $\overline{\boldsymbol{X}}_t$，对运动方程 $g(\boldsymbol{X}_{t-1}, \boldsymbol{u}_t)$ 进行一阶泰勒展开操作，即

$$g(\boldsymbol{X}_{t-1}, \boldsymbol{u}_t) = g(\overline{\boldsymbol{X}}_{t-1}, \boldsymbol{u}_t) + \boldsymbol{G}_t \tag{4-54}$$

式中，$\boldsymbol{G}_t$ 为运动方程对 $\boldsymbol{X}_{t-1}$ 的雅可比矩阵，并根据 $\boldsymbol{G}_t$ 来构建未来估计状态的协方差矩阵 $\overline{\boldsymbol{\Sigma}}_t$。该雅可比矩阵为

$$G_t = I + F_x^{\mathrm{T}} \begin{bmatrix} 0 & 0 & -\dfrac{v_t}{\omega_t}\cos\theta_t + \dfrac{v_t}{\omega_t}\cos(\theta_t + \omega_t \Delta t) \\ 0 & 0 & -\dfrac{v_t}{\omega_t}\sin\theta_t + \dfrac{v_t}{\omega_t}\sin(\theta_t + \omega_t \Delta t) \\ 0 & 0 & 0 \end{bmatrix} F_x \tag{4-55}$$

式中，$\boldsymbol{I}$代表单位矩阵，其维度与$\boldsymbol{F}_x$相同。

构建估计状态$\bar{\boldsymbol{X}}_t$的协方差矩阵$\bar{\boldsymbol{\Sigma}}_t$为

$$\bar{\boldsymbol{\Sigma}}_t = \boldsymbol{G}_t^{\mathrm{T}} \boldsymbol{\Sigma}_{t-1} \boldsymbol{G}_t + \boldsymbol{F}_x^{\mathrm{T}} \boldsymbol{R}_t \boldsymbol{F}_x \tag{4-56}$$

这里可以从不确定性的角度来理解式（4-56），$\boldsymbol{G}_t^{\mathrm{T}} \boldsymbol{\Sigma}_{t-1} \boldsymbol{G}_t$代表了运动方程的不确定性，$\boldsymbol{F}_x^{\mathrm{T}} \boldsymbol{R}_t \boldsymbol{F}_x$代表了运动噪声的不确定性，而机器人的运动协方差可以理解为运动方程的不确定性与运动噪声的不确定性的叠加。

现在已经根据机器人的运动方程对机器人下一时刻的位姿进行了预测，而 EKF 的优势在于可以根据机器人对环境的观测信息来对位姿的运动预测结果进行修正更新，这个过程也被称为测量更新，如程序 4-3 所示的第 4 ～ 12 行。

假设机器人一共观测到了N_t个路标，并且机器人搭载的传感器能够直接测量这些路标相对于机器人的距离和方位。用距离r_t^i和方位角θ_t^i来表示一个对路标的观测$z_t^i = (r_t^i, \theta_t^i)$。对于$N_t$个路标的观测为$\{z_t^1, z_t^2, \cdots, z_t^{N_t}\}$。根据每一个观测对位姿估计进行修正更新。对于一个高斯白噪声影响下的观测z_t^i，它可以用下面的测量模型来表示：

$$z_t^i = h(\boldsymbol{X}_t, i) + \mathcal{N}(0, \boldsymbol{Q}_t) \tag{4-57}$$

$$h(\boldsymbol{X}_t, i) = \begin{bmatrix} r_t^i \\ \theta_t^i \\ s_t^{m_i} \end{bmatrix} = \begin{bmatrix} \sqrt{(x_t^{m_i} - x_t)^2 + (y_t^{m_i} - y_t)^2} \\ \arctan \dfrac{y_t^{m_i} - y_t}{x_t^{m_i} - x_t} - \theta_t \\ s_t^{m_i} \end{bmatrix} \tag{4-58}$$

式中，$\boldsymbol{Q}_t$表示测量噪声协方差矩阵，它通常情况下是一个对角矩阵；$(x_t^{m_i}, y_t^{m_i})$和(x_t, y_t)分别表示路标和机器人在环境地图中的坐标；$s_t^{m_i}$表示该路标在地图中的独有索引或标识。

由于通过机器人运动预测能够直接得到位姿估计$\bar{\boldsymbol{X}}_t$ [如式（4-53）所示]，需要对$h(\boldsymbol{X}_t, i)$进行一阶泰勒展开操作，进而用$h(\bar{\boldsymbol{X}}_t, j)$来表示，即

$$h(\boldsymbol{X}_t, i) = h(\bar{\boldsymbol{X}}_t, i) + \boldsymbol{H}_t^i \tag{4-59}$$

式中，$\boldsymbol{H}_t^i$为测量方程相对于$\bar{\boldsymbol{X}}_t$的协方差矩阵。构建一个扩展矩阵$\boldsymbol{F}_{x,i}$如程序 4-3 所示的第 7 行。$\boldsymbol{H}_t^i$可表示为

$$\boldsymbol{H}_t^i = \underbrace{\begin{bmatrix} \delta_x & \delta_y & 0 & -\delta_x & -\delta_y & 0 \\ -\delta_y & \delta_x & -1 & \delta_y & -\delta_x & 0 \\ 0 & 0 & 0 & 0 & 0 & 1 \end{bmatrix}}_{h_t^i} \boldsymbol{F}_{x,i} \tag{4-60}$$

$$\delta_x = \frac{\bar{x}_t - x_t^{m_i}}{\sqrt{(x_t^{m_i} - \bar{x}_t)^2 + (y_t^{m_i} - \bar{y}_t)^2}} \tag{4-61}$$

$$\delta_y = \frac{\bar{y}_t - y_t^{m_i}}{\sqrt{(x_t^{m_i} - \bar{x}_t)^2 + (y_t^{m_i} - \bar{y}_t)^2}} \tag{4-62}$$

其中，$\boldsymbol{F}_{x,i}$ 矩阵的作用是将 $\boldsymbol{h}_t^i$ 映射为一个 $3\times(3N+3)$ 矩阵。$h(\boldsymbol{X}_t,i)$ 的含义代表是路标与机器人之间的相对位置关系，可以根据此相对位置关系和路标的坐标，反向推断出机器人的后验位姿。接下来将通过计算出的卡尔曼滤波增益 $\boldsymbol{K}_t^i$，来对位姿估计 $\bar{\boldsymbol{X}}_t$ 进行修正（如程序 4-3 所示的第 9 ～ 11 行），卡尔曼滤波增益 $\boldsymbol{K}_t^i$ 可用如下方式进行计算：

$$\boldsymbol{K}_t^i = \bar{\boldsymbol{\Sigma}}_t \boldsymbol{H}_t^{i^{\mathrm{T}}} (\boldsymbol{H}_t^i \bar{\boldsymbol{\Sigma}}_t \boldsymbol{H}_t^{i^{\mathrm{T}}} + \boldsymbol{Q}_t)^{-1} \tag{4-63}$$

然后，根据 $\boldsymbol{K}_t^i$ 对机器人的位姿估计进行修正，即

$$\bar{\boldsymbol{X}}_t = \bar{\boldsymbol{X}}_t + \boldsymbol{K}_t^i[\boldsymbol{z}_t^i - h(\bar{\boldsymbol{X}}_t, i)] \tag{4-64}$$

$$\bar{\boldsymbol{\Sigma}}_t = (\boldsymbol{I} - \boldsymbol{K}_t^i \boldsymbol{H}_t^i) \bar{\boldsymbol{\Sigma}}_t \tag{4-65}$$

式（4-65）可以简单理解为机器人的位姿估计 $\bar{\boldsymbol{X}}_t$ 根据卡尔曼滤波增益和相对位姿关系进行局部微调，每经过一次微调后，位姿估计的不确定性（以协方差矩阵 $\bar{\boldsymbol{\Sigma}}_t$ 表示）会相应地减小。当完成所有观测的位姿更新过程后，EKF SLAM 算法将会输出更新后的位姿估计、环境地图（由路标组成）以及位姿估计的协方差矩阵，如程序 4-3 所示的第 13 ～ 15 行。

到此已经完整讨论了如程序 4-3 所示的 EKF SLAM 算法的流程。但是需要注意一点，在实际应用中使用 EKF SLAM 算法时，需要考虑实际路标与当前地图中存储的路标之间的对应关系，即需要考虑观测的路标是一个之前完全未观测的路标，还是一个之前已经观测过的路标，又进行了二次观测。而为了方便对 EKF SLAM 算法进行简化理解，在程序 4-3 中并没有涉及路标的对应问题。对于考虑路标的对应问题的 EKF SLAM 算法，读者可以根据程序 4-3 的步骤自行推导。

本小节深入探讨了 EKF SLAM 算法的基本原理和流程，包括状态变量的定义、运动预测步骤、测量更新步骤以及地图构建方法等。通过如程序 4-3 所示的算法流程可以看出 EKF SLAM 的优势在于它能够同时解决机器人的定位与环境地图的构建问题，并且在面对传感器误差和运动误差时依然能够稳定工作。然而，EKF SLAM 在实际应用过程中存在一些局限性：当环境中的路标数量过于庞大时，算法的复杂度会显著增加，导致运行效率大幅降低，而当路标过于稀疏时，会导致位姿的不确定性增加，导致位姿估计不准确；

此外，路标通常由环境中的特征组成，特征的稳定提取也是一项具有挑战性的问题。尽管 EKF SLAM 算法存在上述局限性，但其思想（运动估计 + 测量更新）依然为后续 SLAM 算法的发展提供了有力支撑。

4.3.3　基于粒子滤波的 SLAM 算法

前面的章节介绍了粒子滤波算法的基本原理以及该算法在机器人定位领域的应用，本小节将深入探讨基于粒子滤波的 SLAM 算法的一个成功应用案例——FastSLAM 算法。FastSLAM 是基于扩展卡尔曼滤波（EKF）SLAM 的一个改进版本，它通过一组随机样本（粒子）来表示机器人和环境特征（如路标）可能的状态分布，因此被用于更好地处理非线性系统和高度不确定性的情况。

在探讨 FastSLAM 算法之前，先列举出该算法的两点假设和说明：

1）本小节将沿用 4.3.2 节中关于机器人移动和观测、地图特征的假设，且仅讨论静态环境下的 FastSLAM 算法，读者可根据 FastSLAM 算法的静态应用，自行推导动态环境下的 FastSLAM 算法。

2）为了便于介绍和分析 FastSLAM 算法的原理和流程，假设机器人在每一时刻下只检测到单个特征。

FastSLAM 算法将 SLAM 分解为两个问题，一个是机器人定位问题，另一个是已知机器人位姿进行地图构建的问题。分解过程的公式推导由下式给出：

$$p(\boldsymbol{X}_{1:t}, \boldsymbol{m}|\boldsymbol{u}_{1:t}, z_{1:t}) = p(\boldsymbol{X}_{1:t}|\boldsymbol{u}_{1:t}, z_{1:t})p(\boldsymbol{m} \mid \boldsymbol{X}_{1:t}, z_{1:t}) \tag{4-66}$$

式中，$\boldsymbol{X}_{1:t}$ 表示机器人的全路径下的位姿；$\boldsymbol{m}$ 表示机器人构建的环境地图；$\boldsymbol{u}_{1:t}$ 和 $z_{1:t}$ 分别表示机器人的控制量和观测量。

这样，SLAM 问题就分解成了两个问题，其中机器人位姿的估计是一个核心问题，而已知机器人位姿的地图构建可以看作是在已知机器人位姿情况下，将观察到的环境特征进行绘制的过程。

FastSLAM 算法采用一组粒子来表示机器人的位姿和特征的位置。每个粒子都包含一个机器人全路径下的位姿 $\boldsymbol{X}_{1:t}^{[k]}$，以及具有均值 $\boldsymbol{\mu}_{j,t}^{[k]}$ 和协方差 $\boldsymbol{\Sigma}_{j,t}^{[k]}$ 的特征位置集合，地图中每个特征 $\boldsymbol{m}_j$ 对应一个这样的集合。粒子总数为 M，$[k]$ 表示第 k 个粒子。粒子形式见表 4-1。

表 4-1　粒子形式

—	机器人轨迹	特征 1	特征 2	…	特征 N
粒子 $k=1$	$\boldsymbol{X}_{1:t}^{[1]}$	$\boldsymbol{\mu}_1^{[1]},\boldsymbol{\Sigma}_1^{[1]}$	$\boldsymbol{\mu}_2^{[1]},\boldsymbol{\Sigma}_2^{[1]}$	…	$\boldsymbol{\mu}_N^{[1]},\boldsymbol{\Sigma}_N^{[1]}$
粒子 $k=2$	$\boldsymbol{X}_{1:t}^{[2]}$	$\boldsymbol{\mu}_1^{[2]},\boldsymbol{\Sigma}_1^{[2]}$	$\boldsymbol{\mu}_2^{[2]},\boldsymbol{\Sigma}_2^{[2]}$	…	$\boldsymbol{\mu}_N^{[2]},\boldsymbol{\Sigma}_N^{[2]}$
…	…	…	…	…	…
粒子 $k=M$	$\boldsymbol{X}_{1:t}^{[M]}$	$\boldsymbol{\mu}_1^{[M]},\boldsymbol{\Sigma}_1^{[M]}$	$\boldsymbol{\mu}_2^{[M]},\boldsymbol{\Sigma}_2^{[M]}$	…	$\boldsymbol{\mu}_N^{[M]},\boldsymbol{\Sigma}_N^{[M]}$

假设共有 N 个环境特征，下面给出 FastSLAM 算法的伪代码，如程序 4-4 所示。

程序 4-4　FastSLAM 算法的伪代码

算法：FastSLAM(z_t, c_t, u_t, Y_{t-1})

1：for $k=1$ to M do
2：　从 Y_{t-1} 中获取粒子 $\{X_{t-1}^{[k]}, \{\mu_{1,t-1}^{[k]}, \Sigma_{1,t-1}^{[k]}\}, \cdots, \{\mu_{N,t-1}^{[k]}, \Sigma_{N,t-1}^{[k]}\}\}$
3：　$X_t^{[k]} \sim p(X_t \mid X_{t-1}^{[k]}, u_t)$
4：　$y_t' = y_t' \cup \{X_t^{[k]}\}$
5：　$j = c_t$
6：　if m_j 第一次出现
7：　　$\mu_{j,t}^{[k]} = h^{-1}(z_t, X_t^{[k]})$
8：　　$H = h'(X_t^{[k]}, \mu_{j,t}^{[k]})$
9：　　$\Sigma_{j,t}^{[k]} = H^{-1} Q_t (H^{-1})^{\mathrm{T}}$
10：　　$w_t^{[k]} = w_0$
11：　else
12：　　$\hat{z} = h(\mu_{j,t-1}^{[k]}, X_t^{[k]})$
13：　　$H = h'(X_t^{[k]}, \mu_{j,t-1}^{[k]})$
14：　　$Q = H \Sigma_{j,t-1}^{[k]} H^{\mathrm{T}} + Q_t$
15：　　$K = \Sigma_{j,t-1}^{[k]} H^{\mathrm{T}} Q^{-1}$
16：　　$\mu_{j,t}^{[k]} = \mu_{j,t-1}^{[k]} + K(z_t - \hat{z})$
17：　　$\Sigma_{j,t}^{[k]} = (I - KH)\Sigma_{j,t-1}^{[k]}$
18：　　$w_t^{[k]} = |2\pi Q|^{-\frac{1}{2}} \exp\left\{-\frac{1}{2}(z_t - \hat{z})^{\mathrm{T}} Q^{-1} (z_t - \hat{z})\right\}$
19：　end if
20：　$y_t' = y_t' \cup \{\{\mu_{j,t}^{[k]}, \Sigma_{j,t}^{[k]}\}\}$
21：　for 未观测到的特征 $m_j' \neq m_j$ do
22：　　$\mu_{j',t}^{[k]} = \mu_{j',t-1}^{[k]}$
23：　　$\Sigma_{j',t}^{[k]} = \Sigma_{j',t-1}^{[k]}$
24：　　$y_t' = y_t' \cup \{\{\mu_{j',t}^{[k]}, \Sigma_{j',t}^{[k]}\}\}$
25：　end for
26：　$Y_t' = Y_t' \cup y_t'$
27：end for
28：for $k=1$ to M do
29：　根据粒子权重 $\omega^{[k]}$ 重新选择粒子 $\{X_{t-1}^{[k]}, \{\mu_{1,t-1}^{[k]}, \Sigma_{1,t-1}^{[k]}\}, \cdots, \{\mu_{N,t-1}^{[k]}, \Sigma_{N,t-1}^{[k]}\}\}$
30：　$Y_t = Y_t \cup \{X_{t-1}^{[k]}, \{\mu_{1,t-1}^{[k]}, \Sigma_{1,t-1}^{[k]}\}, \cdots, \{\mu_{N,t-1}^{[k]}, \Sigma_{N,t-1}^{[k]}\}\}$
31：end for
32：return Y_t

接下来，对程序 4-4 所示 FastSLAM 算法的伪代码进行解释说明。FastSLAM 算法根据 $t-1$ 时刻粒子集合 Y_{t-1} 计算 t 时刻的粒子集合 Y_t，根据 Y_t 得到机器人的位姿与地图特征位置。Y_{t-1} 中的每一个粒子 $\{\boldsymbol{X}_{t-1}^{[k]},\{\boldsymbol{\mu}_{1,t-1}^{[k]},\boldsymbol{\Sigma}_{1,t-1}^{[k]}\},\cdots,\{\boldsymbol{\mu}_{N,t-1}^{[k]},\boldsymbol{\Sigma}_{N,t-1}^{[k]}\}\}$ 都包含了 $t-1$ 时刻的机器人位姿和特征位置。接下来逐一对 Y_{t-1} 中的每个粒子进行如下操作：

首先，根据式（4-53）所示的运动模型预测机器人在 t 时刻下的位姿 $\boldsymbol{X}_t^{[k]}$，其中 $(\boldsymbol{X}_t \mid \boldsymbol{X}_{t-1}^{[k]}, \boldsymbol{u}_t)$ 代表该运动模型，并将预测后的 $\boldsymbol{X}_t^{[k]}$ 添加到临时粒子 y_t' 中，如程序 4-2 所示的第 3 ～ 4 行。这一步被称为运动预测。

下一步，根据机器人的预测位姿 $\boldsymbol{X}_t^{[k]}$ 和观测 z_t 来更新地图特征的位置，即 $\boldsymbol{\mu}_t^{[k]},\boldsymbol{\Sigma}_t^{[k]}$。如果观察到的特征是新特征，则将其重要性权重 $w^{[k]}$ 设为初始权重 w_0，并根据测量模型初始化该特征的均值 $\boldsymbol{\mu}$ 和协方差 $\boldsymbol{\Sigma}$，如程序 4-2 所示的第 6 ～ 10 行。如果观察到的特征不是新特征，则通过 EKF 中的测量更新步骤对特征位置进行修正更新，如程序 4-4 所示的第 12 ～ 18 行。其中，$h(\cdot)$ 表示测量模型；$h^{-1}(\cdot)$ 表示测量的逆过程。根据观察到的特征位置推算测量距离和角度。同时，需要重新计算该特征的重要性权重，其计算方式通常采用以下形式：

$$
\begin{aligned}
w_t^{[k]} &= \eta p(z_t \mid x_t^{[k]}, c_t) \\
&= w_{t-1}^{[k]} \cdot \left|2\pi \boldsymbol{Q}\right|^{-\frac{1}{2}} \exp\left\{-\frac{1}{2}(z_t-\hat{z})^{\mathrm{T}} \boldsymbol{Q}^{-1}(z_t-\hat{z})\right\}
\end{aligned}
\tag{4-67}
$$

式中，$\boldsymbol{Q}$ 为测量协方差矩阵；$\hat{z}$ 为测量模型推算出的传感器观测。

式（4-67）说明了重要性权重 $w^{[k]}$ 也是高斯的，它代表了观测的估计值 $\hat{z}$ 与当前传感器观测 z_t 之间的差异，当权重越大时，代表 $\hat{z}$ 与 z_t 的差异越小，即机器人的运动估计越准确。而对于未观测到的特征，其 $\boldsymbol{\mu}_{j,t}^{[k]}$ 和 $\boldsymbol{\Sigma}_{j,t}^{[k]}$ 保持不变，并将上述特征的位置添加到临时粒子 y_t' 中（如程序 4-4 所示的第 21 ～ 25 行）。这一步被称为测量更新。

最后一步是重采样。粒子根据其重要性权重被重新抽取选择，组成一个新的粒子集合 Y_t，如程序 4-4 所示的第 27 ～ 30 行。M 个粒子中的每个粒子被采样的概率与其重要性权重 $w_t^{[k]}$ 成正比，其目的是尽可能地保留重要性权重大的粒子，采样后的粒子数仍为 M。本小节采用系统重采样法对粒子进行重采样。

根据更新后的粒子集合 Y_t'，构建一个累积权重集合 $\mathcal{W}_t=\{W_i\}$，对于 $\forall W_i \in \mathcal{W}_t$，其计算方式如下：

$$
W_i = \sum_{k=1}^{i} w_t^{[k]} \tag{4-68}
$$

然后，按如下方式生成一个初始随机数 r_i：

$$
r_i = U(0,1) + \frac{i-1}{M} \tag{4-69}
$$

式中，$U(0,1)$ 代表一个服从 $(0,1)$ 上均匀分布的随机数。

在累积权重数组中找到第一个满足 $W_i \geqslant r_i$ 的粒子，将其纳入新的粒子集合 Y_t，上述步骤重复M次，即可得到M个新粒子。最后，当前时刻下的机器人位姿和环境特征可由Y_t中权重最高的粒子表示。

本小节深入探讨了 FastSLAM 算法的基本原理和流程，包括粒子的定义、预测步骤、测量更新步骤以及重采样等。回顾程序 4-4 所示的算法流程，FastSLAM 算法通过结合粒子滤波和扩展卡尔曼滤波技术，提供了一种高效的解决方案，能够在实时环境中处理大量数据并进行精准的状态估计和地图构建。然而，FastSLAM 也存在一些缺点，例如粒子退化问题和计算资源消耗较高。尽管后续的工作对 FastSLAM 进行了改进，但 FastSLAM 为自主机器人的定位和地图构建提供了坚实的理论基础，对机器人导航和环境感知领域具有重要的研究意义。

4.3.4 基于图优化的 SLAM 算法

在前面的小节中已经介绍了基于扩展卡尔曼滤波的 SLAM 算法和基于粒子滤波的 SLAM 算法的基本原理和算法流程。这两种算法为解决在线 SLAM 问题提供了有效的理论工具。本小节将介绍一种针对全 SLAM 问题的方法——基于图优化的 SLAM 算法（Graph SLAM）。Graph SLAM通过将机器人的运动模型和观测信息融合到一个图结构中，利用图中的节点与边之间的约束关系推断出机器人全路径下的位姿和环境地图。

在探讨 Graph SLAM 算法之前，先列举出该算法的两点假设和说明：

1）本小节中的所有变换矩阵$\boldsymbol{T}$均代表着平面空间下的刚性变换，其满足$\boldsymbol{T} \in \mathrm{SE}(2)$。

2）本小节将沿用之前的静态环境（路标的位置不变）假设，读者可根据 Graph SLAM 算法的静态应用，自行探索动态环境（路标的位置会改变）下的 Graph SLAM 算法。

Graph SLAM 算法的基本原理是通过建立一个图模型来描述机器人在环境中的状态和环境的特征，其中图中的节点通常表示机器人的位姿$\boldsymbol{X}$（即状态），边通常表示不同状态之间的位姿变换（即约束）。机器人在移动的过程中利用传感器测量和运动模型来更新和优化这个图，从而同时实现机器人的定位和地图构建。

Graph SLAM 算法的结构可以分为两个部分：前端（front end）和后端（back end）。前端主要负责从传感器数据中提取特征并建立运动约束关系，并将这些约束关系以边的形式添加到图模型中；后端则通过优化这些约束关系，调整图中所有节点的位姿，以生成全局一致的地图和准确的位姿估计，达到观测数据与估计结果的最佳匹配。两者的关系可以用图 4-18 简单表示。

Graph SLAM 中的图模型有很多种表现形式（如位姿图模型、因子图模型等），接下来本小节以位姿图模型为例，深入探讨 Graph SLAM 算法的原理和流程。

在位姿图模型中，节点表示机器人或环境特征的位姿，边表示机器人位姿之间的变换关系，通常以变换矩阵和协方差矩阵的形式进行表示。举一个小型 SLAM 问题的例子，包含 4 个机器人位姿和 2 个环境特征，如图 4-19 所示。

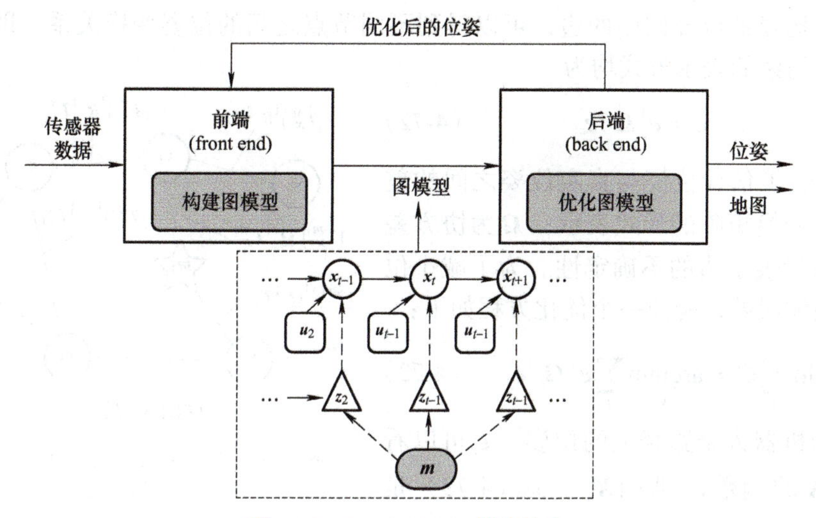

图 4-18　Graph SLAM 算法结构

假设机器人的初始位姿为 $\boldsymbol{X}_0=(0,0,0)^{\mathrm{T}}$，协方差矩阵为 $\boldsymbol{\Omega}_0=\mathbf{0}_{3\times3}$。机器人在控制量 $\boldsymbol{u}_1$ 下经过一段时间的运动到达了 $\boldsymbol{X}_1$，其中 $\boldsymbol{X}_0$ 到 $\boldsymbol{X}_1$ 的位姿变换关系可以根据 4.3.2 节中的运动模型得出 [见式（4-53）]。此时可以在 $\boldsymbol{X}_0$ 和 $\boldsymbol{X}_1$ 节点之间构建一条边代表它们两个之间的运动约束，可用下式表示：

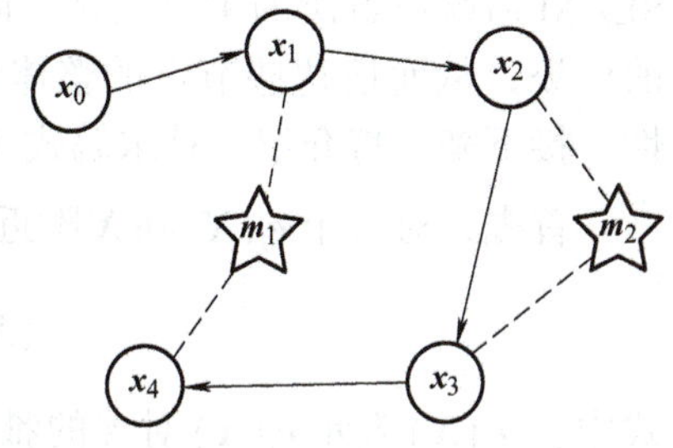

图 4-19　一个小型 SLAM 问题的例子

$$\boldsymbol{C}_{\boldsymbol{X}_0,\boldsymbol{X}_1}=[\boldsymbol{X}_1-g(\boldsymbol{X}_0,\boldsymbol{u}_1)]^{\mathrm{T}}\boldsymbol{R}^{-1}[\boldsymbol{X}_1-g(\boldsymbol{X}_0,\boldsymbol{u}_1)]=(\boldsymbol{T}_{\boldsymbol{X}_1}^{\boldsymbol{X}_0})^{\mathrm{T}}\boldsymbol{R}^{-1}\boldsymbol{T}_{\boldsymbol{X}_1}^{\boldsymbol{X}_0} \tag{4-70}$$

式中，$g(\boldsymbol{X}_0,\boldsymbol{u}_1)$ 代表机器人运动模型估计出的机器人位姿；$\boldsymbol{R}$ 表示运动协方差矩阵；$\boldsymbol{T}_{\boldsymbol{X}_1}^{\boldsymbol{X}_0}$ 是一个位姿变换矩阵，在这里它代表了估计位姿与真实位姿之间的差异。

当机器人位于 $\boldsymbol{X}_1$ 时，它可以观察到环境特征 $\boldsymbol{m}_1$，根据传感器的观测模型可以得到机器人在 $\boldsymbol{X}_1$ 的估计位姿。此时可以在 $\boldsymbol{X}_1$ 和 $\boldsymbol{m}_1$ 节点之间构建一条边代表它们两个之间的观测约束，可用下式表示：

$$\boldsymbol{C}_{\boldsymbol{X}_1,\boldsymbol{m}_1}=[\boldsymbol{X}_1-h(\boldsymbol{X}_1,\boldsymbol{m}_1)]^{\mathrm{T}}\boldsymbol{Q}^{-1}[\boldsymbol{X}_1-h(\boldsymbol{X}_1,\boldsymbol{m}_1)]=(\boldsymbol{T}_{\boldsymbol{X}_1}^{\boldsymbol{m}_1})^{\mathrm{T}}\boldsymbol{Q}^{-1}\boldsymbol{T}_{\boldsymbol{X}_1}^{\boldsymbol{m}_1} \tag{4-71}$$

式中，$h(\boldsymbol{X}_1,\boldsymbol{m}_1)$ 代表机器人观测模型估计出的机器人位姿；$\boldsymbol{Q}$ 表示观测协方差矩阵；$\boldsymbol{T}_{\boldsymbol{X}_1}^{\boldsymbol{m}_1}$ 代表了由观测模型得到的估计位姿与真实位姿之间的差异。

以此类推，将图 4-19 中示例的所有边都表示出来，可得到位姿图及其边的约束表示，如图 4-20 所示。

图 4-20 展示了机器人通过 Graph SLAM 的前端构建出的位姿图，可以根据位姿图中的节点和边，得到不同时刻下的机器人位姿以及这些位姿之间的约束关系。但在真实场景下，这些位姿和约束关系是存在噪声和误差的，接下来需要利用 Graph SLAM 的后端对位姿图进行优化，从而减小这些位姿的整体误差。

通过已构建的位姿图中的边，可以得到不同节点之间的位姿变换关系，即位姿约束。且这些位姿约束的表示形式均为

$$C = \boldsymbol{e}^{\mathrm{T}}\boldsymbol{\Omega}^{-1}\boldsymbol{e} \tag{4-72}$$

式中，$\boldsymbol{e}$ 代表了估计位姿与真实位姿之间的差异，通常以变换矩阵的形式表示；$\boldsymbol{\Omega}$ 为协方差矩阵，通常代表了边的不确定性。为了减小位姿图中的整体误差，构建一个优化方程如下：

$$\boldsymbol{X} = \underset{\boldsymbol{X}}{\operatorname{argmin}}\sum_i \boldsymbol{C}_i = \underset{\boldsymbol{X}}{\operatorname{argmin}}\sum_i \boldsymbol{e}_i^{\mathrm{T}}\boldsymbol{\Omega}_i^{-1}\boldsymbol{e}_i \tag{4-73}$$

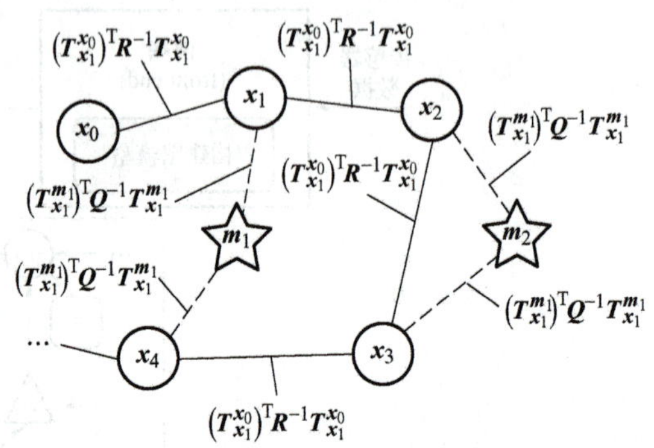

图 4-20　小型 SLAM 问题对应位姿图及边的约束表示

式中，$\boldsymbol{X}$ 为机器人全路径上的位姿，$\boldsymbol{e}_i$ 可以看作是关于 $\boldsymbol{X}$ 的函数，即 $\boldsymbol{e}_i(\boldsymbol{X})$。式（4-73）是一个最小二乘形式的优化方程，也是 Graph SLAM 后端所解决的主要问题。简单来说，求解式（4-73）相当于调整位姿图中所有节点的位姿，从而使这些节点的整体误差最小，即达成了机器人位姿和地图特征的全局一致性。接下来，将介绍一种求解式（4-73）的常用方法——高斯牛顿法（Gauss–Newton）。

首先，对每个 $\boldsymbol{e}_i(\boldsymbol{X})$ 在 $\boldsymbol{X}$ 附近做一阶泰勒展开，即

$$(\boldsymbol{X}+\Delta\boldsymbol{X}) = \boldsymbol{e}_i(\boldsymbol{X}) + \boldsymbol{J}_i(\boldsymbol{X})\Delta\boldsymbol{X} \tag{4-74}$$

式中，$\boldsymbol{J}_i(\boldsymbol{X})$ 表示 $\boldsymbol{e}_i(\boldsymbol{X})$ 对 $\boldsymbol{X}$ 的雅可比矩阵，$(\boldsymbol{X}+\Delta\boldsymbol{X})$ 代表在位姿 $\boldsymbol{X}$ 的基础上进行一次位姿变换 $\Delta\boldsymbol{X}$。此时，根据迭代优化的思想，将式（4-73）等价为以下优化方程：

$$\Delta\boldsymbol{X} = \underset{\Delta\boldsymbol{X}}{\operatorname{argmin}}\sum \boldsymbol{e}_i^{\mathrm{T}}(\boldsymbol{X}+\Delta\boldsymbol{X})\boldsymbol{\Omega}_i^{-1}\boldsymbol{e}_i(\boldsymbol{X}+\Delta\boldsymbol{X}) \tag{4-75}$$

式（4-75）说明，只需要迭代求解这样一个优化方程，并将每次的求解结果累积起来，即可得到最终优化后的位姿 $\boldsymbol{X}$。接下来，用 $\boldsymbol{e}_i$ 来指代 $\boldsymbol{e}_i(\boldsymbol{X})$，并将式（4-74）代入至式（4-75）中，得到

$$\begin{aligned}
\Delta\boldsymbol{X} &= \underset{\Delta\boldsymbol{X}}{\operatorname{argmin}}\sum \boldsymbol{e}_i^{\mathrm{T}}(\boldsymbol{X}+\Delta\boldsymbol{X})\boldsymbol{\Omega}_i^{-1}\boldsymbol{e}_i(\boldsymbol{X}+\Delta\boldsymbol{X}) \\
&= \underset{\Delta\boldsymbol{X}}{\operatorname{argmin}}\sum [\boldsymbol{e}_i(\boldsymbol{X})+\boldsymbol{J}_i(\boldsymbol{X})\Delta\boldsymbol{X}]^{\mathrm{T}}\boldsymbol{\Omega}_i^{-1}[\boldsymbol{e}_i(\boldsymbol{X})+\boldsymbol{J}_i(\boldsymbol{X})\Delta\boldsymbol{X}] \\
&= \underset{\Delta\boldsymbol{X}}{\operatorname{argmin}}\sum (\boldsymbol{e}_i^{\mathrm{T}}\boldsymbol{\Omega}_i^{-1}\boldsymbol{e}_i + \boldsymbol{e}_i^{\mathrm{T}}\boldsymbol{\Omega}_i^{-1}\boldsymbol{J}_i\Delta\boldsymbol{X} + \Delta\boldsymbol{X}^{\mathrm{T}}\boldsymbol{J}_i^{\mathrm{T}}\boldsymbol{\Omega}_i^{-1}\boldsymbol{e}_i + \Delta\boldsymbol{X}^{\mathrm{T}}\boldsymbol{J}_i^{\mathrm{T}}\boldsymbol{\Omega}_i^{-1}\boldsymbol{J}_i\Delta\boldsymbol{X}) \\
&= \underset{\Delta\boldsymbol{X}}{\operatorname{argmin}}\sum (\boldsymbol{e}_i^{\mathrm{T}}\boldsymbol{\Omega}_i^{-1}\boldsymbol{e}_i + 2\Delta\boldsymbol{X}^{\mathrm{T}}\boldsymbol{J}_i^{\mathrm{T}}\boldsymbol{\Omega}_i^{-1}\boldsymbol{e}_i + \Delta\boldsymbol{X}^{\mathrm{T}}\boldsymbol{J}_i^{\mathrm{T}}\boldsymbol{\Omega}_i^{-1}\boldsymbol{J}_i\Delta\boldsymbol{X})
\end{aligned} \tag{4-76}$$

式中，$\boldsymbol{e}_i^{\mathrm{T}}\boldsymbol{\Omega}_i\boldsymbol{e}_i$ 可以视为一个常数项。式（4-76）经过化简可得

$$\begin{aligned}
\Delta\boldsymbol{X} &= \underset{\Delta\boldsymbol{X}}{\operatorname{argmin}}\sum (2\Delta\boldsymbol{X}^{\mathrm{T}}\boldsymbol{J}_i^{\mathrm{T}}\boldsymbol{\Omega}_i^{-1}\boldsymbol{e}_i + \Delta\boldsymbol{X}^{\mathrm{T}}\boldsymbol{J}_i^{\mathrm{T}}\boldsymbol{\Omega}_i^{-1}\boldsymbol{J}_i\Delta\boldsymbol{X}) \\
&= \underset{\Delta\boldsymbol{X}}{\operatorname{argmin}}[2\Delta\boldsymbol{X}^{\mathrm{T}}\cdot\sum \boldsymbol{J}_i^{\mathrm{T}}\boldsymbol{\Omega}_i^{-1}\boldsymbol{e}_i + \Delta\boldsymbol{X}^{\mathrm{T}}\cdot\sum(\boldsymbol{J}_i^{\mathrm{T}}\boldsymbol{\Omega}_i^{-1}\boldsymbol{J}_i\cdot\Delta\boldsymbol{X})]
\end{aligned} \tag{4-77}$$

式（4-77）最终化简得到的优化方程表明该优化问题实质是一个关于的 $\Delta\boldsymbol{X}$ 二次型问

题。接下来，单独分析式（4-77）最后的目标函数，并求出其关于 $\Delta\boldsymbol{X}$ 的导数，可以得到

$$[2\Delta\boldsymbol{X}^{\mathrm{T}}\bullet\sum\boldsymbol{J}_i^{\mathrm{T}}\boldsymbol{\Omega}_i^{-1}\boldsymbol{e}_i+\Delta\boldsymbol{X}^{\mathrm{T}}\bullet\sum(\boldsymbol{J}_i^{\mathrm{T}}\boldsymbol{\Omega}_i^{-1}\boldsymbol{J}_i\bullet\Delta\boldsymbol{X})]'=2\sum\boldsymbol{J}_i^{\mathrm{T}}\boldsymbol{\Omega}_i^{-1}\boldsymbol{e}_i+2\sum\boldsymbol{J}_i^{\mathrm{T}}\boldsymbol{\Omega}_i^{-1}\boldsymbol{J}_i\bullet\Delta\boldsymbol{X} \quad (4\text{-}78)$$

令该导数等于 $\mathbf{0}$，可以得到

$$\begin{cases}\boldsymbol{H}\Delta\boldsymbol{X}-\boldsymbol{g}=\mathbf{0},\\ \boldsymbol{H}=\sum\boldsymbol{J}_i^{\mathrm{T}}\boldsymbol{\Omega}_i^{-1}\boldsymbol{J}_i\\ \boldsymbol{g}=-\sum\boldsymbol{J}_i^{\mathrm{T}}\boldsymbol{\Omega}_i^{-1}\boldsymbol{e}_i\end{cases} \quad (4\text{-}79)$$

式中，$\boldsymbol{H}$ 被称为海森（Hessian）矩阵。式（4-79）也被称为增量方程，它可以通过常用的线性方程求解方法进行求解，求解出的 $\Delta\boldsymbol{X}$ 重新代入式（4-76）中，重复执行上述过程，直至优化方程收敛，即可得到全局一致的机器人位姿。而环境地图可以根据优化后的机器人位姿进行环境特征的整合拼接得到。这里需要注意的是，本小节所介绍的高斯牛顿求解方法在不具备良好初值的条件下，求解精度欠佳，这为高斯牛顿法的实际应用带来了很大的限制。读者可自行探索其他更为高效的求解方法，如 Levenberg-Marquadt 法、Dogleg 法。

到这里，本小节已经讨论了 Graph SLAM 算法中前端和后端的基本原理和流程，简单来说，前端主要根据传感器的数据以及机器人的运动模型进行运动估计，同时构建图模型，为后端的图优化步骤提供必要的初值，后端则根据前端构建的图模型进行非线性优化，从而获得全局一致的位姿和地图。Graph SLAM 算法的最大特点是可以通过图优化过程对机器人全路径下的位姿进行修正，从而降低位姿的累计误差，这个过程可以通过图 4-21 直观地看出，其中，地图中黑色实线代表位姿图中的边。

a) 执行图优化前的地图

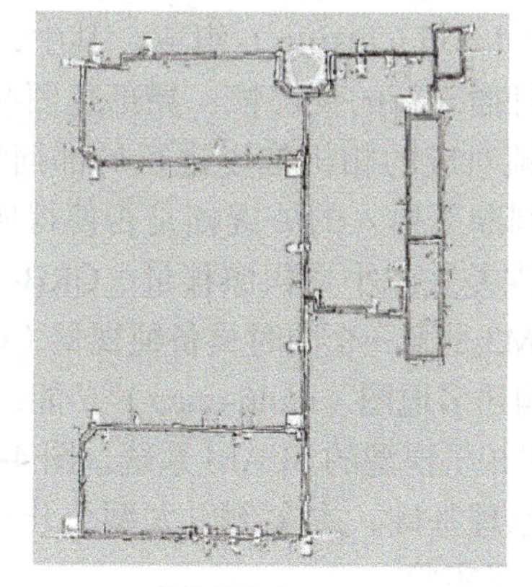
b) 执行图优化后的地图

图 4-21　Graph SLAM 后端优化前后的地图对比

本小节深入探讨了 Graph SLAM 算法的基本原理和流程，包括前端图模型的构建和后端图优化等。与前几小节介绍的 SLAM 算法相比，Graph SLAM 通常能够输出更精确的位姿估计和环境地图，且 Graph SLAM 所能构建的地图规模能够比前几种 SLAM 算法大几十个数量级。尽管 Graph SLAM 算法仍存在一些不足（如大范围场景下的图优化效率问题等），但凭借其高精度的位姿估计和地图构建能力，Graph SLAM 算法一直是 SLAM 领域的研究热点。

4.3.5 小结

本小节探讨了自主机器人同步定位与建图技术的核心原理与实现方法，介绍了在线SLAM和全SLAM问题的差异，并详细讨论了基于扩展卡尔曼滤波（EKF SLAM）、粒子滤波（如FastSLAM）以及图优化（如Graph SLAM）的多种SLAM算法。这些算法各具特色，分别在不同场景下表现出各自的优势与局限性。尽管每种算法都有其局限性，但它们共同推动了SLAM技术的发展，为机器人自主定位和建图提供了理论基础和应用支持。

4.4 实例分析：基于ORB-SLAM的场景重建

1. 任务描述

同步定位与地图构建（SLAM）技术是自主机器人的关键技术之一，其涉及的定位、地图构建是导航与控制领域的两个基本问题，SLAM技术可有效同时解决上述两个问题。

本实例基于自主机器人环境感知的常见场景，综合4.3.1～4.3.4节所学自主机器人环境感知理论与方法，学习ORB-SLAM3原理与部署方法，本节采用RGB-D相机完成ORB-SLAM3的场景重建实验。

2. 原理介绍

西班牙萨拉戈萨大学的Raul Mur-Artal等人提出一个基于特征点的稀疏建图系统ORB-SLAM，整个系统通过ORB特征来实现。ORB-SLAM也是实时的单目SLAM系统，在各种大规模、小规模、室内室外的环境均可以运行。

ORB-SLAM方法框架由跟踪线程（Tracking）、局部建图线程（Local Mapping）与回环检测线程（Loop Closing）组成。其中，跟踪线程负责对每帧图像的相机位姿进行定位，并决定何时插入新的关键帧；局部建图线程负责处理新的关键帧，并对新插入的关键帧周围的关键帧对应的相机位姿进行局部捆集约束（BA），同时也负责剔除冗余关键帧；回环检测线程判断新插入的关键帧是否使得所有关键帧形成闭环，若闭环被检测到，则进一步计算累积误差并减小累积漂移量。ORB-SLAM3与ORB-SLAM、ORB-SLAM2一脉相承。ORB-SLAM3是第一个同时具备纯视觉（visual）数据处理、视觉+惯性（visual-inertial）数据处理以及构建多地图（multi-map）功能，支持单目、双目以及RGB-D相机，同时支持针孔相机、鱼眼相机模型的SLAM系统。图4-22所示为ORB-SLAM3的算法框架。

基于以上原理基础，本实例以大型公开权威自动驾驶数据集KITTI为例，进行ORB-SLAM3场景重建实验。

ORB-SLAM3官方运行脚本及流程说明：https://github.com/UZ-SLAMLab/ORB_SLAM3。

3. 实验部署步骤

1）实验环境搭建：Ubuntu18.04、C++11、Pangolin、OpenCV、Eigen3、DBoW2、g2o（包括Thirdparty文件夹）、Python。

2）在官网下载KITTI数据集：https://www.cvlibs.net/datasets/kitti/index.php。

3）构建ORB-SLAM3库与Examples，这将创建libORB_SLAM3。

4）编译ROS模式。

5）在KITTI数据集中运行ORB-SLAM3。

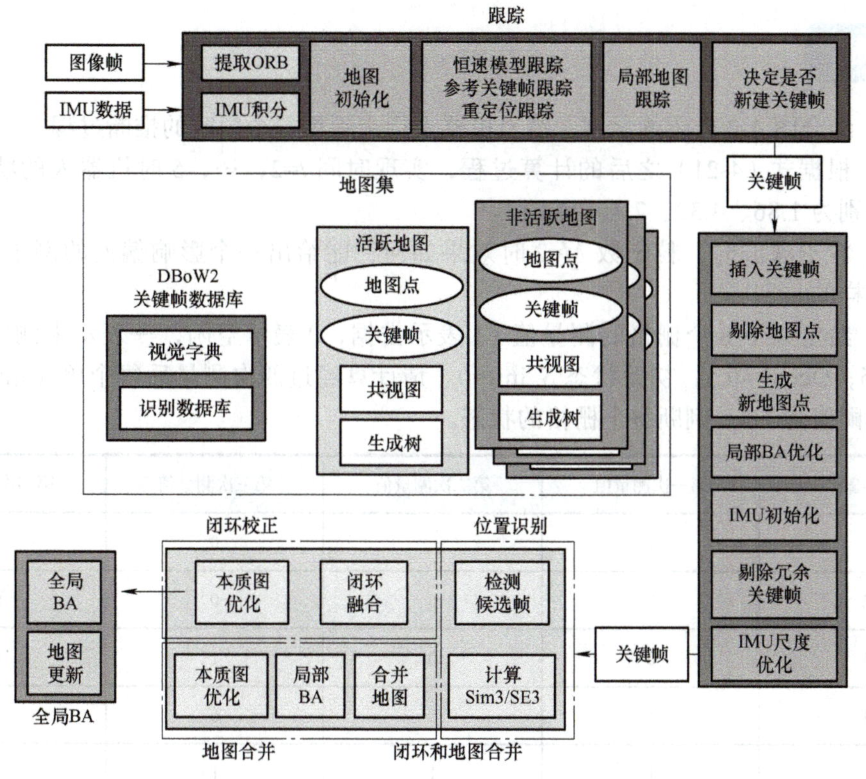

图 4-22　ORB-SLAM3 的算法框架

4. 实验结果展示

ORB-SLAM3 在 KITTI 04 序列（简单场景）的示例运行效果，如图 4-23 所示。

a) 特征点检测　　　b) 三维重建

图 4-23　ORB-SLAM3 在 KITTI 04 序列的示例运行结果

习题

4-1 结合图 4-2 介绍的示例，给出机器人行走到第三个门时的推断过程。

4-2 根据式（4-21）之后的计算过程，实现时间 t=2，…，5 时机器人的状态计算，观测值分别为 1.86、4.32、7.75、12.13。

4-3 粒子滤波时，粒子数 M=2 时效果如何？能给出一个影响偏差的例子吗？如果有，是怎样的？

4-4 给定以下 8 个栅格的测量值（1 表示占据，0 表示空闲，—表示未测到），假设 Free=0.75，Occu=−0.5，初始状态 S_init=0。请计算经过四次测量后每个单元格的栅格状态值，若阈值为 1.5，判断每个栅格的状态。

栅格编号	第一次测量值	第二次测量值	第三次测量值	第四次测量值
1	1	—	0	1
2	0	0	0	0
3	0	0	1	0
4	1	1	0	1
5	1	1	1	1
6	—	—	—	—
7	—	1	0	0
8	0	0	—	1

4-5 结合 4.2.2 节所讲内容，说明栅格地图、点云地图、语义地图三者的优势和缺点。

4-6 EKF SLAM 算法和 FastSLAM 算法的优缺点是什么？它们的测量更新步骤有什么区别？它们分别适用于什么样的场景？

4-7 设想这样一个场景：环境中含有 N 个路标，一个机器人正在使用 FastSLAM 算法对环境进行地图构建，且 FastSLAM 算法中单步处理时的例子总数为 M，试计算出 FastSLAM 算法单步处理时所包含的 EKF 总数。

4-8 在 FastSLAM 算法的重采样步骤中，假设一共有 5 个粒子 y=（1，2，…，5），其权重分别为 [0.1，0.2，0.4，0.2，0.1]，若使用系统重采样法对这 5 个粒子进行重采样，试求出重采样后的粒子集合。

4-9 设这样一个 2D 场景：环境中含有 3 个路标，一个机器人围绕这些路标共经过了 5 个位姿。尝试使用任意一种编程语言开发一个 Graph SLAM 系统（机器人位姿和路标位置均自行给定），并求出机器人的全路径位姿和路标的位置。

4-10 在相关网站上下载 ORB-SLAM 代码，在仿真环境下测试该视觉 SLAM 算法。

4-11 将获得的点云地图进行存储，并实现点云地图的生成后调用。

参考文献

[1] KALMAN R E. A new approach to linear filtering and prediction problems[J]. Transactions of the ASME–journal of basic engineering，1960，82（D）：35–45.

[2] WELCH G，BISHOP G. An introduction to the Kalman filter[R]. University of North Carolina at Chapel Hill，1995.

[3] FOX D. Adapting the sample size in particle filters through KLD–sampling[J]. The international journal of robotics research，2003，22（12）：985–1003.

[4] KORKIN R，OSELEDETS I，KATRUTSA A. Multiparticle Kalman filter for object localization in symmetric environments[J]. Expert systems with applications，2024，237：121408.

[5] LIN M，YOON J，KIM B. Self–driving car location estimation based on a particle–aided unscented Kalman filter[J]. Sensors，2020，20（9）：2544.

[6] WEI Y，ZHAO L Q，ZHENG W Z，et al. Surroundocc：Multi–camera 3d occupancy prediction for autonomous driving[C]. IEEE/CVF International Conference on Computer Vision. 2023：21729–21740.

[7] THRUN S, BURGARD W, FOX D. 概率机器人 [M] 曹红玉，谭志，史晓霞，等译 . 北京：机械工业出版社，2017.

[8] CHEN X YL, MILIOTOA，PALAZZOLO，et al. SuMa++：Efficient LiDAR–based Semantic SLAM [C]. IEEE/RSJ International Conference on Intelligent Robots and Systems，2019：4530–4537.

[9] THRUN S，BURGARD W，FOX D .Probabilistic Robotics[M].Massachusetts：The MIT Press，2005.

[10] BARFOOT T D. State estimation for robotics[M]. Cambridge：Cambridge University Press，2017.

[11] 高翔，张涛，刘毅，等 . 视觉 SLAM 十四讲：从理论到实践 [M]. 北京：电子工业出版社，2017.

[12] 第十二课基于特征的粒子滤波 SLAM [EB/OL].（2021–10–23）[2024–05–24]. https://zhuanlan.zhihu.com/p/424564704.

[13] JULIER S J，UHLMANN J K. New extension of the Kalman filter to nonlinear systems[C]//Signal processing，sensor fusion，and target recognition VI. 1997：182–193.

[14] HESS W，KOHLER D，RAPP H，et al. Real–time loop closure in 2D LIDAR SLAM[C]//IEEE International Conference on Robotics and Automation. Stockholm：Institute of the Electronics Engineers，2016：1271–1278.

[15] 石明辉 . 室内高相似度场景下视觉 SLAM 回环检测算法研究 [D]. 南宁：广西大学，2023.

[16] MUR–ARTAL R，MONTIEL J M M，TARDOS J D. ORB–SLAM：A Versatile and Accurate Monocular SLAM System [J]. IEEE Transactions on Robotics，2015，31（5）：1147–1163.

第 5 章 自主机器人规划控制

导读

本章深入探讨自主机器人路径规划与运动控制问题。作为自主机器人领域的核心问题之一，路径规划与运动控制直接关系到机器人在实际应用中的效率、安全性以及与环境的交互性。本章从全局路径规划、局部路径规划、移动机器人运动控制以及移动机械臂运动控制等方面入手，系统地介绍各种方法和技术，并结合实例分析展示其在实际场景中的应用。在全局路径规划部分，介绍基于搜索的方法、基于采样的方法以及基于势函数的方法。这些方法能够帮助机器人在复杂环境中找到可行的全局路径。在局部路径规划部分，介绍动态窗口法、矢量场直方图法、模型预测控制法等多种经典方法。这些方法针对机器人在运动中需要及时应对局部环境变化的情况，通过实时调整路径，保证机器人的安全性和高效性。移动机器人运动控制部分着重讨论轨迹跟踪控制和路径跟随控制。最后，深入探讨移动机械臂运动控制问题，包括差分驱动移动机械臂控制和全向移动机械臂控制。通过案例分析，展示如何实现车臂协同自主机器人的运动控制。通过本章的学习，读者将全面了解自主机器人规划与控制的基本概念、常用方法和技术，并能够运用所学知识解决实际问题，推动自主机器人技术的发展与应用。

本章知识点

- 全局路径规划
- 局部路径规划
- 移动机器人运动控制
- 移动机械臂运动控制

5.1 全局路径规划

本节旨在介绍自主机器人在复杂环境中找到全局可行路径的方法。全局路径规划是自主机器人导航中的关键步骤，它确保机器人能够安全、高效地从起始点到达目标点。本节首先讨论基于搜索的方法，如 Dijkstra 算法和 A* 算法，这些方法通过在环境地图上进行搜索来寻找可行路径。然后介绍基于采样的方法，其中包括 RRT 等算法，这些方法通过随机采样来探索环境空间，从而得到可行路径。最后探讨基于势函数的方法，该方法利用势场来表示环境中的障碍物和目标点，通过梯度下降法来生成可行路径。通过本节的学习，读者将了解不同的全局路径规划方法及其优缺点，为学习后续的自主机器人规划与控制提供基础。

5.1.1　基于搜索的方法

基于搜索的方法是全局路径规划中常见的技术，主要通过系统地探索环境中的状态空间来找到从起点到目标点的最优路径。这类方法通常依赖图搜索算法，将环境表示为一个离散的网格或图，然后在图上进行搜索。以下介绍两种常见的基于搜索的方法。

1. Dijkstra 算法

Dijkstra 算法是由荷兰计算机科学家 Edsger W. Dijkstra 于 1956 年提出的一种单源最短路径算法。该算法适用于带权图，可以找出从一个起始节点到其他所有节点的最短路径，特别适用于非负权重的图。Dijkstra 算法广泛应用于路由算法、地理信息系统和网络路由等领域。

Dijkstra 算法的基本思想是通过不断扩展已知最短路径的节点，逐步找到从起点到所有其他节点的最短路径。算法利用一个优先队列（通常使用最小堆实现）来高效地选择当前代价最小的节点。

假设有一个图 $G=(V,E)$，其中 V 是节点集合，E 是边集合。每条边 (u,v) 具有一个非负权重 $w(u,v)$。起点为 s，目标是找到 s 到其他所有节点的最短路径。Dijkstra 算法的步骤如下：

（1）初始化

1）设置所有节点的初始距离 $d(v)=\infty$（表示从起点 s 到节点 v 的初始距离未知）。

2）起点 s 的距离 $d(s)=0$（起点到自身的距离为 0）。

3）使用一个优先队列 Q（通常用最小堆实现），将所有节点加入队列中。

（2）迭代过程　当优先队列 Q 非空时，执行以下操作：

1）从优先队列 Q 中提取距离最小的节点 u。

2）遍历节点 u 的所有邻居节点 v。

3）计算从起点 s 经由 u 到达 v 的距离 $d(u)+w(u,v)$。

4）如果 $d(u)+w(u,v)<d(v)$，则更新 $d(v)$ 并将 v 加入或更新到优先队列 Q。

（3）算法结束　当优先队列 Q 为空时，算法结束。此时，数组 d 中保存了从起点 s 到所有其他节点的最短路径长度。

Dijkstra 算法的优点是能够保证找到最优路径；算法简单、稳定；适用于各种图结构。缺点是计算复杂度较高，为 $O(|E|+|V|\log|V|)$；在大规模图中可能效率较低。

Dijkstra 算法的时间复杂度取决于图的表示和优先队列的实现方式。使用邻接表表示图时，时间复杂度为 $O(|E|+|V|\log|V|)$。如果使用简单数组实现优先队列，时间复杂度为

$O(|V|^2)$。在实际应用中，通常使用最小堆来实现优先队列，以提高算法效率。

Dijkstra 算法是最经典的最短路径算法之一，尽管在大规模图或动态环境中效率可能不够理想，但其简洁性和确定性使其成为路径规划的基石。理解 Dijkstra 算法不仅有助于掌握基础的路径规划技术，还为进一步学习更复杂的算法（如 A* 算法）奠定了基础。

2. A* 算法

A* 算法是一种用于图搜索和路径规划的启发式算法。它结合了 Dijkstra 算法的优点（保证找到最短路径）和贪心搜索的效率（通过启发式函数引导搜索），因此在路径规划中广泛应用，特别是在机器人导航、游戏开发和地图服务等领域。

A* 算法通过维护两个代价函数来进行搜索：

$g(q)$：从起点到当前节点 q 的实际代价。

$h(q)$：从当前节点 q 到目标节点的启发式估计代价。

总的代价函数为

$$f(q) = g(q) + h(q) \tag{5-1}$$

其中，启发式函数 $h(q)$ 需要满足可接受性和一致性，以保证 A* 算法找到最优路径。

假设有一个图 $G = (V, E)$，其中 V 是节点集合，E 是边集合。每条边 (u, v) 具有一个权重 $w(u, v)$。起点为 s，终点为 t。A* 算法的步骤如下：

（1）初始化

1）创建一个开集，初始时只包含起点 s。

2）创建一个闭集，初始时为空。

3）初始化所有节点的代价 $g(q) = \infty$ 和 $f(q) = \infty$。

4）起点的代价 $g(s) = 0$ 和 $f(s) = h(s)$。

（2）迭代过程　当开集非空时，执行以下操作：

1）从开集中选择具有最小 $f(q)$ 的节点 $q_{current}$。

2）如果 $q_{current}$ 是终点，则路径规划完成。

3）否则，将 $q_{current}$ 从开集中移除，加入闭集。

4）遍历 $q_{current}$ 的所有邻近节点 $q_{neighbor}$：

① 如果 $q_{neighbor}$ 在闭集中，跳过。

② 计算从起点经过 $q_{current}$ 到 $q_{neighbor}$ 的代价 g_{new}。

③ 如果 $q_{neighbor}$ 在开集中，或 $g_{new} < g(q_{neighbor})$，则更新 $g(q_{neighbor}) = g_{new}$；计算 $f(q_{neighbor}) = g(q_{neighbor}) + h(q_{neighbor})$；如果 $q_{neighbor}$ 不在开集中，将其加入开集。

（3）算法结束

1）当开集为空时，表示没有找到从起点到终点的路径。

2）返回路径或失败信息。

启发式函数 $h(q)$ 是 A* 算法的关键，直接影响算法的性能和最优性。常用的启发式函数包括：

① 曼哈顿距离（适用于栅格地图）：

$$h(q)=|x_{goal}-x|+|y_{goal}-y| \tag{5-2}$$

② 欧几里得距离（适用于平面上的点）：

$$h(q)=\sqrt{(x_{goal}-x)^2+(y_{goal}-y)^2} \tag{5-3}$$

③ 切比雪夫距离（适用于棋盘上的点）：

$$h(q)=\max(|x_{goal}-x|,|y_{goal}-y|) \tag{5-4}$$

A* 算法的优点是保证找到最优路径（如果启发式函数是一致的）；通过启发式函数引导搜索，通常比 Dijkstra 算法更快。缺点是计算复杂度较高（特别是在大规模图中），且依赖启发式函数的选择。

A* 算法的时间复杂度和空间复杂度取决于启发式函数的质量和具体实现方式。其时间复杂度在最差情况下为 $O(|E|+|V|\log|V|)$，空间复杂度为 $O(|V|)$。

A* 算法通过结合实际代价和启发式估计，实现了高效的路径规划。理解 A* 算法不仅有助于解决各种路径规划问题，还为进一步学习和应用更复杂的规划和优化算法奠定了基础。

5.1.2　基于采样的方法

基于采样的方法是全局路径规划中的一种重要技术，通过在环境中随机或均匀地采样点来探索自由空间，从而找到从起点到目标点的可行路径。这类方法特别适用于高维空间和复杂环境下的路径规划，具有较高的计算效率和适应性。以下介绍两种常见的基于采样的方法。

1. RRT 算法

快速扩展随机树（Rapidly-exploring Random Tree，RRT）算法是一种用于路径规划的增量式随机采样算法。它由 Steven M. LaValle 于 1998 年提出，特别适用于高维空间和复杂环境下的路径规划。RRT 通过在空间中随机采样点来扩展树结构，逐步探索自由空间，最终找到从起点到目标点的可行路径。

RRT 算法的核心思想是通过在配置空间中随机采样点，并逐步将这些采样点连接到搜索树中，从而探索自由空间。每次采样都会引导搜索树朝着新的方向扩展，快速覆盖整个空间。

假设有一个配置空间 C，其中包含起点 q_{start} 和目标点 q_{goal}，以及若干障碍物。RRT 算法的具体步骤如下：

（1）初始化

1）创建一个树 T，起点 q_{start} 作为树的根节点。

2）将树T初始化为包含起点的单个节点：$T=\{q_{\text{start}}\}$。

（2）迭代扩展　重复以下步骤直到找到目标或达到最大迭代次数。

1）随机采样：在配置空间C中随机采样一个点q_{rand}。

2）最近邻搜索：在树T中找到距离q_{rand}最近的节点q_{near}。

3）扩展：从q_{near}朝向q_{rand}方向扩展一个步长，得到新节点q_{new}。扩展过程可以用如下公式表示：

$$q_{\text{new}}=q_{\text{near}}+\frac{\delta}{\|q_{\text{rand}}-q_{\text{near}}\|}(q_{\text{rand}}-q_{\text{near}}) \tag{5-5}$$

式中，δ是步长。

4）碰撞检测：检查新节点q_{new}是否在自由空间中，即是否与任何障碍物发生碰撞。如果q_{new}无碰撞，则将其添加到树T中，并将q_{new}连接到q_{near}。

5）检查目标：如果q_{new}足够接近目标点q_{goal}，则路径规划成功，返回路径。

（3）算法结束　如果树T成功扩展到目标点q_{goal}，则从树的根节点q_{start}开始，通过父节点追溯路径，得到完整的规划路径。

RRT算法的优点在于适用于高维空间和复杂环境；计算效率高、扩展速度快；算法简单、易于实现。缺点是生成的路径不是最优，需要后处理优化；随机性导致路径不确定性；在高障碍密度的环境中，采样效率可能较低。

RRT算法的时间复杂度和空间复杂度主要取决于节点的扩展和碰撞检测。其时间复杂度最差情况为$O(n\log n)$，其中，n是采样点的数量。其空间复杂度最差情况为$O(n)$，需要存储所有采样点和结构。

RRT算法通过随机采样和增量扩展，在高维空间和复杂环境中实现了高效的路径规划。尽管生成的路径质量可能不够理想，但其简单性和适应性使其成为路径规划领域的重要工具。理解RRT算法不仅有助于解决实际的路径规划问题，还为进一步学习和应用更复杂的采样算法（如RRT*和SST）奠定了基础。

2. PRM算法

概率道路图（Probabilistic Roadmap，PRM）算法是一种基于采样的方法，用于解决机器人路径规划问题。PRM算法通过在配置空间中随机采样构建节点，然后连接这些节点以形成一个图，从而在复杂环境中找到从起点到目标点的可行路径。PRM算法特别适用于多次查询路径的情况，如多机器人系统或重复执行的任务。

PRM算法分为两个阶段：构图阶段和查询阶段。在构图阶段，通过随机采样和连接构建一个覆盖自由空间的图。在查询阶段，通过图搜索找到从起点到目标点的路径。PRM算法的步骤如下：

（1）构图阶段

1）随机采样：在配置空间C中随机生成一组无碰撞的配置点，称为节点V。

2）连接节点：尝试连接每对节点，如果节点之间的连线不与任何障碍物相交，则添加一条边E以连接这两个节点。

（2）查询阶段

1）起点和目标点：将起点 q_{start} 和目标点 q_{goal} 添加到图中，并连接到最近的若干个节点。

2）图搜索：使用图搜索算法（如 A* 或 Dijkstra 算法）在构建的图中搜索从 q_{start} 到 q_{goal} 的最短路径。

PRM 算法的优点是适用于高维空间和复杂环境；构图阶段一次完成，可用于多次路径查询；能够处理具有多个目标点的规划问题。缺点是构图阶段需要大量采样，计算量较大；在障碍物密集的环境中，采样效率可能较低；图的质量取决于采样密度，低密度采样可能导致路径不连通。

PRM 算法的时间复杂度主要取决于采样和连接的数量。当采样节点为 n 个，连接每个节点的最近邻为 k 个时，其时间复杂度为 $O(n\log n+nk)$，需要存储 n 个节点和 nk 条边，空间复杂度为 $O(n+nk)$。

PRM 算法通过随机采样和图连接，在高维空间和复杂环境中实现了高效的路径规划。尽管构图阶段可能计算复杂度较高，但其多次查询的高效性和适应性使其成为路径规划领域的重要工具。理解 PRM 算法不仅有助于解决实际的路径规划问题，还为进一步学习和应用更复杂的采样算法（如动态 PRM 和混合 PRM）奠定了基础。

5.1.3　基于势函数的方法

基于势函数的路径规划算法是一种经典的路径规划方法，通过模拟机器人在势场中的运动，找到从起点到目标点的路径。势函数由吸引势和排斥势组成，其中吸引势将机器人引向目标点，排斥势则使机器人避开障碍物。基于势函数的方法简单直观，计算效率高，适用于动态环境中的实时路径规划。

在基于势函数的路径规划中，环境中的每个点都被赋予一个势值，机器人在势场中受力的方向和大小决定了其运动方向。势场由以下两个主要部分构成：

1. 吸引势

吸引势将机器人引向目标点，吸引势的大小通常随着机器人与目标点距离的增加而增大。一个常用的吸引势函数为

$$U_{att}(q)=\frac{1}{2}k_{att}\|q-q_{goal}\|^2 \tag{5-6}$$

式中，k_{att} 是吸引势系数；q 是机器人当前位置；q_{goal} 是目标点位置。

2. 排斥势

排斥势使机器人避开障碍物，排斥势的大小随着机器人与障碍物距离的减小而增大。排斥势在远离障碍物时为零，靠近障碍物时逐渐增大。一个常用的排斥势函数为

$$U_{\text{rep}}(q)=\begin{cases}\dfrac{1}{2}k_{\text{rep}}\|q-q_{\text{goal}}\|^2 & \|q-q_{\text{obs}}\|\leqslant d_0\\ 0 & \|q-q_{\text{obs}}\|>d_0\end{cases} \tag{5-7}$$

式中，k_{rep}是排斥势系数；q是机器人当前位置；q_{obs}是障碍物位置；d_0是影响范围。

总势函数U为吸引势U_{att}和排斥势U_{rep}之和，即

$$U(q)=U_{\text{att}}(q)+U_{\text{rep}}(q) \tag{5-8}$$

具体算法步骤如下：

（1）初始化

1）定义机器人的起点q_{start}和目标点q_{goal}。

2）定义障碍物位置q_{obs}和排斥势影响范围d_0。

3）设置吸引势系数k_{att}和排斥势系数k_{rep}。

（2）计算势函数

1）对于机器人当前位置q，计算吸引势$U_{\text{att}}(q)$和排斥势$U_{\text{rep}}(q)$。

2）计算总势函数$U(q)$。

（3）计算梯度　计算总势函数的梯度$\nabla U(q)$，梯度指向势值增加最快的方向。其中，梯度公式为

$$\nabla U(q)=\nabla U_{\text{att}}(q)+\nabla U_{\text{rep}}(q) \tag{5-9}$$

（4）更新位置　根据梯度方向更新机器人的位置：

$$q\leftarrow q-\alpha\nabla U(q) \tag{5-10}$$

式中，α是步长。

（5）迭代　重复计算势函数、梯度和更新位置，直到机器人到达目标点或满足停止条件（如最大迭代次数）。

基于势函数方法的优点是算法简单，易于实现；计算效率高，适用于实时路径规划；能够处理动态环境中的避障问题。缺点是容易陷入局部最小值，无法保证找到全局最优路径；对于复杂环境，可能出现振荡或路径质量较差；参数（如势函数系数和步长）的选择对结果影响较大。

基于势函数的路径规划算法通过模拟机器人在势场中的运动，提供了一种直观且高效的路径规划方法。尽管存在局部最小值和参数选择等问题，但其简单性和实时性使其成为动态环境中路径规划的重要工具。理解和应用基于势函数的方法，不仅有助于解决实际的路径规划问题，还为进一步研究和改进其他路径规划算法（如混合势函数方法和局部最优避障策略）奠定了基础。

5.2 局部路径规划

本节着重介绍自主机器人在遇到局部障碍物或环境变化时如何快速生成安全有效路径的方法。在自主机器人导航中，局部路径规划是确保机器人能够在动态环境中安全移动的

重要组成部分。本节首先讨论动态窗口法，该方法通过限制机器人的速度和加速度，使机器人能够在短时间内生成可行路径。其次介绍矢量场直方图法，该方法将环境划分为小区域，并根据每个区域的局部障碍物情况生成速度指令，以实现机器人安全移动。然后介绍模型预测控制法，该方法基于对环境和机器人动力学模型的预测，通过优化求解生成最优路径。最后介绍一些其他局部路径规划方法，如 Bug 算法等。通过学习本节内容，读者将了解不同的局部路径规划方法及其适用场景，为实现自主机器人在复杂环境中的安全高效移动提供重要参考。

5.2.1　动态窗口法

动态窗口法（Dynamic Window Approach，DWA）是一种局部路径规划算法，用于在机器人运动过程中实时避障和路径规划。DWA 通过考虑机器人运动的动力学约束和环境障碍物，选择一个最优的速度控制命令，使机器人能够安全高效地到达目标点。该方法尤其适用于移动机器人在动态环境中的路径规划。

动态窗口法是一种基于速度空间的搜索方法，通过在一组候选速度中选择最优速度控制命令来实现机器人路径规划。DWA 考虑了以下三个主要方面：

（1）机器人动力学约束　考虑机器人的最大速度和加速度约束，确保生成的速度控制命令在机器人可实现的范围内。

（2）碰撞检测　通过预测未来一段时间内的轨迹，检查是否会与障碍物发生碰撞，确保安全性。

（3）路径优化　基于目标位置、路径平滑度和速度等多个评价函数，选择一个最优的速度控制命令。

具体算法步骤如下：

1. 初始化

1）定义机器人的起点 q_{start} 和目标点 q_{goal}。

2）获取环境中的障碍物信息和机器人的动力学参数（如最大速度和加速度）。

2. 计算速度空间

基于当前速度和加速度约束，计算机器人在下一个时间步长内可达到的速度空间，称为“动态窗口”。

3. 轨迹生成和碰撞检测

1）对于每个候选速度，生成一段时间内的轨迹。

2）检查轨迹是否与障碍物相交，剔除不可行的候选速度。

4. 评价函数

定义评价函数，包括目标距离、速度和路径平滑度等因素。

$$G(v,\omega)=\alpha \cdot \text{heading}(v,\omega)+\beta \cdot \text{velocity}(v,\omega)+\gamma \cdot \text{clearance}(v,\omega) \tag{5-11}$$

式中，$\text{heading}(v,\omega)$ 表示距离目标的朝向得分；$\text{velocity}(v,\omega)$ 表示速度得分；$\text{clearance}(v,\omega)$

表示与障碍物的距离得分；α，β和γ是权重系数。

5. 选择最优速度

计算每个候选速度的评价函数值，选择得分最高的速度作为当前时间步长的速度控制命令。

6. 迭代执行

重复上述步骤，更新机器人位置，直至到达目标点或满足停止条件（如最大迭代次数或时间限制）。

动态窗口法的优点是能够实时避障，适用于动态环境；考虑了机器人动力学约束，生成的路径更加可行和实际；通过评价函数可以综合考虑多个因素，灵活性强。缺点是需要大量计算，实时性依赖于计算资源；参数选择对路径规划结果影响较大；在复杂环境中，可能会出现局部最优解。

动态窗口法通过实时计算速度空间和评价函数，为移动机器人在动态环境中的路径规划提供了一种高效而灵活的方法。尽管面临计算复杂度和参数选择等挑战，但其在实际应用中的广泛成功证明了其有效性。理解和应用动态窗口法，对于解决实际的路径规划问题和推动机器人技术的发展具有重要意义。

5.2.2 矢量场直方图法

矢量场直方图（Vector Field Histogram，VFH）法是一种用于移动机器人避障的局部路径规划算法。VFH 通过构建环境的障碍物密度直方图，生成一个包含避障信息的矢量场，从中选取最优运动方向。该方法能够在动态环境中实时计算机器人前进的安全路径，具有计算效率高、避障效果好等优点。

VFH 算法的核心思想是利用环境中的障碍物信息，构建一个密度直方图，并在此基础上生成一个矢量场（Vector Field），指导机器人运动。该算法主要包括以下几个步骤：

1. 初始化

1）定义机器人的起点 q_{start} 和目标点 q_{goal}。

2）获取环境中的障碍物信息和传感器数据。

2. 构建密度直方图

1）将环境划分为网格，每个网格单元包含障碍物的密度信息。

2）利用传感器数据更新密度直方图。

3. 生成极坐标直方图

1）将密度直方图转换为极坐标直方图，每个扇区表示一个方向的障碍物密度。

2）计算每个扇区的障碍物密度。

4. 计算方向成本函数

1）定义成本函数：

$$G(\theta)=\alpha \cdot D(\theta)+\beta \cdot H(\theta) \tag{5-12}$$

式中，α 和 β 是权重系数；$D(\theta)$ 表示障碍物密度成本；$H(\theta)$ 表示目标方向引导成本。

2）计算每个方向的成本函数值。

5. 选取最优运动方向

1）根据成本函数的值，选取最优的运动方向 θ_{best}。

2）更新机器人的运动方向，使其朝向 θ_{best} 前进。

6. 迭代执行

重复上述步骤，更新机器人位置，直至到达目标点或满足停止条件（如最大迭代次数或时间限制）。

矢量场直方图法的优点是算法计算效率高，适用于实时避障；能够处理动态环境中的障碍物；综合考虑障碍物密度和目标方向，生成的路径较为平滑。缺点是参数选择对路径规划结果影响较大；在稠密障碍物环境中，可能出现局部最优解；对传感器数据质量要求较高。

矢量场直方图法通过构建环境的障碍物密度直方图和生成包含避障信息的矢量场，为移动机器人在动态环境中的路径规划提供了一种高效而实用的方法。理解和应用矢量场直方图法，对于解决实际的路径规划问题和推动机器人技术的发展具有重要意义。

5.2.3　模型预测控制法

模型预测控制（Model Predictive Control，MPC）法是一种先进的控制算法，广泛应用于工业过程控制和机器人路径规划。MPC 通过在线求解最优控制问题，预测系统在未来一段时间内的行为，并选择最优的控制输入来优化性能指标。对于机器人路径规划，MPC 能够在考虑动力学约束和避障要求的前提下，生成实时更新的路径。

MPC 的核心思想是利用系统的数学模型，预测未来一段时间内系统的状态，并通过优化过程选择最优的控制输入。对于移动机器人路径规划，MPC 的主要步骤包括：

1. 初始化

1）定义机器人的初始状态 $\boldsymbol{x}_0$ 和目标状态 $\boldsymbol{x}_{goal}$。

2）获取环境中的障碍物信息和机器人模型参数。

2. 系统建模

建立机器人运动学和动力学模型

$$\dot{\boldsymbol{x}} = f(\boldsymbol{x},\boldsymbol{u}) \tag{5-13}$$

式中，$\boldsymbol{x}$ 为状态变量（如位置和速度）；$\boldsymbol{u}$ 为控制变量（如加速度和角速度）。

3. 滚动优化

1）在每个时间步长上，预测未来 N 个步长内的状态，即

$$\boldsymbol{x}_{k+1} = f(\boldsymbol{x}_k,\boldsymbol{u}_k) \tag{5-14}$$

2）定义性能指标函数 J，包括目标距离、控制输入平滑度和避障要求，即

$$J=\sum_{i=0}^{N-1}(\|\boldsymbol{x}_i-\boldsymbol{x}_{\text{goal}}\|^2+\alpha\|\boldsymbol{u}_i\|^2+\beta\cdot\text{Obstacle}(\boldsymbol{x}_i)) \tag{5-15}$$

式中，α 和 β 为权重系数；$\text{Obstacle}(\boldsymbol{x}_i)$ 为避障惩罚函数，一般来说机器人距离障碍物越近，$\text{Obstacle}(\boldsymbol{x}_i)$ 的值越大。

3）通过优化算法（如梯度下降或二次规划）求解最优控制输入序列 $\{\boldsymbol{u}_0,\boldsymbol{u}_1,\cdots,\boldsymbol{u}_{N-1}\}$。

4. 反馈修正

1）执行最优控制输入序列中的第一个控制输入 $\boldsymbol{u}_0$。

2）更新系统状态 $\boldsymbol{x}$，并在下一个时间步长重新进行预测和优化。

5. 迭代执行

重复上述步骤，直至到达目标状态或满足停止条件（如最大迭代次数或时间限制）。

MPC 算法的优点是能够处理多约束、多目标的优化问题，生成的路径具有高鲁棒性；适用于复杂动态环境中的实时路径规划；考虑动力学约束，生成的路径更加实际和可行。缺点是计算复杂度较高，对计算资源要求较大；参数调试复杂，模型精度和求解算法对结果影响较大；需要准确的系统模型和环境信息。

模型预测控制法通过在线求解最优控制问题，为移动机器人在复杂动态环境中的路径规划提供了一种先进而灵活的方法。尽管面临计算复杂度和参数调试等挑战，但 MPC 的高鲁棒性和实际可行性使其在实际应用中取得了显著成功。理解和应用模型预测控制法，对于解决实际的路径规划问题和推动机器人技术的发展具有重要意义。

5.2.4 其他方法

除了上述方法外，还有一些其他局部路径规划方法，如 Bug 算法等。这些方法根据机器人的运动特性和环境的变化，采用不同的策略生成安全有效的局部路径。下面简要介绍 Bug 算法。

Bug 算法是一类用于移动机器人局部路径规划的简单且有效的方法，特别适用于未知或部分未知环境中的障碍物避让。Bug 算法不依赖于环境的全局地图，而是利用机器人自身的传感器数据和局部信息来进行路径规划。经典的 Bug 算法包括 Bug1、Bug2 和 Tangent Bug。

1. Bug1 算法

Bug1 算法的基本思想是：机器人从起点出发沿直线朝向目标点前进，当遇到障碍物时，沿障碍物的边界绕行，直到可以再次沿直线朝向目标点前进。主要步骤如下：

（1）直线前进　机器人沿直线朝向目标点前进。

（2）障碍物绕行

1）如果机器人检测到障碍物，则沿障碍物边界绕行，记录初始碰撞点。

2）在绕行过程中，机器人保持靠近障碍物，直到绕行一圈返回初始碰撞点。

（3）再次前进

1）记录绕行过程中与目标点直线距离最近的点，并从此点再次沿直线朝向目标点前进。

2）重复上述步骤，直至到达目标点或确认目标不可达。

2. Bug2 算法

Bug2 算法改进了 Bug1 算法，通过更高效的路径规划减少了绕行距离。Bug2 算法在每次碰到障碍物时，沿着障碍物的边界绕行，直到重新与目标点的直线相交。主要步骤如下：

（1）直线前进　机器人沿直线（称为“M 线”）朝向目标点前进。

（2）障碍物绕行

1）如果机器人检测到障碍物，则沿障碍物边界绕行，记录初始碰撞点。

2）在绕行过程中，机器人保持靠近障碍物，直至重新与 M 线相交。

（3）再次前进

1）从相交点继续沿 M 线朝向目标点前进。

2）重复上述步骤，直至到达目标点或确认目标不可达。

3. Tangent Bug 算法

Tangent Bug 算法结合了几何分析和距离传感器数据，能够更高效地处理复杂环境中的障碍物避让问题。Tangent Bug 算法的主要步骤如下：

（1）直线前进　机器人沿直线朝向目标点前进。

（2）障碍物绕行　如果机器人检测到障碍物，则计算切线方向，并沿切线方向绕行障碍物，保持一定距离。

（3）目标方向调整　在绕行过程中，机器人不断调整方向，使其尽可能接近目标点。

（4）再次前进　继续前进，直到遇到新的障碍物或到达目标点。

Bug 算法的优点是实现简单，计算效率高；适用于未知或部分未知环境中的障碍物避让；对传感器数据的要求较低。缺点是规划路径通常不是最优，可能较长；在复杂环境中可能效率较低；对复杂障碍物形状的处理有限。

Bug 算法通过利用机器人自身的传感器数据和局部信息，为移动机器人在未知或部分未知环境中的路径规划提供了一种简单有效的方法。尽管在路径最优性和复杂障碍物处理方面存在一定局限，但 Bug 算法的高效性和适应性使其在实际中得到了广泛应用。理解和应用 Bug 算法，对于解决实际的路径规划问题和推动机器人技术的发展具有重要意义。

5.3　移动机器人运动控制

本节着重介绍自主移动机器人在实际运动过程中如何精确跟踪轨迹以及跟随路径。这些控制方法直接影响机器人在复杂环境中的运动效率和安全性。本节首先讨论轨迹跟踪控制，该方法使机器人能够按照预先规划的轨迹进行运动，适用于需要沿着具有特定时间约束路径移动的场景。然后介绍路径跟随控制，该方法使机器人能够跟随预先规划的路径实现自主移动，适用于无时间约束路径跟随的场景。通过采用常见的非线性控制技术，这些方法能够有效地实现机器人的运动控制。通过学习本节内容，读者将了解到不同的移动机器人运动控制方法及其在实际应用中的重要作用，从而为机器人在复杂环境中的安全高效运动提供指导和支持。

本节考虑二维空间中具有如下运动学的移动机器人：

$$\begin{cases}\dot{x}=v\cos\theta\\ \dot{y}=v\sin\theta\\ \dot{\theta}=\omega\end{cases} \tag{5-16}$$

式中，θ为机器人方位角；v和ω分别为机器人的线速度和角速度。这类移动机器人满足如下非完整约束条件：

$$-\dot{x}\sin\theta+\dot{y}\cos\theta=0 \tag{5-17}$$

5.3.1 轨迹跟踪控制

轨迹跟踪控制要求机器人按照预先规划的参考轨迹运动。本质上，轨迹跟踪控制可以转化为机器人对轨迹上一个参考点的跟踪，如图 5-1 所示。将参考轨迹表示为

$$[x_r(t),y_r(t),\theta_r(t),v_r(t),\omega_r(t)]^{\mathrm{T}} \tag{5-18}$$

式中，$[x_r(t),y_r(t)]^{\mathrm{T}}$为参考位置；$\theta_r(t)$为参考方位角；$v_r(t)$和$\omega_r(t)$分别为参考线速度和参考角速度，$t$为时间变量。通常假设参考轨迹满足非完整约束条件式（5-17）。

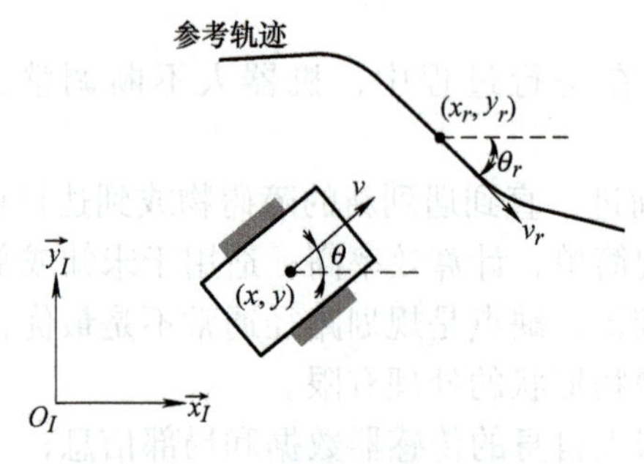

图 5-1 移动机器人轨迹跟踪

一般来说，轨迹跟踪控制器包含前馈和反馈两个部分：

$$\boldsymbol{u}=\boldsymbol{u}_{\mathrm{F}}+\boldsymbol{u}_{\mathrm{B}} \tag{5-19}$$

其中，前馈控制器$\boldsymbol{u}_{\mathrm{F}}$与参考轨迹有关，反馈控制器$\boldsymbol{u}_{\mathrm{B}}$与跟踪误差有关。下面介绍一种线性轨迹跟踪控制器。首先计算跟踪误差$\boldsymbol{e}$：

$$\boldsymbol{e}=\begin{bmatrix}e_1\\ e_2\\ e_3\end{bmatrix}=\begin{bmatrix}\cos\theta & \sin\theta & 0\\ -\sin\theta & \cos\theta & 0\\ 0 & 0 & 1\end{bmatrix}\begin{bmatrix}x_r\\ y_r\\ \theta_r\end{bmatrix} \tag{5-20}$$

式中，$[e_1,e_2]^{\mathrm{T}}$ 和 e_3 分别为参考点在机器人局部坐标系下的位置和方位角。将式（5-20）对时间求导，根据式（5-16）可得

$$\dot{\boldsymbol{e}}=\begin{bmatrix}\dot{e}_1\\ \dot{e}_2\\ \dot{e}_3\end{bmatrix}=\begin{bmatrix}\cos e_3 & 0\\ \sin e_3 & 0\\ 0 & 1\end{bmatrix}\begin{bmatrix}v_r\\ \omega_r\end{bmatrix}+\begin{bmatrix}-1 & e_2\\ 0 & -e_1\\ 0 & -1\end{bmatrix}\begin{bmatrix}v\\ \omega\end{bmatrix} \tag{5-21}$$

设计前馈控制器为

$$\boldsymbol{u}_{\mathrm{F}}=[v_r\cos e_3,\omega_r]^{\mathrm{T}} \tag{5-22}$$

这样式（5-21）可以改写为

$$\dot{\boldsymbol{e}}=\begin{bmatrix}0 & \omega & 0\\ -\omega & 0 & 0\\ 0 & 0 & 0\end{bmatrix}\boldsymbol{e}+\begin{bmatrix}0\\ \sin e_3\\ 0\end{bmatrix}v_r+\begin{bmatrix}-1 & 0\\ 0 & 0\\ 0 & -1\end{bmatrix}\boldsymbol{u}_{\mathrm{B}} \tag{5-23}$$

将式（5-23）在参考点（$\boldsymbol{e}=\boldsymbol{0}$，$\boldsymbol{u}_{\mathrm{B}}=\boldsymbol{0}$，$v=v_r$，$\omega=\omega_r$）附近线性化可得

$$\dot{\boldsymbol{e}}=\begin{bmatrix}0 & \omega_r & 0\\ -\omega_r & 0 & v_r\\ 0 & 0 & 0\end{bmatrix}\boldsymbol{e}+\begin{bmatrix}-1 & 0\\ 0 & 0\\ 0 & -1\end{bmatrix}\boldsymbol{u}_{\mathrm{B}} \tag{5-24}$$

设计如下线性反馈控制器：

$$\boldsymbol{u}_{\mathrm{B}}=\boldsymbol{K}_s\boldsymbol{e} \tag{5-25}$$

式中，增益矩阵 $\boldsymbol{K}_s=\begin{bmatrix}k_1 & 0 & 0\\ 0 & \mathrm{sgn}(v_r)k_2 & k_3\end{bmatrix}$。

参数 k_1、k_2 和 k_3 分别为 $k_1=k_3=2\zeta\sqrt{\omega_r^2+gv_r^2}$，$k_2=g|v_r|$，且 $\zeta\in(0,1)$，$g>0$。式（5-24）可以简化为

$$\dot{\boldsymbol{e}}=\begin{bmatrix}-k_1 & \omega_r & 0\\ -\omega_r & 0 & v_r\\ 0 & -\mathrm{sgn}(v_r)k_2 & -k_3\end{bmatrix}\boldsymbol{e} \tag{5-26}$$

闭环特征方程为

$$(\lambda+2\zeta\omega_n)(\lambda^2+2\zeta\omega_n\lambda+\omega_n^2)=0 \tag{5-27}$$

不难发现，闭环特征方程具有一个负特征值和一对具有负实部的复特征值。因此，闭环系统是局部稳定的。

5.3.2　路径跟随控制

路径跟随控制要求机器人沿着参考路径运动。与轨迹跟踪不同，路径跟随没有时间约束。本质上，机器人需要跟踪一个沿参考路径运动的虚拟目标，而这一虚拟目标的局部坐

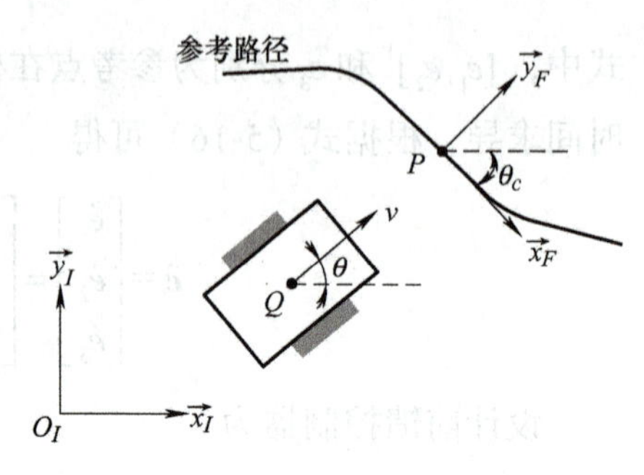

图 5-2　移动机器人路径跟随

标系即为 Serret-Frenet 标架。

定义 P 为参考路径上的任意点，以 P 为原点的 Serret-Frenet 标架 $\{F\}$ 如图 5-2 所示。定义 Q 为机器人中心，s 为弧长参数。这样 Q 在全局坐标系 $\{I\}$ 和 $\{F\}$ 下的位置分别为 $(\boldsymbol{q})_I=[x,y]^{\mathrm{T}}$ 和 $(\boldsymbol{q})_F=[s_1,y_1]^{\mathrm{T}}$。定义点 P 在 $\{I\}$ 中的位置为 $(\boldsymbol{p})_I$，从 $\{I\}$ 到 $\{F\}$ 的以角度 θ_c 为参数的旋转矩阵为

$$\boldsymbol{R}=\begin{bmatrix}\cos\theta_c & -\sin\theta_c\\ \sin\theta_c & \cos\theta_c\end{bmatrix}\tag{5-28}$$

其中，令 $\dot{\theta}_c=\omega_c$，则有

$$\omega_c=\dot{\theta}_c=c_c\dot{s}\tag{5-29}$$

式中，c_c 为参考路径的曲率。这里给出如下坐标变换：

$$(\boldsymbol{q})_I=(\boldsymbol{p})_I+\boldsymbol{R}(\boldsymbol{q})_F\tag{5-30}$$

式（5-30）两边同时对时间求导可得

$$(\dot{\boldsymbol{q}})_I=(\dot{\boldsymbol{p}})_I+\boldsymbol{R}(\dot{\boldsymbol{q}})_F+\boldsymbol{R}\boldsymbol{S}(\boldsymbol{q})_F\tag{5-31}$$

式中，$\boldsymbol{S}=\begin{bmatrix}0 & -\omega_c\\ \omega_c & 0\end{bmatrix}$。

式（5-31）两边同时左乘 $\boldsymbol{R}^{-1}$ 可得

$$(\dot{\boldsymbol{q}})_F=\boldsymbol{R}^{-1}(\dot{\boldsymbol{q}})_I-\boldsymbol{R}^{-1}(\dot{\boldsymbol{p}})_I-\boldsymbol{S}(\boldsymbol{q})_F\tag{5-32}$$

由于 $\boldsymbol{R}^{-1}$ 实际上为从 $\{F\}$ 到 $\{I\}$ 的旋转矩阵，所以不难发现：

$$\boldsymbol{R}^{-1}(\dot{\boldsymbol{p}})_I=(\dot{\boldsymbol{p}})_F=\begin{bmatrix}\dot{s}\\ 0\end{bmatrix}\tag{5-33}$$

综上，式（5-32）可简化为

$$\begin{cases}\dot{s}_1=\dot{x}\cos\theta_c+\dot{y}\sin\theta_c-\dot{s}(1-c_c y_1)\\ \dot{y}_1=-\dot{x}\sin\theta_c+\dot{y}\cos\theta_c-c_c\dot{s}s_1\end{cases}\tag{5-34}$$

定义 $\theta_1=\theta-\theta_c$。根据式（5-16）、式（5-29）和式（5-34），可以得到

$$\begin{cases}\dot{s}_1=-\dot{s}(1-c_c y_1)+v\cos\theta_1\\ \dot{y}_1=-c_c\dot{s}s_1+v\sin\theta_1\\ \dot{\theta}_1=\omega-c_c\dot{s}\end{cases}\tag{5-35}$$

路径跟随的目标是设计控制器使得 s_1 、 y_1 和 θ_1 收敛到零。因此，考虑如下 Lyapunov 函数：

$$V=\frac{1}{2}(s_1^2+y_1^2)+\frac{1}{2\gamma}[\theta-\delta(y_1,v)]^2 \tag{5-36}$$

式中， $\delta(y_1,v)=-\operatorname{sgn}(v)\theta_a\tanh(y_1)$ ； γ 和 θ_a 为可调参数，假设 $\lim_{t\to\infty}v(t)\neq 0$ 。函数 $\delta(y_1,v)$ 的物理意义为构造机器人到参考路径的运动过程，因此 θ_a 一般取 0 到 $\frac{\pi}{2}$ 之间的值。

式（5-36）两边同时对时间求导可得

$$\dot{V}=s_1(v\cos\theta-\dot{s})+y_1v\sin\delta+\frac{1}{\gamma}(\theta-\delta)\left(\omega-\dot{\delta}+\gamma y_1v\frac{\sin\theta-\sin\delta}{\theta-\delta}\right) \tag{5-37}$$

设计路径跟随控制器为

$$\begin{cases}\dot{s}=v\cos\theta+k_1s_1\\ \omega=\dot{\delta}-\gamma y_1v\dfrac{\sin\theta-\sin\delta}{\theta-\delta}-k_2(\theta-\delta)\end{cases} \tag{5-38}$$

不难得到 $\dot{V}\leqslant 0$ 。根据 Lyapunov 稳定性理论，闭环系统稳定。

5.4　移动机械臂运动控制

本节专注于介绍移动机械臂的运动控制方法。移动机械臂的灵活性和多功能性使其在仓储、制造和服务等领域中发挥着重要作用。本节首先讨论具有差分驱动底盘的移动机械臂控制方法，其次介绍具有全向移动底盘的移动机械臂控制方法。通过采用这些控制技术，移动机械臂能够实现高精度的运动控制和操作。通过学习本节内容，读者将深入了解到移动机械臂运动控制的原理、方法和应用，为其在工业自动化和服务机器人等领域中的广泛应用提供理论指导和技术支持。

5.4.1　差分驱动移动机械臂控制

首先定义如下向量：

$$\boldsymbol{q}=[x_b,y_b,\phi,\theta_1,\theta_2]^{\mathrm{T}} \tag{5-39}$$

$$\boldsymbol{v}=[v_1,v_2,v_3,v_4]^{\mathrm{T}}=[\dot{\theta}_1,\dot{\theta}_r,\dot{\theta}_1,\dot{\theta}_2]^{\mathrm{T}}=\boldsymbol{\theta}_0^{\mathrm{T}} \tag{5-40}$$

采用如下 Jacobian 关系来实现 $\boldsymbol{v}$ 与 Cartesian 坐标速度向量 $\dot{\boldsymbol{p}}_0=[\dot{x}_e,\dot{y}_e,\dot{x}_b,\dot{y}_b]^{\mathrm{T}}$ 之间的转换：

$$\dot{\boldsymbol{p}}_0=\boldsymbol{J}_0\dot{\boldsymbol{\theta}}_0=\boldsymbol{J}_0\boldsymbol{v} \tag{5-41}$$

其中，4 维 Jacobian 矩阵 $\boldsymbol{J}_0$ 是可逆的。式（5-41）两边同时对时间求导可得

$$\ddot{\boldsymbol{p}}_0 = \dot{\boldsymbol{J}}_0\boldsymbol{v} + \boldsymbol{J}_0\dot{\boldsymbol{v}} \tag{5-42}$$

等价于

$$\dot{\boldsymbol{v}} = \boldsymbol{J}_0^{-1}(\ddot{\boldsymbol{p}}_0 - \dot{\boldsymbol{J}}_0\boldsymbol{v}) \tag{5-43}$$

由于有：

$$\bar{\boldsymbol{D}}(\boldsymbol{q})\dot{\boldsymbol{v}} + \bar{\boldsymbol{C}}(\boldsymbol{q},\dot{\boldsymbol{q}})\boldsymbol{v} + \bar{\boldsymbol{g}}(\boldsymbol{q}) = \bar{\boldsymbol{E}}\boldsymbol{\tau} \tag{5-44}$$

将式（5-43）代入式（5-44），然后等式两边同时左乘 $(\boldsymbol{J}_0^{-1})^{\mathrm{T}}$ 可得

$$\boldsymbol{D}^*\ddot{\boldsymbol{p}}_0 + \boldsymbol{F}^*\dot{\boldsymbol{p}}_0 + \boldsymbol{G}^* = \boldsymbol{E}^*\boldsymbol{\tau} \tag{5-45}$$

式中，$\boldsymbol{D}^* = (\boldsymbol{J}_0^{-1})^{\mathrm{T}}\bar{\boldsymbol{D}}\boldsymbol{J}_0^{-1}$，$\boldsymbol{F}^* = (\boldsymbol{J}_0^{-1})^{\mathrm{T}}(\bar{\boldsymbol{C}} - \bar{\boldsymbol{D}}\boldsymbol{J}_0^{-1}\dot{\boldsymbol{J}}_0)\boldsymbol{J}_0^{-1}$，$\boldsymbol{G}^* = (\boldsymbol{J}_0^{-1})^{\mathrm{T}}\bar{\boldsymbol{g}}$，$\boldsymbol{E}^* = (\boldsymbol{J}_0^{-1})^{\mathrm{T}}\bar{\boldsymbol{E}}$。

假设 $\boldsymbol{p}_0(t)$ 的参考轨迹为 $\boldsymbol{p}_{0,d}(t)$，跟踪误差定义为 $\tilde{\boldsymbol{p}}_0 = \boldsymbol{p}_{0,d} - \boldsymbol{p}_0$，这里选择如下计算力矩：

$$\boldsymbol{E}^*\boldsymbol{\tau} = \boldsymbol{D}^*\boldsymbol{u} + \boldsymbol{F}^*\dot{\boldsymbol{p}}_0 + \boldsymbol{G}^* \tag{5-46}$$

将式（5-46）代入式（5-45），并假设机器人参数精确已知，有

$$\ddot{\boldsymbol{p}}_0 = \boldsymbol{u} \tag{5-47}$$

现在设计如下线性反馈控制率：

$$\boldsymbol{u} = \ddot{\boldsymbol{p}}_{0,d} + \boldsymbol{K}_v\dot{\tilde{\boldsymbol{p}}}_0 + \boldsymbol{K}_p\tilde{\boldsymbol{p}}_0 \tag{5-48}$$

这样，闭环误差系统可以表示为

$$\ddot{\tilde{\boldsymbol{p}}}_0 + \boldsymbol{K}_v\dot{\tilde{\boldsymbol{p}}}_0 + \boldsymbol{K}_p\tilde{\boldsymbol{p}}_0 = \boldsymbol{0} \tag{5-49}$$

通过选择合适的 $\boldsymbol{K}_v$ 和 $\boldsymbol{K}_p$ 可以得到期望的控制性能。

5.4.2　全向移动机械臂控制

考虑全向移动机械臂的动力学模型，即

$$\boldsymbol{D}(\boldsymbol{q})\ddot{\boldsymbol{q}} + \boldsymbol{h}(\boldsymbol{q},\dot{\boldsymbol{q}}) + \boldsymbol{g}(\boldsymbol{q}) = \boldsymbol{\tau} \tag{5-50}$$

采用计算力矩控制率：

$$\boldsymbol{\tau} = \boldsymbol{D}(\boldsymbol{q})\boldsymbol{u} + \boldsymbol{h}(\boldsymbol{q},\dot{\boldsymbol{q}}) + \boldsymbol{g}(\boldsymbol{q}) \tag{5-51}$$

综合式（5-50）和式（5-51）可以得到

$$\ddot{\boldsymbol{q}} = \boldsymbol{u} \tag{5-52}$$

式中，反馈控制器 $\boldsymbol{u} = \ddot{\boldsymbol{q}}_d + \boldsymbol{K}_v\dot{\tilde{\boldsymbol{q}}} + \boldsymbol{K}_p\tilde{\boldsymbol{q}}$，确保跟踪误差渐进稳定。

如果 $\boldsymbol{D}$、$\boldsymbol{h}$ 和 $\boldsymbol{g}$ 是不确定的，仅知道它们的近似值，那么计算力矩控制率为

$$\hat{\boldsymbol{\tau}} = \hat{\boldsymbol{D}}(\boldsymbol{q})\boldsymbol{u} + \hat{\boldsymbol{h}}(\boldsymbol{q},\dot{\boldsymbol{q}}) + \hat{\boldsymbol{g}}(\boldsymbol{q}) \tag{5-53}$$

这时系统动态可以表示为

$$\ddot{\boldsymbol{q}}=(\boldsymbol{D}^{-1}\hat{\boldsymbol{D}})\boldsymbol{u}+\boldsymbol{D}^{-1}(\hat{\boldsymbol{h}}-\boldsymbol{h})+\boldsymbol{D}^{-1}(\hat{\boldsymbol{g}}-\boldsymbol{g}) \tag{5-54}$$

在这种情况下，需要采用鲁棒控制技术。通过设计滑模控制器来处理这个问题。首先给出如下滑动条件：

$$\frac{1}{2}\frac{d}{dt}\boldsymbol{s}^{\mathrm{T}}(x,t)\boldsymbol{s}(x,t)\leqslant-\eta(\boldsymbol{s}^{\mathrm{T}}\boldsymbol{s})^{\frac{1}{2}}\ \eta>0 \tag{5-55}$$

式中，$\boldsymbol{s}=\dot{\tilde{\boldsymbol{q}}}+\Lambda\tilde{\boldsymbol{q}}=\dot{\boldsymbol{q}}-\dot{\boldsymbol{q}}_r$，$\dot{\boldsymbol{q}}_r=\dot{\boldsymbol{q}}_d-\Lambda\tilde{\boldsymbol{q}}$，$\Lambda$ 是 Hurwitz 矩阵。式（5-55）保证对任意 $t>0$ 时刻，机器人轨迹指向滑动平面 $\boldsymbol{s}=\boldsymbol{0}$。选择如下 Lyapunov 函数：

$$V=\frac{1}{2}\boldsymbol{s}^{\mathrm{T}}\boldsymbol{D}\boldsymbol{s} \tag{5-56}$$

式中，$\boldsymbol{D}$ 是移动机械臂的惯性矩阵。式（5-56）两边同时对时间求导可得

$$\dot{V}=\boldsymbol{s}^{\mathrm{T}}(\boldsymbol{\tau}-\boldsymbol{D}\ddot{\boldsymbol{q}}_r-\boldsymbol{h}-\boldsymbol{g}) \tag{5-57}$$

设计控制率为 $\boldsymbol{\tau}=\hat{\boldsymbol{\tau}}-\boldsymbol{k}\mathrm{sgn}(\boldsymbol{s})$，其中，$\boldsymbol{k}\mathrm{sgn}(\boldsymbol{s})$ 是以 $k_i\mathrm{sgn}(s_i)$ 为元素的向量。此外，$\hat{\boldsymbol{\tau}}=\hat{\boldsymbol{D}}\ddot{\boldsymbol{q}}+\hat{\boldsymbol{h}}+\hat{\boldsymbol{g}}$，式中，$\hat{\boldsymbol{D}}$、$\hat{\boldsymbol{h}}$ 和 $\hat{\boldsymbol{g}}$ 分别是 $\boldsymbol{D}$、$\boldsymbol{h}$ 和 $\boldsymbol{g}$ 的估计。

定义如下估计误差：

$$\tilde{\boldsymbol{D}}=\hat{\boldsymbol{D}}-\boldsymbol{D},\tilde{\boldsymbol{h}}=\hat{\boldsymbol{h}}-\boldsymbol{h},\tilde{\boldsymbol{g}}=\hat{\boldsymbol{g}}-\boldsymbol{g} \tag{5-58}$$

选择 k_i 满足如下约束条件：

$$k_i\geqslant\|[\tilde{\boldsymbol{D}}(\boldsymbol{q})\ddot{\boldsymbol{q}}_r+\tilde{\boldsymbol{h}}(\boldsymbol{q},\dot{\boldsymbol{q}})+\tilde{\boldsymbol{g}}(\boldsymbol{q})]_i\|+\eta_i,\eta_i>0 \tag{5-59}$$

综上可得

$$\dot{V}(t)\leqslant-\sum_{i=1}^{n}\eta_i|s_i|\leqslant0 \tag{5-60}$$

这意味着系统状态将会在有限时间内到达滑动平面 $\boldsymbol{s}=\boldsymbol{0}$，而且一旦到达滑动平面，系统状态将永远停留在该平面上。因此，$\boldsymbol{q}$ 会指数收敛到 $\boldsymbol{q}_d$。

5.5　实例分析：车臂协同自主机器人运动控制

如图 5-3 所示为五自由度移动机械臂。设计状态控制器实现机械臂末端执行器的轨迹跟踪。

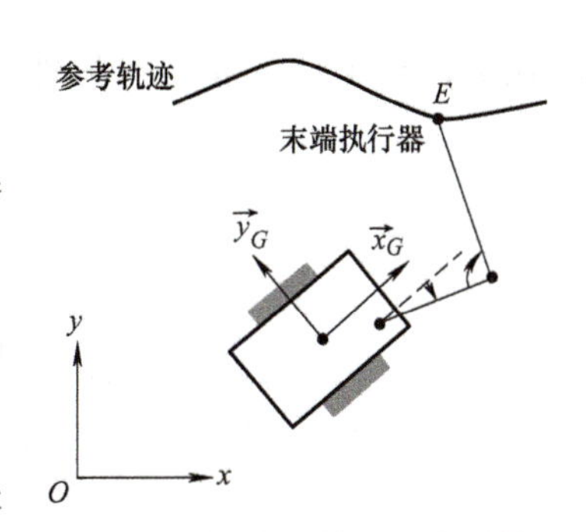

图 5-3　车臂协同自主机器人的轨迹跟踪

首先给出移动平台和机械臂的动力学模型，即

$$\bar{\boldsymbol{D}}(\boldsymbol{q})\dot{\boldsymbol{v}}+\bar{\boldsymbol{C}}(\boldsymbol{q},\dot{\boldsymbol{q}})\boldsymbol{v}=\bar{\boldsymbol{E}}\boldsymbol{\tau} \tag{5-61}$$

式中，$\bar{\boldsymbol{D}}(\boldsymbol{q})$ 和 $\bar{\boldsymbol{C}}(\boldsymbol{q},\dot{\boldsymbol{q}})$ 分别是由移动平台和机械臂相应模块所决定的系数矩阵；$\boldsymbol{q}=[\boldsymbol{q}_p^{\mathrm{T}},\boldsymbol{q}_m^{\mathrm{T}}]^{\mathrm{T}}$；$\boldsymbol{\tau}=[\tau_r,\tau_l,\tau_1,\tau_2]^{\mathrm{T}}$。

式（5-61）可以写成如下状态空间仿射形式：

$$\dot{\boldsymbol{x}}(t)=\boldsymbol{f}_c(\boldsymbol{x})+\boldsymbol{g}_c(\boldsymbol{x})\boldsymbol{\upsilon}(t) \tag{5-62}$$

式中，$\boldsymbol{x}=[\boldsymbol{q}_p^{\mathrm{T}},\boldsymbol{q}_m^{\mathrm{T}},\boldsymbol{v}^{\mathrm{T}},\dot{\boldsymbol{q}}_m^{\mathrm{T}}]^{\mathrm{T}}$；$\boldsymbol{f}_c(\boldsymbol{x})=\begin{bmatrix}\boldsymbol{B}\boldsymbol{v}\\ \dot{\boldsymbol{q}}_m\end{bmatrix}$；$\boldsymbol{g}_c(\boldsymbol{x})=\begin{bmatrix}\boldsymbol{0}\\ \boldsymbol{0}\\ \boldsymbol{I}\end{bmatrix}$；$\boldsymbol{\upsilon}(t)$是一个新的控制变量。

这里有四个输入变量，因此可以选择四个输出变量来实现输入输出解耦。在没有移动平台配合的情况下，机械臂末端执行器无法单独跟踪给定轨迹。所以，在机械臂试图跟踪给定轨迹的时候，应该控制移动平台将机械臂带到合适的位置。输出向量$\boldsymbol{y}$的前两个分量为点E在移动平台坐标系下的坐标x_E和y_E，即

$$\begin{cases}y_1=x_E=x_{bG}+l_1\cos\theta_1+l_2\cos(\theta_1+\theta_2)\\ y_2=y_E=y_{bG}+l_1\sin\theta_1+l_2\sin(\theta_1+\theta_2)\end{cases} \tag{5-63}$$

式中，x_{bG}和y_{bG}为机械臂基座点在移动平台坐标系下的坐标。输出向量$\boldsymbol{y}$的另外两个分量为参考轨迹点R在世界坐标系中的坐标：

$$\begin{cases}y_3=x_R=x_b+[l_1\cos\theta_{1d}+l_2\cos(\theta_{1d}+\theta_{2d})]\cos\phi\\ y_4=y_R=y_b+[l_1\sin\theta_{1d}+l_2\sin(\theta_{1d}+\theta_{2d})]\sin\phi\end{cases} \tag{5-64}$$

式中，x_b和y_b为机械臂基座点在世界坐标系下的坐标，ϕ为移动平台方位角。因此，y_3和y_4的给定值y_{3d}和y_{4d}需要设置为末端执行器位置E的实际位置。这样，输出向量可表示为

$$\boldsymbol{y}=\boldsymbol{h}(\boldsymbol{x})=\begin{bmatrix}y_1\\ y_2\\ y_3\\ y_4\end{bmatrix}=\begin{bmatrix}x_E\\ y_E\\ x_R\\ y_R\end{bmatrix} \tag{5-65}$$

对输出向量$\boldsymbol{y}$求二阶导数可得

$$\ddot{\boldsymbol{y}}=\dot{\boldsymbol{H}}(\boldsymbol{x})\boldsymbol{v}_M+\boldsymbol{H}(\boldsymbol{x})\boldsymbol{\upsilon} \tag{5-66}$$

式中，$\boldsymbol{v}_M=[\boldsymbol{v}^{\mathrm{T}}\quad \dot{\boldsymbol{q}}_p^{\mathrm{T}}]^{\mathrm{T}}$。另外

$$\boldsymbol{H}(\boldsymbol{x})=[\boldsymbol{H}_1,\boldsymbol{H}_2] \tag{5-67}$$

$$\boldsymbol{H}_1=\begin{bmatrix}\rho(a\cos\phi-2l\sin\phi) & \rho(a\cos\phi+2l\sin\phi)\\ \rho(a\sin\phi+2l\cos\phi) & \rho(a\sin\phi-2l\cos\phi)\\ 0 & 0\\ 0 & 0\end{bmatrix} \tag{5-68}$$

$$
\boldsymbol{H}_2 = \begin{bmatrix} 0 & 0 \\ 0 & 0 \\ -l_1\sin\theta_1 - l_2\sin(\theta_1+\theta_2) & -l_2\sin(\theta_1+\theta_2) \\ l_1\cos\theta_1 + l_2\cos(\theta_1+\theta_2) & l_2\cos(\theta_1+\theta_2) \end{bmatrix} \tag{5-69}
$$

选择 $\boldsymbol{\upsilon}(t)$ 为

$$
\boldsymbol{\upsilon}(t) = \boldsymbol{H}^{-1}(\boldsymbol{w} - \dot{\boldsymbol{H}}\boldsymbol{v}_m) \tag{5-70}
$$

可以得到

$$
\ddot{y}_1 = w_1, \ddot{y}_2 = w_2, \ddot{y}_3 = w_3, \ddot{y}_4 = w_4 \tag{5-71}
$$

通过设计 PD 状态反馈控制器来实现轨迹跟踪。

习题

5-1　自主机器人的规划与控制之间有什么关系？

5-2　自主机器人全局路径规划与局部路径规划有什么区别和联系？

5-3　常见的自主机器人全局路径规划方法有几类？请分别简述其基本原理。

5-4　请简述 A* 算法的主要步骤，并编程实现二维栅格地图中基于 A* 算法的机器人路径规划。

5-5　查阅相关资料，了解 D* 算法和 Hybrid A* 算法，思考其与 A* 算法的区别与联系。

5-6　请简述 RRT 算法的主要步骤，并编程实现二维栅格地图中基于 RRT 算法的机器人路径规划。

5-7　查阅相关资料，了解 RRT* 算法，思考其与 RRT 算法的区别与联系。

5-8　请简述基于势函数的路径规划算法的主要步骤，并编程实现二维栅格地图中基于势函数方法的机器人路径规划。

5-9　请列举常见的自主机器人局部路径规划方法，并分别阐述其优缺点。

5-10　请简述 DWA 算法的主要步骤，并编程实现二维栅格地图中 A* 全局路径规划算法和 DWA 局部路径规划算法相结合的机器人自主导航。

5-11　请简述 MPC 算法的主要步骤，并编程实现二维栅格地图中 A* 全局路径规划算法和 MPC 局部路径规划算法相结合的机器人自主导航。

5-12　请简述 Bug 算法的主要步骤，并编程实现二维栅格地图中 A* 全局路径规划算法和 Bug 局部路径规划算法相结合的机器人自主导航。

5-13　请以差分驱动移动机器人为例，推导轨迹跟踪控制率，并编程实现机器人对圆形轨迹的跟踪。

5-14　请以差分驱动移动机器人为例，推导路径跟随控制率，并编程实现机器人对直线路径的跟随。

5-15　请以差分驱动移动机械臂为例，推导计算力矩控制率，并编程实现移动机械臂对圆形参考轨迹的跟踪。

5-16 请以全向移动机械臂为例，推导滑模控制率，并编程实现移动机械臂对圆形参考轨迹的跟踪。

5-17 结合实例，讨论移动机械臂规划与控制未来有哪些可能的发展方向？

参考文献

[1] SOETANTO D，LAPIERRE L，PASCOAL A. Adaptive，non-singular path-following control of dynamic wheeled robots [C]//42nd. IEEE International Conference on Decision and Control，9-12 December 2003. Piscataway：IEEE，2004：1765-1770.

[2] BREZAK M，PETROVIC I，PERIC N. Experimental comparison of trajectory tracking algorithms for nonholonomic mobile robots [C]//35th. Annual Conference of IEEE Industrial Electronics，3-5 November 2009，Piscataway：IEEE，2010：2098-2103.

[3] TZAFESTAS，S G. Introduction to mobile robot control [M]. London：Elsevier，2014.

第 6 章　自主机器人具身智能

导读

本章主要介绍自主机器人具身智能（Embodied Intelligence），指机器人在执行任务和解决问题时，利用其身体结构和环境交互来实现智能行为和学习。与传统的人工智能方法相比，具身智能强调机器人通过与环境的实际互动和经验学习，获得知识和技能，从而提高自身的适应性和智能水平。本章将重点介绍机器人基础模型、机器人学习基本方法、机器人模型架构和数据收集与增强方法，通过介绍车臂协同具身智能系统典型案例，使读者掌握具身智能系统的设计和实现方法。

本章知识点

- 多模态基础模型
- 空间认知
- 行为学习
- 数据与模型训练

6.1　多模态基础模型介绍

6.1.1　大语言模型

大语言模型（Large Language Models，LLMs）是基于变换器（Transformer）架构的深度学习模型。它们通过大规模文本数据进行训练，展示出强大的自然语言理解和生成能力。这些模型可以理解和生成复杂的文本，能够执行各种自然语言处理（Natural Language Processing，NLP）任务，如文本生成、翻译、问答等。得益于计算能力的提升、大规模数据集的可用性以及变换器架构的创新，LLMs 产品发展迅速，下面简要阐述其核心技术方法。

注意力机制（Attention Mechanism）是 Transformer 架构的核心技术之一，这是一种模仿人类视觉注意力的机制，使模型能够专注于输入数据的特定部分，它在处理序列数据（如自然语言处理和图像识别）时尤为重要。注意力机制通过计算输入序列中每个词与其他词的相关性，动态调整每个词的权重，从而捕捉长距离依赖关系。注意力机制包括自注意力机制和多头注意力机制。自注意力（Self-Attention）机制允许模型在处理当前词时，同时考虑整个序列中的所有词。它通过计算查询（Query）、键（Key）和值（Value）向量，生成加权的输出表示。多头注意力（Multi-Head Attention）机制是自注意力机制的扩展，如图 6-1 所示，通过并行使用多个注意力头（Attention Heads），模型可以在不同的子空间中捕捉不同的语义信息，这种方法提高了模型的上下文理解能力。

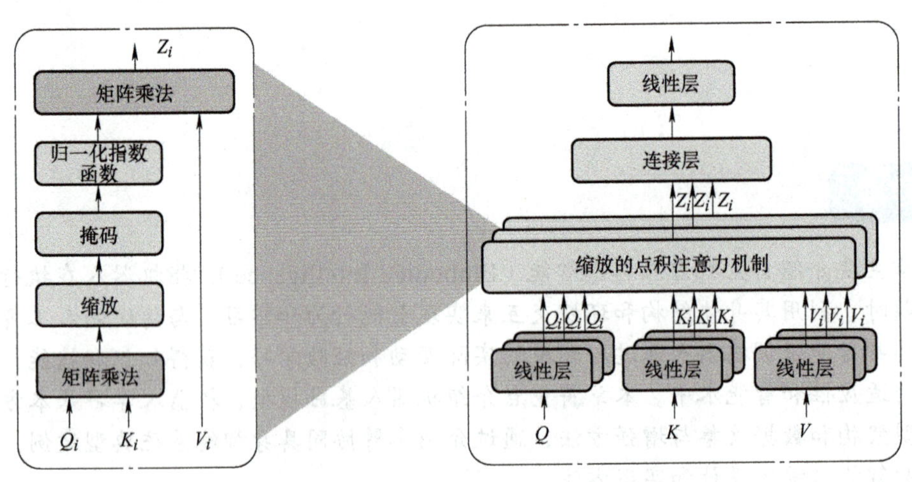

图 6-1　多头注意力机制示意图

自回归模型和自编码模型是 LLMs 的两种主要类型。自回归模型通过预测序列中的下一个词来生成文本，模型在生成序列时，每一步均依赖于之前生成的元素。在生成句子的过程中，每个单词均是基于前面的单词生成的。而自编码模型用于学习数据的低维表示，能够从编码重建原始数据，在预训练阶段使用掩码标记对句子中 15% 的单词进行随机屏蔽，然后根据被掩码单词的上下文来预测该单词。注意力机制提高了自回归模型和自编码模型的性能，使它们能够更好地处理序列数据中的长程依赖关系。自回归语言模型难以同时获取单词的上下文信息，而自编码语言模型能很自然地把上下文信息融合到模型中，但由于模型是看不到掩码标记的，所以会带来一定的误差。

基于注意力机制和自回归模型、自编码模型，LLMs 可以进行预训练和微调。预训练阶段，模型在大规模的无标注语料库上进行训练，学习语言的基本结构和语义信息。完成预训练后，模型可以通过微调（fine-tune）在特定任务上进一步优化，从而适应特定的应用场景和需求。大语言模型的一个显著特点是其性能提升与模型参数数量、训练数据规模和计算资源的增加呈现缩放法则。研究表明，随着模型参数和训练数据规模的扩大，LLMs 在各种任务上的表现会显著提高，当参数规模达到一定水平时，模型不仅能够处理更复杂的任务，还能够在更少的监督下进行更有效的学习和推理。

LLMs 在文本生成和对话系统中表现出色，能够生成连贯且上下文相关的文本。例如，GPT-3 和 GPT-4 模型可以用于开发智能聊天机器人，提供高质量的对话体验。大语言模型在机器翻译任务中也展现了强大的能力，通过对多语言数据进行预训练，这些模型可以实现高质量的跨语言文本转换。LLMs 还可以用于文本摘要和信息提取任务，通过理解和分析长文本，这些模型能够生成简洁的摘要，提取出关键信息，帮助用户快速获取重要内容。此外，LLMs 在具身智能领域也展现了巨大的潜力，应用场景如图 6-2 所示。LLMs 不仅可以理解和生成自然语言，还能通过多模态融合处理视频、音频等数据，提升机器人在复杂环境中的感知和决策能力。例如，LLMs 可以帮助机器人理解人类语言指令，并与物理环境交互，从而执行清扫、导航和物品搬运等任务。此外，未来的发展趋势包括多模态融合、少样本学习和自主学习及适应，这些趋势将进一步提升 LLMs 在复杂现实任务中的表现，使其能够更好地处理自主机器人所面临的各种挑战。

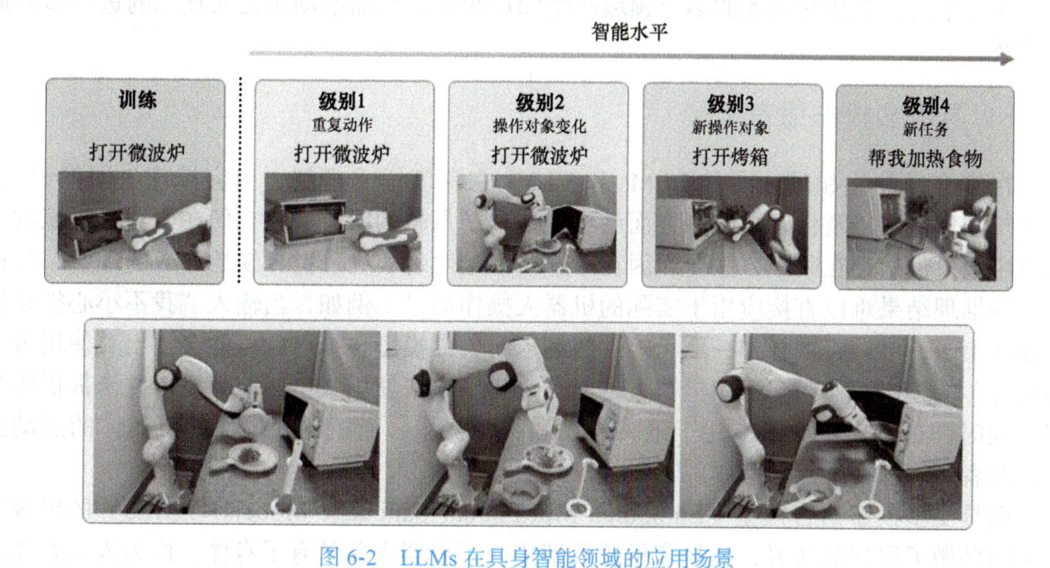

图 6-2　LLMs 在具身智能领域的应用场景

6.1.2　视觉语言模型

视觉语言模型（Visual-Language Models，VLMs）结合了计算机视觉和自然语言处理的能力，能够同时理解和生成视觉和语言信息。这些模型通过大规模的图像和文本数据进行训练，展示了强大的跨模态理解和生成能力，能够执行各种视觉和语言处理任务，如图像描述、视觉问答、图像生成等。

VLMs 的核心在于视觉和语言模态的集成。通常，这种集成通过将图像编码器和文本编码器结合的架构来实现。图像编码器通常采用卷积神经网络（CNN）或视觉转换器（Vision Transformer，ViT），将原始图像数据转化为高维特征表示，以提取图像中的有意义特征。文本编码器通常基于变换器架构处理和理解文本数据。这些模型在大规模数据集上预训练，通过迁移学习应用到视觉语言任务中。为了有效地将视觉和语言信息结合起来，常用的融合策略包括对齐和注意力机制、多模态变换器和特征拼接。其中对齐和注意力机制使用交叉注意力机制使得图像和文本特征在共享空间中对齐，从而捕捉两者之间的关系。多模态变换器设计统一的架构，同时处理图像和文本，通过多层交互建模两种模态的关系。特征拼接则是简单地将图像特征和文本特征拼接在一起，然后通过全连接网络进一步处理。

VLMs 在多个应用场景中表现出色，可以实现图像描述、视觉问答、跨模态检索和图像生成。近年来，视觉语言模型的发展迅猛。借助于更大的数据集、更强的计算资源和先进的算法，VLMs 的性能不断提升，应用范围也不断扩大。例如，CLIP、ALIGN 等模型的提出，显著提高了跨模态任务的性能，使得 VLMs 在实际应用中变得越来越普及和有效。

大语言模型（LLMs）和视觉语言模型（VLMs）在机器人领域展示了广阔的应用前景。LLMs 通过自然语言处理提升了人机交互和任务规划能力，而 VLMs 通过结合视觉和语言信息增强了机器人对环境的感知和理解能力。结合了 LLMs 和 VLMs 的机器人系统，将在人类生活、工作和服务的多个领域产生深远影响，从而推动机器人技术的进一步发展和普及。

6.1.3 具身多模态语言模型

在当今的技术领域，尽管 LLMs 和 VLMs 在深度语义理解、内容推理、图像识别、文本与图像生成以及代码生成等方面已经展现出了卓越的能力，但它们在机器人领域的实际应用效果仍然存在限制，主要原因在于这些模型对现实物理世界缺乏深入的理解，使得它们的推理结果难以直接应用于实际的机器人操作场景。例如，当输入“我不小心把垃圾扔在地上了，可以帮忙打扫一下吗？”的请求时，大模型在推理后可能会输出“使用吸尘器清理”的建议。然而实际中机器人可能仍未学会如何使用吸尘器或环境中并未提供吸尘器。同时，这些模型大多专注于语义推理和文本提示，而机器人操作需要具体的运动指令，两者之间存在不匹配问题。

而具身多模态语言模型（Embodied Multimodal Language Models，EMLs）的出现为这个问题做了很好的解答，具身表示该模型接入了机器人并具有了身体。作为人工智能世界中的新兴技术，EMLs 是一类先进的计算模型，能够理解和生成语言，并通过视觉、听觉以及其他感官模式与世界互动，如图 6-3 所示。这些模型不仅可以处理文本，而且它们能够像人类一样，通过观察到的图片或听到的声音等多模态信息去理解环境或语境，从而做出反应。

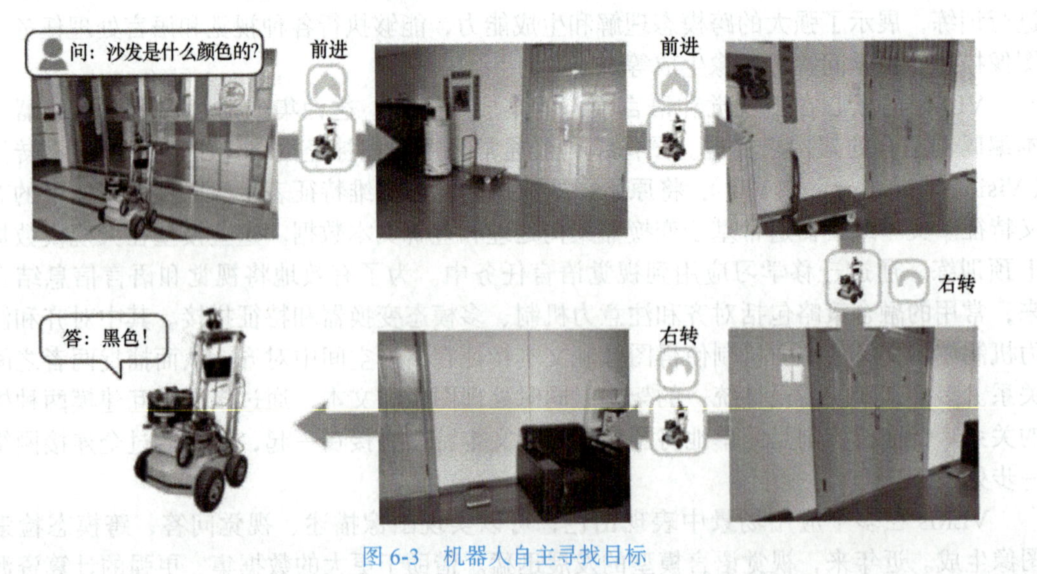

图 6-3 机器人自主寻找目标

EMLs 结合了多种人工智能领域的进步，包括自然语言处理、计算机视觉和语音识别。通过这样的融合，EMLs 能够从图像中识别对象，从声波中捕捉语音信息，并且能够解读它们在一定语境下的含义。例如，当 EMLs“看到”一个照片中的苹果并“听到”有关苹果的描述时，它可以理解两种模态之间的关联并给出恰当的语言反馈。同时，EMLs 不断学习来适应和优化这个过程，通过不断地接收输入和反馈，大模型能够学习和提高自身的语言理解和生成能力。输入到 PaLM-E 的是文本和连续观察结果的组合，其中多模态标记与文本交错形成多模态句子。模型的输出是自动生成的文本，可以是问题答案或决策序列文本形式的输出。在与具身任务相关的应用中，PaLM-E 生成的文本可以被低层次的策略或规划器转化为具体行动。例如，用户指令“把抽屉里的薯片拿来给我”，模型会以 1Hz 的规划频率不断地规划，最终输出以下机器人的运动指令：①移动到抽屉旁边；②打开抽屉；③把薯片从抽屉里拿出来；④把薯片带到用户旁边；⑤放下薯片；⑥任务结束。这种模型不仅能够生成高层次的规划，还能实现闭环控制，即每秒钟重新规划一次。这种闭环控制机制使得机器人能够在动态环境中做出快速反应。

具身多模态语言模型代表了人工智能发展的一个新方向，其融合了语言、视觉以及其他感官信息的处理能力，为创造更加智能、适应性强并能理解复杂多变环境的机器人打开了大门。通过进一步的研究和开发，具身多模态语言模型有望实现更加准确的场景解读、情感理解和语境把握，进而为机器人的自主决策和执行提供更加丰富的信息源。

6.2　空间认知

6.2.1　神经辐射场

三维场景感知对于理解和交互复杂环境具有极其重要的意义。在自主机器人、虚拟现实（VR）、增强现实（AR）等领域，精确的三维感知能力可以帮助系统理解物体的深度、体积和空间关系，极大地增强系统对环境的理解、响应和决策能力。

神经辐射场（Neural Radiance Field，NeRF）是一种前沿的基于多视角图像的三维重建方法。与基于特征点提取、特征点匹配和显式三角测量的传统三维重建方法相比，NeRF 可以直接通过梯度反向传播的方式，实现端到端的三维重建，并得到具有照片级真实感的三维模型。此外，与传统的点云、网格等显式三维模型不同，NeRF 重建最终得到的是隐式模型。下面简要介绍 NeRF 的基本原理。

NeRF 认为整个被重建三维空间是由一簇稠密的具有体密度和依赖视角的色彩的点构成。任何一个观察视角的图片都可以看作这样一簇点在特定成像平面的投影。如果投影过程（渲染）是一个可微分的过程，那么投影后得到的图片与真值图片做差得到的损失，就可以像深度学习训练一样使用梯度反向传播来优化模型本身。利用大量多视角图片做监督，就可以通过训练得到三维模型。

实现过程中，将每一个像素点看作空间中一条光线的投影。NeRF 使用一个多层感知机（Multilayer Perceptron，MLP）记录空间中任何一点的体密度和依赖视角的色彩。该 MLP 输入空间任意采样点的位置和观察方向 (x,y,z,θ,ϕ)，输出对应采样点 (r,g,b) 和体密度 σ。

首先利用相机内参和位姿信息，反投影出每个像素点对应的光线，然后对整条光线上的点进行体积渲染。其中体积渲染就是前文提到的可微分的渲染方式。学界广泛认为，体渲染的应用是 NeRF 方法以及后续 3DGS 方法的核心。其具体公式为

$$C(\boldsymbol{r})=\int_{t_n}^{t_f}T(t)\sigma(\boldsymbol{r}(t))\boldsymbol{c}(\boldsymbol{r}(t),\boldsymbol{d})\mathrm{d}t \tag{6-1}$$

式中，$T(t)=\exp\left(-\int_{t_n}^{t}\sigma(\boldsymbol{r}(s))\mathrm{d}s\right)$ 表示光的透射率；t_f 表示光线最远点；t_n 表示光线最近点；$\boldsymbol{r}(t)$ 表示沿光线的采样点位置；$\boldsymbol{c}(t)$ 表示空间中沿 d 方向发射的颜色；$\sigma(t)$ 表示空间中点的体密度。

由于实际计算过程无法实现连续的积分运算，NeRF 采用离散化方法，利用累加代替积分，其公式为

$$\hat{C}(\boldsymbol{r})=\sum_{i=1}^{N}T_i(1-\exp(-\sigma_i\delta_i))\boldsymbol{c}_i \tag{6-2}$$

式中，$T_i=\exp\left(-\sum_{j=1}^{i-1}\sigma_j\delta_j\right)$ 表示光的透射率；δ_i 表示离散采样点间距。

通过渲染得到的像素颜色与真实图像颜色做差，就可以得到用于优化 MLP 的损失。利用梯度反向传播使 MLP 逐渐学习到场景三维结构与纹理信息。

NeRF 因其高质量自动化的重建能力，受到了工业界的广泛关注。NeRF 原理如图 6-4 所示。目前 NeRF 三维重建技术主要应用在商品三维模型重建与展示、房屋重建、三维模型资产建立等领域，并已经出现 Luma AI、Kiri Engine、如视等实际落地项目。此外，Waabi、51WORLD 等公司正在积极探索 NeRF 在无人驾驶仿真方面的实际落地应用。未来，NeRF 在具身智能、元宇宙、娱乐、教育等领域都会产生重要影响，并对人们的生活产生深刻的影响。

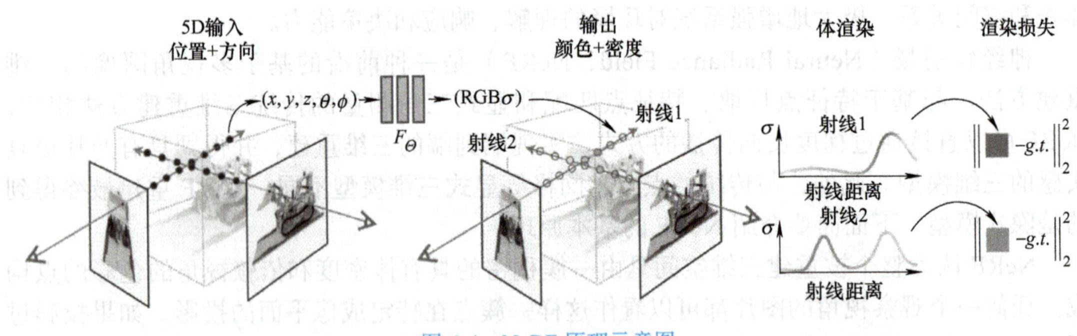

图 6-4 NeRF 原理示意图

6.2.2 三维场景图

1. 定义

人们生活的环境中存在众多的实体（室内的桌子、椅子、房间，室外的草地、长椅、河流等），每个实体都有自身的独特属性（如桌子有黄色、木质、坚硬等属性），实体相互

之间存在有机联系（如桌子在房间内、长椅在河边等）。如何有效表示和存储三维环境对于机器人从环境中收集和存储信息至关重要。

节点 – 边图的概念可以简洁地存储场景中的实体及其关系。2017 年，李飞飞提出了二维场景图的概念，其主要用于描述二维图像所记录的场景。二维场景图用节点表示图像中的实体，用有向边表示实体拥有的属性或实体间的关系，如图 6-5 所示。

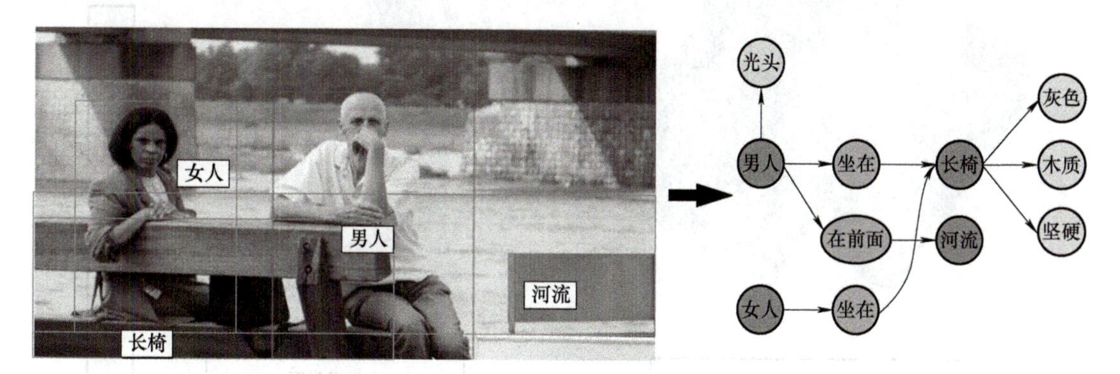

图 6-5　二维场景图实例

图 6-5 中的二维场景图主要由两种节点 – 边的结构组成：一种是节点 – 关系（边）– 节点的三元组结构，如 <门框 – 站在 – 地面>；另一种是节点 – 属性（边）的结构，如 <门 – 是黑色>，如图 6-6 所示。节点与关系或节点与属性之间用有向边连接。有向边的方向由三元组中的主语实体指向宾语实体。这两种基本结构的拼接组合形成一个完整的二维场景图。

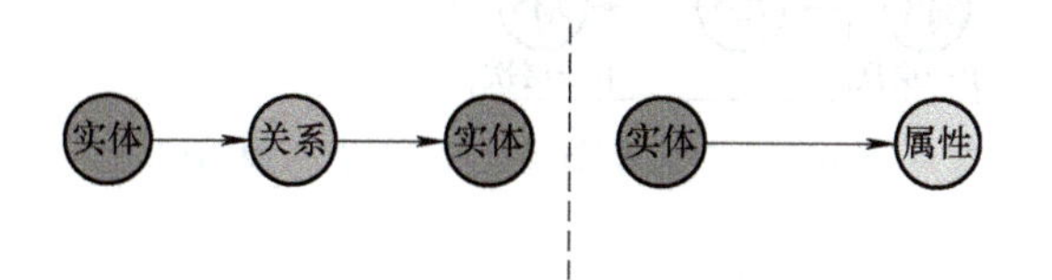

图 6-6　二维场景图的两种节点 – 边结构

图 6-6 中，关系包括所属关系、空间关系、动作关系、逻辑关系等多种关系，属性包括材质、颜色、大小等。

虽然二维场景图可以描述空间中实体间一定的关系和属性，但是不能清晰描述出实体间的层次化关系，如椅子在房间中这样的包含关系；也无法清楚描述实体的三维空间位置、形状等属性。2019 年，斯坦福大学提出了三维场景图的概念，如图 6-7 所示。其主要用于描述三维点云所记录的场景。三维场景图是有效表示三维场景的一种尝试。它是由多个层次构成的节点 – 边图，并保存三维场景中实体的形状、位置、属性及其关系，其中节点表示实体（例如物体、房间等），边表示节点间的关系（如桌子在客厅中）。由于三维场景图构建在三维地图基础上，其相比二维场景图对实体的描述更充分，如物体属性中增加了形状、尺寸等属性。此外，三维场景图对不同含义的实体概念进行了层次化的归纳分层，如桌子和椅子是物体节点，客厅和厨房是房间节点，而餐桌和餐椅等物体节点属于语义为“厨房”的房间节点。因此，相比二维场景图的两种节点 – 边结构，三维场景图的节点 – 边结构可以如图 6-8 所示做细分。

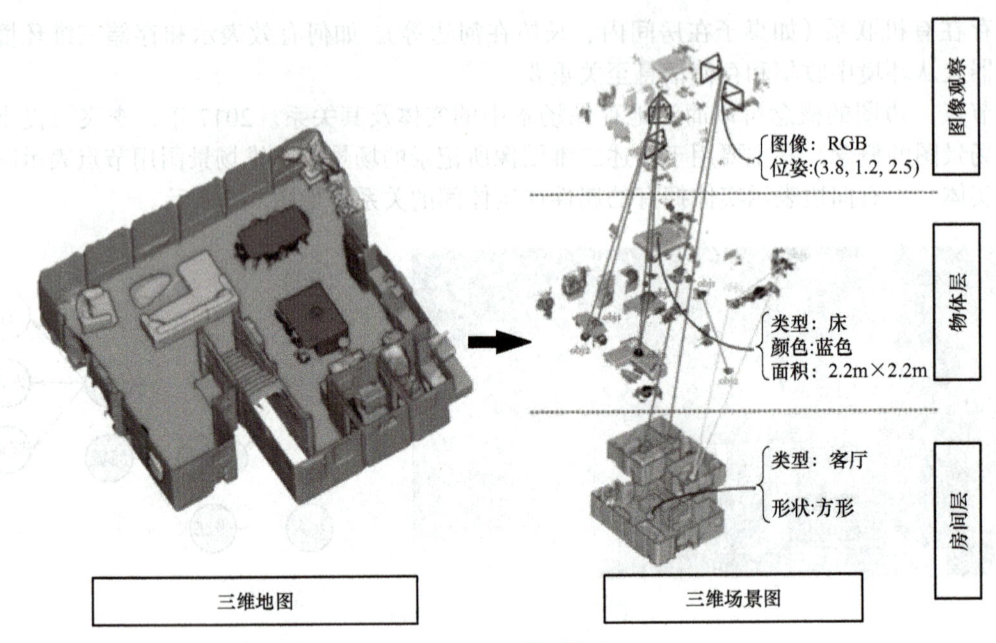

图 6-7　三维场景图

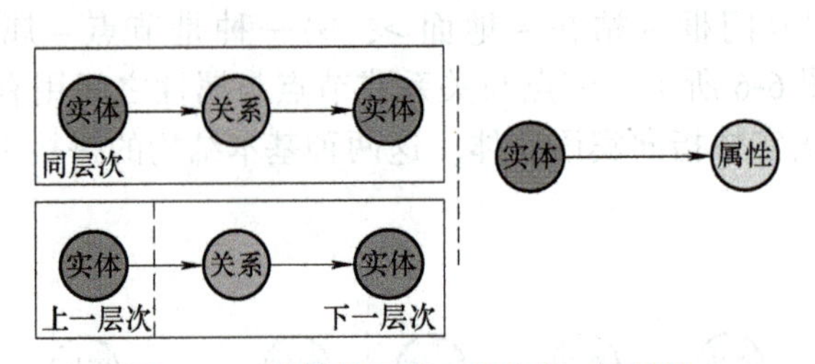

图 6-8　三维场景图的三种节点 – 边结构

2. 生成方法 / 层次化三维场景图

2020 年，麻省理工学院首先将三维场景图应用于机器人领域，并丰富了三维场景图的层次概念，如图 6-9 所示。下面将以该三维场景图为例，介绍其各层的细节及生成方法。

图 6-9 中的三维场景图分为以下几层：①三维点云 / 网格层；②物体和机器人层；③空闲和结构层；④房间层；⑤建筑层。

第 1 层：三维点云 / 网格层。该层中的节点是 3D 点，也就是实体上的一个点。每个节点有多个属性：3D 位置、法线、RGB 颜色、语义标签（该点属于桌子还是椅子）。该层的 3D 点信息直接由传感器（如 RGBD 相机、激光雷达）扫描环境得到，因此该层存储了最基础的传感器信息。

第 2 层：物体和机器人层。该层包含两种类型的节点：静态物体节点和动态机器人节点，其主要区别在于机器人的位置是随时间变化的，而静态物体一般不随时间变化。此外，该层的对象不包括墙、天花板、墙柱等结构性的物体。首先，每个静态物体在该层构成一个静态节点，节点属性包括：3D 姿态、物体的边界框、物体的语义标签（如桌子或椅子）以及一些其他属性。静态节点之间的边描述物体间关系，如共同可见性、相对大小、距离或接触（如杯子在桌子上）。每个静态对象节点与第 1 层中的相关节点连接成边，如第 2 层的桌子节点与第 1 层中该桌子的点云点相连。因此，第 2 层的物体节点一般从某物体的点云点抽象得到。其次，动态节点的类型集中于机器人等动态实体。其有多个属性：描述它们随时间变化的轨迹的 3D 姿态集合、语义标签（即人类、机器人）等，其中，3D 姿态集合带有时间维度信息，如描述为该人在时间 t 的姿态。

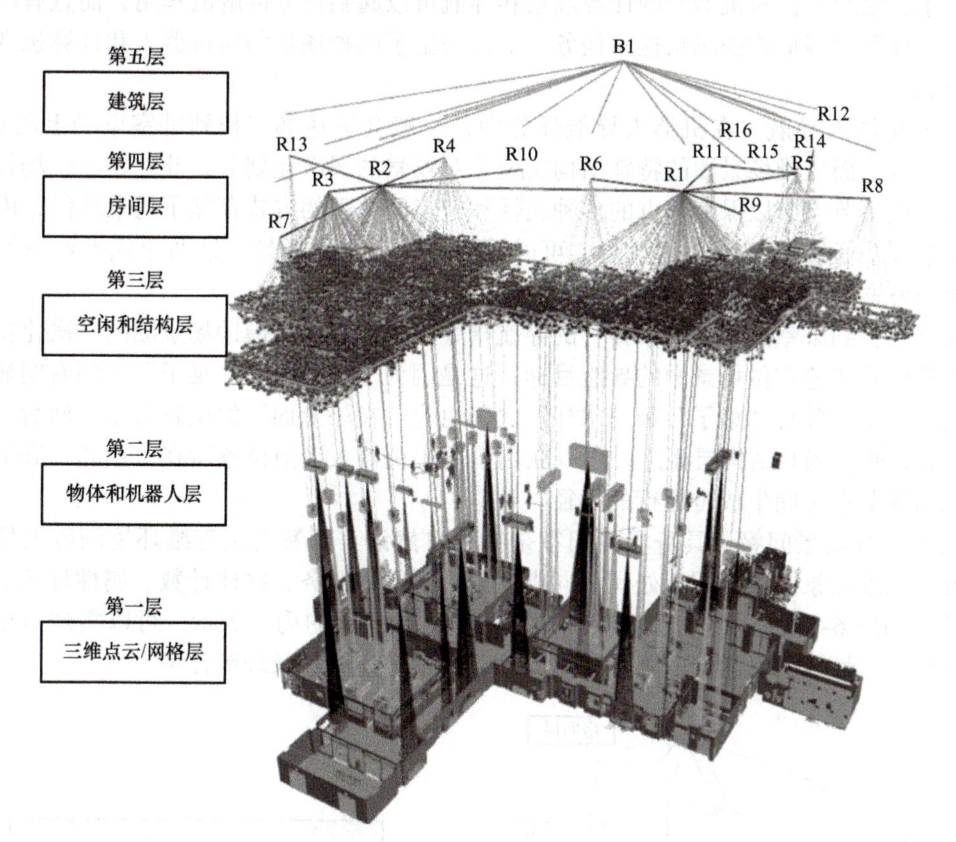

图 6-9　三维场景图的层次

第 3 层：空闲和结构层。该层分为两种节点：空闲空间节点和结构节点。由于抽象出了空闲空间，因此对于机器人的路径规划、导航等任务十分有帮助。首先，空闲节点对应于自由空间中的位置，空闲节点之间连接的边表示可通过性。空间节点及其之间连接的边可用于路径规划。空闲节点的属性包括：3D 位置、语义类别（如房间的后面或前面）、边界框。第 2 层中的每个节点都与最近的空闲空间节点连接。因此，当机器人要导航到某个物体节点时，一般导航到距离它最近的空闲空间节点。属于同一房间的空闲节点也连接到第 4 层的房间节点。其次，结构节点一般描述环境中的结构元素，如墙壁、地板、天花板、柱子，其属性与空闲空间节点类似。第 2 层中的物体节点与结构节点可能连接边，如“天花板上安装了灯”。

第 4 层：房间层。该层包括描述房间、走廊、大厅等空间语义的节点。房间节点有以下属性：3D 姿态、边界框以及语义标签（如厨房、餐厅等）。如果两个房间相邻（即有一扇门连接它们），则它们由一条边连接。此外，房间节点与其包含的空闲空间节点间连接了边。

第 5 层：建筑层。考虑单个建筑物的表示，该层仅包含一个建筑物节点，其具有如下属性：3D 姿态、边界框、语义类别（如办公楼、住宅等）。建筑节点与建筑中的所有房间节点间连接了边。

3. 应用

三维场景图不仅层次化地划分了场景，而且较全面地描述了场景中的物体属性及物体间的关系，因此不仅对机器人的任务规划和导航可以起到任务拆解的作用，而且有助于自然语言 /2D 图像等形式的场景检索任务。下面列出了两种场景图对机器人和计算机视觉领域的应用。

（1）机器人导航　在机器人导航任务中，一般会下达如“找到卧室桌子上的水杯”这样的任务。而三维场景图的特殊结构实现了对场景的层次化划分；此外，三维场景图将物体抽象成了节点，以保存节点的多种属性和节点间关系的方式存储了场景地图，因此其在存储容量方面具有效率高的特点，可以更高效地表示大场景。这两个优点使三维场景图成为较好适配机器人导航的地图表示形式。

对于“找到卧室桌子上的水杯”的导航指令，机器人可以借助场景图的层次化特点做任务的拆分并快速定位场景中的导航目标。这是因为“卧室”和“桌子”之间有明显的上下层包含关系，并且“桌子”和“水杯”之间也有“在…上面”的位置关系。然后，借助图 6-9 提到的空闲和结构层概念，可以在场景图中机器人当前位置所在节点和“卧室桌子上”的水杯节点之间生成可通行的路径。

（2）具身场景问答　具身场景问答是指用自然语言回答有关三维环境问题的场景理解任务。三维场景图可以用于处理不同类型的具身问答任务：物体计数、属性计数、关系计数等，如图 6-10 所示。利用场景图的层次化、抽象化的场景表示，可以实现对场景中特定物体、属性和关系的快速查找，因此便于开展上述的场景理解任务。

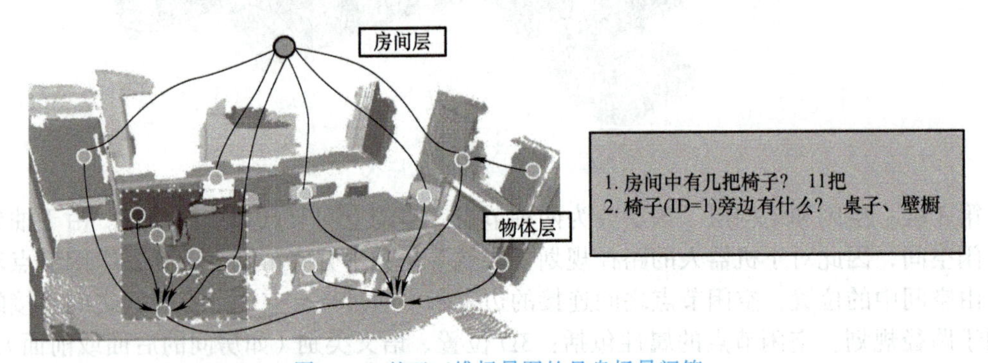

图 6-10　基于三维场景图的具身场景问答

6.3　行为学习

6.3.1　强化学习

强化学习（Reinforcement Learning，RL）是机器学习的一个重要分支，独立于监督学习与非监督学习方法，其能够在与环境的交互过程中学习策略。自 2016 年 DeepMind 公司发布以 RL 为基础的 AlphaGo 模型成功击败围棋世界冠军并荣登国际权威期刊 *Nature*

以来，RL 算法再次成为科技界关注的焦点。受益于自然界启发，RL 算法能够从与未知环境的交互中学习，通过平衡探索与利用，学习解决复杂和大规模序贯决策问题。由于其在开发超人类智能策略方面的潜力，近年来 RL 在包括自动驾驶、对抗游戏、机器人控制和量化交易在内的各个跨学科领域引起了广泛关注。

1. 强化学习基本概念

强化学习的核心挑战在于指导智能体（agent）在复杂多变且不确定的环境（environment）中如何最大化其累积奖励。如图 6-11 所示，在这个过程中，智能体与环境进行连续的互动和反馈循环。在环境中获取某个状态（state）后，智能体会基于该状态和当前策略（policy）输出一个动作（action）。执行动作后，环境会响应新的状态，并基于智能体的行为给予相应的奖励。智能体的核心目标就是学会如何制定策略，以便能够尽可能多地从环境中获取奖励，从而实现长期的累计收益最大化。

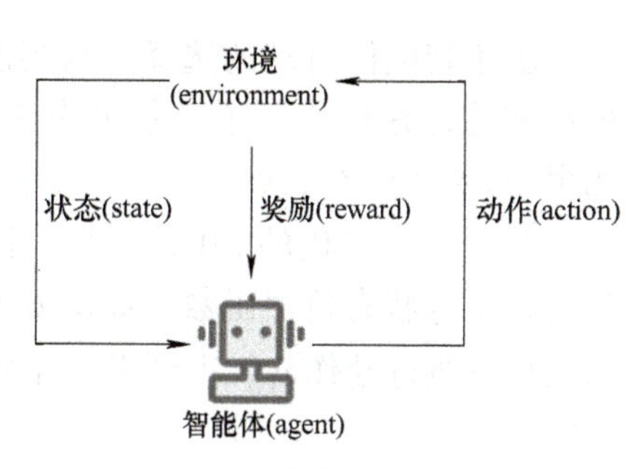

图 6-11　强化学习示意图

由这个过程可以看出，强化学习包含几个关键要素：

（1）状态　用于描述在每一个时间节点中智能体所处的环境，用 s_i 表示，其中 $i \in \{1,2,3,\cdots\}$。状态的集合被称为状态空间，定义为 $\mathcal{S}=\{s_1,s_2,s_3,\cdots\}$。

（2）动作　定义为在每一个环境状态中智能体可以采取的行动，用 $a_i, i \in \{1,2,3,\cdots\}$ 来表示。同样地，所有可能动作的集合被称为动作空间，定义为 $\mathcal{A}=\{a_1,a_2,a_3,\cdots\}$。对于不同的任务，动作需要被预先指定。

（3）状态转移模型　用于计算在每个状态下，执行动作后状态的变化，通常用状态转移函数 $p(s'|s,a)$ 表示。

（4）策略　对于智能体来说，在某个状态下，如何选取可执行的动作是关键的，这个过程被描述为决策过程。智能体的策略通常用一个概率函数来表示，策略 $\pi(a|s)$ 表示在输入状态 s 的情况下采取动作 a 的概率。当其为确定性策略时，它在每一个状态只有一个动作，概率为 1，其余动作的概率为 0；反之，当为不确定性策略时，其概率函数将输出每一个动作所对应的概率。

（5）奖励函数　为了衡量策略的优劣，在当前状态下，智能体执行完动作后将会收到来自环境的反馈信号，由奖励函数计算得到，其对策略的学习起到关键作用，定义为 $r(s,a)$。

智能体与环境的持续交互过程可以用一个状态－动作－奖励链来描述，一个完整的任务（例如执行一条轨迹）结束后可以计算出总体回报，记作 R，定义为智能体所获取的所有奖励值的和：$R=r_1+r_2+\cdots$。

从实际角度出发，对智能体策略的评价应当分为两个部分：一个是执行完动作后获得的即时奖励，另一个则是执行当前动作对未来的影响。对于有限步长的任务来说，可以计算出整条轨迹中的奖励，然而对于无限步长的任务来说，回报将是无穷大的。因此，为了避免无穷大的回报值，在强化学习的整体回报中引入折扣因子γ，得到折扣奖励：discount $R=\gamma r_1+\gamma^2 r_2+\gamma^3 r_3+\cdots$。此外，折扣因子$\gamma$还可以用来调整对近期或远期奖励的重视程度，如果$\gamma$接近0，那么智能体会更加重视近期获得的奖励；反之$\gamma$接近1，那么智能体会更加重视远期的奖励。

2. 贝尔曼方程

由于智能体行动的选择只与当前环境状态有关，因此，智能体与环境的交互过程通常被形式化地建模为一个马尔可夫决策过程（Markov Decision Process，MDP），并将其用元组$\langle \mathcal{S},\mathcal{A},\gamma,r,P\rangle$表示。

对于一个随机的MDP，从一个相同的状态出发会到达不同的状态，为了客观地评价策略，引入状态价值函数。如图6-12所示，对于序列过程的t时刻，智能体状态为s_t，根据策略π执行动作a_t，得到下一步状态s_{t+1}及环境的即时奖励r_t。

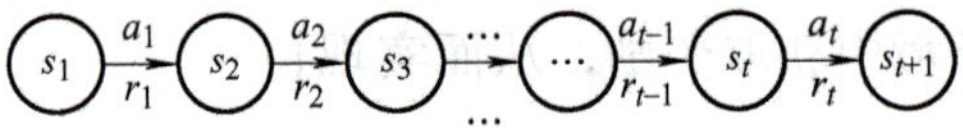

图6-12 序列决策过程

根据定义，整个序列的折扣回报可以表示为

$$R_t=r_{t+1}+\gamma r_{t+2}+\gamma^2 r_{t+3}+\cdots \tag{6-3}$$

考虑到R_t为一个关于变量r_t，$r_{t+1},\cdots$的随机变量，计算其期望为

$$V_\pi(s)=E[R_t|\ s_t=s] \tag{6-4}$$

式中，$V_\pi(s)$为状态价值函数，其仅与当前状态有关，与执行动作无关。根据自举思想，将R_t重写为与未来时刻有关的形式如下：

$$\begin{aligned}R_t&=r_{t+1}+\gamma r_{t+2}+\gamma^2 r_{t+3}+\cdots\\&=r_{t+1}+\gamma(r_{t+2}+\gamma r_{t+3}+\cdots)\\&=r_{t+1}+\gamma R_{t+1}\end{aligned} \tag{6-5}$$

则状态价值函数为

$$\begin{aligned}V_\pi(s)&=E[R_t|\ s_t=s]\\&=E[r_{t+1}+\gamma r_{t+2}+\gamma^2 r_{t+3}+\cdots|s_t=s]\\&=E[r_{t+1}\,|\,s_t=s]+\gamma E[r_{t+2}+\gamma r_{t+3}+\gamma^2 r_{t+4}+\cdots|s_t=s]\\&=r(s,a)+\gamma E[R_{t+1}|\ s_t=s]\\&=r(s,a)+\gamma E[V(s_{t+1})|\ s_t=s]\\&=r(s,a)+\gamma\sum_{s'\in S}p(s'|s)V(s')\end{aligned} \tag{6-6}$$

式（6-6）即贝尔曼方程（Bellman Equation），也是强化学习的理论基础。

同理，Bellman 方程也可以被写作动作价值函数的形式，如式（6-7）所示。

$$\begin{aligned}Q(s,a)&=E[R_t|s_t=s,a_t=a]\\&=E[r_{t+1}+\gamma r_{t+2}+\gamma^2 r_{t+3}+\cdots|s_t=s,a_t=a]\\&=E[r_{t+1}|s_t=s,a_t=a]+\gamma E[r_{t+2}+\gamma r_{t+3}+\gamma^2 r_{t+4}+\cdots|s_t=s,a_t=a]\\&=r(s,a)+\gamma E[R_{t+1}|\ s_t=s,a_t=a]\\&=r(s,a)+\gamma E[V(s_{t+1})|\ s_t=s,a_t=a]\\&=r(s,a)+\gamma\sum_{s'\in S}p(s'|s,a)V(s')\end{aligned} \tag{6-7}$$

3. 时序差分

状态价值和动作价值的估计可以通过随机采样模拟完整的轨迹序列来计算，这种方法被称为蒙特卡洛（Monte Carlo，MC）方法。然而 MC 方法需等待整个序列结束后才能更新价值函数的估计，且由于采样的随机性，容易导致价值估计值具有较高的方差。

时序差分（Temporal Difference，TD）是一种结合了 MC 和动态规划（Dynamic Programming，DP）算法的方法。与 MC 方法不同，TD 方法无须完整地采样整个序列，而是利用 Bellman 方程和 DP 算法进行迭代更新。其通过估计下一状态的价值来更新当前状态的价值函数，具体来说，对于某个给定的策略 π，在线地算出它的价值函数 V_π，用得到的估计回报 $r_t+\gamma V(s_{t+1})$ 来更新上一时刻的值 $V(s_t)$，即

$$V(s_t)\leftarrow V(s_t)+\alpha(r_t+\gamma V(s_{t+1})-V(s_t)) \tag{6-8}$$

式中，$r_t+\gamma V(s_{t+1})-V(s_t)$ 通常被称为 TD 误差，状态价值函数计算如下：

$$\begin{aligned}V_\pi(s)&=E_\pi[G_t|\ s_t=s]\\&=E_\pi\left[\sum_{k=0}^{\infty}\gamma^k r_{t+k}|\ s_t=s\right]\\&=E_\pi\left[r_t+\gamma\sum_{k=0}^{\infty}\gamma^k r_{t+k+1}|\ s_t=s\right]\\&=E_\pi[r_t+\gamma V(s_{t+1})|\ s_t=s]\end{aligned} \tag{6-9}$$

由式（6-9）可知，在智能体与环境交互时，每采样一步，就可以用时序差分算法来更新状态价值估计。

4. Q-Learning

Q-Learning 是一种典型的基于价值的强化学习算法，其核心在于构建一张动作价值表（Q-Table），该表用于记录每种状态下采取每个动作所能获得的预期长期最大奖励。在学习过程中，智能体通过与环境的交互得到新的样本来更新 Q-Table，利用时序差分方法，其更新过程如下：

$$Q(s_t,a_t)\leftarrow Q(s_t,a_t)+\alpha[r_t+\gamma Q(s_{t+1},a_{t+1})-Q(s_t,a_t)] \tag{6-10}$$

在执行过程中，智能体通过查询 Q-Table 来选择每个状态下的最优动作，以最大化长期累积的奖励，从而确保最终的收益最大化。然而，使用表格的形式存储价值函数

存在很大的局限性，在面对高维或无限的状态空间时，将无法使用表格对价值函数进行存储。

DQN（Deep Q-Network）算法由DeepMind公司于2015年首次提出，它结合了深度学习和Q学习两种技术，通过使用一个神经网络来近似Q值函数，可以解决具有无限状态的复杂问题。在Q-Learning算法中，使用时序差分误差增量式更新$Q(s_t,a_t)$，最小化$Q(s_t,a_t)$与TD目标$r_t+\gamma\max_a Q(s_{t+1},a)$。因此自然地将Q网络的损失函数构造为均方误差的形式：

$$\omega^*=\arg\min_{\omega}\frac{1}{2N}\sum_{i=1}^{N}\left[Q_{\omega}(s_i,a_i)-\left(r_i+\gamma\max_{a}Q_{\omega}(s_i',a')\right)\right]^2 \tag{6-11}$$

DQN算法包含两个重要的技巧：经验回放（Experience Replay）与目标网络（Target Network）。

（1）经验回放　在Q-Learning算法中，每组数据只用来做一次更新。为了更好地将Q-Learning与深度学习结合，DQN算法在训练过程中维护一个回放缓冲区，将每次从环境中采样得到的四元组数据（状态、动作、奖励、下一状态）存储到回放缓冲区中，训练Q网络的时候从回放缓冲区中随机采样若干数据来进行训练。此外，在网络训练中，通常要求样本数据满足独立性假设，从而防止过拟合提升模型泛化能力。而在RL中，训练数据是通过智能体与MDP环境进行交互收集的，数据间往往具有时序上的依赖性和相关性，相比直接利用采样数据，从回放缓冲区中随机选取样本进行训练则可以巧妙地打破样本之间的相关性。同时，采用经验回放的方式也可以使得每个样本被使用多次，提升了样本的利用率。

（2）目标网络　在训练过程中，由于估计动作价值的Q网络不断更新，网络训练的目标也在发生变化，容易造成神经网络训练的不稳定。为了减少训练过程中目标频繁变化造成的学习不稳定，DQN采用在线网络与目标网络双网络结构，其中在线网络Q_{ω}用于选择动作，目标网络Q_{ω^-}则用于计算TD目标，两者具有相同的网络结构。在线网络在训练中的每一步都会更新，而目标网络的参数每隔一定步数才会使用在线网络的参数来进行更新，这样使得目标网络相对于训练网络更加稳定。

在每一次训练中，从回放缓冲区中采样N个数据$\{(s_i,a_i,r_i,s_{i+1})\}_{i=1,\cdots,N}$，计算其目标网络值$y_i$：

$$y_i=r_i+\gamma\max_{a}Q_{\omega}(s_{i+1},a_i) \tag{6-12}$$

定义网络的损失函数如下：

$$L=\frac{1}{N}\sum_{i}(y_i-Q_{\omega}(s_i,a_i))^2 \tag{6-13}$$

并以此更新在线网络的参数。在更新一定次数后，将在线网络的参数赋值给目标网络，完成目标网络的更新。

强化学习包含两个重要的过程，即采样过程与策略更新过程。采样数据的策略为当前策略，用这些数据来更新的策略为目标策略。根据这两个策略的异同可以将强化学习算法分为在线策略（on-policy）算法与离线策略（off-policy）算法。在线策略算法表示行为策略和目标策略是同一个策略；而离线策略算法表示行为策略和目标策略不是同一个策略。Q-Learning 和 DQN 使用四元组 (s,a,r,s') 来更新当前状态动作对的价值 $Q(s,a)$，从经验缓存中选取，数据采样的策略与当前策略不同，因此两者均为离线策略算法。

5. 策略梯度

基于价值的方法通过寻找动作值函数的最大值来实现最优动作的选取，因此通常被用于解决离散动作空间的问题。面对连续动作空间，可以利用策略梯度方法直接求解最优策略。

在深度强化学习中，可以将策略参数化地表示为 $\pi_\theta(a|s)$，其中 θ 表示策略的网络参数。定义策略学习的目标函数为最大化状态价值如下：

$$J(\theta_t)=E_s[V^{\pi_\theta}(s)] \tag{6-14}$$

则可以通过梯度优化的方式更新策略参数：

$$\theta_{t+1}=\theta_t+\alpha\nabla_\theta J(\theta_t) \tag{6-15}$$

式中，$\nabla_\theta J$ 表示目标函数关于 θ 的梯度；α 表示学习率；t 表示当前时间步。可以证明，对于一个给定的序列任务，其目标函数的梯度求解如下：

$$\begin{aligned}\nabla_\theta J(\theta)&=\nabla_\theta V^{\pi_\theta}(s)\propto\sum_{s\in S}V^{\pi_\theta}(s)\sum_{a\in A}Q^{\pi_\theta}(s,a)\nabla_\theta\pi_\theta(a|s)\\&=\sum_{s\in S}V^{\pi_\theta}(s)\sum_{a\in A}\pi_\theta(a|s)Q^{\pi_\theta}(s,a)\frac{\nabla_\theta\pi_\theta(a|s)}{\pi_\theta(a|s)}\\&=E_{\pi_\theta}[Q^{\pi_\theta}(s,a)\nabla_\theta\log\pi_\theta(a|s)]\end{aligned} \tag{6-16}$$

计算过程略。

如式（6-16）所示，求解目标函数的梯度首先需要对动作价值函数 $Q^{\pi_\theta}(s,a)$ 进行估计，在不同的算法中可以采用不同的方法。例如在 REINFORCE 算法中采用蒙特卡洛方法，在一个有限步数的任务中，动作价值函数计算如下：

$$Q^{\pi_\theta}(s,a)=\sum_{t=0}^{T}\left(\sum_{t'=t}^{T}\gamma^{t'-t}r_{t'}\right) \tag{6-17}$$

式中，T 表示任务执行所需最大步数。

6. Actor-Critic

Actor-Critic 算法是一种结合策略梯度和值函数的方法，其主要包括两个部分：策略网络（Actor）和价值网络（Critic）。与基于价值的方法仅计算价值函数，以及基于策略梯度的算法仅计算策略函数不同，Actor-Critic 算法的核心在于将动作值函数或状态 - 动作值函数引入策略梯度算法中，以提高训练效率。Actor 网络负责学习策略，生成动作，类似于“表演者”，而 Critic 网络则学习值函数，评估状态或状态动作对的价值，类似于“评论者”。

在训练过程中，Actor 网络根据 Critic 网络提供的价值反馈来更新策略，以最大化累计回报的期望，为了减小计算的方差，引入优势函数 $A(s_t,a_t)$ 来指导策略学习，定义优势函数如下：

$$\begin{aligned} A(s_t,a_t) &= Q(s_t,a_t)-V(s_t) \\ &= r_t+\gamma V^{\pi_\theta}(s_{t+1})-V^{\pi_\theta}(s_t) \end{aligned} \tag{6-18}$$

则 Actor 网络的梯度计算为

$$\nabla_\theta = E_{(s_t,a_t)\sim\pi_\theta}[A(s_t,a_t)\nabla_\theta \log\pi_\theta(a_t \mid s_t)] \tag{6-19}$$

Critic 网络则使用 TD 误差来更新值函数，以减少估计值与实际回报之间的差异。定义 Critic 网络 V^ω 的损失函数如下：

$$L(\omega)=\frac{1}{2}(r+\gamma V^\omega(s_{t+1})-V^\omega(s_t))^2 \tag{6-20}$$

在计算时与 DQN 中做法类似，为 Critic 网络设计同构的目标网络，将式（6-20）中 $r+\gamma V^\omega(s_{t+1})$ 作为时序差分目标，使用梯度下降方法更新 Critic 价值网络参数，其梯度表示为

$$\nabla_\omega L(\omega)=-(r+\gamma V^\omega(s_{t+1})-V^\omega(s_t))\nabla_\omega V^\omega(s_t) \tag{6-21}$$

相比于策略梯度方法，引入价值函数可以有效增加训练过程的稳定性，因此 Actor-Critic 框架也是目前强化学习的一个主流算法框架。

7. 近端策略优化

近端策略优化（Proximal Policy Optimization，PPO）是一种基于 Actor-Critic 框架的强化学习算法，与 DQN 不同，PPO 是一种 on-policy 算法，即采样策略与当前策略相同。on-policy 算法基于当前策略进行更新，避免了由于策略不同而产生的估计偏差，但也存在样本利用率低的问题。为了提高样本利用率，提升算法学习速度，PPO 引入了重要性采样的概念。

对于两个不同的分布 p 和 q，假设有一个函数 $f(x)$，现需求得 $f(x),x\sim p$ 的期望，即 $E_{x\sim p}[f(x)]$，但是无法从 p 中采样 x，仅能从分布 q 中采样。对 $E_{x\sim p}[f(x)]$ 做如下变换：

$$\int f(x)p(x)\mathrm{d}x=\int f(x)\frac{p(x)}{q(x)}q(x)\mathrm{d}x=E_{x\sim q}\left[f(x)\frac{p(x)}{q(x)}\right] \tag{6-22}$$

将 $\frac{p(x)}{q(x)}$ 定义为重要性权重，用于衡量两个分布的差异。可以得出，将从分布 q 中采样得到的数据，乘以重要性权重后即可转换为从分布 p 中的采样结果。

尽管理论上可以将任意分布 q 中的数据转化为 p 分布中的数据，但若分布 p 和 q 相差

过大，则会造成方差过大。

$$Var_{x\sim p}[f(x)]=E_{x\sim p}[f(x)^2]-(E_{x\sim p}[f(x)])^2 \tag{6-23}$$

$$\begin{aligned} Var_{x\sim q}\left[f(x)\frac{p(x)}{q(x)}\right] &= E_{x\sim q}\left[\left(f(x)\frac{p(x)}{q(x)}\right)^2\right]-\left(E_{x\sim q}\left[f(x)\frac{p(x)}{q(x)}\right]\right)^2 \\ &= E_{x\sim p}\left[f(x)^2\frac{p(x)}{q(x)}\right]-(E_{x\sim p}[f(x)])^2 \end{aligned} \tag{6-24}$$

由式（6-24）可以看出，若要避免方差过大，则需满足重要性权重接近于 1。

PPO 中引入重要性采样的方法，使得可以在训练中使用不同策略采样的数据，由式（6-19）可知，策略网络的梯度计算为

$$\nabla_\theta = E_{(s_t,a_t)\sim\pi_\theta}[A^\theta(s_t,a_t)\nabla\log\pi_\theta(a_t|s_t)] \tag{6-25}$$

则使用异策略采样数据时，其梯度计算为

$$\nabla_\theta = E_{(s_t,a_t)\sim\pi_{\theta_k}}\left[\frac{p_\theta(s_t,a_t)}{p_{\theta_k}(s_t,a_t)}A^\theta(s_t,a_t)\nabla\log\pi_\theta(a_t|s_t)\right] \tag{6-26}$$

式中，θ_k 表示旧策略的参数，网络优化的目标函数为

$$J^{\theta_k}(\theta)=E_{(s_t,a_t)\sim\pi_{\theta_k}}\left[\frac{\pi_\theta(a_t|\ s_t)}{\pi_{\theta_k}(a_t|\ s_t)}A^{\theta_k}(s_t,a_t)\right] \tag{6-27}$$

为了实现对分布差异的限制，PPO 将分布差异约束项引入到目标函数中：

$$J_{\text{PPO}}^{\theta_k}(\theta)=J^{\theta'}(\theta)-\beta\text{KL}(\theta,\theta_k) \tag{6-28}$$

式中，$\text{KL}(\theta,\theta_k)$ 表示两个分布的 KL 散度（Kullback-Leibler Divergence），KL 散度是用于衡量两个分布之间差异的一种度量方式；β 则表示调节参数。

由于 KL 散度的计算过程较为复杂，PPO 提供了一种更为简便的裁剪方式，即在优化项中不直接计算 KL 散度，而将其转化为对新旧策略的直接限制，即

$$\arg\max_\theta E_{s\sim v}\pi_{\theta_k}E_{a\sim\pi_{\theta_k}(\cdot|S)}\left[\min\left(\left(\frac{\pi_\theta(a|s)}{\pi_{\theta_k}(a|s)}A^{\pi_{\theta_k}(s,a)}\right),\text{clip}\left(\frac{\pi_\theta(a|s)}{\pi_{\theta_k}(a|s)},1-\varepsilon,1+\varepsilon\right)A^{\pi_{\theta_k}(s,a)}\right)\right] \tag{6-29}$$

式中，ε 为超参数，表示分布截断的范围。利用这样的裁剪方法，能够在简化计算的同时，确保算法的实际效果。

8. Soft Actor-Critic

Soft Actor-Critic（SAC）算法是一种性能稳定的离线策略算法，在 Actor-Critic 框架的基础上，SAC 引入了最大熵强化学习的思想来减少策略陷入局部最优的困境。

熵是一个随机变量随机程度的度量，对于随机变量 X，定义其熵为

$$H(X)=E_{x\sim p}[-\log p(x)] \tag{6-30}$$

式中，$p(x)$表示随机变量的概率密度函数。在强化学习中引入熵的思想，则可以进一步增强策略的随机性，以提高探索能力。最大熵强化学习的优化目标定义为

$$J(\pi)=\sum_{t=0}^{T}E_{(s_t,a_t)\sim\rho_\pi}[r(s_t,a_t)+\alpha H(\pi(\cdot|s_t))] \tag{6-31}$$

式中，α为一个正则化系数，用于控制熵的重要程度。因此，SAC中的状态价值函数被重新定义为

$$V(s_t)=E_{a_t\sim\pi}[Q(s_t,a_t)-\alpha\log\pi(a_t|s_t)]=E_{a_t\sim\pi}[Q(s_t,a_t)]+H(\pi(\cdot|s_t)) \tag{6-32}$$

除了策略网络外，SAC算法中还包含两个动作价值网络Q^{ω}及两个状态价值网络V^{φ}。动作价值网络和状态价值网络的优化与DQN中计算类似，采用目标网络与在线网络的结构减少过估计问题，并通过优化均方误差损失进行迭代更新。

9. 强化学习在行为学习中的应用

强化学习作为一种先进的机器学习技术，已经在多个领域展现出出色的应用效果。在游戏领域，AlphaGo等基于强化学习的模型在对抗游戏中成功击败了人类玩家，证明了其在复杂策略游戏中的卓越能力。在机器人控制领域，强化学习算法能够通过不断试错和学习，帮助机器人优化动作策略，实现自主导航、物体抓取等复杂任务。在自动驾驶领域，强化学习算法被应用于处理复杂动态环境中的驾驶策略生成，提高车辆行驶的安全性和效率。在交通领域，强化学习技术可被用于交通流量控制和车辆路径规划，以优化交通流畅度和减少拥堵等。此外，强化学习还被广泛应用于金融、推荐系统和智慧医疗等领域，展现了巨大潜力和实用价值。

6.3.2 模仿学习

模仿学习（Imitation Learning），又称为Learning From Demonstrations，是一种让机器人通过人类（专家）的演示来学习智能决策的方法。在通往通用人工智能的道路上，人们早已发现手动编程实现机器人思考任务的复杂性。以自动驾驶领域为例，考虑到诸多限制条件，如遵守交通规则、确保安全、保持平稳驾驶、提升乘客舒适度等，传统手动编程必须设计复杂且严格的监控系统来指导机器人的决策，任务十分困难。相比之下，人类能够轻松胜任这些任务，并且提供丰富的示范行为。而且在多数情况下，环境并未提供直接的奖励反馈，例如在人机对话的场景中，对话质量的评估难以准确定义，但利用大量人类对话作为模板，可以让机器人学习如何像人一样进行对话。

在模仿学习中，机器人是在环境中为实现目标而自主互动的实体。不同于强化学习，模仿学习利用专家示范来指导学习过程，机器人通常没有真实奖励函数，而是假设专家策略是一种近似潜在奖励函数的策略，通过专家演示来学习一个性能与其相当的策略。

为实现任务的模仿学习，目前主要的几种算法是：行为克隆（Behavioral Cloning）、逆强化学习（Inverse Reinforcement Learning）、视觉模仿学习（Visual Imitation Learning）。

首先介绍模仿学习的基本框架，其实是根据马尔可夫决策过程（MDP）来进行建模。

一个有限长度的马尔可夫决策过程可由 6 元组来表示：

$$M=(\mathcal{S},\mathcal{A},P,r,\gamma,\mu) \tag{6-33}$$

式中，$\mathcal{S}$是有限或可数无限状态空间；$\mathcal{A}$是有限动作空间；$P:\mathcal{S}\times\mathcal{A}\to\Delta(\mathcal{S})$是转移函数，$\Delta(\mathcal{S})$是$\mathcal{S}$上的概率分布空间，$P(s'|s,a)$是在状态$s$中采取动作$a$后过渡到状态$s'$的概率；$r:\mathcal{S}\times\mathcal{A}\to[0,1]$是奖励函数，$r(s,a)$是在状态$s$中采取行动$a$的即时奖励；$\gamma\in[0,1]$是折扣因子，表示对奖励值的重视程度；$\mu\in\Delta(\mathcal{S})$是初始状态分布，指定了初始状态。

在马尔可夫决策过程里，状态转移受前一时刻的状态和当前动作的影响。数学上的表示为

$$P(s_{t+1}|s_t,a_t,s_{t-1},a_{t-1},\cdots,s_0)=P(s_{t+1}|s_t,a_t) \tag{6-34}$$

式（6-34）表示了在时间步t和状态s_t上，执行动作a_t后转移到状态s_{t+1}的概率。

策略（Policies）：在给定马尔可夫决策过程$M=(\mathcal{S},\mathcal{A},P,r,\gamma,\mu)$中，机器人与环境的交互按照以下方式进行：机器人开始于某个状态$s_0\sim\mu$；在$t=0,1,2,\cdots$的每个时间节点，机器人采取行动$a_t\in\mathcal{A}$，获得即时奖励$r_t=r(s_t,a_t)$，并按照$s_{t+1}\sim P(s_{t+1}|s_t,a_t)$采样观察下一个状态$s_{t+1}$，则轨迹（trajectory）为

$$\tau=\{(s_0,a_0),(s_1,a_1),\ldots,(s_t,a_t)\} \tag{6-35}$$

在一般的情况下，算法为机器人指定了一种决策策略，在指定策略中，机器人只根据当前状态选择行动，即$a_t\sim\pi(a_t|s_t)$。一个确定的静态策略的形式可表示为$\pi:\mathcal{S}\to\mathcal{A}$，$\pi_t(a_t|s_t)$表示在时间步$t$和状态$s_t$上，执行动作$a_t$的概率。

值函数（Values）：对于固定的策略和初始状态$s_0=s$，定义值函数$V_M^\pi:\mathcal{S}\to\mathbb{R}$，在马尔可夫决策过程$M=(\mathcal{S},\mathcal{A},P,r,\gamma,\mu)$下的累计奖励为

$$V_M^\pi(s)=E\left[\sum_{t=0}^{H}\gamma^t r(s_t,a_t)\,|\,\pi,s_0=s\right] \tag{6-36}$$

可以看到V_M^π衡量了策略π能够获得的累计奖励的期望，其与轨迹的随机性有关，即状态转换的随机性和π的随机性。由于$r\in[0,1]$，则有$0\leqslant V_M^\pi(s)\leqslant 1/(1-\gamma)$。同样，动作值（或$Q$值）函数$Q_M^\pi:\mathcal{S}\times\mathcal{A}\to\mathbb{R}$，定义为

$$Q_M^\pi(s,a)=E\left[\sum_{t=0}^{H}r(s_t,a_t)\,|\,\pi,s_0=s,a_0=a\right] \tag{6-37}$$

其中，$Q_M^\pi(s,a)$也以$1/(1-\gamma)$为界。

目标（Goal）：模仿学习的目标是让机器人利用专家示范的状态集$\mathcal{S}$和动作集$\mathcal{A}$来学习一个策略的映射函数，$\pi:\mathcal{S}\to\mathcal{A}$，并找到一个能使值最大化的策略，即机器人要解决的优化问题是

$$\max_\pi V_M^\pi(s) \tag{6-38}$$

也可以把模仿学习的问题建模成机器人逼近专家已知或未知的策略 π^E，即解决优化问题 $\min\limits_{\pi} V_M^{\pi^E}(s)-V_M^{\pi}(s)$，其中，$V_M^{\pi^E}(s)$ 表示专家策略的累计奖励。想要机器人能够模仿专家策略进行决策，即希望机器人的累计奖励与专家策略的累计奖励尽量接近。

专家示范数据（Expert Demonstrations Data）：在模仿学习中，专家示范数据 $\mathcal{D}=\{\Gamma_i\}_{i=1}^m$ 通常由 m 条状态－动作序列 $\Gamma=\{(s_0,a_0),(s_1,a_1),\cdots,(s_t,a_t)\}$ 组成。这些序列由专家根据当前环境状态 s_t，并对其采取特定动作 a_t 而组成。在每个状态 s_t 下，环境会响应动作 a_t 并转移到下一个状态 s_{t+1}。将这些示范数据轨迹解耦为状态－动作对 (s_t,a_t)，并通过学习专家示范数据来获取专家策略。

图 6-13 所示为马尔可夫决策过程常见的实现方式，即环境向机器人提供状态 s_t，并预测最有可能采取的行动 a_t。环境在状态－动作对 (s_t,a_t) 上应用状态转换函数 $P(s_{t+1}\mid s_t,a_t)$ 生成新状态 s_{t+1}，并使用即时奖励函数 r_t 计算即时奖励。

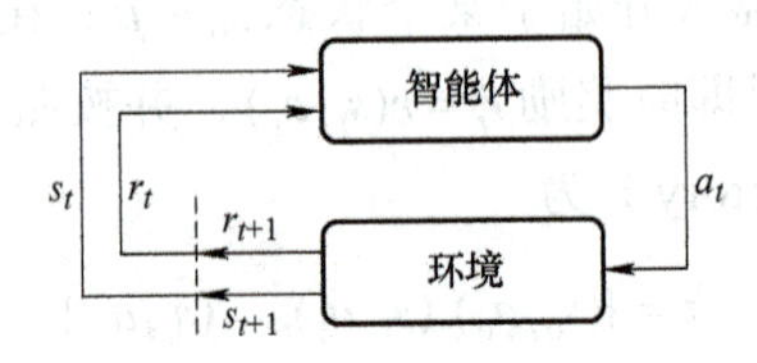

图 6-13　马尔可夫决策过程常见的实现方式

1. 行为克隆

最早的模仿学习方法是行为克隆（Behavioral Cloning），其将模仿专家的问题简化为有监督学习的问题，是最简单的模仿学习算法之一，它只需使用专家示范数据 $\mathcal{D}$，不需要与环境进行任何进一步的交互，就可模仿学习专家在给定状态下最可能采取的行动。行为克隆算法致力于减小机器人策略 π 与专家策略 π^E 之间的动作差异，将模仿学习任务转化为常见的回归或分类任务，属于直接模仿，即使用从状态到行动的直接映射。机器人通过观察专家示范来学习动作和决策，然后进行模仿执行。

具体而言，行为克隆算法将专家示范数据 $\mathcal{D}$ 解耦成状态－动作对 (s_t,a_t)，得到有标签的数据，机器人利用有标签的数据进行有监督学习，状态作为有监督学习的输入样本，动作则作为标签，通过神经网络将状态映射到动作输出，从而教导机器学习状态和动作之间的关系，以模仿专家的行为。数学上的表达为从专家示范数据中估计出 π^E，可以考虑最大似然估计，估计的概率模型为 $\hat{\pi}_\theta$，则最大对数似然模型可表示为

$$\hat{\pi}_\theta=\operatorname{argmax}\sum_{\pi^E}\ln\pi(a_i\mid s_i) \tag{6-39}$$

行为克隆算法虽然简单，但是缺点也很明显。训练数据量比较大的时候，行为克隆算法能够学习到效果较好的策略，但其训练效果受数据影响大，存在很大的局限性：

（1）数据成本高昂　对于复杂的场景，行为克隆方法需要大量样本数据以及关于行动对环境影响的信息，其成本显著增加。

（2）泛化能力不足　行为克隆策略是离线策略，专家示范数据是有限的，无法覆盖所有可能的情况，所以存在泛化能力不足的问题。

（3）误差累积问题　当机器人面对一个长序列决策问题时，假如当前状态机器人的决策有一点偏差，则下一时刻的状态在专家示范数据集之外，此时机器人的决策可能会随机选择一个动作，进而导致更加偏离专家策略分布，进入恶性循环，最终会导致策略在真实环境中无法取得与专家策略相当的效果。

为解决误差累积问题，Stéphane Ross 等人提出了基于在线学习的 DAgger（Dataset Aggregation）算法。其首先利用初始的专家数据对机器人进行训练，使机器人在环境中进一步采集数据，然后将这些数据与另一个可能没有标签的数据库进行整合，专家可以对新采集到的数据进行标注，并将其与原始训练数据库合并，重新训练策略。这种迭代算法可以收集到更多更完善的实际数据，使得机器人在实际决策过程中遇到的数据都是在模仿学习过程中出现过的。但是 DAgger 算法需要机器人不断地与专家交互，时间代价大，这也是 DAgger 算法的一个局限。

2. 逆强化学习

逆强化学习（Inverse Reinforcement Learning，IRL）是强化学习通过与环境的交互来学习最优策略的过程反转，旨在从专家示范数据中恢复出最优的奖励函数，以推导出专家示范行为的最优策略 π^E。在逆强化学习中，假设专家策略在完成任务时是最优的或是接近最优的，即其他所有的策略所产生的累积奖励期望都小于或等于专家策略所产生的累积奖励期望。逆强化学习算法属于逆向模仿，它试图从专家示范中恢复奖励函数。

行为克隆只能模仿轨迹，无法进行泛化。而逆强化学习是从专家示范中恢复出奖励函数，在实际情况中遇到未出现在专家示范中的情况时，机器人根据奖励函数做出决策，具有一定泛化性。其方法主要有两个阶段：先利用专家示范数据推断潜在的奖励函数；然后使用推断出的奖励函数进行强化学习、不断优化，使得与专家行为不同的动作决策尽可能产生更大的损失，从而得到最优策略，使机器人在做决策时优先于专家行为。其算法框架如图 6-14 所示。

图 6-14　逆强化学习算法框架

（1）学徒学习　学徒学习（Apprenticeship Learning）的基本思路为机器人从专家示范中学习奖励函数，使得在该奖励函数下所得到的最优策略在专家示范策略附近。但由于专家示范的奖励函数一般是未知的，可以利用函数逼近的方法去逼近其参数，即

$$\begin{cases} r(s) = \boldsymbol{w} \cdot \boldsymbol{\phi}(s) \\ r(s,a) = \boldsymbol{w} \cdot \boldsymbol{\phi}(s,a) \end{cases} \tag{6-40}$$

式中，r 为拟合真实环境的奖励函数；$\boldsymbol{w}$ 为权重系数向量；$\boldsymbol{\phi}$ 为特征向量。逆强化学习求解的是奖励函数中的系数 $\boldsymbol{w}$，即从专家示范数据中拟合一个策略 $\hat{\pi}$，使得该策略的表现

与专家策略 π^E 相近，如果用特征期望的值来表示一个策略的好坏，那么学徒学习算法的目标就是使得 $\hat{\pi}$ 的特征期望与 π^E 的特征期望相近。由值函数定义，策略 π 的值函数可表示为

$$
\begin{aligned}
E\left[V^{\pi}(s_0)\right] &= E\left[\sum_{t=0}^{\infty}\gamma^t r(s_t) \mid \pi\right] \\
&= E\left[\sum_{t=0}^{\infty}\gamma^t \boldsymbol{w}\cdot\boldsymbol{\phi}(s_t) \mid \pi\right] \\
&= \boldsymbol{w}\cdot E\left[\sum_{t=0}^{\infty}\gamma^t \boldsymbol{\phi}(s_t) \mid \pi\right]
\end{aligned} \tag{6-41}
$$

其中，$\mu(\pi)=E\left[\sum_{t=0}^{\infty}\gamma^t \boldsymbol{\phi}(s_t) \mid \pi\right]$ 为特征期望，则值函数可以写为 $E[V^{\pi}(s_0)]=\boldsymbol{w}\cdot\mu(\pi)$。当专家示范数据 $\mathcal{D}=\{\Gamma_i\}_{i=1}^m$ 给出 m 条轨迹 $\Gamma=\{(s_0,a_0),(s_1,a_1),\cdots,(s_t,a_t)\}$ 时，专家策略的特征向量期望为

$$
\hat{\mu}(\pi^E)=\frac{1}{m}\sum_{i=1}^{m}\sum_{t=0}^{\infty}\gamma^t\boldsymbol{\phi}(s_t^{(i)}) \tag{6-42}
$$

式中，$s_t^{(i)}$ 表示第 i 条轨迹 Γ_i 中第 t 对状态–动作对 (s_t,a_t) 中的状态，则学徒学习的目标为

$$
\|\mu(\hat{\pi})-\mu(\pi^E)\|\leqslant\varepsilon \tag{6-43}
$$

式中，ε 为 $\hat{\pi}$ 与 π^E 特征期望允许误差，对于权重因子 $\|\boldsymbol{w}\|_2\leqslant 1$，则值函数满足不等式：

$$
\begin{aligned}
&\left|E\left[\sum_{t=0}^{\infty}\gamma^t r(s_t) \mid \pi^E\right]-E\left[\sum_{t=0}^{\infty}\gamma^t r(s_t) \mid \hat{\pi}\right]\right| \\
&=\left|\boldsymbol{w}^{\mathrm{T}}\mu(\hat{\pi})-\boldsymbol{w}^{\mathrm{T}}\mu(\pi^E)\right|\leqslant\|\boldsymbol{w}\|_2\,[\mu(\hat{\pi})-\mu(\pi^E)]\leqslant 1\cdot\varepsilon=\varepsilon
\end{aligned} \tag{6-44}
$$

学徒学习算法的基本流程如下：

1）随机选取某个策略 π^0，计算 $\mu^0=\mu(\pi^0)$，令 i=1。

2）计算 $t^i=\max\limits_{w:\|w\|_2\leqslant 1}\ \min\limits_{j\in\{0,\cdots,(i-1)\}}\ \boldsymbol{w}\cdot(\mu(\pi^E)-\mu(\pi^j))$，得到达到最大值的 $\boldsymbol{w}$ 值。

3）若 $t^i\leqslant\varepsilon$，则得到所求策略的特征期望，终止算法。

4）若 $t^i\leqslant\varepsilon$ 不满足，使用 RL 算法，用奖励函数 $r=\boldsymbol{w}^i\cdot\boldsymbol{\phi}$ 计算最优策略。

5）计算 $\mu^i=\mu(\pi^i)$。

6）令 $i=i+1$，回到步骤 2）。

学徒学习算法存在奖励函数歧义性的问题，即从专家示范中恢复的奖励函数并非唯一，通常情况下，存在多个可以解释专家行为的奖励函数。这种情况的出现是因为专家示范数据仅覆盖了状态–动作空间中有限的小部分轨迹，使得多个奖励函数都能够解释专家

示范的行为。因此需要对奖励或者策略施加限制来保证最优解的唯一性。在最大熵逆强化学习算法中，奖励函数通常被定义为一个状态特征的线性组合或凸组合，所学的策略也假设其满足最大熵或者最大因果熵规则，可以一定程度上规避歧义性、模糊性问题。

另外，逆强化学习计算复杂，这是因为在推断出专家策略的奖励函数后，需要机器人与环境不断交互，使用强化学习来优化策略，时间成本和计算成本较大。为改善这一问题，研究者们提出了一些新的方法。

（2）生成对抗逆强化学习　逆强化学习算法通常效率不高，因为其仍需要用强化学习的方法来训练策略。而生成对抗逆强化学习（Generative Adversarial Inverse Reinforcement Learning，GAIRL）借用了生成对抗网络（GAN）的框架，提出通过训练判别器来度量专家演示数据与机器人数据之间的距离。通过机器人与环境交互，让生成器和判别器不断对抗来学习一个策略，使得使用该策略生成的轨迹与专家策略生成的轨迹无法被判别器区别。

生成对抗逆强化学习算法由判别器和策略组成，策略可以认为是生成式对抗网络中的生成器。给定一个状态 s_t，策略会输出这个状态下应该采取的动作 a_t。将状态 - 动作对 (s_t, a_t) 输入判别器，输出该动作指令来自专家策略的概率，则判别器的损失函数为

$$\text{Loss}=E_{\tau_i}[\nabla_\xi \log(D_\xi(s,a))]+E_{\Gamma_E}[\nabla_\xi \log(1-D_\xi(s,a))] \tag{6-45}$$

式中，ξ 是判别器的参数；τ_i, Γ_E 分别是来自生成策略和专家示范的样本集合。

在生成对抗逆强化学习算法中，机器人训练策略的目标就是其与环境交互产生的轨迹能被判别器误认为专家轨迹。在生成器和判别器的不断对抗后，机器人学习到的策略生成的数据分布将逼近真实的专家策略的数据分布，达到模仿学习的目标。

通过生成对抗逆强化学习算法，策略可以通过专家数据泛化得到的样本进行学习，并具有一定泛化性，而且由于没有在强化学习过程中迭代优化奖励函数的过程，相比于一般的逆强化学习算法，其计算代价较低。后续改进算法将其推广到多模态的任务中进行学习，可以学习到多模态策略。

3. 视觉模仿学习

视觉模仿学习（Visual Imitation Learning，VIL）直接以视频演示作为数据集进行输入，也分为三种主要的学习方式：行为克隆、逆强化学习和生成对抗逆强化学习。与早期模仿学习相比，专家示范数据都是第一人称视角，浪费了大量原始未标记的数据，数据利用率极其低下，视觉模仿学习仅在输入的数据形式上有所不同，采用另一个角度来进行模仿学习，并且着重于解决不可观测动作的问题，它允许机器人通过观察专家的行为来学习策略，而无须显式地访问动作或奖赏信号，这种方法在现实世界的应用中尤为重要，因为在许多情况下，获取专家的动作或奖赏信号可能是困难或不可行的。

视觉模仿学习侧重于从观察到的状态转移中恢复出动作，并将这些动作用于策略学习。其关键挑战是，由于动作信息的不完全可观测性，直接从观察量中学习变得复杂。为了解决这个问题，研究者开发了多种技术，包括逆向动态模型和正向动态模型的构建，以及基于生成对抗网络（GAN）的策略学习。

逆向动态模型专注于从状态转移中预测动作，它通过分析专家的演示来学习状态之间的转换如何映射到动作上。这种方法的一个实例是利用卷积神经网络来处理图像序列，并预测在具体操作任务中的动作。正向动态模型则采取相反的方法，它从当前状态和动作预测下一个状态，这种方法通常涉及潜在策略网络的构建，该网络能够推理出潜在的动作，并使用正向动态模型来预测状态转移。

除了基于模型的方法，还有生成对抗这种基于无模型的方法，其不依赖于对环境动态的显式建模，它通过训练一个判别器来区分机器人生成的状态和专家演示的状态，在之前 GAIRL 的基础上又加入了一个生成对抗网络，用于判断视角并使其能够在不同视角下提取出相同的特征。现有的视频模仿学习工作的研究重点是机器人到人的模仿学习，许多研究探索利用大规模人类视频数据来改进机器人的策略学习，这些方法从视频中提取针对一个任务的有意义表征，一直致力于预训练视觉表征来支持机器人的策略学习。另一类基于无模型的方法主要专注于设计一个奖励函数来引导机器人学习策略，获取任务奖励或特征，例如通过获取先验知识来训练强化学习和模仿学习的机器人，使用神经网络从视频中学习奖励函数以促进强化学习。

在实际应用中，视觉模仿学习已经展示了其在自动驾驶、机器人控制等领域的潜力。例如，在自动驾驶场景中，视觉模仿学习可以从人类驾驶员的演示中学习策略，而无须直接访问动作或奖励信号；在机械臂轨迹规划中，视觉模仿学习可以从有限的人类示范视频中高效地生成机器人的操作数据集，并使得机器人可以学习动作技能，如图 6-15 所示，这使得 VIL 方法在实际应用中具有广泛的前景。

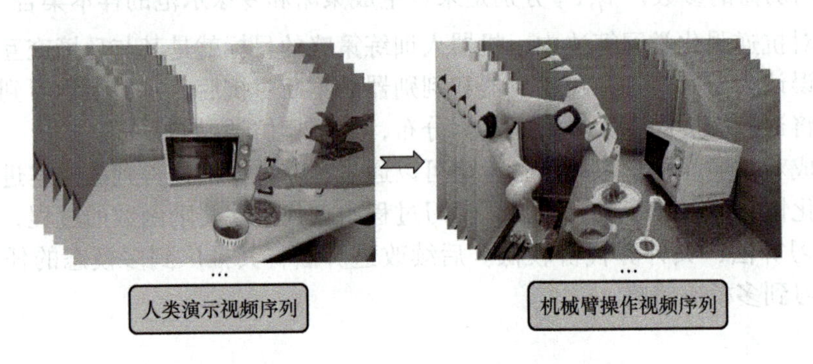

图 6-15　视觉模仿学习在机械臂轨迹规划中的应用

6.4　数据与模型训练

6.4.1　数据处理与对齐

在当今信息爆炸和数据多样化的时代，单一模态数据的处理能力已经难以满足复杂应用场景的需求。多模态数据作为输入的需求日益凸显，因为它能够综合利用不同类型的数据源，提供更加全面和精确的信息，从而显著提升人工智能系统的性能和适应能力。多模态数据融合包括图像数据、点云数据、文本数据和红外数据等，通过跨模态的信息整合，可以弥补单模态数据的局限性，增强模型的理解能力和鲁棒性。例如，在自动驾驶和具身智能等领域，多模态数据的使用不仅提高了感知和决策的准确性，还支持更自然的人机交互。因此，研究和应用多模态数据输入，不仅是提升现有技术的关键途径，也是实现更高级智能系统的必要条件。然而，多模态数据形式的异构性和复杂性也带来了巨大的挑战，在数据收集、清洗、转换、集成和存储等处理过程中，需要采用专门的技术和方法，以确保多模态数据的质量和一致性。此外，多模态数据的融合和对齐，能够实现信息的互补和增强，提高模型的理解能力和鲁棒性。因此，系统和高效的数据处理与对齐方法在数据驱动的研究和应用中扮演着至关重要的角色，对推动人工智能和数据科学的发展具有重要的理论和实践意义。

1. 数据处理

数据处理是将原始数据转化为可用于分析和决策的数据形式的过程，包括数据清洗、归一化等步骤，旨在消除数据中的错误和冗余，提高数据的一致性和可靠性。高效的数据处理是实现精准数据分析、可靠机器学习模型和智能系统的基础，对于各行各业的研究和应用都具有至关重要的作用。

（1）数据清洗　数据清洗作为数据处理流程中的关键步骤，旨在对各种“脏”数据进行对应方式的处理，得到标准、干净、连续的数据，为后续的数据统计和数据挖掘奠定基础。首先，在进行数据清洗之前需要理解数据，整体上理解数据集中的数据字段意义，对于文本型、数值型和逻辑型数据有充分的理解。

（2）归一化和标准化　数据的归一化和标准化是特征缩放的方法，是数据预处理的关键步骤。不同评价指标往往具有不同的量纲和量纲单位，这样的情况会影响数据分析的结果，为了消除指标之间的量纲影响，需要进行数据归一化或者标准化处理，以解决数据指标之间的可比性。原始数据经过数据归一化和标准化处理后，各指标处于同一数量级，能够提高神经网络模型的性能和训练速度。

数据归一化一般是将数据映射到指定的范围，用于去除不同维度数据的量纲以及量纲单位。常见的映射范围有 [0，1] 和 [–1，1]，最常见的归一化方法就是 Min–Max 归一化，也称为离差标准化，比较适用于在数值比较集中的情况，公式为

$$x_{\text{new}} = \frac{x - x_{\min}}{x_{\max} - x_{\min}} \tag{6-46}$$

式中，$x_{\max}$ 为样本的最大值；$x_{\min}$ 为样本的最小值。

数据标准化是将数据转换为均值为 0、标准差为 1 的过程，使得数据符合标准正态分布（即高斯分布）。数据标准化方法有多种，如直线型方法（如极值法、标准差法）、折线型方法（如三折线法）、曲线型方法（如半正态性分布）。不同的标准化方法，对系统的评价结果会产生不同的影响。其中，最常用的是 Z–Score 标准化，其通过原始数据的均值和标准差进行数据的标准化。经过处理的数据符合标准正态分布，即均值为 0，标准差为 1，公式为

$$x_{\text{new}} = \frac{x - \mu}{\sigma} \tag{6-47}$$

式中，μ为数据的均值；σ为数据的标准差。

2. 数据对齐

数据对齐是指将来自不同模态的数据按照统一的标准进行配准，使其在空间、时间或其他维度上具有可比性和协同性。在单模态大模型的场景下，诸如图像、文本信息首先通过神经网络转化成数值向量形式，随后这些向量被送入大模型中接受训练。这一过程使模型构建起一个针对训练集特化的嵌入表示空间，类比为不同社群间存在的语言差异。换言之，每种模型因其独特的词汇解码器和嵌入机制，实质上创造了自己的“方言”。模型在此基础上掌握的是数据在该特定空间中的布局规律。而在多模态大模型中，输入既有语言又有图像，需要让语言和图像这两种模态的数据具有相同的嵌入空间表示。通俗地讲，是要让图像和文本“说同一种语言”，保证两者间的无缝沟通。例如，模型同时接收一张小鸟的图片和描述“一张小鸟的照片”的文本，应促使两部分输出的向量彼此接近，表明它们代表了相似的意义内容。这样，图像特征即可映射到文本的特征域内，实现自然语言模型对图像的理解。注意，考虑到小鸟图像中蕴含丰富的细节（如种类、颜色、大小），所以向量间是具有高相关性而非绝对一致。具体来讲，多模态数据对齐技术分为显式对齐与隐式对齐：前者专注于直接匹配不同模态下的细部特征；后者则在模型训练进程中，通过算法自动寻找并调整数据间的潜在一致性，实现更加细腻和深层次的融合。

（1）显式对齐方法　多模态数据的显式对齐方法是指在对齐过程中明确使用了数据之间的相似性或特定的标签信息，包括无监督和监督两种。无监督的显式对齐方法不依赖于任何预先定义的标签，而是通过比较数据之间的相似性来实现对齐。例如，使用循环一致性损失的无监督图像字幕生成任务，模型在没有配对图像－文本标签的情况下，通过使图像到文本再到图像的转换过程保持初始图像的特征相似，间接实现模态间的对齐。有监督对齐技术是从无监督的序列对齐技术中得到启发，并通过增强模型的监督信息来获得更好的性能，通常可以将无监督方法进行适当优化后直接用于模态对齐。然而，监督的显式对齐方法利用预先标注的信息来指导对齐过程，通常需要更多的标注数据作为支撑。例如在视频片段与其对应语音转录之间建立精确匹配。通过使用带有时间戳的多媒体数据集，确保视频帧和相应语音片段的严格同步。监督方法的对齐性能总体上优于无监督方法，但需要以带标注数据为基础，而较准确地把握监督信息参与程度是一项极具挑战的工作。

（2）隐式对齐方法　如果模型的最终优化目标不是对齐任务，对齐过程仅仅是某个中间（或隐式）步骤，则称为隐式对齐，包括基于概率图模型和基于神经网络的方法。基于概率图模型的方法最早用于对齐多种语言之间的机器翻译，以及语音音素的转录，即将音素映射到声学特征生成语音模型，并在模型训练期间对语音和音素数据进行潜在的对齐。但是这一过程需要大量训练数据或人类专业知识来手动参与，因此随着深度学习研究的进展及训练数据的有限，该方法已经用得不多。目前，基于神经网络的方法是隐式对齐的主流方法，无论是使用编解码器模型还是通过跨模态检索都表现出较好的性能。利用神经网络模型进行模态隐式对齐，主要是在模型训练期间引入对齐机制，通常会考虑注意力机制。通过神经网络对两种模态的子元素间求取注意力权重矩阵，可视为隐式地衡量跨模态子元素间的关联程度。例如：在图像描述中，这种注意力用来判断生成某个单词时需要关注图像中的哪些区域；在视觉问答中，注意力权重被用来定位问题所指的图像区域。但由于深度神经网络的复杂性，设计注意力模块具有一定的难度。

3. 数据集划分

经过上述数据处理和数据对齐后，就得到了标准、干净、连续的数据集。为了有效地评估神经网络的性能，并确保模型的泛化能力，还需要对数据集进行划分。对于数据集的划分，通常要保证满足以下两个条件：训练集和测试集的分布要与样本真实分布一致，即训练集和测试集都要保证是从样本真实分布中独立同分布采样而得；训练集和测试集要互斥。对于数据集的划分有三种方法：留出法、交叉验证法和自助法。

（1）留出法　留出法是直接将数据集 D 划分为两个互斥的集合，其中一个集合作为训练集 S，另一个作为测试集 T。模型使用 S 进行训练，使用 T 进行评估。需要注意的是，在划分的时候要尽可能保证数据分布的一致性，避免因数据划分过程引入额外的偏差而对最终结果产生影响。假设当前数据集中有 1000 个样本，可通过提前设定数据集和测试集的划分比例，例如 7：3 或者 8：2。以 7：3 为例，在当前数据集中随机抽取 700 个数据作为数据集，剩余 300 个作为测试集。需要注意的是，不同的样本划分方式会导致模型评估结果的差异。例如，对样本进行排序后再采样，与对未排序的样本采样得到的结果可能会有所不同。

留出法的优点是简单直接，易于实现，且计算成本较低。其缺点是评估结果可能对数据集的划分方式较为敏感，不同的划分可能导致不同的评估结果，因此有时需要多次划分取平均值来获得更可靠的性能评估。

（2）交叉验证法　交叉验证法将数据集划分为 k 个数据量相等的子集（或称为折），在每次验证过程中使用 k–1 个子集进行训练，剩下的 1 个子集用于测试。这一过程重复 k 次，每次选择一个不同的子集作为测试集，其余子集作为训练集。最终的模型性能通过取所有 k 次测试结果的平均值来评估。假设有一个包含 1000 个样本的数据集，采用 5 折交叉验证（k=5）就是将数据集随机分为 5 个子集，每个子集包含 200 个样本。然后进行 5 次训练和测试：第一次使用子集 1、2、3、4 训练模型，用子集 5 测试模型；第二次使用子集 1、2、3、5 训练模型，用子集 4 测试模型；第三次使用子集 1、2、4、5 训练模型，用子集 3 测试模型；第四次使用子集 1、3、4、5 训练模型，用子集 2 测试模型；第五次使用子集 2、3、4、5 训练模型，用子集 1 测试模型。将 5 次测试结果的性能指标（如准确率、精确率、召回率等）取平均值，作为最终的模型评估结果。

交叉验证法的优点是能够得到更可靠的性能估计，通过多次训练和测试，可以减少单次划分带来的偏差；同时通过 k 次交叉验证，所有数据都被用于训练和测试，数据集被充分利用。其缺点是计算成本高，需要进行 k 次训练和测试，对于大型数据集和复杂模型可能会消耗较多计算资源。因此，交叉验证法特别适用于数据量较小或希望得到更稳定评估结果的场景。

（3）自助法　自助法是一种基于重采样的统计方法，用于估计数据集上统计量的分布。通过对原始数据集进行多次有放回的抽样，生成多个新的数据集（称为自助样本），以此进行模型训练和评估。具体来讲，假如一个数据集 D 有 m 个样本，每次从数据集 D 中随机选择一个样本，将这个样本复制一个放到 D' 中，然后再把原样本放回去（可放回），重复操作 m 次，D' 中就有 m 个样本了。这种采样方法有可能一个样本会被选择好多次，也有可能有的样本一次也不会被选择到。数据集 D 中有 36.8% 的样本未出现在训练集中。

自助法的优点是能够在数据量较小的情况下通过重采样生成多个训练数据集，提高模型的泛化能力。但是由于自助法是有放回抽样，生成的数据集可能包含重复样本，导致某些数据点对模型训练的影响被放大。

综上所述，留出法、交叉验证法和自助法是三种常见的模型评估方法，每种方法都有其独特的优点和适用场景。为了确保模型的泛化能力和性能得到合理评估，应根据数据特性、计算资源以及具体的评估需求进行权衡，选择最适合的方法。

6.4.2 数据增强与生成

在当今数字化时代，神经网络模型不断涌现，从最初的卷积神经网络到如今以 ChatGPT 为代表的大语言模型，能够在各个领域实现自动化、智能化的应用，为人类生活和工作带来了巨大的便利。然而，无论是卷积神经网络还是 ChatGPT 模型，均需要海量数据的支持，才能更好地学习到数据中的抽象特征。在真实场景中，获取足够数量且高质量的数据集通常可能面临诸多挑战，例如数据稀缺、数据分布不均匀、标注成本高昂等，经常会造成深度神经网络模型过拟合的问题。因此，数据稀缺仍然是目前构建深度神经网络模型最常见的挑战之一，同时数据的质量和多样性也是影响模型性能的关键因素之一。为了解决上述挑战，数据增强技术和数据生成技术应运而生，不仅在计算机视觉领域广泛应用，在音频和文本等领域也引起了广泛的关注。本小节将详细介绍数据增强与生成的概念、原理、方法及其应用。

1. 数据增强的定义

数据增强通常是从现有数据生成新的数据来人为地增加数据量的过程。这包括对数据进行不同方向的扰动处理或使用深度学习模型在原始数据的潜在空间中生成新数据点以人为地扩充新的数据集。

这里要区分两个概念，即合成数据和数据增强：合成数据是不使用真实世界数据的情况下生成新数据；而数据增强是从原始数据派生而来。例如：对于图像数据，可对其进行旋转来增加数据集的多样性；对于自然语言数据，可对语句进行同义改写来进行数据增强。

2. 数据增强的方法

以图像数据为例，图像数据进行数据增强可对其位置或颜色做出更改，分别调整像素位置或者像素值。基础的图像数据增强方法可分为几何数据增强、非几何数据增强、基于图像擦除的数据增强以及基于网络掩码的数据增强。

（1）几何数据增强　几何数据增强是对图像的位置、方向和纵横比等几何属性进行修改，可通过各种技术（如旋转、平移和错切）转换图像中像素的位置，如图 6-16 所示。旋转技术是将图像在 0° ～ 360° 之间旋转，此处旋转度数是一个超参数，应根据数据集的实际情况选择。例如，对于手写数字数据集 MNIST，将所有数字图像旋转 180° 后，数字 6 变成了数字 9，进而影响识别结果。平移技术是将图像向上、向下、向左或向右任意移动，但也要注意移动的幅度，过度偏移会导致图像外观发生实质性变化。还是以 MNIST 数据集为例，数字 8 向左平移到只有一半的图形时就会变成数字 3。错切技术是指图像的一部分向一个方向移动，而另一部分则向相反方向移动，即沿轴扭曲图像，进而改变图像的纵横比。上述三种几何数据增强技术均能提高数据集的多样性，但在进行数据增强的过程中，在变换幅度和数据集多样性之间找到平衡至关重要。

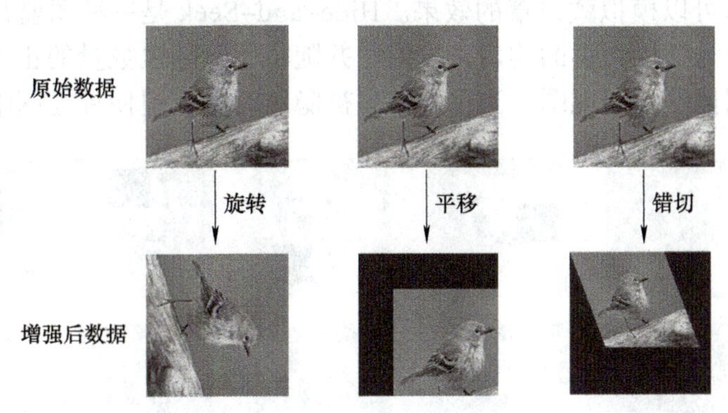

图 6-16　几何数据增强

（2）非几何数据增强　非几何数据增强侧重于修改图像的视觉特征，包括翻转、裁剪、注入噪声、色彩空间和颜色扰动等技术，如图 6-17 所示。翻转技术是一种水平或者垂直翻转图像。通常情况下，使用的是水平翻转，垂直翻转在很多情况下会导致目标歧义。裁剪技术是使用随机裁剪或者中心裁剪，然后将其再调整至原始大小，同时保留图像的原始标签。注入噪声技术是在原始图像中添加噪声，该技术可增强神经网络学习特征的能力以及抵抗对抗性攻击的能力。色彩空间技术指对图像中控制颜色的值进行随机生成，即调整图像的亮度或者暗度。图像中每个像素点的颜色通常由三个通道控制：红色（R）、绿色（G）和蓝色（B）。通过分别改变每个通道的值，可以防止模型依赖于特定的照明条件。颜色扰动技术是指随机改变图像的亮度、对比度、饱和度和色调这四个参数，根据不同数据集的实际情况指定上述四个参数的调整范围。核滤波器技术是应用一个大小为 $n \times n$ 的窗口对图像进行高斯模糊滤波或者边缘滤波。高斯模糊滤波可以使图像变得更加模糊，而边缘滤波则使图像的水平或垂直边缘锐化。

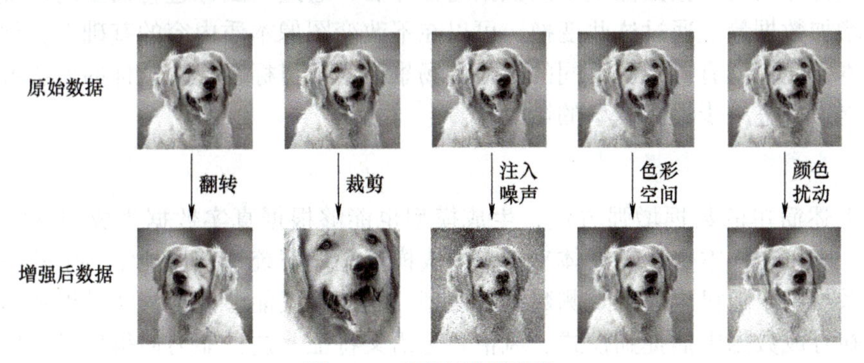

图 6-17　非几何数据增强

（3）基于图像擦除的数据增强　如图 6-18 所示，基于图像擦除的数据增强涉及去除图像的特定部分，并以特定值（如 0 或 255）或利用图像全局统计量（如平均像素值）进行填充，以此丰富数据集的多样性。这种类型的数据增强包括剪切、随机擦除和 Hide-

and-Seek 等。剪切是指在图像中随机去除一个子区域，然后在训练阶段用一个常数值（0或255）填充。随机擦除与剪切类似，是指随机擦除图像中的子区域。但主要的区别是，它随机决定是否屏蔽，并决定屏蔽区域的纵横比和大小。例如，在人脸识别任务中，通过这项数据增强技术可以模拟戴口罩的效果。Hide-and-Seek 是一种弱监督的框架，其关键思想是将图像划分为随机大小的均匀正方形，并随机删除随机数量的正方形。在每个训练轮次，都会给出图像的不同视图。当重要信息被隐藏时，它迫使神经网络学习相关特征。

图 6-18　基于图像擦除的数据增强

（4）基于网络掩码的数据增强　如图 6-19 所示，基于网络掩码的数据增强旨在解决从图像中随机擦除某一区域，可能会存在完全擦除对象或删除上下文信息区域的问题。该技术通过生成一个掩码，权衡擦除的区域，然后将其与输入图像相乘。

图 6-19　基于网络掩码的数据增强

上述几种方式为单张图像基础的数据增强方法，通过对图像进行简单的位置和颜色微小变换来增加数据量。通过这些变换，可以在不改变图像本质内容的基础上，创建大量新的训练样本，使模型有机会从不同的视角和场景中学习目标对象。这样的做法可以增强模型的泛化能力，进一步提高模型的性能。

3. 基于生成模型的数据生成

除了上述简单的数据增强方法，生成模型也能够根据真实数据生成与真实数据相似的新样本，来扩充样本数量。具体来讲，生成模型是概率统计和机器学习中的一类重要模型，指一系列用于随机生成可观测数据的模型。它们不仅能够模拟真实世界数据的复杂结构，还能在合成数据中捕捉到模式、风格乃至语义特征。这种能力使得生成模型成为解决数据不平衡、样本稀缺问题的强大工具，尤其是在深度学习应用中，通过增加多样性的样本量，提升模型的泛化能力和鲁棒性。生成模型的应用十分广泛，可以用不同的数据进行建模，如图像、文本、声音等。下面介绍两种比较经典的生成模型。

（1）变分自编码器　变分自编码器（VAE）作为一种生成模型，主要由编码器和解码器构成。该模型基于概率图模型和变分推断，旨在学习数据的潜在结构。具体而言，

VAE 假设观测数据 x 源于一个隐变量 z，该变量遵从特定的概率分布。编码器的任务是建立从数据空间到隐空间的映射，即从观测变量 x 到隐变量 z 的概率分布 $q(z|x)$ 的转换，通常采用高斯分布来建模这一映射。解码器则为逆向操作，基于隐变量的 z 值，通过分布 $p(x|z)$ 生成数据。

鉴于直接计算 $p(x|z)$ 后验分布在高维空间难度较大，VAE 引入了变分推理，通过构造一个近似分布 $q(z|x)$ 来逼近真实后验。模型优化的核心目标在于最大化对数似然 $\log p(x)$，即最小 $q(z|x)$ 与 $p(x|z)$ 之间的 Kullback-Leibler（KL）散度。这一过程具体通过最大化证据下界（ELBO）实现，公式表述为

$$\mathcal{L} = E_{z\sim q(z|x)}[\log p(x|z)] - \mathrm{KL}[q(z|x) \| p(z)] \tag{6-48}$$

式中，$E_{z\sim q(z|x)}$ 表示在分布 $q(z|x)$ 下的期望值。

此外，VAE 还使用重参数化克服采样过程中梯度无法有效传播的问题。以高斯分布为例，隐变量 z 可被重写为式（6-49）。这一形式保证了采样过程的微分性，同时促进了模型的有效训练。

$$z = \mu(x) + \sigma(x) \odot \varepsilon \tag{6-49}$$

式中，$\mu(x)$ 和 $\sigma(x)$ 分别是编码器学习的均值和标准差；ε 是从标准正态分布采样的随机噪声；$\odot$ 表示元素乘法。

通过以上步骤，VAE 可以有效地学习数据的潜在结构，并生成新的数据样本。与其他生成模型相比，VAE 具有端到端训练、优化目标明确等优点。VAE 在机器人领域有着广泛应用，例如利用 VAE 学习机器人行为的高维数据分布，并从中生成新的、流畅的动作序列，不仅扩展了机器人的行为库，还促进了其在未知情境下的适应性和创新能力。

（2）生成对抗网络　与 VAE 模型不同，生成对抗网络（GAN）由生成器（Generator，G）和判别器（Discriminator，D）构成，其结构如图 6-20 所示。生成器 G 旨在模仿真实数据集中 x 的分布并添加随机噪声 z，生成伪造的数据样本 $G(z)$。判别器 D 则对输入数据进行判断，评估其真实性，输出一个近似概率值。真实样本的输出概率接近于 1，伪造样本的输出概率接近于 0。

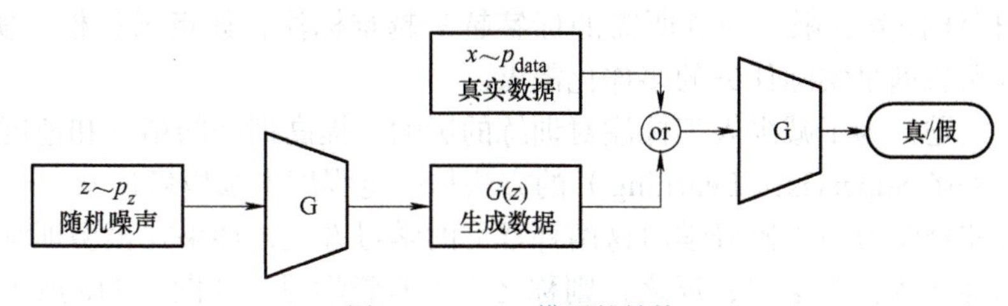

图 6-20　GAN 模型的结构

GAN 的损失函数为

$$H((x_i, y_i))_{i=1}^{\infty} = -\frac{1}{2} E_{x\sim P_{\mathrm{data}}(x)}[\log D(x)] - \frac{1}{2} E_{z\sim P_z(z)}[\log(1 - D(G(z)))] \tag{6-50}$$

式中，z 表示输入的随机噪声；$P_{\text{data}}(x)$ 表示真实样本数据集；$P_z(z)$ 表示生成器输入的随机噪声分布。

GAN 的核心思想是让生成器 G 和判别器 D 在网络内部进行博弈。训练过程中，这两个模块会轮流进行训练。具体而言，先固定生成器 G，再通过最大化 $V(D,G)$ 更新判别器 D 的结构参数，如式（6-51）所示。接收到真实数据时给出高分（接近 1），而在处理合成数据时给低分（接近 0），并通过反向传播根据损失函数微调参数。

$$\max_D V(D,G)=E_{x\sim P_{\text{data}}(x)}[\log D(x)]+E_{z\sim P_z(z)}[\log(1-D(G(z)))] \tag{6-51}$$

判别器 D 的参数更新完毕后，需要固定其参数，并进入对生成器 G 优化的阶段。根据最小化的原则对生成器 G 的结构参数进行优化，驱动生成器 G 生成更加以假乱真的样本，意图“欺骗”判别器。生成器 G 的目标函数如式（6-52）所示。随着目标函数的持续优化，生成器 G 的结构参数将不断调整，以提高生成样本的质量。

$$\min_G V(D,G)=E_{z\sim P_z(z)}[\log(1-D(G(z)))] \tag{6-52}$$

通过这种生成器与判别器的博弈过程，GAN 能够学习真实数据的潜在分布，并生成与真实数据相似的新数据样本，为解决数据集较少的问题提供了一种有效的方法。数据增强和生成通过增加数据多样性和丰富度，提高了模型的鲁棒性和泛化能力，弥补了数据不足的问题，并且显著降低了标注成本，同时还通过创建逼真的模拟环境和虚拟交互数据，加速了自监督学习和强化学习的进程，从而推动了具身智能技术的进一步发展和实际应用。

6.4.3 自监督模型训练

伴随着深度学习的发展，模型训练所需的数据量越来越大，对于手工标注的标签需求量也越来越大。目前，现有的神经网络主要依赖于有监督训练范式，虽然这种训练的结果准确性高，但是仍然存在以下问题：

1）人工标注成本高。2019 年澳洲数据标注公司 Appen 以 3 亿美元的价格收购竞争对手 Figure Eight 公司，足以看出人工标注市场需求量大，收益显著。

2）人工标注精度有限。由于人工标注的外在因素限制，标注的成千上万张图像并不是完全准确的，这些会影响网络训练的速度和准确性。

3）人工标注任务有限。训练所需的标签越来越难标注，如点云拉框、实例分割等，现有标注技术无法满足实际任务的多样化需求。

基于以上问题，为了减少人工标注对训练的影响，提高训练的精度和速度，可以通过自监督学习（Self-Supervised Learning）的方法从一定程度上加以解决。

首先区分监督学习与无监督学习这两种常见的学习方式，如果在模型训练期间使用标注的数据，则称之为监督学习；反之，则称之为无监督学习。如图 6-21a 所示，在监督学习中，模型输入是 x，输出是 y。如何使模型输出期望的 y 呢？这需要标注好的数据（标签，label）$\hat{y}$，例如在图像分类中，需要知道这一堆图像分别归属于哪个类，并把这个先验知识告诉模型，通过对模型进行监督训练使得输出 y 尽可能地接近标签 $\hat{y}$。自监督学习如图 6-21b 所示，假设有一堆未标注的图像数据，将这些数据分成两部分：模型的输入 x'

和模型的标签 x''，将 x' 输入模型并让它输出 $\hat{y}$，通过对模型训练让 $\hat{y}$ 尽可能地接近它的标签 x''（学习目标）。需要注意的是，这里的 x'' 不是人为标注的，而是数据里本来就有的。由于自监督学习不使用标注后的数据，因此自监督学习是无监督学习中的一种。

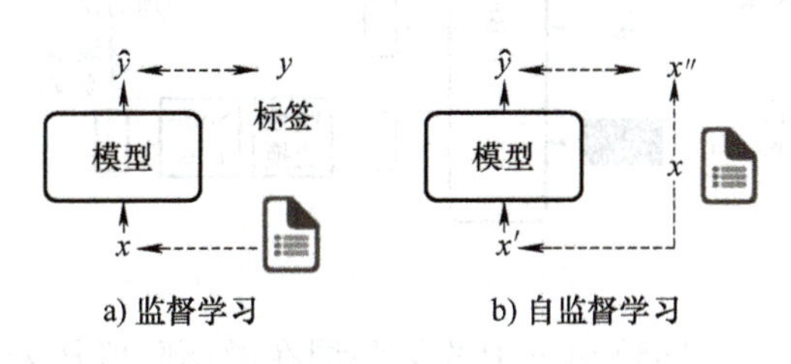

图 6-21　监督学习和自监督学习

那么如何实现自监督学习呢？如何实现自监督模型的训练呢？如何微调预训练的模型使之能适应多样的下游任务呢？下面举几个例子具体说明。

1. 单模态自监督 BERT

BERT 模型是自监督学习的经典模型，其全称是 Bidirectional Encoder Representations from Transformers。BERT 架构与 Transformer 的编码器完全相同，由多个自注意力、残差连接和归一化操作等组成。其主要实现的任务是输入一行向量，可以输出另一行向量，且输出的长度与输入的长度相同。通过 Transformer 中的自注意力机制，可以捕捉从浅层语法特征到深层语义特征的不同级别的语言信息。BERT 一般用于自然语言处理任务，所以其输入一般是文本序列，输出一组向量，其中文本个数与输出向量个数一致。由于语音、图像等也可看作一个序列，因此 BERT 还可以拓展到语音和视频处理等任务，这里以文本序列输入为例说明。

自监督学习和监督学习的主要区别在于训练，对于 BERT，其训练方式主要有两种：掩码语言模型（Masked Language Model，MLM）和下一句预测（Next Sentence Prediction，NSP）方法。

（1）基于掩码语言模型的自监督训练　MLM 的任务类似于让模型做“完形填空”。在训练过程中，随机掩盖句子中的一些文字（通常随机掩码率为 15%）。其中被掩盖的字有两种替换方法：用一个特殊符号“MASK”替换，或者随机替换成其他文字。然后，将替换好的句子作为 BERT 的输入，被掩盖的字对应的输出向量通过一个线性变换和 Softmax 函数处理后输出一个概率分布。特别地，生成的概率分布向量的长度和句子的长度相同，每个字均有其对应概率，概率最大的字即为被掩盖的字的最终预测结果。在训练过程中，为了使预测的字和被掩盖的字尽可能一致，可以把该模型训练问题转化为一个简单的分类问题，其中类别的数目和句子的长度一样，通过交叉熵损失函数进行约束训练，从而实现无须人工标注的自监督学习。

例如，输入原始句子“My dog is hairy.”，将句子中的“hairy”掩盖，并替换成“MASK”，需要通过训练来预测被掩盖的“MASK”，如图 6-22 所示。

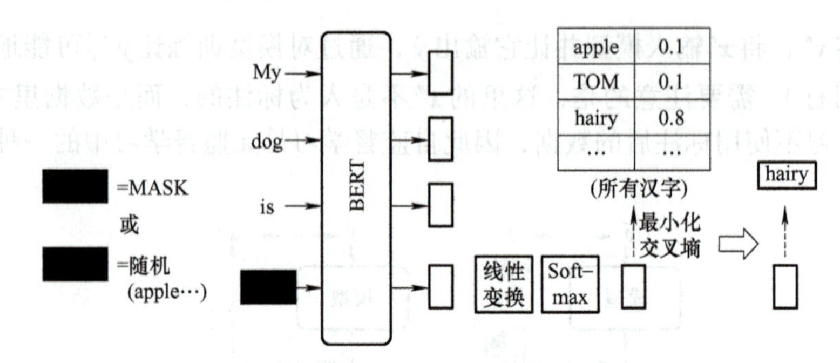

图 6-22　基于掩码语言模型的 BERT 自监督训练

但是，mask 率的存在会导致句子中的某些词在微调阶段从未见过，影响最终的学习结果。因此，通常需要将不同的掩码替换策略结合起来，保证模型训练过程中学习到的信息多样性和全局性。通常，在 80% 的训练时间中采用特殊符号“MASK”替换（My dog is [MASK]. 未知的信息，使模型具有预测能力），10% 的训练时间中采用随机替换成其他文字的方法（My dog is apple. 错误的信息，使模型具有纠错能力），剩下 10% 中保持字符不变（My dog is hairy. 正确的信息）。

（2）基于下一句预测的自监督训练　自然语言处理领域中的下游任务（例如问答和推理等）通常基于两个句子之间关系的理解。基于此项任务，为了增强模型对句子之间关系的理解能力，训练时模型输入形式是，给定一个长序列，其中包括两个句子（50% 情况下是真正相连的两个句子，50% 是随机拼接的两个句子），开头是一个词元 [CLS]，两个句子之间用 [SEP] 隔断。最终输出是与输入相同大小的向量，但由于训练目标是判断第二个句子是不是真正的第一个句子的下文，这里只关注 [CLS] 的输出向量通过线性变换层后的输出，通过设计二分类问题，训练并输出“yes”和“no”，其中“yes”表示两个句子是一篇文章中正常的上下连贯的两句话，“no”则相反。

实际构建预训练任务时，可以首先设计好“下句预测”任务，生成该任务的标注信息，而后在此基础上构建 MLM 任务，生成基于掩码语言模型的标注信息。

（3）训练后的微调　基于以上两种方式训练好的 BERT 模型，具有处理“填空题”和“判断题”的能力。给 BERT 一些有标注的数据，它可以高效适应和解决多样的、复杂的下游任务，将 BERT 分化并用于各种任务的过程称为微调（fine-tuning）。与微调相反，在微调之前训练此 BERT 模型的过程称为自监督学习，也可以称之为预训练。

对模型进行测试的不同任务的这种集合，可以将其称为任务集。任务集中最著名的标杆（基准测试）称为通用语言理解评估（General Language Understanding Evaluation, GLUE）。GLUE 里面一共有 9 个任务，包括 Quora 问题对（the Quora Question Pairs, QQP）、多类型自然语言推理数据库（the Multi-genre Natural Language Inference corpus, MNLI）等。如果想知道像 BERT 这样的模型是否训练得很好，可以针对 9 个单独的任务对其进行微调。因此，实际上会为 9 个单独的任务获得 9 个模型。这 9 个任务的平均准确率代表该自监督模型的性能。自从有了 BERT，GLUE 分数（9 个任务的平均分）逐年增加。下面将举一个例子（基于提取的问答系统），具体说明微调的过程。

基于提取的问答系统主要实现的任务是同时输入一篇文章和一个问题，能够输出一个答案。其中，答案必须出现在文章中，是文章的一个片段。在该问题中，将文章和问题均

看作一个序列，即

$$D=\{d_1,d_2,\cdots,d_N\},Q=\{q_1,q_2,\cdots,q_M\} \tag{6-53}$$

式中，d_i，q_i 均表示一个汉字（中文）或单词（英文）。如图 6-23 所示，将 D 和 Q 放入问答模型中，希望它输出两个正整数 s 和 e。根据 s 和 e 可以直接从文章中截出一段，文章中第 s 个单词到第 e 个单词的片段就是正确答案。这是目前使用的一种非常标准的方法。

图 6-23　基于提取的问答模型

如何基于预训练 BERT 模型解决这种问答问题呢？给 BERT 输入一个问题和一篇文章，类似于自然语言处理，在开头放置一个 [CLS] 词元，然后在两者之间设置一个特殊标记 [SEP]。在此任务中，设置两个向量并将其随机初始化，这里使用斜线阴影向量和菱形阴影向量来表示，这两个向量的长度与 BERT 的输出将是相同的。那么如何使用这两个向量呢？如图 6-24 所示，首先计算斜线阴影向量和文档对应的输出向量的内积，如果把斜线阴影部分视为查询，把空白部分视为键，这就是一种注意力机制，得分最高的位置即为目标位置。如图 6-24a 所示，斜线阴影向量和 d_2 的内积最大，则 s 应等于 2，输出的起始位置应为 2。类似地，如图 6-24b 所示，菱形阴影部分代表答案结束的地方，第 3 个注意力值最大，e 应为 3。综上，正确答案是 d_2 和 d_3，遵循“答案一定在文章里”这个必要前提，问答模型的任务就是预测正确答案的起始位置。当然，基于预训练好的 BERT 模型，仍需要一些有标注的训练数据才能微调训练这个模型。

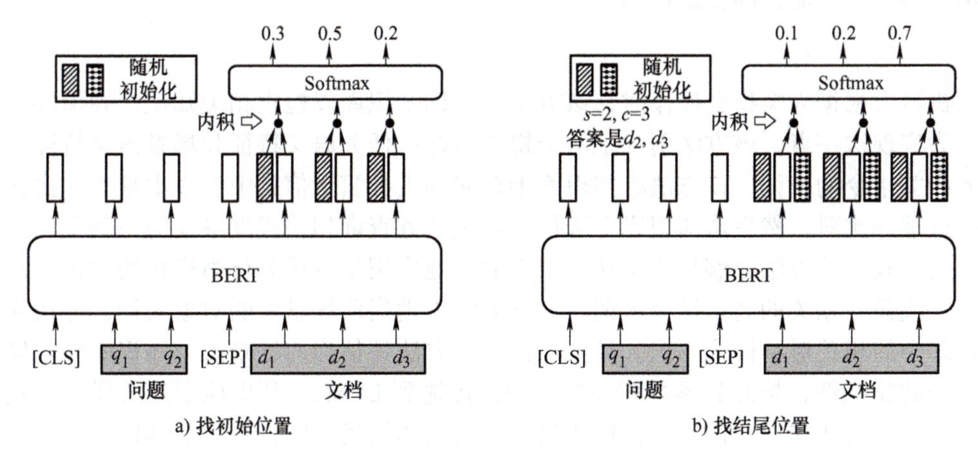

图 6-24　基于 BERT 微调的问答模型

2. 多模态自监督模型

视觉和语言预训练（Vision-Language Pre-training，VLP）在解决多模态学习方面已显示出巨大的进步。最近两年出现了基于 Transformer 结构的多模态预训练模型，通过海量无标注数据进行预训练，然后使用少量有标注数据进行微调即可。

2019 年 MoCo 的横空出世，掀起了视觉自监督学习的热潮。受到 NLP 领域的启发，视觉领域的研究者也相继开展了基于 Transformer 的视觉语言预训练工作。ViT 将图像的补丁块（patch）作为序列输入 Transformer 进行预训练，克服 Transformer 结构难以处理图像输入这一困难。CLIP（Contrastive Language-Image Pre-training）将自然语言作为监督以提升图像分类效果，使用对比学习（Contrastive Learning，CL）方法促进图像和文本的匹配能力。MAE（Masked Autoencoders）将 NLP 中常用的自监督方法用于预训练，其通过训练自编码器，预测经过随机掩码而缺失的图像补丁，从而高效、准确地进行图像分类任务。人类最具有抽象知识表达能力的信息为语言信息，而人类获取的最丰富的信息为视觉信息，上述工作分别在这两种模态上开展预训练并取得成功。

6.5 实例分析：具身智能机器人

6.5.1 基于大语言模型的高层规划

1. 任务描述

在相似场景中，与对象相关的知识（如物体放置偏好）可以在不同任务之间迁移，为任务间和物体间操作策略的泛化提供了基础保障。此外，与指令相关的任务知识也适用于不同的场景，使得概念级知识能够在相似场景中泛化。本实例将基于人类偏好知识，利用人类提供的任务指令信息，从偏好知识库中提取任务所需知识。获取任务所需知识后，实例将采用思维链（Chain of Thought，CoT）方法，引导 LLMs 调用已编写完成并具备完整代码文档和调用示例的环境感知及运动控制 API，生成具有正确语法格式并在注释中完整展示机器人思考流程的控制代码。

2. 知识检索方法

当机器人根据人类指令操作时，该方法会查询知识库以检索相关知识，并指导其规划过程。为实现这一点，该方法引入了两个检索指标：任务语义特征和场景语义特征。为实现任务相关指令的查询，该方法将知识库中存储的人类演示信息中的文本键与本次获得的指令进行逐一比对，然后从知识库中选择与本次任务查询相关程度最高的一条知识。通过上述行为方式，该方法能够从历史任务中提取到能应用于本任务行为模式的知识。

在完成任务相关的文本指令查询后，该方法识别当前场景中的对象实例，并访问存储在知识库中的相关对象模式知识。具体来说，该方法评估当前场景图与知识库中存储的场景键之间的相似性，检测到场景相关的知识并传输到 LLMs。利用检索到的任务模式知识和场景相关的模式知识，该方法将构建当前场景的初始场景图，然后 LLMs 执行规划以生成所需的动作序列。

3. 基于思维链的机器人控制代码生成

基于思维链的机器人控制代码生成模块提供了一组感知工具和运动规划工具。每当系统接收到一个任务查询时，LLMs 使用上下文学习（ICL）生成一个 Python 脚本。生成的 Python 脚本主要包括思维链、环境感知和运动规划三个部分。

在实际应用中，本实例采用了少样本学习的方法，为 LLMs 提供了一系列格式化的提示词。这些提示词使得 LLMs 能够按照要求生成可执行的 Python 脚本。

尽管 LLMs 在代码生成方面表现出强大的能力，但在长任务拆解上的成功率较低，难以满足任务需求。因此，需要人为设计一种特殊结构的 Python 代码格式，以引导 LLMs 生成能完成实际机器人操作任务的代码。为实现这一目标，本小节将代码格式分为思维链注释生成、环境感知和运动规划三个部分，其流程如图 6-25 所示。

（1）思维链（CoT）注释生成　当生成具有长时间跨度或涉及复杂推理过程的任务代码时，LLMs 难以高效完成任务。CoT 是一种高效的提示方法，引导 LLMs 逐步明确地输出其思考过程。CoT 提示会引导 LLMs 首先将子任务拆解为基元动作序列，并以注释段的形式输出，该注释段位于 Python 脚本前部，包含感知和运动决策模块，有助于 LLMs 理解所需执行的动作，并在感知和运动决策模块中充分利用这些基元动作进行代码生成。

（2）环境感知　环境感知模块用于接收和处理多视角 RGB-D 图像的传感器数据。此流程中，传感器数据用于物体检测和机械臂避障。经过相机坐标系和机械臂基座坐标系的转换（眼在手外）或相机坐标系和机械臂末端关节的转换（眼在手上），在实际感知环节中，该方法采用 GLIP 对场景中规划传入的物体信息进行分割，为每个物体建立蒙版。环境感知模块将 RGB-D 图像和深度信息转换为具有语义标注的点云，并通过坐标系转换将点云数据投射至机械臂基座坐标系，以便进行机械臂动作规划和抓取操作。

（3）运动规划　运动规划模块将环境感知模块的输出作为输入参数，生成无碰撞的路径规划，并进一步调用低级控制器来控制运动。为了满足机械臂在实际应用场景中的移动需求，开发了一系列底层控制 API，例如平动、转动、自由无碰撞移动、关闭夹爪、打开夹爪等。这些 API 接口均保留了环境感知模块传入的场景环境信息，为机器人高精度操作提供基础保障。例如，当打开在柜子上的抽屉时，机器人需要首先抓取抽屉把手，该把手的中心位置由环境感知模块获得。抓取后，机器人应以笛卡儿路径向外拉动抽屉，抽屉的运动路径应垂直于把手所在平面，因此需要机器人感知模块传入抽屉把手平面的法线方向。对于这个 API，该方法以简短的句子描述了该 API 的作用与调用方式。

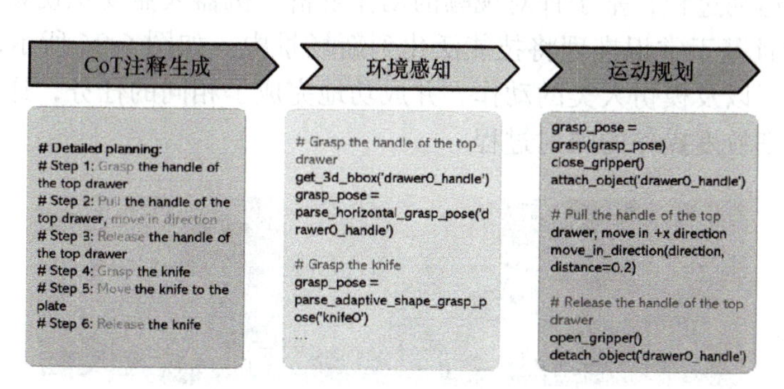

图 6-25　可执行代码格式的流程

代码生成模块将采用少量样本学习的方式，通过示范底层控制 API 的使用方法，使 LLMs 生成符合要求的可执行脚本。

（1）系统提示词　系统提示词是预定义的、与查询无关的输入，用于设置 LLMs 的上下文和一般指令，以帮助结构化长文本的输出。大语言模型特殊数据训练，增加模型对包含在特殊标记中的系统消息的关注。本小节通过添加诸如“你只能生成 Python 代码和注释”等系统提示词，引导生成可执行代码。由于 LLMs 在阅读长文本时通常更关注系统提示，本模块将调试中 LLMs 容易出现的问题作为限制信息添加在 constraints 中，并将感知工具和运动规划工具的定义包含在系统提示中，以便 LLMs 正确且高效地调用这些 API。

（2）少样本示范　为了限制 LLMs 的输出格式并减少“幻觉”内容的产生，该方法提供了 10 轮任务和格式化的可执行代码，以便 LLMs 更好地理解 API 的使用方式和所需的代码格式。API 分为感知工具和执行操作两类。感知工具包括 get_object_center_position、get_3d_bbox 等，其提供几何信息作为函数参数，如物体位置、三维边界框、转轴预测和平面表面法向量。通过这种以返回数值类型为函数名的设计，LLMs 只需推理特定任务涉及的对象属性并调用相应 API。经验表明，LLMs 擅长处理高层次任务分解和上下文一致的函数调用，但在处理具有物理和几何约束的问题时存在问题。这种设计充分利用了 LLMs 的长处，避免了它们的弱点。

（3）提出任务　提出任务的流程包含两个语句。第一个语句描述当前环境中的对象，例如：“object=[apple，drawer]”；第二个语句提供任务指示，例如：“Please put the apple in the drawer”。第一个语句中的物体来源于视觉编码器（该方法中使用 GLIP），而第二个语句中的任务提示来源于动作序列中的子任务。

6.5.2　基于视觉语言模型的细粒度技能学习

1. 任务描述

在视觉模仿学习领域，其目标是让机器人通过观察和模仿人类演示视频中的操作行为来掌握新的细粒度技能，并能够泛化到新场景中。

本实例首先录制人类执行操作任务的演示视频，并将这种 RGB-D 格式的视频提供给机器人。机器人通过计算机视觉处理技术等一系列手段，观察并解析视频中演示者手部与物体交互的详细运动过程，基于针对视频的动作解析，机器人需要从视频中学习到细粒度的动作技能，并且基于常识推理将技能泛化到新场景中。如图 6-26 所示，基于人类演示视频，机器人学习以及模仿人类的动作，并成功地完成了相同的任务，这体现了从人类演示视频到机器人细粒度操作的映射过程。

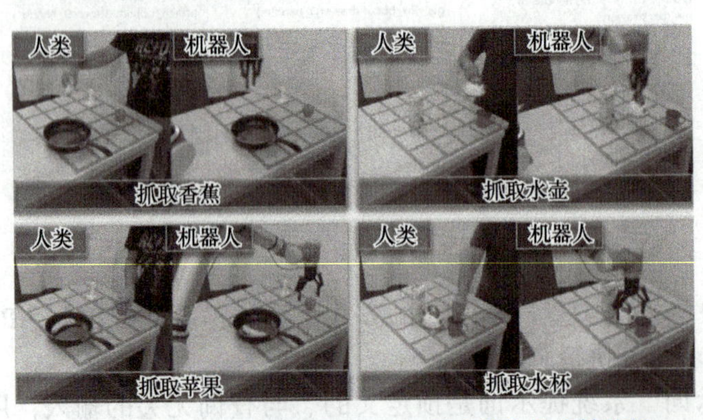

图 6-26　人类演示视频到机器人细粒度操作的映射过程

2. 原理介绍

视觉模仿学习旨在理解人类演示视频内容从而模仿人类动作。近期 VLMs 展现出快速增长的概念理解、常识知识和推理能力，为视觉模仿学习提供了强大的常识理解与逻辑推理基础，然而 VLMs 依旧难以识别视频中的细粒度动作信息。为了解决这个问题，本实例首先对人类演示视频进行解析，采用了一种人手与物体交互的解析方法，将视频分解成一系列的分段，并对每段进行以物体为中心的动作评估，将这些动作提供给 VLMs 进行分析，将理解低级动作的复杂问题转换为 VLMs 擅长解决的模式推理问题，基于该方法，机器人可以从演示视频中高效学习新技能。

人类演示视频解析总体框架如图 6-27 所示，为了获得用于技能学习的以物体为中心的运动，设计了包含三个阶段的人类演示视频解析方法，具体包含视频解析和任务识别、物体重构、以物体为中心的运动估计。

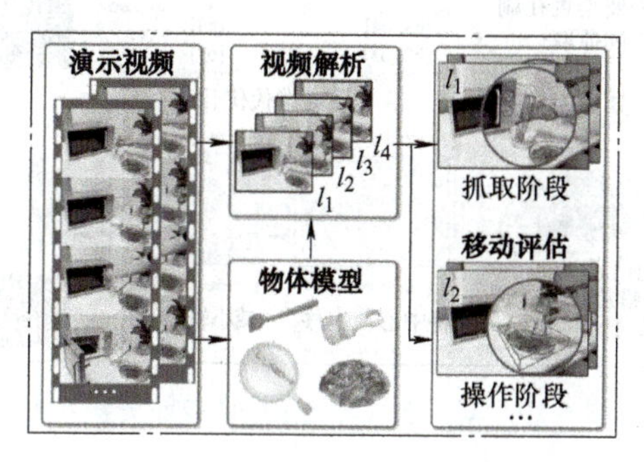

图 6-27　人类演示视频解析总体框架

基于对人类演示视频的解析，本实例使用 VLMs 来辨别视频中的动作模式。然而，动作是一种冗余的信号，即体现了较低的信息密度，这种固有的冗余性阻碍了 VLMs 从冗余的动作信号中提取高层次语义 – 几何约束信息。为了克服这一个挑战，本实例设计了一种基于语义 – 几何分层约束表示的技能学习方法，如图 6-28 所示。该方法通过动作可视化表征来提取语义约束，并使用关键点的数值来表示细粒度的几何约束，使得该方法能从少量的人类视频中有效提取约束信息并学习到新技能。

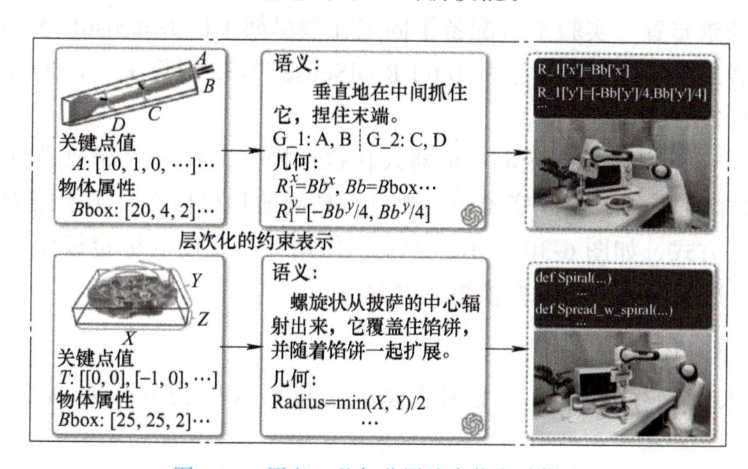

图 6-28　语义 – 几何分层约束信息的提取

基于从演示视频中学习的操作技能，本实例的下一步目标是使机器人的细粒度操作技能能够应用于新的环境场景。尽管前文所述的方法能有效促进新技能的获取，但由于人类演示视频和实际执行场景之间存在明显的差异，这直接限制了所学技能在新场景的应用。为了应对这些挑战，本实例提出了一种基于迭代对比策略的技能更新方法，如图 6-29 所示。其中，VLMs 通过迭代对比策略来更新技能，该策略通过与已演示的知识进行迭代对比以对齐当前帧并更新技能，从而促进检索到的技能能够适应于新场景。

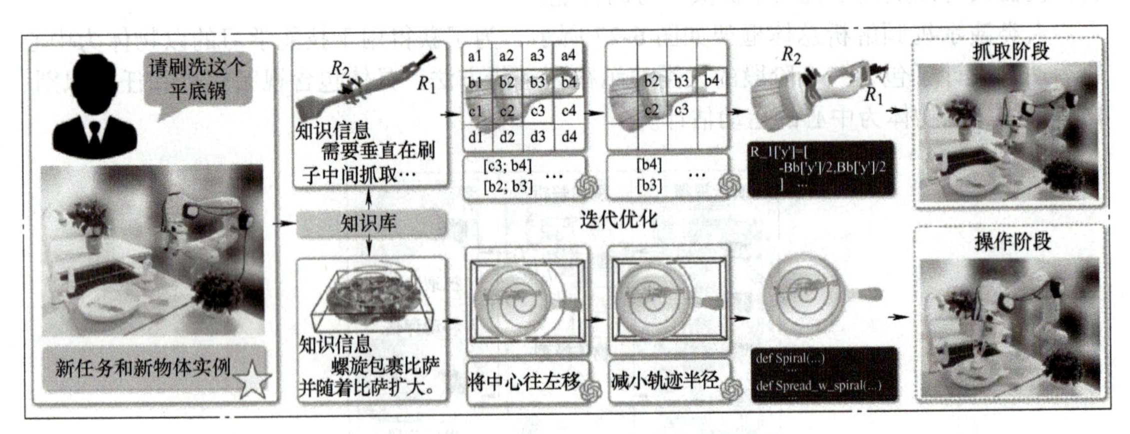

图 6-29　基于迭代对比策略的技能更新方法

基于以上原理基础，本实例能够使机器人通过观察和模仿人类演示视频中的操作行为来掌握新的细粒度技能，并泛化到新场景中。

3. 实验部署步骤

（1）实验平台搭建　由于 Franka Emika Panda 7 DoF 机械臂在机器人研究领域中被众多机构广泛采用，且具有良好的可靠性、可负担性和可用性，本实例采用该机械臂进行实验以测试性能。

（2）实验场景布置　实验平台配备了固定在型材架上的 Microsoft Azure Kinect 摄像头和安装在机器人末端执行器附近的 Intel RealSense D435 摄像头，以进行环境观察，并且布置了与人类演示相似的场景。

（3）基于感知分析的相机标定　机器人在执行操作动作之前需要进行全局感知或者针对特定物体的详细感知，因此实验前需要进行精确的相机标定。主要分为眼在手外和眼在手上两种标定方式，如图 6-30 所示，本实例使用一个定制的标定板作为已知几何形状的标定参照物，进而求解所需的变换矩阵参数。

4. 实验结果展示

本实例以人类制作比萨演示视频为输入，机器人模仿并学习其细粒度操作，如图 6-31 所示。

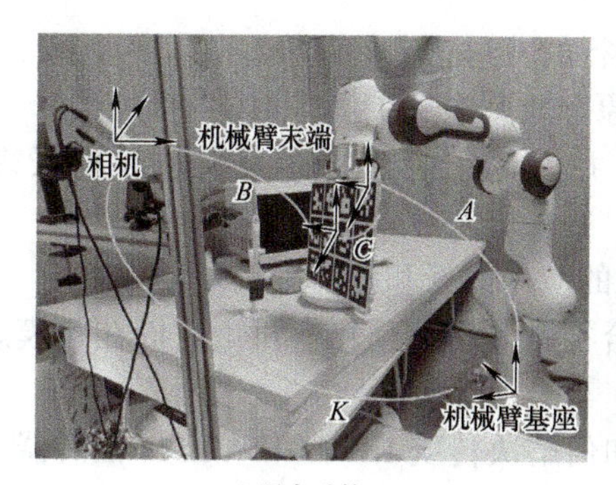

a) 眼在手外

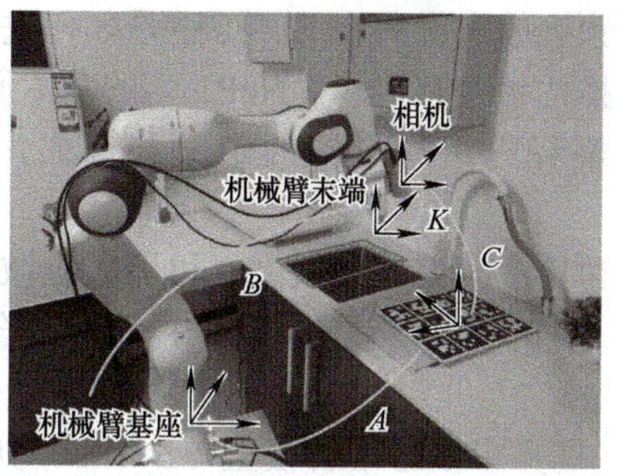

b) 眼在手上

图 6-30　相机标定方法

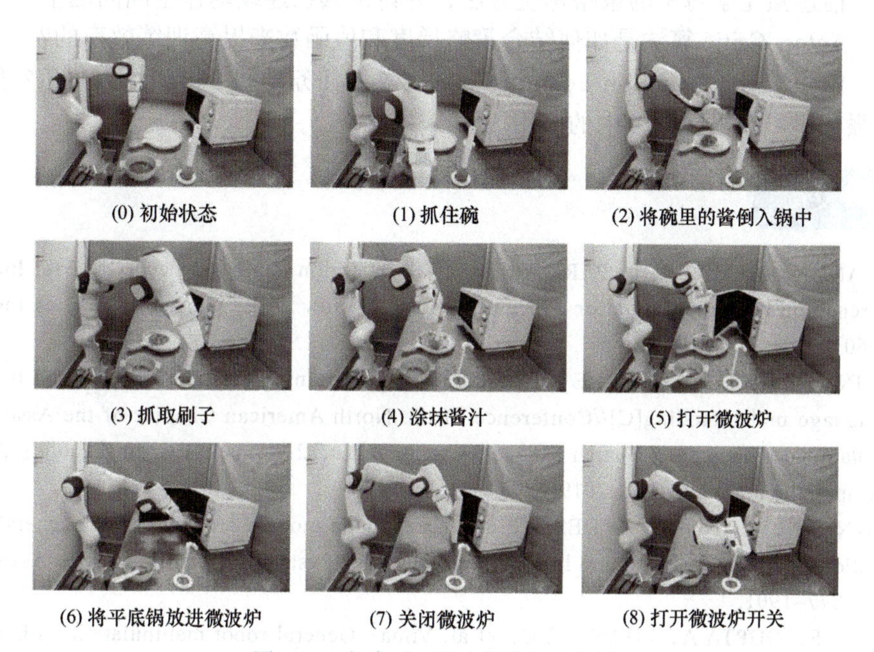

图 6-31　长序列细粒度操作任务效果

习题

6-1　解释具身智能（Embodied Intelligence）的概念及其在自主机器人中的重要性。

6-2　描述大语言模型（LLMs）的工作原理，并举例说明它们在自然语言处理任务中的应用。

6-3　解释注意力机制（Attention Mechanism）在 Transformer 架构中的作用。

6-4　什么是自注意力（Self-Attention）机制和多头注意力（Multi-Head Attention）机制？它们如何改进模型的性能？

6-5　对比自回归模型和自编码模型在 LLMs 中的应用和性能差异。

6-6 预训练和微调在 LLMs 中是如何进行的？讨论它们对模型性能的影响。

6-7 描述神经辐射场（NeRF）的基本原理及其在三维场景重建中的应用。

6-8 解释三维场景图的定义和构成，并讨论它们在机器人导航和场景理解中的作用。

6-9 讨论多模态基础模型在机器人领域的应用前景和潜在影响。

6-10 视觉语言模型（VLMs）如何结合视觉和语言信息？讨论它们在跨模态任务中的应用。

6-11 具身多模态语言模型（EMLs）如何解决传统 LLMs 和 VLMs 在机器人领域应用的限制？

6-12 强化学习（RL）中的基本概念包括哪些？解释它们在 RL 算法中的作用。

6-13 描述强化学习中的策略梯度方法，并讨论其在连续动作空间问题中的应用。

6-14 Actor-Critic 算法是如何结合策略梯度和值函数来提高训练效率的？

6-15 模仿学习（Imitation Learning）在机器人任务规划中扮演什么角色？解释行为克隆和逆强化学习在模仿学习中的应用。

参考文献

[1] VASWANI A，SHAZEER N，PARMAR N，et al. Attention is all you need[C]// 31st International Conference on Neural Information Processing Systems New York：Curran Associates Inc，2017：6000-6010.

[2] DEVLIN J，CHANG M W，LBE K，et al. Bert；pre-training of deep bidirectional transformers for language understanding[C]//Conference of the North American Chapter of the Association for Computational Linguistics：Human Language Technologies，2-7 June2019. Minncapolis：Association for Computational Linguistics，2019：4171-4186.

[3] BROWN T B，MANN B，RYDER N，et al. Language models are few-shot learners[C]//. 34th International Conference on Neural Information Processing Systems New York：Curran Associates Inc，2020：1877-1901.

[4] JIANG Y F，GUPTA A，ZHANG Z C，et al. Vima：General robot manipulation with multimodal prompts[C]//40th International Conference on Machine Learning. New York：ACM Ress，2023：14975-15022.

[5] RADFORD A，KIM J W，HALLACY C，et al. Learning transferable visual models from natural language supervision[C]//International Conference on Machine Learning，18-24 July 2021.New York：Curran Associates Inc，2022：8738-8753.

[6] LI J N，LI D X，XIONG C，et al. Blip：bootstrapping language-image pre-training for unified vision-Language understanding and generation[C]//International Conference on Machine Learning：ICML 2022，Baltimore 17-23 July 2022. New York：MLResearchPress，2022：12889-12901.

[7] MILDENHALL B，SRINIVASAN P P，TANCIK M，et al. NeRF：Representing scenes as neural radiance fields for view synthesis[J]. Communications of the ACM，2021，65（1）：99-106. 2020.

[8] BARRON J T，MILDENHALL B，TANCIK M，et al. Mip-NeRF：a multiscale representation for anti-aliasing neural radiance fields[C]//International Conference on Computer Vision.Washington：IEEE Computer Society Press，2021：5855-5864.

[9] MARTIN-BRUALLA R，RADWAN N，SAJJADI M S M，et al. NeRF in the wild：neural radiance

fields for unconstrained photo collections[C]. IEEE Conference on Computer Vision and Pattern Recognition. Washington: IEEE Computer Society Presss, 2021: 7210-7219.

[10] MÜLLER T, EVANS A, SCHIED C, et al. Instant Neural graphics primitives with a multiresolution hash encoding[J]. ACM Transactions on Graphics, 2022, 41 (4): 1-15.

[11] SUCAR E, LIU S K, ORTIZ J, et al. iMAP: Implicit mapping and positioning in real-time[C]// 2021 IEEE/CvF International Conference on Computer Vision (ICCV). Washington; IEEE Computer Society Press, 2021: 6209-6218.

[12] TSCHERNEZKI V, LAINA I, LARLUS D, et al. Neural feature fusion fields: 3D distillation of self-supervised 2D image representations[C]//International Conference on 3D Vision (3DV). Piscataway: IEEE Press, 2022.

[13] CEN J Z, ZHOU Z W, FANG J M, et al. Segment anything in 3D with neRFs[C]//37th International Conference on Neural Information Processing Systems. New York: Curran Associates Inc, 2024: 25971-25990.

[14] KERR J, KIM C M, GOLDBERG K, et al. LERF: language embedded radiance fields[C]// International Conference on Computer Vision (ICCV). Washington: IEEE Computer Society Press, 2023: 19729-19739.

[15] KRISHNA R, ZHU Y K, GROTH O, et al. Visual genome: Connecting language and vision using crowdsourced dense image annotations[J]. International Journal of Computer Vision, 2017, 123 (1): 32-73.

[16] ARMENI I, HE Z Y, GWAK J Y, et al. 3D scene graph: a structure for unified semantics, 3D space, and camera[C]//IEEE/CVF International Conference on Computer Vision 27 Oct-2 Nov 2019, Seoul: Institute of Electrical and Electronics Engineers, 2019: 5663-5672.

[17] ROSINOL A, GUPTA A, ABATE M, et al. 3D dynamic scene graphs: Actionable spatial perception with places, objects, and humans[C]//Robotics :Science and Systems 2020. Cambridge: MIT Press, 2020.

[18] BAIN M, SAMMUT C. A framework for behavioural cloning[C]. Oxford: The Workshop on Machine Intelligence, 1995: 103-129.

[19] ROSS S, GORDON G J, BAGNELL D. A reduction of imitation learning and structured prediction to no-regret online learning[C]//Fourteenth International Conference on Artificial Intelligence and Statistics. New York: MLResearch Press, 2011: 627-635.

[20] NG A Y, RUSSELL S. Algorithm for inverse reinforcement learning[C]//Proceedings of the Seventeenth International Conference on Machine learning, June 29-July 2, 2000, Stanford University . San Francisco: Morgan Kaufmann Publishers Inc, 2000: 663-670.

[21] ABBEEL P, NG A Y. Apprenticeship learning via inverse reinforcement learning[C]//Proceedings of the Twenty-First International Conference on Machine Learning. New York: Association for Computing Machinery, 2004: 1-8.

[22] ZIEBART B D, MAAS A L, BAGNELL J A, et al. Maximum entropy inverse reinforcement learning[C]//23rd AAAI Conference on Artificial Intelligence and 20th Innovative Applications of Artificial Intelligence Conference.Palo Alto: AAAI Press, 2008: 1433-1438.

[23] HO J, ERMON S. Generative adversarial imitation learning[C]//30th annual conference on Neural Information Processing Systems, 5-10 December 2016, Barcelona: Neural Information Processing Systems, 2016: 4572-4580.

[24] EDWARDS A, SAHNI H, SCHROECKER Y, et al.Imitating latent policies from observation[C]// 36th International Conference on Machine Learning: ICML 2019, Long Beach, California, USA,

9–15 June 2019.NewYork：Curran Associates，Inc.，2019：3156–3164.

[25] NAIR A，CHEN D，AGRAWAL P，et al.Combining self-supervised learning and imitation for vision-based rope manipulation[C]//IEEE International Conference on Robotics and Automation，May 29–June 3，2017.Singapore：Institute of Electrical and Electronics Engineers，2017：2146–2153.

[26] 何俊，张彩庆，李小珍，等. 面向深度学习的多模态融合技术研究综述 [J]. 计算机工程，2020，46（5）：1–11.

[27] GOODFELLOW I，POUGET-ABADIE J，MIRZA M，et al. Generative adversarial nets[C]//27th International Conference on Neural Information Processing Systems. Cambridge：MIT Press，2014：2672–2680.

第 7 章　自主机器人移动机构

导读

自主机器人（Autonomous Robots）移动机构是其自主导航与运动定位的关键基础，移动机构的设计直接影响到机器人的定位精度、路径规划，以及机器人的机动性、地形适应性、动态平衡性和运动效率。

本章以不同类型机器人移动机构为线，介绍自主机器人移动机构设计需考虑的各类因素与设计原则。基于不同应用场景和任务需求，介绍多种典型移动机构，分别阐述每种机构的具体设计内容，并进行运动学分析。最后，通过实际案例介绍从方案分析到设计制作的自主机器人移动机构开发全过程。

本章知识点

- 自主机器人移动机构设计准则
- 直轮式机器人移动机构
- 履带式机器人移动机构
- 麦克纳姆轮式机器人移动机构
- 全向轮式机器人移动机构
- 舵轮式机器人移动机构

7.1　自主机器人移动机构设计准则

自主机器人移动机构的性能不仅决定了机器人的机动性和环境适应能力，还影响了机器人在多样化任务场景中的表现与作业效率，设计一款既高效又稳定的移动机构来增强机器人对多变任务和复杂工作环境的适应性，是提升自主机器人综合效能和实用性的关键。

设计准则是机器人设计中的重要依据，不仅影响机器人的性能和功能，还直接关系到机器人在实际运行中的安全性、可靠性和用户体验。机器人移动机构设计是一个涉及多学科交叉、综合性能、环境适应性、可靠性和工程实现难度的过程。以下是一些机器人移动机构设计的基本准则。

1. 任务导向性

设计应明确针对机器人所需完成的任务，如搬运、搜索、救援、侦查等，确保移动机构能够支持并优化任务执行。例如，快速平地移动可能优先考虑轮式设计，而复杂地形探索则可能需要足式或履带式结构。

2. 环境适应性

充分考虑作业环境特征，如地形地貌（平坦、崎岖、室内、户外、水下等）、物理条件（温度、湿度、光照、磁场等）、环境变化（季节、天气、人造障碍等）。移动机构应具备在特定环境下稳定、高效、安全运行的能力。

3. 能源效率

优化能源消耗，确保机器人在有限的能源供应下能完成预期任务。设计时需考虑传动效率、摩擦损失、质量分布等因素，尽可能减少无效能耗，尤其是在能源受限的自主机器人中尤为重要。

4. 可靠性与耐用性

确保移动机构在复杂工况下的稳定性和耐久性，包括选择合适的材料、合理的机械结构、冗余设计、故障检测与隔离机制等，以降低故障率、延长使用寿命并能在恶劣条件下维持作业。

5. 可操控性与灵活性

赋予机器人良好的运动学特性，如足够的速度、加速度、转向能力以及在必要时的悬停或定位能力。设计应易于实现精确控制，包括对速度、方向、姿态的精细调整，以及对复杂地形或障碍物的避障策略。

6. 尺寸、重量与功率限制

遵守机器人总体设计的尺寸、重量和功率预算，移动机构应紧凑、轻量化，并在有限的功率输出下实现所需性能。这涉及材料选择、结构优化、动力系统集成等多方面的考量。

7. 易维护性与可扩展性

设计应便于维修、升级和更换部件，包括模块化设计、标准化接口、易于访问的维修点等。此外，考虑未来任务需求的变化，移动机构应具有一定的可扩展性，能够适应硬件或软件的升级。

8. 控制成本

在满足性能需求的前提下，合理控制成本。权衡高端材料、精密部件与经济型解决方案之间的取舍，确保机器人在市场上的竞争力。

9. 合规性与安全性

遵守相关法规标准，如机器人安全标准（如 ISO 13482）、电磁兼容性标准等。同时，设计应包含必要的安全机制，如紧急停止、碰撞检测与避免、过载保护等，确保人员和环境的安全。

10. 仿真验证与试验测试

在设计阶段运用计算机仿真工具，预测和优化移动机构的性能。后续通过原型制作和实地试验，验证设计的有效性和可靠性，根据测试结果迭代改进设计。

遵循以上准则，设计者可以系统地考虑影响机器人移动机构性能的各种因素，制定出既符合任务需求又具备良好工程可行性的设计方案。

7.2　直轮式机器人移动机构

7.2.1　设计需求分析

日常生活中最常见的直轮式移动机构是汽车，如图 7-1a 所示，依靠轮式驱动原理，以前轮操舵、后轮或四轮全驱的模式，可实现在多样路况下的稳健行驶与敏捷操控。而在现代工厂和仓库广泛部署的自动引导车（Automatic Guided Vehicle，AGV）（图 7-1b）及自动移动机器人（Autonomous Mobile Robot，AMR），大多采用差速转向轮设计，提高了生产与物流的自动化程度。在居住和办公空间，家用和商用扫地机器人（图 7-1c），通过简洁高效的直行与转向机制，完成室内清洁任务。此外，在商业中心、酒店和医疗机构，采用直轮式移动机构的服务型机器人具有较高的稳定性和灵活性，可执行迎宾指引、物品递送等多种服务。

a) 汽车

b) 自动引导车(AGV)

c) 扫地机器人

图 7-1　直轮式移动机构在不同场景下的应用

直轮式移动机构具有较低的制造成本与实施难度，因其结构简单，也减少了运维成本及维护时间，成为大规模部署的普遍选择。特别在以下场景，直轮式移动机构多作为首选解决方案：

1）平整地面作业：在硬质、平坦表面，如室内、仓库、工业区、医疗设施及商业中心，直轮式机器人能迅速而稳定地移动，保证了高效率与优异的操纵性能。

2）结构化环境：在路径明确、标线清晰的场合，如仓库走道或医院导向轨道系统，借助磁条导航或激光反射带等简易技术，直轮式机器人能高效执行任务。

3）长距离任务需求：鉴于轮式装置通常拥有较快的行进速度与持久的续航能力，非常适合大范围巡逻、物资转运或远程监控等应用场景，如机场、大型物流园区的安全与物流管理。

7.2.2 结构设计

直轮式机器人移动机构是机器人的支承基础和运动平台，一个典型的直轮式机器人移动机构如图 7-2 所示，主要由车体框架、驱动装置、轮子、悬架系统和转向装置几个部分组成。

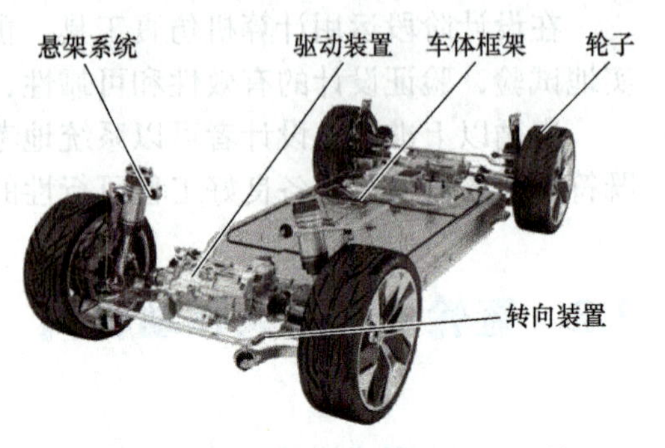

图 7-2 典型的直轮式机器人移动机构

1. 车体框架

车体框架是移动机构的基础结构，负责承载和支承整个机器人的其他组件。为保证结构强度的同时减少重量和能耗，车体框架通常采用铝合金、不锈钢或碳纤维等轻质高强度材料制作。常见的直轮式移动机构轮子布局见表 7-1。

表 7-1 直轮式移动机构轮子布局

排列方式	说明	典型案例
	操纵轮在前面，牵引轮在后面	自行车、摩托车
	两轮差速驱动，质心位于车轴下方	Cye 个人机器人
	两轮中心差速驱动，第三点接触	AGV 智能机器人
	前 / 后面两个独立驱动轮，前 / 后面一个无动力全向轮	许多室内机器人，包括 EPFL 机器人 Pygmalion 和 Alice
	两个连接的牵引轮（差速器）在后面，一个转向自由轮在前面	Piaggio 微型货车
	两个自由轮在后面，一个操纵牵引轮在前面	Neptune（卡梅基梅隆大学）、Hero-1
	后面有两个机动轮，前面有两个转向轮；两个轮的转向必须不同，以避免打滑 / 滑动	后轮驱动汽车

（续）

排列方式	说明	典型案例
	前面有两个机动轮，后面有两个转向轮；两个轮子的转向必须不同，以避免滑动 / 打滑	前轮驱动汽车
	四个可转向的动力轮	四轮驱动，四轮转向 Hyperion（CMU）
	前 / 后面两个牵引轮（差动），前 / 后面两个全向轮	Charlie（DMI-EPFL）

注：表中各轮形图标示意如下：

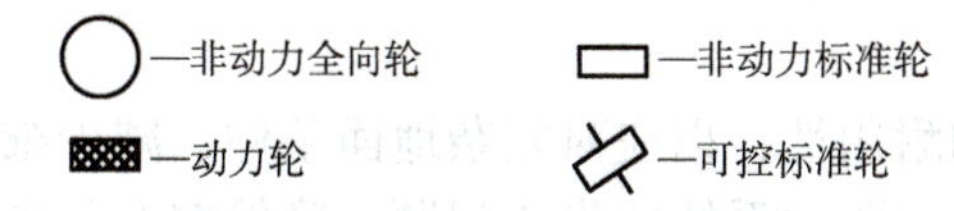

2. 驱动装置

驱动装置是机器人运动能力的核心，包括电动机、液压马达、减速器、轮轴等组件，用于提供动力和转动力矩，驱动机器人移动。

（1）电动机　移动机器人常见的电动机有直流电动机、交流电动机、步进电动机、无刷电动机等。电动机的选择通常需要根据机器人的负载、速度、加速度等需求，综合考虑输出转矩、效率、响应速度和控制精度等多种因素。

（2）减速器　减速器在机器人移动机构设计中主要用于降低电动机输出转速并增加输出转矩，从而匹配机器人作业要求。针对这一功能，减速器的选取首先应明确机器人作业的性能要求，即最大预期速度与所需承载转矩的范围。在此基础上，减速器的选择还需考虑以下几点：

1）精密性和动态稳定性。用以实现精确定位、平稳加速及减速等高级控制。

2）传动效率。一个高效率的减速器能显著减少能耗，可以提升机器人续航时间，延长机器人独立作业周期。

3）物理空间约束。实际应用中考虑机器人整体的尺寸、重量限制等物理约束，设计选用紧凑轻量的减速器不仅能够提高机器人的便携性与灵活性，还能间接增强其载荷能力，适应更多元化的作业场景。

4）成本控制。在确保所有技术规格达标的同时，合理控制成本。

（3）轮子　轮子是移动机构的必需部件，可以是单个的轮子或者由多个轮子组成的轮组，可根据机器人的应用场景和要求选择合适的类型和尺寸。

轮子的选型与设计首先考虑承重能力。这要求轮子不仅要承受机器人自身及其负载的静态压力，还要经受由运动导致的动态载荷，包括惯性力与地面反馈力，确保轮子在各种工况下的承载能力。设计时，需考虑轮子将面临的作业环境，如硬质路面、松软土壤或崎岖地形，根据应用场景定制轮胎材质、纹理或采用特定的地面适应技术，以优化抓地力和牵引力，使机器人无论何种地形皆能稳定运行。

为提升在多变环境下的适应性，有些情况下轮子设计需考虑防尘与防水特性，强化耐用度与可靠度。轮子作为高磨损部件，其材料与构造需特别注重耐磨与寿命要求。

轮子的尺寸和重量与机器人的能耗和机动性能有着直接关联，设计时在保证强度与稳定性的前提下，宜尽量采用轻量化设计。

3. 悬架系统

悬架系统可用于减振和保护底盘其他组件免受碰撞和振动的影响，通常采用弹簧、减振器或者活动支架等组件实现，在起到减振作用的同时，提高机器人的稳定性和越障能力。

悬架系统的刚度和阻尼特性需要根据机器人的负载、运行速度和路面状况进行调整，以实现舒适性与操控性之间的最佳平衡。对于多变的任务需求，悬架系统应具备可调节性，以适应不同的作业环境。对于高速或重载应用，悬架设计还应包括横向稳定杆或防倾杆，以减少侧倾并增强转弯稳定性。

悬架系统的材料和结构必须具备高耐磨性和耐用性，以应对复杂地面条件，减少维护和更换的需求。此外，悬架系统的设计还需考虑与驱动系统的集成问题，确保在有限空间内高效布局，避免部件间的干涉，实现各系统的协同优化。

4. 转向装置

转向装置可以对机器人的运动方向进行控制，使得机器人能够高效、准确、稳定地完成转向动作。

直轮式机器人移动机构主要有两种转向方式：差速转向与阿克曼式（Ackermann）转向。差速转向作为广泛应用的转向方案，利用左右轮差速转向，即一侧加速而另一侧减速或静止，令机器人向低速侧偏航，此方法无须再附加转向机构。另一种阿克曼式转向，类似汽车转向方案，配置一个或多个转向前轮或后轮，并遵循阿克曼几何等特定布局，调控轮间转向角，即抑制轮胎滑移的同时实现紧凑转弯半径，是实现高稳定度与精准操控场景的方案。

5. 差速器

差速器，作为汽车及其他车辆驱动系统的核心机械组件，主要作用是调控左右行进轮的转速差异，确保行驶稳定与操控灵活。尤其在转弯和面对复杂地形时，使用差速器可以应对内外车轮因路径长度不一所导致的不同速度需求，保障车辆顺畅、安全过弯。

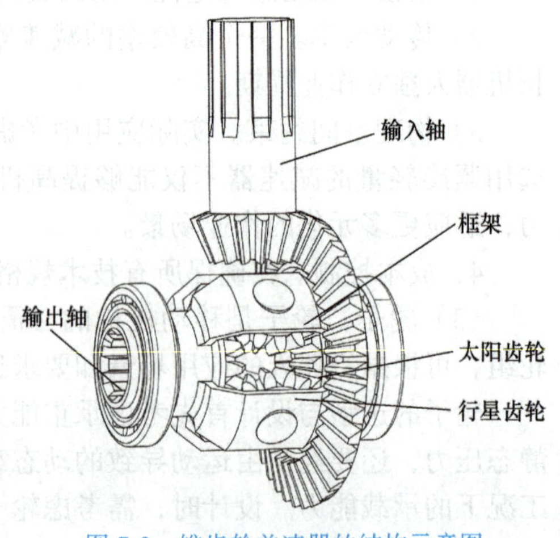

图 7-3　锥齿轮差速器的结构示意图

差速器的核心结构是行星齿轮：电动机的动力经由传动轴传入，与固定齿轮耦合，此齿轮进而驱动差速器内的行星齿轮架旋转。行星齿轮不仅绕自身轴自转，也跟随行星架公转，并通过与左右半轴齿轮的啮合，动态分配驱动力至各车轮。图 7-3 所示为锥齿轮差速器的结构示意图。

可以看出，在阿克曼转向方案中差速器是不可或缺的元件。使用差速器的关键在于顺应车辆转弯时内外侧车轮因路径长短差异所需的不同转速，从而使两侧车轮自如地适应这一受力变化。如果没有差速器，转弯操作会导致两侧车轮被强制同步旋转，引发非必要的地面滑移，加剧轮胎磨损，降低操控响应，甚至危及行驶安全。

7.2.3　运动学分析

本小节对两轮差速移动机构（图 7-4）和四轮阿克曼型移动机构（图 7-5）进行运动学分析。

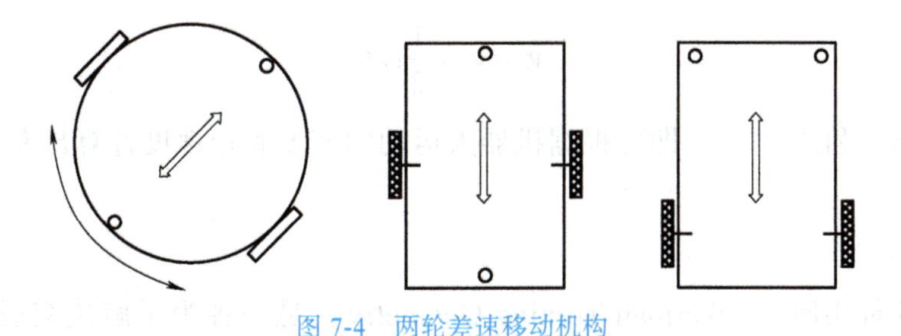

图 7-4　两轮差速移动机构

1. 两轮差速移动机构

如图 7-6 所示，车体坐标系的原点假设为 M 点，在左右轮轴的中心上。O 点为车体某一瞬时的旋转圆心，r_1、r_2 为其旋转半径，两轮间距为 L。其中，正运动学分析需要解决的问题是如何将驱动轮左轮速度 v_l 和右轮速度 v_r 转换为车体坐标系 M 下的线速度 v 和角速度 ω。逆运动学分析是将车体坐标系 M 下的线速度 v 和角速度 ω 转换为驱动轮左轮速度 v_l 和右轮速度 v_r。

图 7-5　四轮阿克曼型移动机构

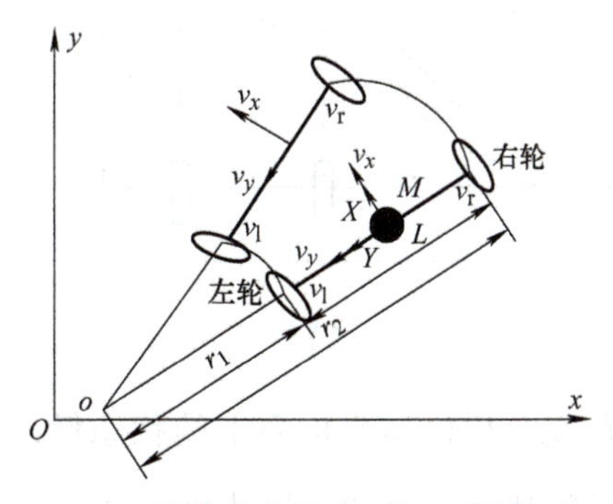

图 7-6　两轮差速移动机构运动学模型

正运动学：

$$v_r = \omega r_2 \tag{7-1}$$

$$v_l = \omega r_1 \tag{7-2}$$

$$\omega=\frac{v_1-v_r}{r_1-r_2}=\frac{v_r-v_1}{L} \tag{7-3}$$

$$v_x=\omega\left(r_1+\frac{L}{2}\right)=\frac{1}{2}[\omega r_1+\omega(r_1+L)]=\frac{v_1+v_r}{2} \tag{7-4}$$

$$v_y=0 \tag{7-5}$$

逆运动学：

$$v_1=v_x-\frac{1}{2}\omega L \tag{7-6}$$

$$v_r=v_x+\frac{1}{2}\omega L \tag{7-7}$$

由式（7-6）和式（7-7）即可根据机器人运动的速度和角速度计算出左右驱动轮所需的控制速度。

2. 四轮阿克曼型移动机构

阿克曼转向几何（Ackerman Turning Geometry）是一种为了解决交通工具转弯时，内外转向轮路径指向的圆心不同的几何学，其转向模型如图 7-7 所示。

为了便于分析，通常可以将模型进行简化为如图 7-8 所示的单车转向模型，即在前轮中心和后轮中心各假想一个轮子来代表前后轮的运动。其中，L 表示前轮和后轮间的距离，R 表示转弯半径。

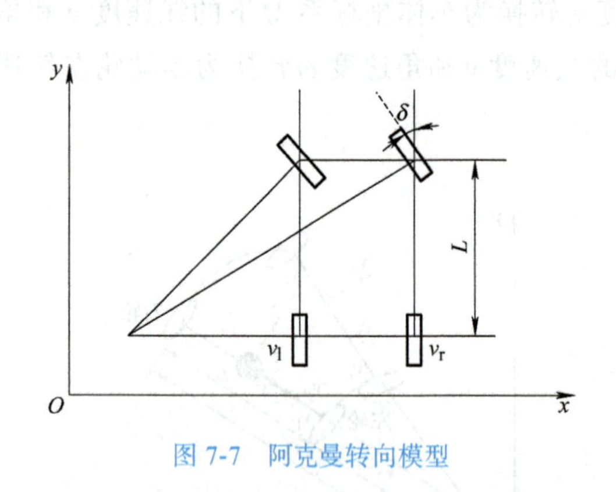

图 7-7 阿克曼转向模型

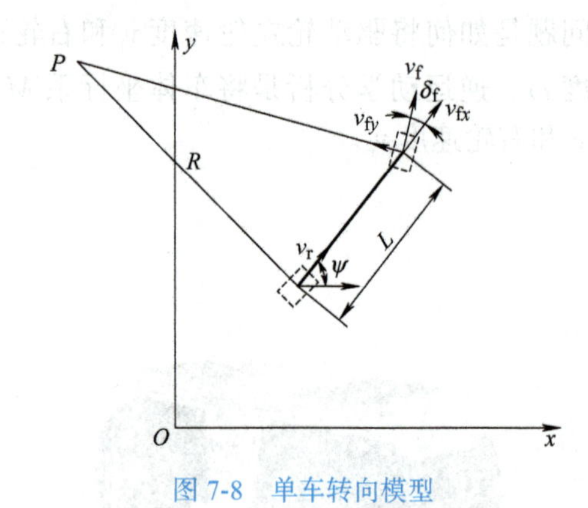

图 7-8 单车转向模型

首先分析机体坐标系上的状态量，前轮速度 v_f，后轮速度 v_r。假设只存在车轮滚动，所以后轮速度只存在于机体坐标系 x 方向。在不考虑轮胎力的前提下，前轮速度 v_f 只存在前轮偏角 δ_f 方向上。

将两个速度分解，沿机体坐标系 x 轴方向：

$$v_{rx}=v_r \tag{7-8}$$

$$v_{fx}=v_f\cos\delta_f \tag{7-9}$$

y 轴方向：

$$v_{ry} = 0 \tag{7-10}$$

$$v_{fy} = v_f \sin\delta_f \tag{7-11}$$

因为假设机体是刚性模型，所以 x 轴方向不会发生形变，前后轮沿机体坐标系 x 轴方向速度相同，即

$$v_{rx} = v_{fx} \tag{7-12}$$

而前轮在 y 轴方向有速度，所以模型存在平面转动，前轮转动的角速度数值上等于切线速度和轴距的比值，即

$$\omega_f = \frac{v_{fy}}{L} = \frac{v_r \tan\delta_f}{L} \tag{7-13}$$

接着，进行坐标系转换，建立机体坐标系 oxy 和大地坐标系 OXY 的关系，将后轮速度 v_r 分解到大地坐标系，即

$$\dot{X} = v_r \cos\Psi \tag{7-14}$$

$$\dot{Y} = v_r \sin\Psi \tag{7-15}$$

因为整个模型是刚体，刚体对于任意基点的角速度都是相同的，即大地坐标系上的角速度 $\dot{\Psi}$ 和机体上各点的角速度是相同的，即

$$\dot{\Psi} = \omega_f = \frac{v_r \tan\delta_f}{L} \tag{7-16}$$

控制量通常选取后轮速度 v_r 及前轮转向角 δ_f，状态量选取世界坐标系下的坐标 x 、y 及航向角 Ψ，则阿克曼转向的运动学模型可以表示为

$$\begin{cases} \dot{X} = v_r \cos\Psi \\ \dot{Y} = v_r \sin\Psi \\ \dot{\Psi} = \dfrac{v_r \tan\delta_f}{L} \end{cases} \tag{7-17}$$

可见，已知航向角的前提下，确定好后轮的转速和前轮转向角，即可确定阿克曼型移动机器人的运动状态。

7.3　履带式机器人移动机构

7.3.1　设计需求分析

目前履带式机器人广泛应用于远程操控的物资搬运、环境探索、紧急救援、公共安全等场景，如图 7-9 所示。

履带拥有大面积支承与低地面压力的特性，可使机器人在松软泥泞的地形上稳健运动。在地形多变、障碍密布的环境中，履带结构具有较强的越障和爬坡能力。履带的连续环形结构与广域接触面也使其具有强大的牵引力，成为重载搬运和极端倾斜地表操作的理想方案。

图 7-9　履带式机器人

履带式移动机构在以下场景较为适用：

1）极端与复杂地貌。在未经铺设的道路、湿地、雪原、沙漠等地形中，履带的宽幅接触与轻柔触地特性确保了其在农业、林业、野外地质勘探等自然环境下的高效通行。

2）崎岖地形。无论是险峻山岭、沟壑纵横还是施工现场，履带式系统的卓越爬升能力与障碍跨越能力使其能在救援、采矿及基础设施建设等复杂环境中运动。

3）重载牵引。凭借载荷分散效应，履带式设备能在承载庞大重量的同时，减少地表压力，是坦克、挖掘机、大型起重机等重工业装备的优选底盘方案。

4）恶劣环境。履带的坚固构造与恶劣气候下的高适应性，使它成为户外严苛条件下（如矿山开采、露天煤矿作业等）的长期运行设备。

7.3.2　结构设计

履带式机器人移动机构的整体结构通常由车架、履带、驱动轮、从动轮、支重轮和托带轮等组成。图 7-10 所示为履带式移动机构的结构示意图。

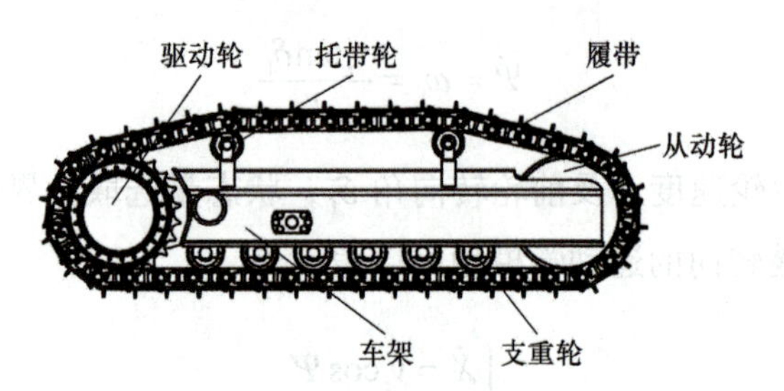

图 7-10　履带式移动机构的结构示意图

1. 履带式移动机构的结构形式

如图 7-11 所示，履带式移动机构常见的结构形式有以下两种。

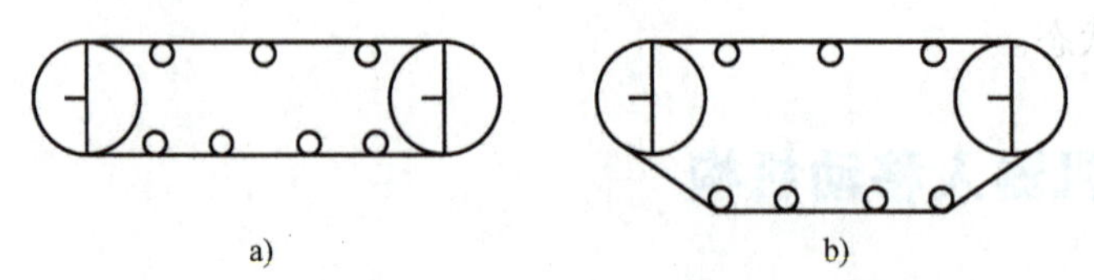

图 7-11　履带式移动机构常见的结构形式

图 7-11a 所示结构中，驱动轮及从动轮兼作支承轮（两轮只做微量的抬高），这种结构有较大的支承地面面积，具有高稳定性。图 7-11b 所示结构中，驱动轮及从动轮不作支

承轮，轮中心与地面之间有一定距离，其适合于穿越障碍，可在松软的土壤上运动，还可减少因泥沙夹入引起的磨损，提高驱动轮和从动轮的寿命。

2. 支重轮

支重轮的主要功能是支承机器的重量，并让履带沿着轮子表面顺利滚动。履带式移动机器人的重量主要通过支重轮压于履带板的轨道传递到地面上。根据履带支重轮传递压力的情况，又可分为多支点式和少支点式，如图 7-12 所示。

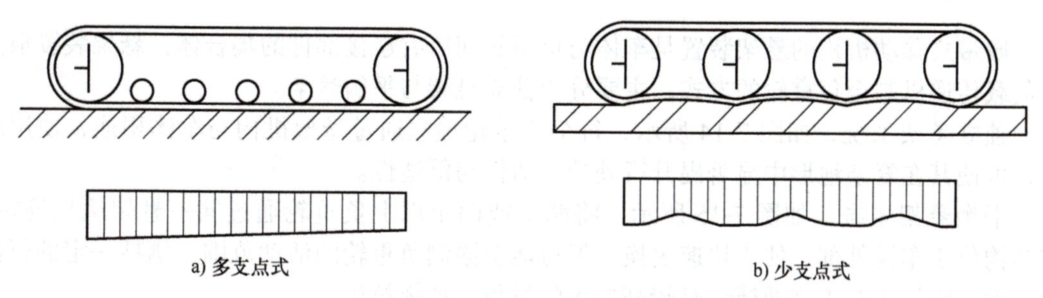

图 7-12 履带式移动机构支重轮的类型

多支点式一般具有 5 ～ 9 个支重轮，相邻两支重轮之间的距离小于履带节距的 1.5 倍，履带在支重轮之间不能弯曲，因此接地比压近似均匀分布。因多支点式的支重轮数目多，直径较小，所以一般固定支承于车架上。

少支点式的支重轮数目少而直径大，运行阻力较小，但支重轮之间的履带节数较多，可以有很大的弯曲，在支重轮的正下方履带受压很大，而其他地方受压较小，这样的装置更适合在石质土壤环境中工作。

如果支重轮与履带之间没有弹性悬架，则车体运行时没有缓冲作用，所以允许的运行速度要小于 5km/h。如果要达到更高的速度，应采用弹性悬架或半刚性悬架。

3. 驱动轮和从动轮

分置在履带两端的带轮是否用于驱动也和履带机构的形状有关。对于少支点式的履带形式，采用前后轮驱动的方式都可行。

如图 7-13a 所示的履带形式，驱动轮在后方较为有利，这时履带的上分支受力较小，从动轮受力较小，履带承载分支处于微张紧状态，运行阻力较小。如图 7-13b 所示，前轮为驱动轮时，履带的上分支及从动轮承载较大，履带承载部分长度处于压缩状态，运行阻力增大。

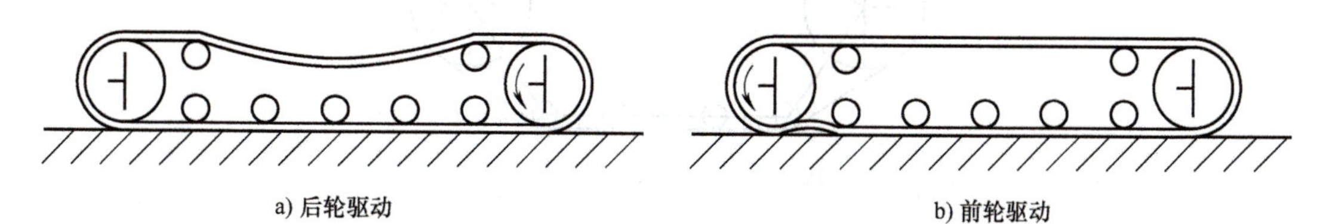

图 7-13 前后轮驱动对于一般履带结构的影响

4. 托带轮

托带轮安装在履带上分支的下方可以减少履带的下垂量，如图 7-13a 所示。为保证托带轮的平稳运转。托带轮一般只需要 2 ～ 3 个，由于只需承受履带自重，所以托带轮的尺寸较小，结构也可以尽量简单化。

也有不用托带轮的机构，如图 7-12b 所示的少支点式结构，大支承轮的上方就作为托带之用。也可以用滑动的导路来代替托带轮。

5. 悬架系统

履带式移动机构的悬架装置是车体与负重轮间所有连接部件的集合体，悬架装置根据其负载传递机制至负重轮的方式，主要分为独立悬架与平衡悬架。

独立悬架系统，如图 7-14 所示，每个负重轮独立通过悬架机构与车体相连，使用广泛，可使其在复杂地形中显著提升行驶的灵活性与舒适性。

平衡悬架系统，如图 7-15 所示，将两个或两个以上负重轮通过同一悬架机构连接，该结构位于车辆外部，便于快速更换，但可能会限制负重轮的活动范围，牺牲一定的行驶细腻度，常见于对维修便捷性有较高要求的场景，如拖拉机。

图 7-14　独立悬架系统

图 7-15　平衡悬架系统

7.3.3　运动学分析

从基本的运动原理分析，履带式移动机构的转向方式为差速滑动转向。如图 7-16 所示，对履带式移动机构进行运动学建模和分析。

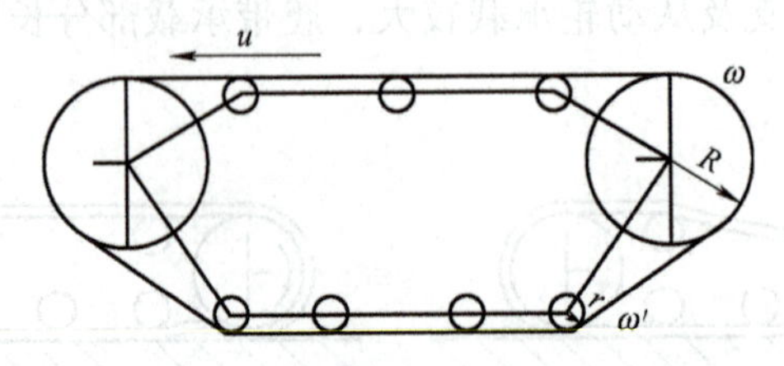

图 7-16　履带式移动机构运动学分析

图 7-16 中，驱动轮的半径为 R、角速度是 ω，下面的载重轮的半径为 r、角速度是 ω'。

假设车体在平坦路面上以速度 u 做直线运动，此时所有的轮轴及车体都有一个共同向前的速度 u，则车体的速度就等于载重轮轮轴的线速度，即

$$u = \omega' r \tag{7-18}$$

再分析驱动轮与最右端载重轮之间的关系，由于轴心都有共同向右的速度 u，可以将其当作一个链传动机构，即夹在各轮之间的履带线速度相等：

$$\omega R = \omega' r \tag{7-19}$$

由式（7-18）和式（7-19）联立可得

$$u = \omega R \tag{7-20}$$

由式（7-20）可得到机器人做平面直线运动时，驱动轮转速与车体速度间的关系。

如图 7-17 所示，b 是履带车的宽度，v_1 和 v_2 分别表示左、右履带的移动速度，ϕ 表示机器人和世界坐标系的夹角，r 为驱动轮的半径，θ_l 表示左驱动轮的转角，θ_r 表示右驱动轮的转角。当履带车做平面曲线运动时，由于履带式机器人的驱动轮在后端，此时可根据点 F 的速度求出质心 G 的速度。其推导过程如下：

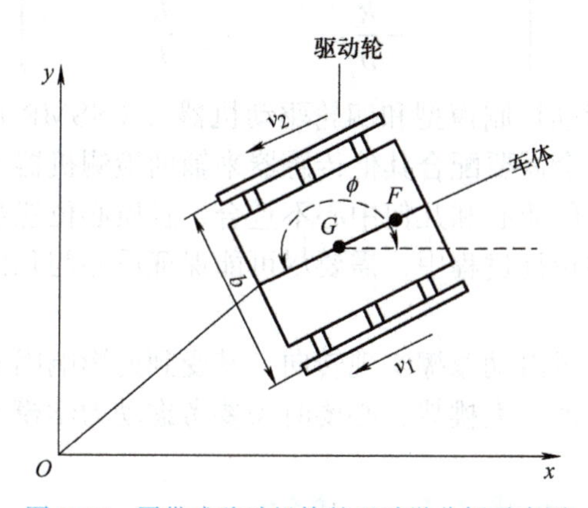

图 7-17　履带式移动机构的运动学分析示意图

设定关键点 F 的速度为 V_F，它垂直于驱动轮轴线，因此在坐标轴上的分量分别为 $\dot{X}_F$ 和 $\dot{Y}_F$：

$$\dot{X}_F = V_F \cos\phi, \dot{Y}_F = V_F \sin\phi \tag{7-21}$$

消去 V_F 得

$$\dot{X}_F \sin\phi - \dot{Y}_F \cos\phi = 0 \tag{7-22}$$

点 F 与点 G 有如下位置关系（l_G 表示点 F 与点 G 之间的距离）：

$$X_G = X_F - l_G \cos\phi \tag{7-23}$$

$$Y_G = Y_F - l_G \sin\phi \tag{7-24}$$

对式（7-23）和式（7-24）分别求导可得

$$\dot{X}_G = \dot{X}_F + l_G\dot{\phi}\sin\phi \tag{7-25}$$

$$\dot{Y}_G = \dot{Y}_F - l_G\dot{\phi}\cos\phi \tag{7-26}$$

G 点的速度关系可以表示为

$$\dot{X}_G\sin\phi - \dot{Y}_G\cos\phi - l_G\dot{\phi} = 0 \tag{7-27}$$

平台质心的速度与驱动轮转速的关系式为

$$\phi = \frac{\theta_r R - \theta_l R}{b}, V_F = \frac{R}{2}(\dot{\theta}_l + \dot{\theta}_r) \tag{7-28}$$

可以得到矩阵表达式为

$$\begin{bmatrix} \dot{X}_G \\ \dot{Y}_G \\ \dot{\phi} \end{bmatrix} = \begin{bmatrix} \frac{R}{2}\cos\phi + \frac{l_G R}{b}\sin\phi & \frac{R}{2}\cos\phi - \frac{l_G R}{b}\sin\phi \\ \frac{R}{2}\sin\phi - \frac{l_G R}{b}\cos\phi & \frac{R}{2}\sin\phi + \frac{l_G R}{b}\cos\phi \\ -\frac{R}{b} & \frac{R}{b} \end{bmatrix} \begin{bmatrix} \dot{\theta}_r \\ \dot{\theta}_l \end{bmatrix} \tag{7-29}$$

履带式移动机构的运动控制模型和四轮驱动机器人（SSMR）基本一样，因为可能会存在滑移情况，所以有时会需要配合其他传感器来辅助检测机器人的运动情况。

另外，履带式机器人的质心和几何中心不重合，且质心位置难以确定，这也会导致控制模型的不精确，因此在设计过程中，需要尽可能保证质心与几何中心重合，也可采用配重块的方式来调节。

由于履带式机器人通过滑动摩擦实现转向，其受到的影响因素众多，这也是对履带式机器人实现精确轨迹跟踪的一大挑战，必要时需要考虑动力学模型进行综合分析。

7.4 麦克纳姆轮式机器人移动机构

7.4.1 设计需求分析

随着现代工业的快速发展，全方位运载车辆在生产流水线、物资运输与精密装配等多个环节中得到了广泛应用。德国 KUKA 公司成功研发出 You Bot 和 Omni Move 等全向移动麦克纳姆轮式机器人，如图 7-18 所示。这些机器人具有高速度、高承载力及高效能的特性。麦克纳姆轮式机器人也凭借其可连续运转、大承载的优点，已成为重载全向车及智能机器人领域的常见方案。

麦克纳姆轮式移动平台的优势在于其全向移动能力，可实现直线、横向移动乃至原地旋转等多样化运动模式，主要适合以下场景：

1）空间受限。在仓库、生产线及医疗机构等狭窄环境中，麦克纳姆轮式移动机构使车辆与机器人能够轻松实现横向、斜向动作及原地转弯，有效提升空间利用效率与操作灵活性。

a) You Bot

b) Omni Move

图 7-18　全向移动麦克纳姆轮式机器人

2）精密定位需求。在对定位精度要求极高的场合，比如自动化仓库分拣、生产线组件精准部署，麦克纳姆轮式移动机构确保了直线和平移动作的精确性，增强作业的精细度。

3）应对动态环境。人流密集区域如购物中心或展会，装备麦克纳姆轮的机器人能够敏捷避障，提供高效服务。

4）室内服务自动化。在清洁、服务引导等室内应用场景中，全向移动能力使机器人在复杂布局中自如穿行，在提高清洁效率和优化顾客体验方面成效显著。

7.4.2　结构设计

麦克纳姆轮方案由瑞典麦克纳姆公司 1973 年发明，如图 7-19 所示，每只轮子都由轮毂和一系列均匀分布在其周围的辊子构成。这些辊子的轴线与轮毂的轴线呈 45° 角安装，且辊子的轮廓常设计为等速螺旋线或椭圆弧形，这样的排列使得轮子在转动时，每个小辊子都能沿着不同的方向施加力，从而实现全方向的移动能力。

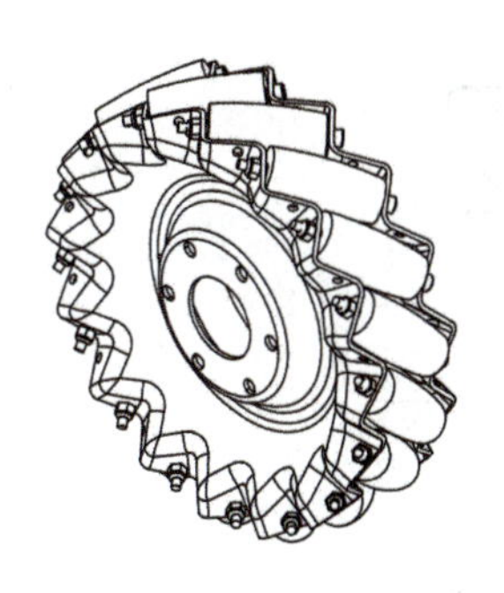

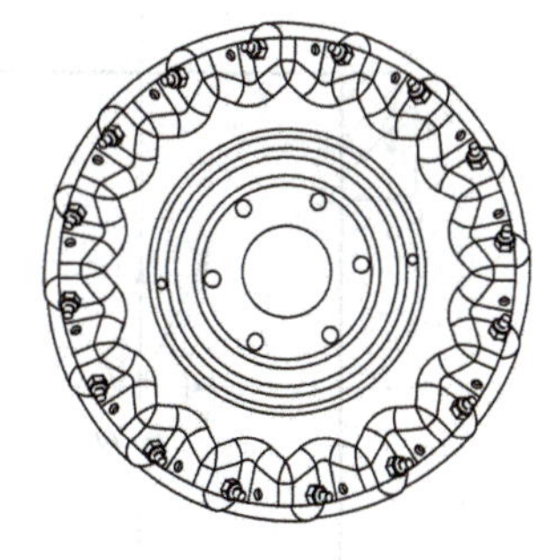

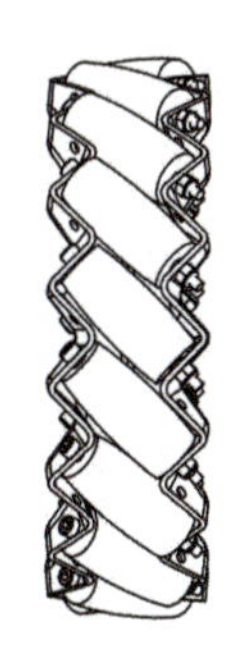

图 7-19　麦克纳姆轮

如图 7-20 所示，麦克纳姆轮根据夹角 45°，可以分为互为镜像关系的 A 轮和 B 轮。由速度的正向分解，A 轮可以分解为轴向向左和向前的力。

B 轮与 A 轮呈镜像关系，所以麦克纳姆轮用在四轮平台移动时的组合方式可分为 AAAA、BBBB、ABAB、BABA、ABAA、BABB、ABBB、BAAA 等。通过特定组合可以实现前进、后退、旋转、左移、右移等功能。

如图 7-21 所示，对于组合 ABAB 来说，A 轮正转，B 轮正转，就会向前运动，反之则会向后运动。A 轮反转，B 轮正转，就会向右移动，反之则向左运动。

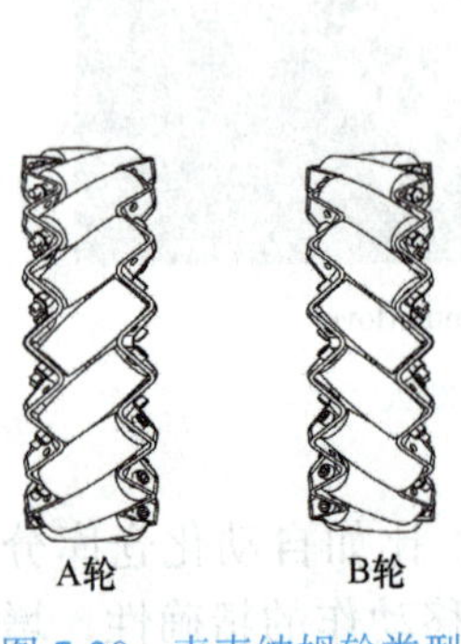

图 7-20　麦克纳姆轮类型

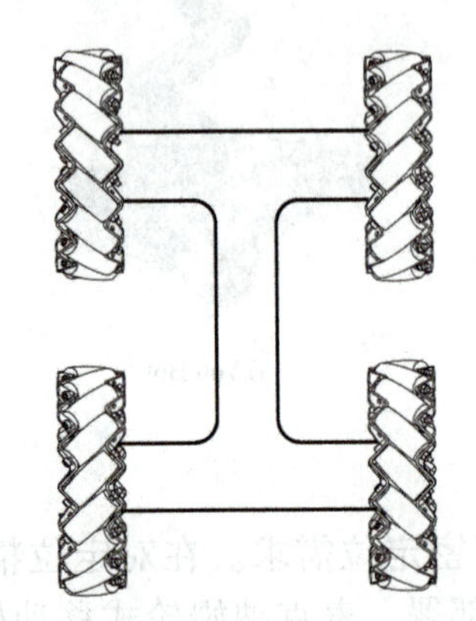

图 7-21　麦克纳姆轮 ABAB 组合安装方式

麦克纳姆轮式底盘的驱动系统、悬架系统可以参考直轮式机器人方案设计。

7.4.3　运动学分析

麦克纳姆轮式移动机构运动控制和麦克纳姆轮安装方式有关。首先在底盘的几何中心建立坐标系，并且依次为轮子进行编号，设定一个自身的速度矢量 $\boldsymbol{v}$，如图 7-22 所示。其中，v_x、v_y 分别为 $\boldsymbol{v}$ 在 x 和 y 轴上的分量，$\boldsymbol{\omega}$ 为小车的旋转角速度，$\boldsymbol{V}_{rn}$ 是小车运动的速度（例如 $\boldsymbol{V}_{r1}$ 为 1 号轮），$\boldsymbol{V}_n$ 是世界坐标系下 $\boldsymbol{v}$ 和 $\boldsymbol{V}_{rn}$ 的矢量和（例如 $\boldsymbol{V}_1$ 为 1 号轮的合速度），r 为轮子的半径，a、b 为两侧轮间距值的 1/2。

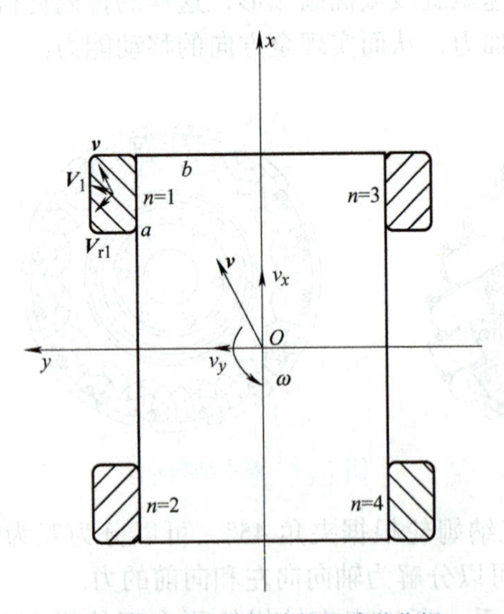

图 7-22　麦克纳姆轮的运动学分析

通过麦克纳姆轮的逆运动学方程的解算，可以已知底盘的运动状态，计算出四个轮子的转速。已知麦克纳姆轮底盘的运动状态为 $\boldsymbol{y}=[V_x,V_y]^{\mathrm{T}}$，求四个轮子的转速为

$\boldsymbol{\omega}=[\omega_1,\omega_2,\omega_3,\omega_4]^{\mathrm{T}}$，由图 7-22 可知

$$\boldsymbol{V}_m=\begin{bmatrix}V_{xm}\\V_{ym}\end{bmatrix}=\begin{bmatrix}x\omega\\y\omega\end{bmatrix} \tag{7-30}$$

四个轮子对应的 $\boldsymbol{V}_{\mathrm{r}}$ 为

$$\begin{cases}\boldsymbol{V}_{\mathrm{r}1}=\begin{bmatrix}V_{x\mathrm{r}1}\\V_{y\mathrm{r}1}\end{bmatrix}=\begin{bmatrix}-a\omega\\b\omega\end{bmatrix}\\\boldsymbol{V}_{\mathrm{r}2}=\begin{bmatrix}V_{x\mathrm{r}2}\\V_{y\mathrm{r}2}\end{bmatrix}=\begin{bmatrix}-a\omega\\-b\omega\end{bmatrix}\\\boldsymbol{V}_{\mathrm{r}3}=\begin{bmatrix}V_{x\mathrm{r}3}\\V_{y\mathrm{r}3}\end{bmatrix}=\begin{bmatrix}a\omega\\b\omega\end{bmatrix}\\\boldsymbol{V}_{\mathrm{r}4}=\begin{bmatrix}V_{x\mathrm{r}4}\\V_{y\mathrm{r}4}\end{bmatrix}=\begin{bmatrix}a\omega\\-b\omega\end{bmatrix}\end{cases} \tag{7-31}$$

而轮子的合速度 $\boldsymbol{V}_n$ 有

$$\boldsymbol{V}_n=\boldsymbol{V}_m+\boldsymbol{v} \tag{7-32}$$

由式（7-32）可知，四个轮子的合速度分别为

$$\begin{cases}\boldsymbol{V}_1=\begin{bmatrix}V_{1x}\\V_{1y}\end{bmatrix}=\boldsymbol{V}_{\mathrm{r}1}+\boldsymbol{v}=\begin{bmatrix}v_x-a\omega\\v_y+b\omega\end{bmatrix}\\\boldsymbol{V}_2=\begin{bmatrix}V_{2x}\\V_{2y}\end{bmatrix}=\boldsymbol{V}_{\mathrm{r}2}+\boldsymbol{v}=\begin{bmatrix}v_x-a\omega\\v_y-b\omega\end{bmatrix}\\\boldsymbol{V}_3=\begin{bmatrix}V_{3x}\\V_{3y}\end{bmatrix}=\boldsymbol{V}_{\mathrm{r}3}+\boldsymbol{v}=\begin{bmatrix}v_x+a\omega\\v_y+b\omega\end{bmatrix}\\\boldsymbol{V}_4=\begin{bmatrix}V_{4x}\\V_{4y}\end{bmatrix}=\boldsymbol{V}_{\mathrm{r}4}+\boldsymbol{v}=\begin{bmatrix}v_x+a\omega\\v_y-b\omega\end{bmatrix}\end{cases} \tag{7-33}$$

对车辊进行速度分析，如图 7-23 所示。车轮的合速度 $\boldsymbol{V}_n$ 可以分为垂直和平行车辊的速度矢量 $V_{\mathrm{v}n}$ 和 $V_{\mathrm{p}n}$。其中 $V_{\mathrm{v}n}$ 对车轮运动状态无影响，$V_{\mathrm{p}n}$ 才是影响车轮运动的关键速度。

设 $\boldsymbol{u}_n$ 是沿辊子方向的单位矢量，所以有

$$V_{\mathrm{p}n}=\boldsymbol{V}_n\cdot\boldsymbol{u}_n \tag{7-34}$$

而四个轮子对应的 $\boldsymbol{u}_n$ 为

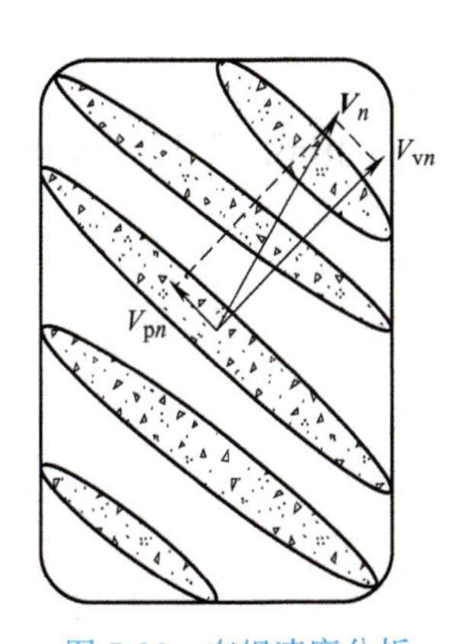

图 7-23　车辊速度分析

$$\boldsymbol{u}_1=\begin{bmatrix}\frac{\sqrt{2}}{2}\\-\frac{\sqrt{2}}{2}\end{bmatrix},\boldsymbol{u}_2=\begin{bmatrix}\frac{\sqrt{2}}{2}\\\frac{\sqrt{2}}{2}\end{bmatrix},\boldsymbol{u}_3=\begin{bmatrix}\frac{\sqrt{2}}{2}\\\frac{\sqrt{2}}{2}\end{bmatrix},\boldsymbol{u}_4=\begin{bmatrix}\frac{\sqrt{2}}{2}\\-\frac{\sqrt{2}}{2}\end{bmatrix}$$

由式（7-34）可知，四个轮子平行于车辊的速度矢量为

$$\begin{cases}V_{\mathrm{p}1}=\boldsymbol{V}_1\bullet\boldsymbol{u}_1=\frac{\sqrt{2}}{2}V_{1x}-\frac{\sqrt{2}}{2}V_{1y}\\V_{\mathrm{p}2}=\boldsymbol{V}_2\bullet\boldsymbol{u}_2=\frac{\sqrt{2}}{2}V_{2x}+\frac{\sqrt{2}}{2}V_{2y}\\V_{\mathrm{p}3}=\boldsymbol{V}_3\bullet\boldsymbol{u}_3=\frac{\sqrt{2}}{2}V_{3x}+\frac{\sqrt{2}}{2}V_{3y}\\V_{\mathrm{p}4}=\boldsymbol{V}_4\bullet\boldsymbol{u}_4=\frac{\sqrt{2}}{2}V_{4x}-\frac{\sqrt{2}}{2}V_{4y}\end{cases}\tag{7-35}$$

平行于车辊的速度矢量 V_{pn} 和轮子转速 ω_n 之间关系为

$$\omega_n=\frac{1}{r}\frac{V_{pn}}{\cos\frac{\pi}{4}}\tag{7-36}$$

由式（7-36）可知，四个轮子的转速分别为

$$\begin{cases}\omega_1=\frac{1}{r}\frac{V_{\mathrm{p}1}}{\cos\frac{\pi}{4}}=\frac{1}{r}(V_{1x}-V_{1y})\\\omega_2=\frac{1}{r}\frac{V_{\mathrm{p}2}}{\cos\frac{\pi}{4}}=\frac{1}{r}(V_{2x}-V_{2y})\\\omega_3=\frac{1}{r}\frac{V_{\mathrm{p}3}}{\cos\frac{\pi}{4}}=\frac{1}{r}(V_{3x}-V_{3y})\\\omega_4=\frac{1}{r}\frac{V_{\mathrm{p}4}}{\cos\frac{\pi}{4}}=\frac{1}{r}(V_{4x}-V_{4y})\end{cases}\tag{7-37}$$

由式（7-37）可知

$$\begin{cases}\omega_1=\frac{1}{r}(V_{1x}-V_{1y})=\left(\frac{1}{r}v_x-v_y-(a+b)\omega\right)\\\omega_2=\frac{1}{r}(V_{2x}+V_{2y})=\left(\frac{1}{r}v_x+v_y-(a+b)\omega\right)\\\omega_3=\frac{1}{r}(V_{3x}+V_{3y})=\left(\frac{1}{r}v_x+v_y+(a+b)\omega\right)\\\omega_4=\frac{1}{r}(V_{4x}-V_{4y})=\left(\frac{1}{r}v_x-v_y+(a+b)\omega\right)\end{cases}\tag{7-38}$$

由式（7-38）可知，麦克纳姆式移动底盘的逆运动学方程为

$$\begin{bmatrix}\omega_1\\\omega_2\\\omega_3\\\omega_4\end{bmatrix}=\frac{1}{r}\begin{bmatrix}1 & -1 & -(a+b)\\1 & 1 & -(a+b)\\1 & 1 & (a+b)\\1 & -1 & (a+b)\end{bmatrix}\begin{bmatrix}v_x\\v_y\\\omega\end{bmatrix} \tag{7-39}$$

7.5　全向轮式机器人移动机构

7.5.1　设计需求分析

与麦克纳姆轮式移动机构类似，全向轮式移动机构同样展现出灵活的运动能力，可以实现前进、侧移、斜行及原地旋转等功能。全向轮式移动机器人如图 7-24 所示。

7.5.2　结构设计

1. 全向轮结构及运动原理

全向轮由海丹等人于 2005 年发明，如图 7-25 所示，麦克纳姆轮和全向轮可以理解为化学分子的“同分异构体”，相似的组成，不同的构型。两种方案不同之处在于：麦克纳姆轮的辊子轴线与轮毂轴线夹角呈 45°，而全向轮的辊子轴线与轮毂轴线呈 90°。而相同之处是：两者的辊子都是从动轮，都可以自由绕其轴线转动，轮毂轴线与电动机轴共线。麦克纳姆轮可沿着斜向 45° 滑动，而全向轮则可沿着横向 90° 滑动。

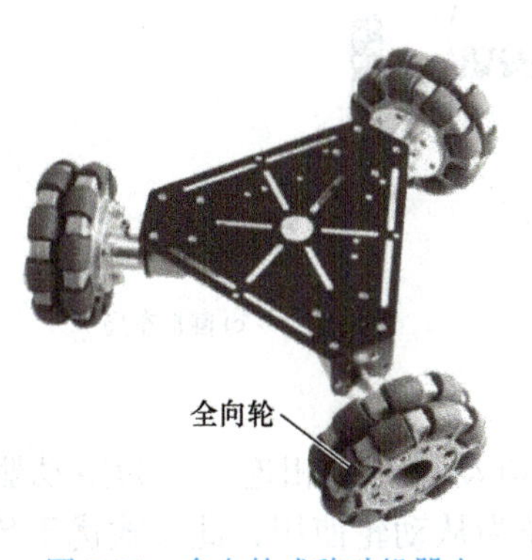

图 7-24　全向轮式移动机器人

图 7-25　全向轮

全向轮的结构设计通常涉及双层布局，这两层并不呈对称性。它们通过在各层辊子间设置间隙来实现独特功能，确保两层辊子交错嵌入彼此的间隙之中。这一设计保证了全向轮在行进中，任何时候都有至少一个辊子保持与地面的接触，从而维持稳定滚动。

采用双层结构的全向轮，如图 7-26 所示，通过这种“间隙互补”机制有效缓解了振动问题。理论上，增加全向轮的层数并使辊子交错排列得更为紧密（趋近于圆形轮廓），可进一步减少间隙引起的振动。在实际应用中，多采用双层全向轮，它在减振效果与结构

紧凑性之间取得了平衡，既确保了良好的机动性能，又可以适配大多数驱动系统的能力要求。

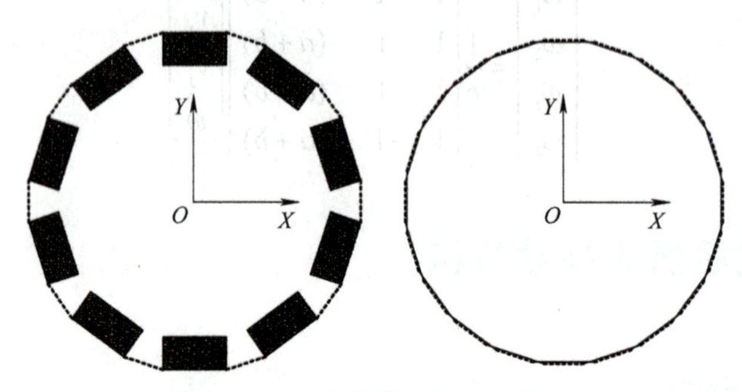

图 7-26 全向轮轮廓简化示意图

2. 整体布局

和麦克纳姆轮式方案不同，全向轮可单独使用，无须成对配置。搭建全向轮移动机构时，仅需三个全向轮即可达成 360° 全向移动。通过运动矢量计算与电动机的协同作用，移动机构能够实现在各个方向上的平移与旋转。采用四个全向轮各自间隔 90° 布局，也是实现全向驱动效能的另一常见方案。以此类推，增加至五个、六个乃至更多全向轮的配置，均可保持平台全向移动的特性不变，同时可带来更高的稳定性和承载力，但也会使结构复杂度与成本上升。

全向轮布局形式如图 7-27 所示。

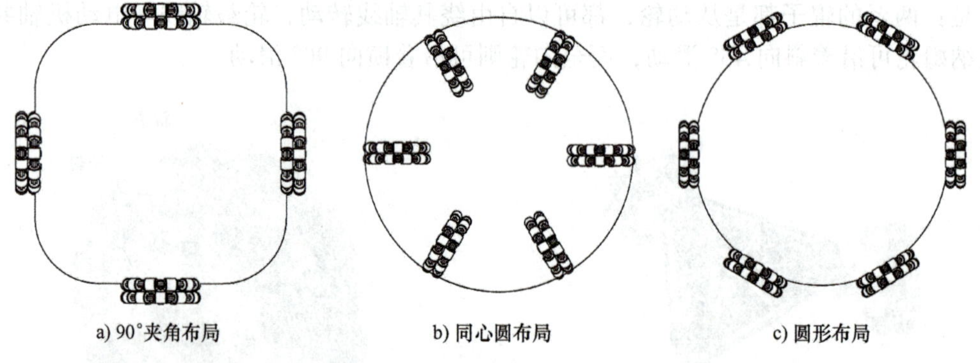

图 7-27 全向轮布局形式

与麦克纳姆轮式移动底盘相同，全向轮可以与电动机直接相连，作为主动驱动力的载体直接搭配电动机作为驱动装置，也能装配轴承作为从动轮使用，此方式优于传统万向轮，可增强移动机构的方向控制与动态姿态的精准度。

与麦克纳姆轮底盘相同，悬架系统也并不是其标准配置，但在特定设计中也被会采用，旨在增强复杂地形下的行驶稳定性，其设计可借鉴直轮式驱动平台的悬架系统。

7.5.3 运动学分析

如图 7-24 所示，以三轮全向轮底盘为例，三个全向轮分别相隔 120°，可以实现全方位移动。

以小车自身中心建立坐标系，如图 7-28 所示。

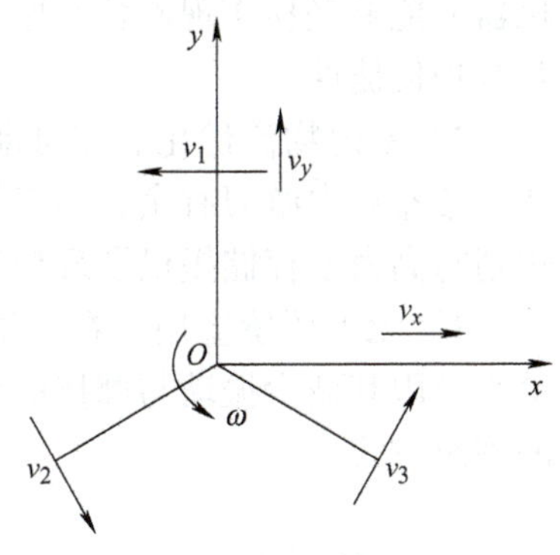

图 7-28 三轮全向轮运动分析

其中，v_1、v_2、v_3 分别为三个轮子的转速，ω 为旋转角速度，v_x、v_y 为车身坐标系中的速度即相对速度（由于底盘速度性能与在世界坐标系中的姿态无关，因此可简化运算，取车身坐标系与世界坐标系 X、Y 方向重合），a 为旋转中心到轮轴心的垂直距离，轮轴与 x 轴夹角为 $\pi/6$。可得出各轮速度的转换矩阵为

$$\begin{bmatrix} v_1 \\ v_2 \\ v_3 \end{bmatrix} = \begin{bmatrix} -1 & 0 & a \\ \sin\frac{\pi}{6} & -\cos\frac{\pi}{6} & a \\ \sin\frac{\pi}{6} & \cos\frac{\pi}{6} & a \end{bmatrix} \begin{bmatrix} v_x \\ v_y \\ \omega \end{bmatrix} \tag{7-40}$$

求逆可得三轮全向轮式移动底盘逆运动学方程为

$$\begin{bmatrix} v_x \\ v_y \\ \omega \end{bmatrix} = \begin{bmatrix} -\frac{2}{3} & \frac{1}{3} & \frac{1}{3} \\ 0 & -\frac{\sqrt{3}}{3} & \frac{\sqrt{3}}{3} \\ \frac{1}{3a} & \frac{1}{3a} & \frac{1}{3a} \end{bmatrix} \begin{bmatrix} v_1 \\ v_2 \\ v_3 \end{bmatrix} \tag{7-41}$$

7.6 舵轮式机器人移动机构

7.6.1 设计需求分析

麦克纳姆轮与全向轮由于轮子结构上的特殊性，其辊隙易积累砂石杂物，加速轮子的磨损，所以对地面清洁度有较高要求。为应对这类特殊环境，舵轮方案应运而生，如图 7-29 所示。

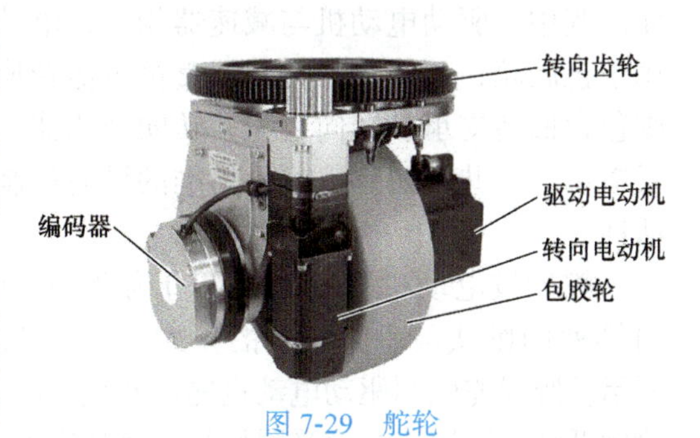

图 7-29 舵轮

相较于依赖传统差速控制机制的移动机构，舵轮驱动凭借其高度的集成化设计与广泛的适配性，展现出明显优势。特别是在与高精度伺服系统协同工作时，不仅提升了运行的精准度，还加快了动态响应速度，进一步优化了自动化物流作业的效率与灵活性。

舵轮式移动机构可用于以下场景：

1）空间受限操作。在诸如仓库、车间、医院走廊的空间紧缩环境中，舵轮使车辆与机器人能够轻易实现侧移与原地旋转，优化了空间利用并提升了密集存储区域的物流效率与维护便捷性。

2）室内物流优化。在自动化仓储与配送中心，舵轮驱动的自动导引车（AGV）在货架密集布局中游刃有余，不仅提升了货品存取速率，还缩减了转弯所需空间，为复杂路径规划与高密度存储提供了理想选择。

3）无尘环境应用。在对清洁度要求极高的半导体制造、生物制药无尘室里，舵轮移动系统因其减少振动与摩擦的设计，有效降低了尘埃扰动，成为运输精密材料和敏感设备的理想方式。

7.6.2 结构设计

1. 整体布局

舵轮驱动系统在布局上多采用双舵轮与四舵轮配置，如图 7-30 所示。双舵轮布局涉及两个主驱动舵轮沿车辆中心轴对称安放，辅以四个万向支承轮均匀分布在车身四端均衡负载。此布局需要采用柔性的支承轮以弥补可能的驱动力缺失。

图 7-30b 所示四舵轮全向驱动结构可以克服图 7-30a 所示设计的局限，还具备更强的耐磨性、地形穿越能力和更高的载重能力。

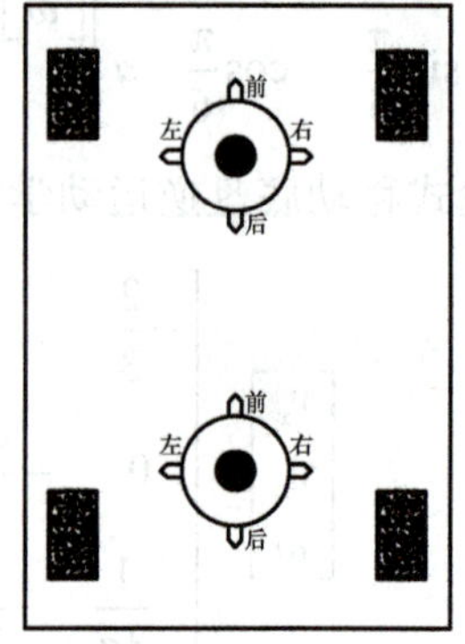

a) 双舵轮

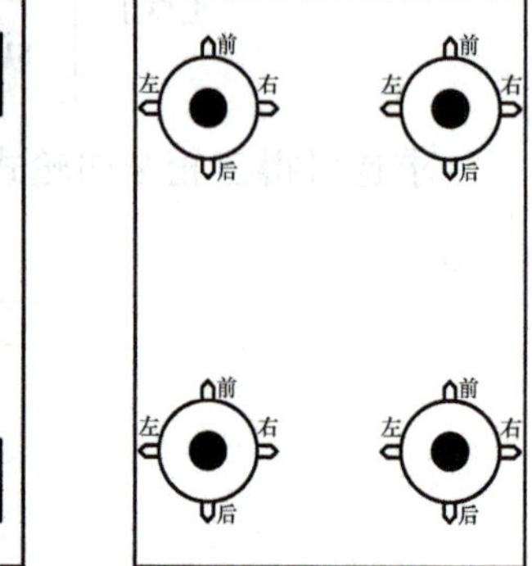

b) 四舵轮

图 7-30 舵轮布局方式

2. 舵轮

如图 7-29 所示，舵轮的名称正源于它集成了驱动电动机、转向电动机、包胶轮等组件于一体的设计，兼具承载、牵引与转向功能于一身。舵轮主要由行走机构与转向机构两大核心组件构成。行走机构可细分为驱动电动机、减速器、包胶轮、制动器及反馈单元。其中，驱动电动机与减速器相连，电动机运转产生的转矩经过减速器的增倍放大，作用于包胶轮，利用轮与地面的直接摩擦转换为推进力，实现车辆的前进或倒退。转向机构则包含回转支承、转向齿轮、转向减速器、转向电动机，以及电子限位、机械限位装置和反馈单元，共同协作以确保精准的导向控制，提升了车辆在各种转向操作中的稳定性和灵活性。

舵轮按电动机安装方位可分为两类：横向排列的卧式与垂直安装的立式，如图 7-31 所示。卧式舵轮因驱动电动机侧向装配，故其轮廓低矮，适用于高度受限场景，诸如需潜入货物下方作业的 AGV，确保了通过性。立式舵轮通过竖直安装电动机，整体高度增加，也便于电动机封闭隔离，适配诸如危险品制造等需强化安全隔离与防爆处理的环境。

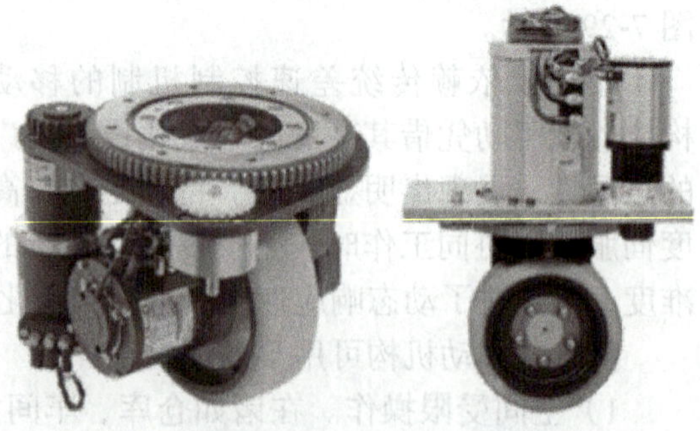

图 7-31 卧式舵轮和立式舵轮

悬架系统并非舵轮式移动机构的必备组件，设计时可参考直轮式驱动平台悬架系统的设计，进行针对性的优化与调整。

7.6.3　运动学分析

四舵轮全向 AGV 采用四轮独立驱动及转向，各轮之间独立控制，控制信息由主控单元下发给各个轮的驱动器，进而实现四舵轮全向 AGV 的控制。为讨论舵轮式移动机构的运动学模型，做以下假设：

1）车轮之间的距离（即轴距）是严格固定的。

2）每个车轮的转向轴垂直于地面。

3）车轮运行时只做纯滚动，无相对滑动。

机器人运动学模型涉及两个坐标系，分别是世界坐标系 OXY 和车体坐标系 oxy，移动机器人的运动可以理解为绕某一点进行回转运动，其回转半径为 r，回转中心为 I，各参数符号界定为逆时针为正。定义机器人前后两舵轮之间的距离为轴距 L，左右两轮之间的距离为左右轮间距 D，运动参数说明见表 7-2。

表 7-2　舵轮式移动机构参数说明

符号	含义	符号	含义
v	车体中心点速度	δ	车体中心点滑移角
v_1	左前舵轮速度	δ_1	左前舵轮滑移角
v_2	右前舵轮速度	δ_2	右前舵轮滑移角
v_3	左后舵轮速度	δ_3	左后舵轮滑移角
v_4	右后舵轮速度	δ_4	右后舵轮滑移角
ω	车体中心点角速度	l	舵轮到车体中心点的距离
L	车体轴距	D	车体左右轮间距
I	车体回转中心	r	车体中心点旋转半径
α_1	左前舵轮与车体轴线的夹角	r_1	左前舵轮旋转半径
α_2	右前舵轮与车体轴线的夹角	r_2	右前舵轮旋转半径
α_3	左后舵轮与车体轴线的夹角	r_3	左后舵轮旋转半径
α_4	右后舵轮与车体轴线的夹角	r_4	右后舵轮旋转半径
v_x	车体中心点纵向速度	v_y	车体中心点横向速度
v_{1x}	左前舵轮纵向速度	v_{1y}	左前舵轮横向速度
v_{2x}	右前舵轮纵向速度	v_{2y}	右前舵轮横向速度
v_{3x}	左后舵轮纵向速度	v_{3y}	左后舵轮横向速度
v_{4x}	右后舵轮纵向速度	v_{4y}	右后舵轮横向速度
φ	世界坐标系和车体坐标系之间的夹角		

运动学的建模过程可分为直线运动、原地旋转运动和曲线运动。下面将依次对这 3 种运动方式进行说明。

1. 直线运动

定义移动机器人的四个舵轮的运行速度为 v_i，滑移角为 δ_i（i =1，2，3，4），执行直线运动指令时，转向轮的角速度为 0，四个舵轮的滑移角和速度与车体中心点的滑移角和速度一致。直线运动又分为直行、斜行和横移 3 种状态，分别如图 7-32a、b、c 所示。

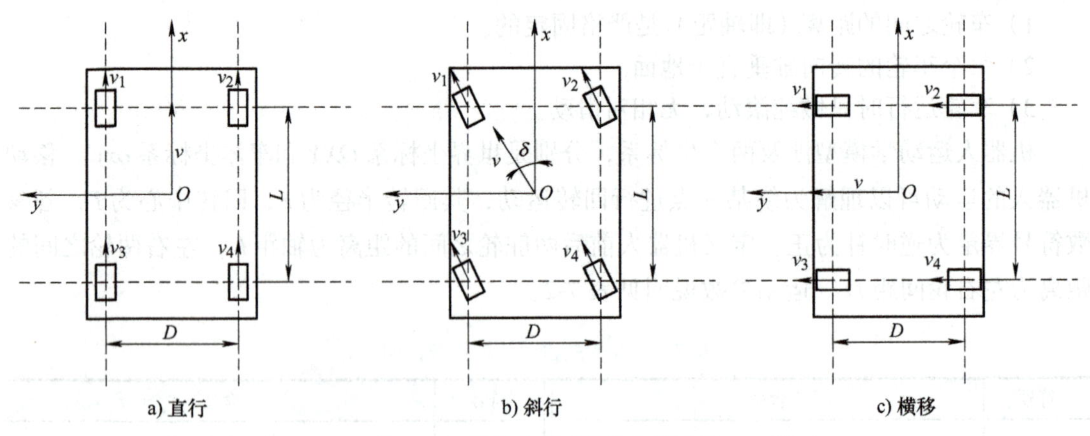

图 7-32　舵轮式移动机构直线运动

该模式下各舵轮的滑移角及速度为

$$\delta_1 = \delta_2 = \delta_3 = \delta_4 = \delta \tag{7-42}$$

$$v_1 = v_2 = v_3 = v_4 = v \tag{7-43}$$

2. 原地旋转运动

零半径原地旋转运动是全向 AGV 常见的运动形式，四舵轮全向 AGV 原地旋转状态如图 7-33 所示。

移动机器人原地旋转时，速度 v 为 0，各个舵轮的滑移角 δ_i 与车体轴距 L 和左右轮间距 D 相关，而各个舵轮的速度 v_i 与角速度 ω 相关。设各个舵轮到车体中心点的距离为 l，各舵轮与中心点的连接线与车体坐标系 x 轴的夹角为 α_i，车体的旋转半径为 r，各个舵轮旋转半径为 r_i。该运动状态下车体回转中心 I 与车体坐标系原点 O 重合，车体回转半径 r =0，各个舵轮的旋转半径为 $r_i = l$（i =1，2，3，4）。

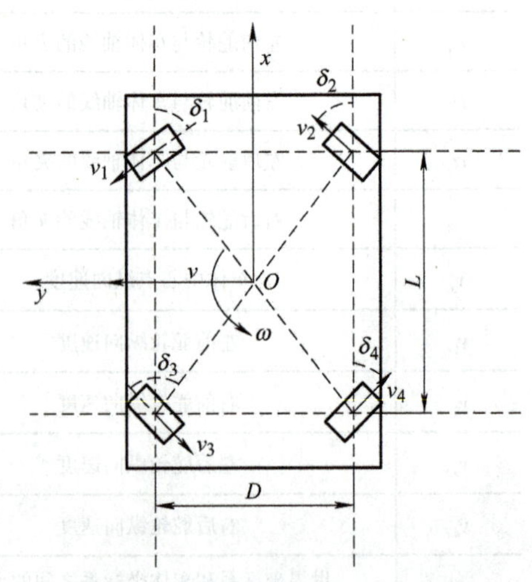

图 7-33　舵轮式移动机构原地旋转运动

各个舵轮到车体中心点的距离为

$$l=\sqrt{\left(\frac{L}{2}\right)^{2}+\left(\frac{D}{2}\right)^{2}} \tag{7-44}$$

各个舵轮的滑移角和速度分别为

$$\delta_1=\delta_4=-\arctan\frac{L}{D} \tag{7-45}$$

$$\delta_2=\delta_3=\arctan\frac{L}{D} \tag{7-46}$$

$$v_1=v_4=-\omega l \tag{7-47}$$

$$v_2=v_3=\omega l \tag{7-48}$$

各个舵轮与车体轴线的夹角分别为

$$a_1=a_4=\arctan\frac{D}{L} \tag{7-49}$$

$$a_2=a_3=-\arctan\frac{D}{L} \tag{7-50}$$

3. 曲线运动

曲线运动是四舵轮全向 AGV 运动控制中最为复杂的一种状态，精确的运动控制模型可以减少各舵轮间的运动干涉。

移动机器人在运行过程中出现偏离轨迹现象需要进行纠偏时，最常见的运动方式就是曲线运动，运动状态如图 7-34 所示。假设移动机器人从上位机获取车体中心点的速度 v，角速度 ω，中心点速度在 x 和 y 轴的分量分别在 v_x 和 v_y，各个舵轮的分速度为 v_{ix} 和 v_{iy}（i =1，2，3，4），则车体中心点的滑移角为

$$\delta=\arctan\frac{v_y}{v_x} \tag{7-51}$$

根据刚体运动学可得中心点的速度与各个舵轮速度之间的关系为

$$\begin{bmatrix} v_{1x}\\ v_{1y}\\ v_{2x}\\ v_{2y}\\ v_{3x}\\ v_{3y}\\ v_{4x}\\ v_{4y} \end{bmatrix}=\begin{bmatrix} 1 & 0 & -l\sin a_1\\ 0 & 1 & l\cos a_1\\ 1 & 0 & -l\sin a_2\\ 0 & 1 & l\cos a_2\\ 1 & 0 & l\sin a_3\\ 0 & 1 & -l\cos a_3\\ 1 & 0 & l\sin a_4\\ 0 & 1 & -l\cos a_4 \end{bmatrix}\begin{bmatrix} v_x\\ v_y\\ \omega \end{bmatrix} \tag{7-52}$$

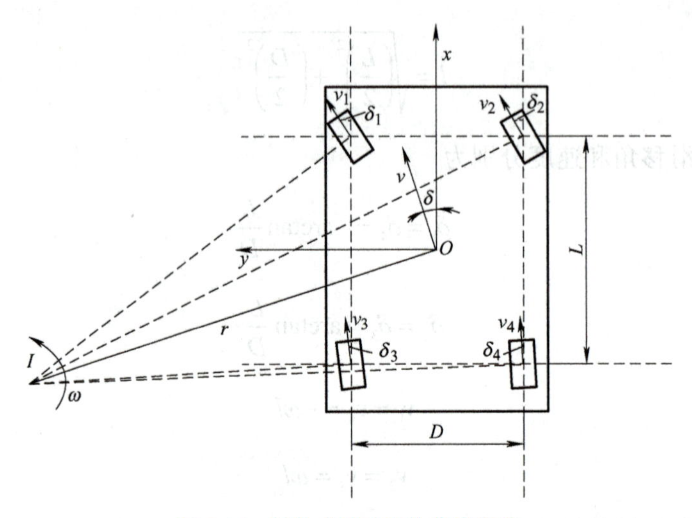

图 7-34 舵轮式移动机构曲线运动

各个舵轮的速度和滑移角分别为

$$\begin{cases} v_1 = \sqrt{v_{1x}^2 + v_{1y}^2} \\ v_2 = \sqrt{v_{2x}^2 + v_{2y}^2} \\ v_3 = \sqrt{v_{3x}^2 + v_{3y}^2} \\ v_4 = \sqrt{v_{4x}^2 + v_{4y}^2} \end{cases} \tag{7-53}$$

$$\begin{cases} \delta_1 = \arctan \dfrac{v_{1y}}{v_{1x}} \\ \delta_2 = \arctan \dfrac{v_{2y}}{v_{2x}} \\ \delta_3 = \arctan \dfrac{v_{3y}}{v_{3x}} \\ \delta_4 = \arctan \dfrac{v_{4y}}{v_{4x}} \end{cases} \tag{7-54}$$

通过以上分析得到三种运动模式下四个舵轮的控制角度和速度与中心点速度的关系，所以通过控制每个舵轮的速度和滑移角即可控制舵轮底盘根据规划路径行驶。

7.7 实例分析：自主机器人移动机构设计案例

全国大学生机器人大赛（China University Robot Competition）是一项中国大学生机器人技术创新、工程实践、公益性竞赛活动，每年举办一届。自 2002 年中央电视台举办首届大赛以来，竞赛始终坚持“让思维沸腾起来，让智慧行动起来”的宗旨，在推动广大高校学生参与科技创新实践、培养工程实践能力、提高团队协作水平、培育创新创业精神方面发挥了积极作用，为我国机器人产业培育了大量的卓越工程师和优秀创业企业家。大赛目前含有 ROBOCON、RoboMaster、ROBOTAC 三大竞技赛项，均已纳入中国高等教育学会发布的全国普通高校学科竞赛评估体系。大赛每年参与高校 400 余所，覆盖本科、高职院校学生近万人，已成为国内技术综合性最强、影响力最大的大学生机器人赛事。

据统计，全国大学生机器人大赛的参赛队员创业的企业数超过 190 家，创业人数约 600 人，安置就业人数约 16000 人。机器人领域的一些明星企业包括大疆创新、李群自动化、北京极智嘉、逸动科技、奇诺动力、因时机器人、普渡机器人、松灵机器人、深圳斯坦德、灵动科技等企业的创始人或 CTO 都出自全国大学生机器人大赛的参赛队员。

在全国大学生机器人大赛的赛场上，全向移动机器人方案被广泛应用，如图 7-35 所示。本节以 ROBOCON 赛事中最常见的全向轮式移动底盘为例，介绍其设计流程。

图 7-35　全国大学生机器人大赛 ROBOCON 比赛中的全向移动机器人

7.7.1　设计需求分析

综合比赛规则和要求，机器人的运行环境主要是平整的室内地面，与地面的投影在边长为 1m 的方框内，与执行机构的总质量在 25kg 之内。ROBOCON 大赛对机器人底盘移动的快速性和准确性要求较高，所以会要求将机器人底盘设计得灵活轻盈。因此应优化底盘设计，减少不必要的框架，并和上层机构相配合，合理布置。此外，在零件设计上应做好强度校核，在满足强度的前提下，尽量减少零件尺寸和重量，并在加工精度上做好保证。

7.7.2　结构设计

1. 材料选择

材料选择是机械设计的重要环节，选择不同的材料达到的效果会很不同。在选用材料方面，需要综合考虑设计要求、工艺要求、重量要求和经济要求。实验室用来制作底盘的材料通常可以分为以下几类：

（1）铝合金　铝合金通常含有铜、锌、锰、硅、镁等各种合金元素，其密度小，塑性好，强度高，并且加工性能和焊接性能好。实验室常用的铝合金材料为 6063 铝合金（抗拉强度 $R_{m} \geqslant 205\text{MPa}$、条件屈服强度 $R_{p0.2} \geqslant 170\text{MPa}$、密度 $\rho = 2.69\text{g}/\text{cm}^3$ 的方形管材），在历届大赛中，铝合金都作为参赛机器人的主体框架材料。

（2）碳纤维板　碳纤维是一种碳的质量分数在 95% 以上的高强度、高模量纤维的新型纤维材料，其力学性能优异，抗拉强度在 3000MPa 以上。其物理性能中，拉伸强度为 2～7GPa，密度为 1.5～2g/cm^3，（小于铝合金，约为钢的 1/4），但比强度约为铁的 20 倍。此外，碳纤维板材的加工相对简单，耐高温，耐疲劳性好，且耐蚀性好。

（3）不锈钢板 / 铝板　选择不锈钢板 / 铝板作为底盘框架，可以通过激光切割的方法制作而成，加工较为方便，且在刚度上可以得到保证。但是在刚度均能满足要求的前提下，铝板和不锈钢板的底盘总体重量较大，相比于碳纤维板并无优势，且影响了底盘的移动速度。

2. 主体框架

图 7-36b 所示的三轮全向轮机器人相比四轮全向轮机器人，整车更为小巧灵活，并且重量也更轻，更为符合 ROBOCON 比赛的参赛要求。

在大赛中，底盘不仅仅需要满足自身轮系布置的需要，还需要综合考虑和上层机构的整体配合，因此需要整体合理布置。根据规则，机器人 A 底盘的最大尺寸限定在直径为 1000mm 的圆形内，如图 7-36a 所示。

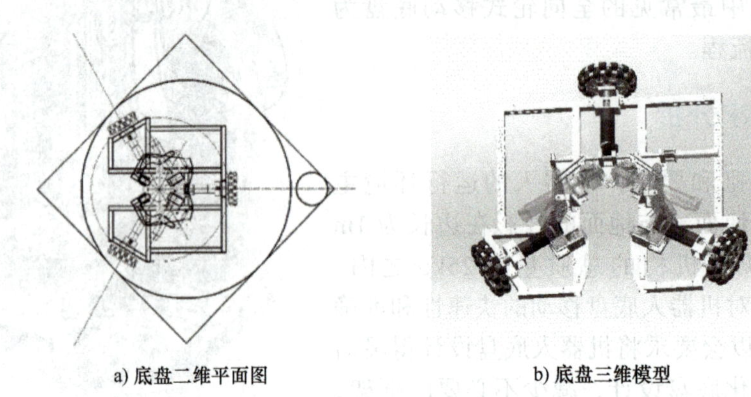

a) 底盘二维平面图　　b) 底盘三维模型

图 7-36　底盘模型

3. 电动机选型

如图 7-37 所示，轮系整体呈正三角布置，三个轮子之间的夹角均为 120°。底盘外围框架则是留出空间，方便电路板、电池、电动机控制盒等元件的安装和固定。而在底盘框架的非承重部位，则通过打减重孔的方式来减轻机器人的重量。

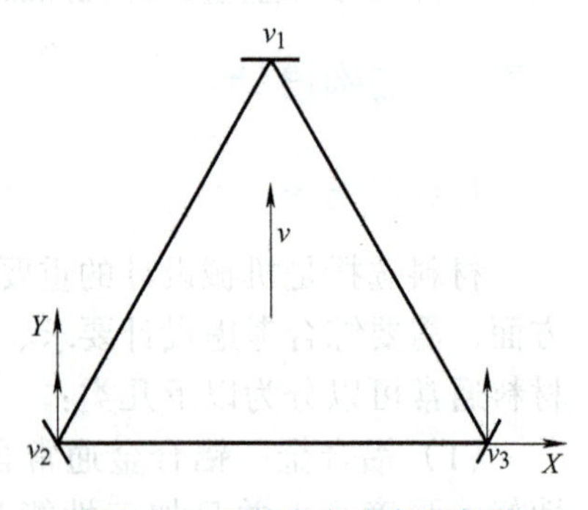

图 7-37　三轮底盘速度示意图

由前文可得三轮全向轮底盘的运动学逆解为式（7-41）。

本小节着重分析底盘在直线运动下的最大速度（此时底盘自转速度 $\dot{\theta}$ 为 0）。记底盘速度为 V，单轮最大线速度为 v_{max}。

如图 7-37 所示，当底盘沿 Y 方向平动并且整体速度达到最大时，此时 v_1、v_2、v_3 的速度分别为 0、v_{max}、v_{max}，将速度沿 Y 方向分解可得：

底盘最大直线速度：

$$V=\frac{2}{\sqrt{3}}v_{max} \tag{7-55}$$

驱动轮速度：

$$v = \omega r = \omega \times \frac{D}{2} = \frac{2\pi n}{60} \times \frac{D}{2} = \frac{\pi n D}{60} \tag{7-56}$$

式中，ω 表示轮子角速度；r 表示轮子半径；n 表示轮子转速；D 表示轮子直径。由此可知，底盘的最大运动速度跟底盘电动机在承载范围内的最大转速相关。在不打滑的情况下，电动机转速越快，底盘的运动速度越快。

由于参赛机器人只能使用直流电源，故选用直流电动机。考虑底盘运动的精度和运动控制的要求，选用直流伺服电动机。参考 FAULHABER 产品手册进行选型，因为规则允许的最高电压为 24V，选择 FAULHABER 3863 024C 型号有刷直流伺服电动机，并选用 38/2S 系列，减速比为 14：1 的精密行星减速器，减少传动布置。

底盘电动机参数见表 7-3。

表 7-3　底盘电动机参数

参数名称	参数值	参数名称	参数值
额定电压	24V	空载转速	6700r/min
电枢电阻	0.62Ω	空载电流	0.24A
输出功率	220W	堵转转矩	1250mN · m
最大效率	85%	摩擦转矩	8mN · m
转速 / 转矩比	5.4r/min/mN · m	最大角加速度	120×10^3rad/s
建议最大转速	8000r/min	—	—

假定底盘直线移动设计速度为 3m/s，此时的电动机输出转速，根据式（7-55）和式（7-56）联立计算可得：

电动机转速：

$$n = \frac{30\sqrt{3}V}{\pi D} i \tag{7-57}$$

代入 V=3m/s，D=152.4mm，i =14，计算可得 n=4558r/min<8000r/min，符合转速要求。

4. 轮轴

考虑到便于装配和减轻重量的要求，可将驱动轮轴和联轴器设计到一起，采用类似直接传动的方式来进行转矩的传递，如图 7-38 所示。

其中，上方的方块含四个通孔，而下方轮轴上的四个孔则为螺纹孔。两者之间为螺栓连接，电动机 D 型轴的平面与上方的四方块平面紧配合，弧形面则与轴贴合，电动机轴和轮轴紧密连接，保证了电动机转矩能传递到轮轴上。

图 7-38　轮轴和电动机连接

5. 驱动轮轴的设计

设计合适的驱动轮轴对于轮系的合理装配、机器人的整体运动性能来说非常重要。驱动轮轴作为电动机与轮的连接件，起着传递转矩的作用。图 7-39 所示为驱动轮轴的 CAD 设计图，图 7-40 所示为驱动轮轴的三维设计图。

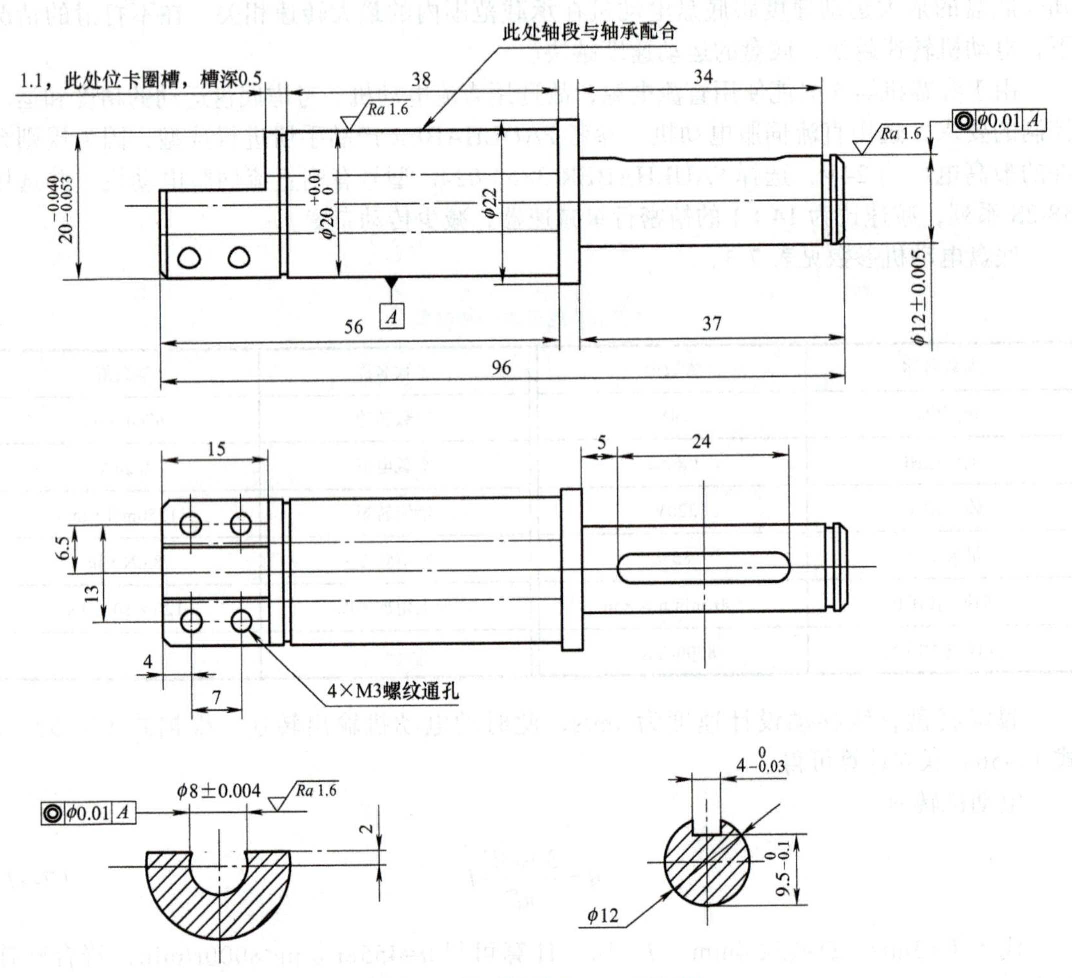

图 7-39　驱动轮轴的 CAD 设计图

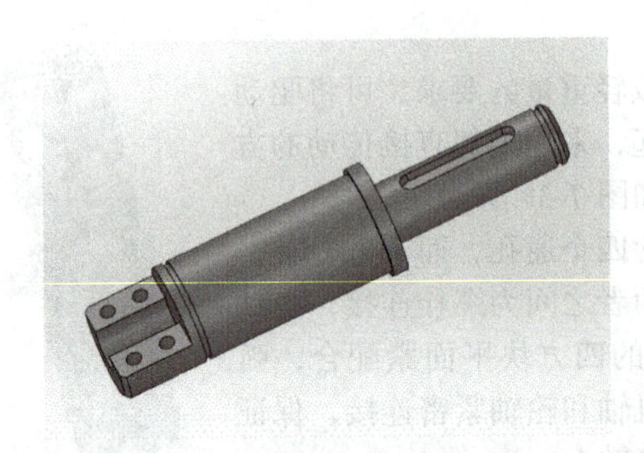

图 7-40　驱动轮轴的三维设计图

6. 校核与仿真

驱动轮轴的受力分析如图 7-41 所示，记轮子作用于轴的力为 F，两个深沟球轴承作用于轴的力分别为 R_1 和 R_2，由于电动机重量较轻，其作用于轴的力在此处可忽略不计。假定图 7-41 中 F 所示的方向为正方向。

机器人 A 总质量约为 24kg，假定三个轮子受力相等，则对驱动轮轴进行受力分析和力矩分析，列式计算（假定轴承和轮子对轴的作用点都在中心处）。

受力平衡：

$$F = R_1 + R_2 \tag{7-58}$$

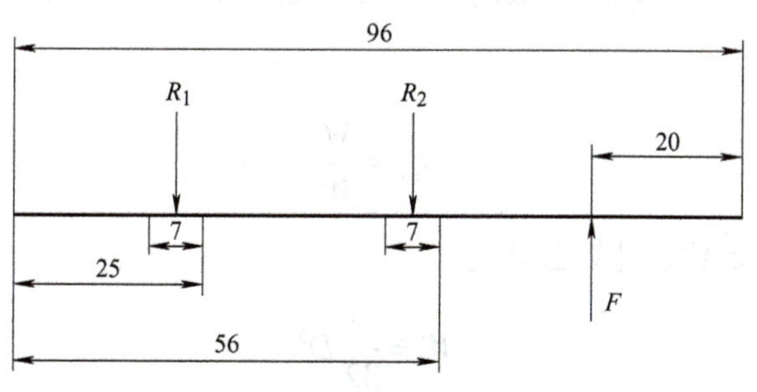

图 7-41 驱动轮轴受力分析

力矩平衡：

$$R_1 \times 21.5 + R_2 \times 52.5 = F \times 76 \tag{7-59}$$

联立式（7-58）和式（7-59），解得

$$R_1 = -59.4\text{N}$$

$$R_2 = 137.8\text{N}$$

由此可得驱动轮轴的弯矩，如图 7-42 所示。

最大弯矩：

$$M_{\max} = R_1 \times 31\text{mm} = 1841.4\text{N} \cdot \text{mm} \tag{7-60}$$

由于设计中采用直接传动，轮子和轴所受的转矩大小相等，由此可得驱动轮轴的转矩，如图 7-43 所示。

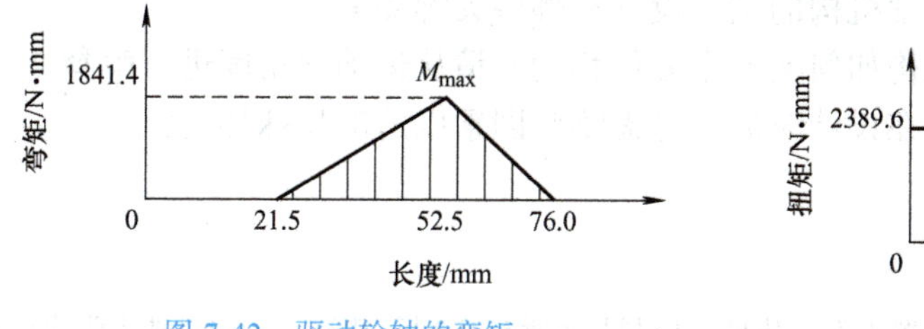

图 7-42 驱动轮轴的弯矩

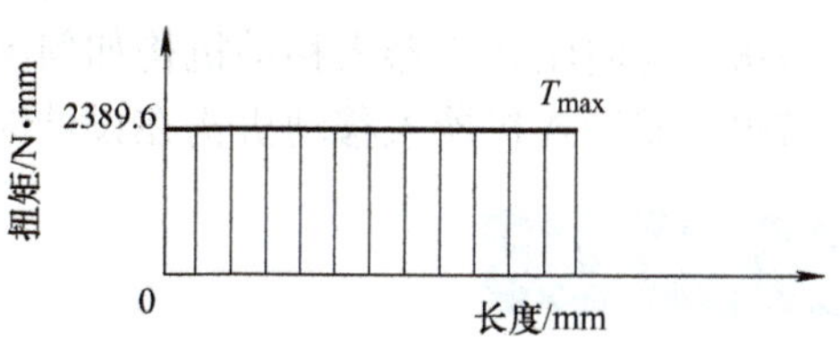

图 7-43 驱动轮轴的转矩

记轮轴转矩为 T，f 为单个轮子与地面的摩擦力，r 为轮子的半径，μ 为轮子与地面

的摩擦系数，约为 0.4。

摩擦力：

$$f = F\mu = 78.4\times0.4\text{N} = 31.36\text{N} \tag{7-61}$$

转矩：

$$T = fr = 31.36\times76.2\text{N}\cdot\text{mm} = 2389.6\text{N}\cdot\text{mm} \approx 2.4\text{N}\cdot\text{m} \tag{7-62}$$

分析轴的各个截面，安装 R_2 轴承段为危险截面，该段直径为 20mm。

该段的合成弯矩：

$$M_\text{e} = \sqrt{M^2+(\alpha T)^2} = \sqrt{1.8^2+2.4^2}\text{N}\cdot\text{m} = 3\text{N}\cdot\text{m} \tag{7-63}$$

由第三强度理论：

$$\sigma_\text{ca} = \frac{M_\text{e}}{W} \tag{7-64}$$

式中，W 为抗弯截面系数，计算公式为

$$W = \frac{\pi}{32}D^3 \tag{7-65}$$

由式（7-63）～式（7-65）联立计算可得

$$\sigma_\text{ca} = 3.8\text{MPa} \tag{7-66}$$

轴的材料为调质 45 钢，查表可得 $\sigma_F = 60\text{MPa}$，所以符合安全条件。

计算完成后还可以利用 Ansys 等仿真软件进行仿真验证。

习题

7-1　解释自主机器人移动机构设计中的任务导向性原则，并给出一个实际应用的例子。

7-2　描述环境适应性在自主机器人移动机构设计中的重要性，并说明如何实现它。

7-3　尺寸、重量与功率限制对自主机器人移动机构设计有哪些影响？

7-4　仿真验证与实验测试在自主机器人移动机构设计过程中的作用是什么？

7-5　直轮式机器人移动机构在哪些应用场景中具有优势？请列举并解释。

7-6　履带式机器人移动机构的设计需求分析包括哪些方面？

7-7　麦克纳姆轮式机器人移动机构的结构设计有哪些关键要素？

7-8　全向轮式机器人移动机构如何实现全方位移动？请从运动学角度进行解释。

7-9　舵轮式机器人移动机构在设计时需要考虑哪些因素以适应特殊环境？

参考文献

[1]　熊有伦，李文龙，陈文斌，等.机器人学：建模、控制与视觉 [M].2 版.武汉：华中科技大学出版社，2020.

[2]　宋永端.移动机器人及其自动化技术 [M].北京：机械工业出版社，2012.

[3] 西格沃特，诺巴克什，斯卡拉穆扎 . 自动移动机器人导论：第 2 版 [M]. 李人厚，宋青松，译 .2 版 . 西安：西安交通大学出版社，2013.

[4] 葛亚明，高斌，陈勇飞 . 轮式机器人设计与控制实践 [M]. 哈尔滨：哈尔滨工业大学出版社，2022.

[5] 谢远龙，王书亭，蒋立泉 . 四舵轮移动机器人运动控制：基本原理与应用 [M]. 武汉：华中科技大学出版社，2023.

[6] 朱磊磊，陈军 . 轮式移动机器人研究综述 [J]. 机床与液压，2009，37（8）：242–247.

[7] 王兴松 .Mecanum 轮全方位移动机器人技术及其应用 [J]. 机械制造与自动化，2014，43（3）：1–6.

[8] 海丹 . 全向移动平台的设计与控制 [D]. 长沙：国防科学技术大学，2006.

[9] 贾茜，汪木兰，刘树青，等 . 全方位移动机器人研究综述 [J]. 制造业自动化，2015，37（7）：131–134.

[10] 王浩吉，杨永帅，赵彦微 . 重载 AGV 的应用现状及发展趋势 [J]. 机器人技术与应用，2019（5）：20–24.

第 8 章　自主机器人系统设计及应用案例

导读

本章深入探讨自主机器人系统设计及其应用案例，着重介绍自主机器人的结构系统设计、硬件系统设计与软件系统设计三个关键方面，并结合实际案例展示自主机器人技术的实际应用与潜力。在系统设计中，结构系统设计关注机器人的身体框架和运动机构设计，硬件系统设计针对机器人的传感器、执行器、动力等硬件模块进行综合设计，软件系统设计则关注机器人的智能控制算法与系统集成。通过综合设计这三个方面，可以构建出具备自主感知、决策和执行能力的自主机器人系统，实现机器人在复杂环境下的自主运动与任务执行。本章还以平面 SCARA 机器人为例，详细介绍其系统设计与应用案例，展示自主机器人技术在工业自动化领域的实际应用效果，为深入探讨自主机器人系统设计与应用提供具体而有实践意义的案例。

本章知识点

- 自主机器人结构系统设计
- 自主机器人硬件系统设计
- 自主机器人软件系统设计

8.1　自主机器人结构系统设计

自主机器人任务执行的成效很大程度上取决于其结构系统设计。自主机器人结构不仅塑造了机器人的机动性和环境适应能力，还影响了其在多样化任务场景中的表现与作业效率。因此，设计既高效又稳定的机械机构，以增强机器人对多变任务和工作环境的适应性，是提升自主机器人综合效能和实用性的关键。这对于达成机器人的设计宗旨和应用目标至关重要。

本节旨在深入解析这些基础且重要的机器人结构系统设计，从结构设计准则出发，到机器人典型构建和传动机构，阐述机器人结构设计中的要点，为读者铺设一条从理论到应用的清晰路径。

8.1.1　自主机器人机构设计准则

设计准则在机器人设计中至关重要，因为它们不仅影响着机器人的性能和功能，还直接关系到机器人在实际运行中的安全性、可靠性和用户体验。

机器人机构设计是一个涉及多学科交叉，综合考虑性能、环境适应性、可靠性和工程实现难度的过程。以下是一些机器人机构设计的基本准则。

1. 任务导向性和环境适应性

设计应明确针对机器人所需完成的任务，如搬运、搜索、救援、侦察等，确保移动机构能够支持并优化任务执行。例如，快速平地移动可能优先考虑轮式设计，而复杂地形探索则可能需要足式或履带式结构。并根据机器人任务充分考虑作业环境特征，如地形地貌（平坦、崎岖、室内、户外、水下等）、物理条件（温度、湿度、光照、磁场等）、环境变化（季节、天气、人造障碍等）。

2. 可靠性与耐用性

设计应确保机器人机构在复杂工况下的稳定性和耐久性，包括选择合适的材料、合理的机械结构、冗余设计、故障检测与隔离机制等，以降低故障率、延长使用寿命并能在恶劣条件下维持作业。

3. 稳定性与安全性

设计应使机器人在移动过程中保持稳定，防止翻倒。这要求在机器人设计过程中就要注意重心低、支承面积大的问题。同时，设计过程中应确保机器人在任何情况下都不会发生意外，对人类或环境造成伤害。

4. 可操控性与灵活性

机器人机构应赋予机器人良好的运动学特性，如足够的速度、加速度、转向能力以及在必要时的悬停或定位能力。设计应易于实现精确控制，包括对速度、方向、姿态的精细调整，以及对复杂地形或障碍物的避障策略。

5. 尺寸、重量、功率限制与能源消耗

设计应遵守机器人总体设计的尺寸、重量和功率预算，移动机构应紧凑、轻量化，并在有限的功率输出下实现所需性能。这涉及材料选择、结构优化、动力系统集成等多方面的考量。同时，设计时需考虑传动效率、摩擦损失、质量分布等因素，尽可能减少无效能耗，尤其是在能源受限的自主机器人中尤为重要。

6. 易维护性与可扩展性

设计应便于维修、升级和更换部件，包括模块化设计、标准化接口、易于访问的维修点等。此外，考虑未来任务需求的变化，机器人机构应具有一定的可扩展性，能够适应硬件或软件的升级。

7. 成本效益分析

在满足性能需求的前提下，设计方案应合理控制成本。权衡高端材料、精密部件与经济型解决方案之间的取舍，确保机器人在市场上的竞争力。

在设计过程中，应根据应用场景的主要需求和限制，对上述准则进行优先级排序和权衡。例如，一个需要在复杂地形中工作的救援机器人可能会牺牲一些能源效率以获得更好的适应性和稳定性。相反，一个工业自动化机器人可能会更注重效率和成本效益，而对适应性的要求相对较低。

8.1.2 自主机器人机构典型结构件设计

自主机器人的结构件是其机械设计中用于支承、保护和运动的重要组成部分。结构件的设计和选择取决于机器人的应用、工作环境和所需的性能，还需要综合考虑机器人的性能要求、成本、重量、尺寸和预期的使用寿命。

1. 杆

杆是一种用于连接、传递力量或作为支承结构的基本的机械元件，是机器人的重要结构件。在机械臂中，由杆件组成的连杆机构是机械臂的重要组成部分。如图 8-1 所示，连杆将电动机的旋转运动转换为机械臂关节的复杂运动，使得机械臂能够达到工作空间内的各种位置和姿态。在移动机器人或人形机器人中，杆可以用作支承结构，提供必要的刚度和稳定性。如图 8-2 所示，人形机器人的腿部可能包含多个杆件，这些杆件模拟人类腿部的骨骼结构，支承机器人的重量并允许其行走或奔跑。

图 8-1 机械臂

图 8-2 人形机器人

杆可以由合金钢、铝、碳纤维或其他高强度材料制成。其中，碳素结构钢和合金结构钢这类材料强度好，是工业机器人中常用的材料，广泛应用于机器人的骨架和关节等结构部件；铝、铝合金及其他轻合金材料重量轻，虽然弹性模量并不高，但由于材料密度小，常用于需要减轻自重的机器人，如无人机、协作机器人等；碳纤维等纤维增强复合材料不仅具有极高的弹性模量与密度的比，还具有显著的大阻尼特性，非常适合用于高速机器人的结构部件，以提高动态性能。

杆件常见的两种失效形式是疲劳失效和过载失效。疲劳失效发生在杆件承受重复或交变载荷时，经过一定周期后在材料内部形成微裂纹并扩展，最终导致断裂；而过载失效则发生在杆件承受的静态或动态载荷超过其材料的强度极限时，导致杆件发生断裂或不可逆的塑性变形。这两种失效形式都严重影响机器人的安全性和可靠性。因此在设计过程中，杆件必须具备足够的强度来承受工作中可能出现的最大负载和交变载荷，同时保持所需的刚度以避免过大的变形或振动。同时，为了提高机器人的能效和动态响应，杆件设计应尽可能轻量化，减少整体重量，从而降低能耗并提高机动性。

在设计过程中为避免杆件失效，需要对杆件进行强度校核和疲劳分析。强度校核需要根据自主机器人使用环境，分析并确定杆件在实际工作中所承受的各种载荷，计算杆件在最不利载荷组合下的应力，并与材料的屈服强度或极限强度进行比较。疲劳分析需要收集和分析杆件在实际使用中所承受的载荷数据，并确定杆件所承受的应力循环，通过材料的 S–N 曲线来评估疲劳寿命。对于复杂的杆件形状或载荷条件，可以使用有限元分析软件对杆的强度和疲劳寿命进行分析。

2. 轴

轴通常作为机器人关节或运动系统的一部分，负责传递动力和运动，如图 8-3 所示。轴一般是做旋转运动的，它们将电动机或其他动力源产生的旋转运动转换为机器人臂部、手腕或腿部等部位所需的精确运动。轴的设计和材料选择直接影响机器人的负载能力、速度、精度和耐用性，是实现机器人平滑、准确和重复性动作的关键组件。

轴是主要的支承件，常常采用力学性能较好的材料，如碳素钢、合金钢、铸铁等。其中，碳素钢对应力集中的敏感性较小，价格低廉，是最常用的轴类材料。合金钢拥有更好的力学性能和热处理性能，常用于有重载、高温、结构紧凑和质量小的轴，但对应力集中较为敏感，价格高。铸铁具有较好的加工性和吸振性，可以用作加工形状复杂的轴，但要注意保证铸造质量。

在轴的设计过程中需要考虑轴与轴上零件之间的配合。轴主要由三个部分组成：轴颈、轴头和轴身，如图 8-4 所示。轴颈是轴上支承、安装轴承的部分，其直径尺寸必须参照滚动轴承内径的国家标准进行设计，尺寸公差和表面粗糙度也需要按国家标准进行选择；轴头是支承轴上零件、安装轮毂的部分，需要参照连接件尺寸进行设计；轴身是连接轴头和轴颈的部分，在设计过程中尽量使其过渡合理，避免截面尺寸过大，同时具有良好的工艺性。

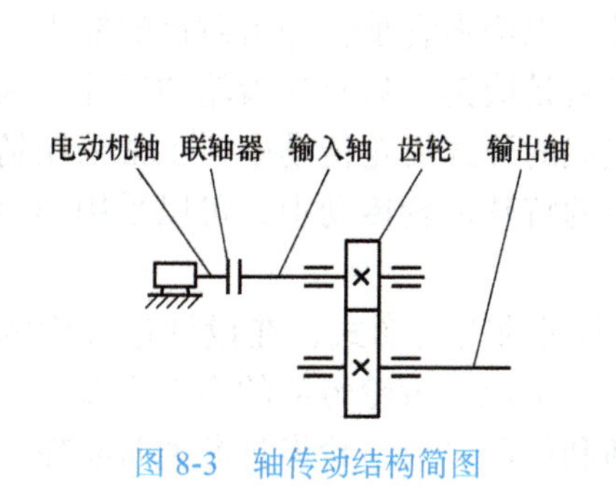

图 8-3　轴传动结构简图

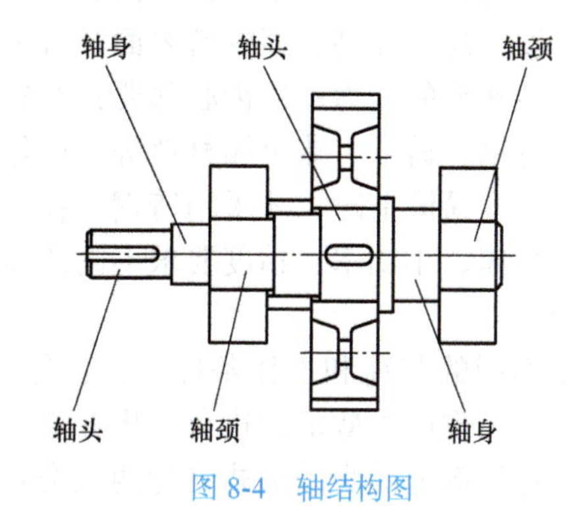

图 8-4　轴结构图

工作过程中轴可能出现的失效形式包括因强度不足引起的断裂、因刚度不足引起的变形过大和较高转速下出现共振等。在进行轴的强度校核计算时，应根据轴的具体受载及应力情况，选择合适的计算方法。对于仅传递转矩的传动轴，应按照扭转强度条件进行计算；对于仅承受弯矩的心轴，应按照弯曲强度条件进行计算；对于同时承受转矩和弯矩的转轴，需要按照弯扭合成强度条件进行计算。

轴属于细长杆件类零件，受力后会产生弹性变形。过大的弹性变形会导致轴和轴上零件工作不正常而失效，因此，对于重要的或有刚度要求的轴，要进行刚度计算。

在机械系统中，受变载荷作用的轴，当其载荷变化频率和轴的自振频率相同或接近时，轴会发生共振，如果振动幅度过大，可能会导致机械故障，甚至引起轴的断裂。发生共振现象时的转速称为轴的临界转速。计算轴的振动特性主要是计算其临界转速，确保外部激励的频率远离这个频率以避免发生共振现象。

3. 齿轮

齿轮通过相互啮合来传递动力和运动。齿轮能够改变输出速度和转矩，实现运动的加速或减速。同时，它们还可以改变运动方向，例如将旋转运动转换为直线运动。此外，齿轮还能确保运动的稳定性和准确性，广泛应用于各种自主机器人等。

齿轮的设计主要根据其应用场景选择合适的齿轮类型，如直齿圆柱齿轮、斜齿圆柱齿轮、锥齿轮，如图 8-5 所示，并根据设计要求选择合适的模数（m）和齿数（z）。模数是齿轮尺寸的基本单位，齿数则影响齿轮的转速比。齿轮的压力角、齿根高系数等参数均有相应的标准设计参数。

a) 直齿圆柱齿轮

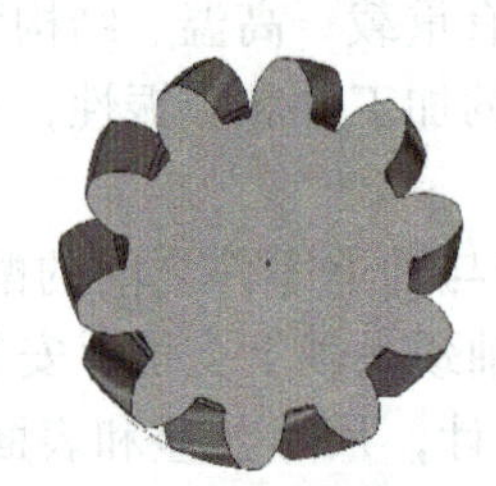
b) 斜齿圆柱齿轮

c) 锥齿轮

图 8-5　齿轮

齿轮材料的基本要求是：齿面要硬，齿心要韧，具有良好的加工性和热处理性。所谓齿面要硬，齿心要韧，即轮齿表面具有较高的硬度，以增强它的抗点蚀、抗磨损、抗胶合和抗塑性变形的能力；轮齿心部要具有较好的韧性，以增强它承受冲击载荷的能力。常用的材料有钢、铸铁、非金属材料等。齿轮的常用材料是锻钢，只有当齿轮的尺寸较大或结构复杂不容易锻造时，才采用铸钢。在一些低速轻载的开式齿轮传动中，也常采用铸铁齿轮。在高速、小功率、精度要求不高或需要低噪声的特殊齿轮传动中，可以采用非金属材料齿轮。

在不同的载荷和工作条件下，齿轮可能出现不同的失效形式，在设计过程中需要对齿轮可能出现的失效形式进行分析并进行校核。一般来说，齿轮传动的失效主要发生在轮齿上。轮齿部分的失效形式分为两大类：轮齿折断和齿面失效。轮齿折断通常有轮齿的弯曲疲劳折断、过载折断和随机折断。齿面失效常见的失效形式有点蚀、胶合、齿面磨损和齿面塑性变形。对于不同的失效形式，应根据其失效机理，分别确立相应的设计准则。但是，对于如齿面磨损、齿面塑性变形等失效形式的设计计算，目前尚未建立广为工程实际使用，并且行之有效的计算方法和设计数据。所以，目前设计一般使用条件下的齿轮传动时，通常按保证齿面接触疲劳强度和齿根弯曲疲劳强度两项准则计算，对于高速大功率的齿轮传动，须进行抗胶合能力的计算。齿轮传动有短时过载的，均须进行静强度计算。

齿轮设计中，通常根据齿轮的工作条件进行齿轮的校核。齿轮的工作条件可以分为开式和闭式。闭式齿轮传动的应用场合、主要失效形式以及设计计算准则见表 8-1。

表 8-1　闭式齿轮传动的应用场合、主要失效形式以及设计计算准则

应用场合		主要失效形式	设计计算准则
中、小功率	软齿面	齿面点蚀 齿根疲劳折断	接触疲劳强度设计计算 弯曲疲劳强度校核计算
中小功率	硬齿面	齿根疲劳折断 齿面点蚀	弯曲疲劳强度校核计算 接触疲劳强度设计计算
大功率、重载	高速	齿面点蚀 齿根疲劳折断 齿面热胶合	接触疲劳强度设计计算 弯曲疲劳强度校核计算 热胶合强度计算
	低速	齿面点蚀 齿根疲劳折断 齿面冷胶合 齿面塑性变形	接触疲劳强度设计计算 弯曲疲劳强度校核计算 冷胶合强度计算 轮齿静强度计算

开式齿轮传动的主要失效形式为弯曲疲劳折断和磨粒磨损。按弯曲疲劳强度进行计算并将得出的模数增大 10% ～ 15% 来考虑磨损影响，由于磨损速度远超过齿面疲劳裂纹扩展速度，故无须进行接触疲劳强度计算。

4. 轴承

轴承的主要功能是支承旋转体用以降低设备在传动过程中的摩擦系数。根据运动元件的摩擦性质不同，轴承可以分为滚动轴承和滑动轴承。

（1）滚动轴承　滚动轴承由外圈、内圈、滚动体及保持架组成，如图 8-6 所示。一般情况下，内圈装在轴颈上随轴一起回转，外圈装在轴承座孔内不转动，内、外圈上均有凹的滚道，滚道一方面限制滚动体的轴向移动，另一方面可降低滚动体与滚道间的接触应力。根据滚道与滚动体接触处的法线和垂直于轴承轴线的平面间的夹角不同，滚动轴承可以分为向心轴承和推力轴承。滚动轴承还可按滚动体的种类，分为滚珠轴承和滚子轴承。

由于滚动轴承中滚动体和内外圈之间是滚动摩擦，摩擦阻力小、发热量小、效率高、起动灵敏、维护方便，并且已标准化，便于选用与更换，因此使用十分广泛；但存在承受冲击载荷能力差，高速重载下使用寿命短以及振动和噪声大等缺点。

进行机器人结构设计时，大都是先确定满足必要强度的轴的尺寸，然后在此基础上选择轴承。主要承受径向载荷时，选择径向轴承；主要承受轴向载荷时，选择轴向轴承。轴承承受的载荷较小时，选择滚珠轴承；载荷较大时，选择滚子轴承。一个轴承同时承受径向载荷和轴向载荷时（合成载荷），如果合成载荷较小，选择深沟球轴承或角接触球轴承；如果合成载荷较大，则选择圆锥滚子轴承。承受较大的双方向轴向载荷时，应组合使用两个以上的轴承或者选择多列轴承。

滚动轴承的主要失效形式有滚道和滚动体表面的疲劳点蚀、轴承的塑性变形、轴承磨

粒磨损。因此在决定轴承尺寸时，要针对主要失效形式进行必要的计算。针对点蚀失效应进行寿命计算；针对塑性变形失效应进行静强度计算；针对磨损失效应采用合理的润滑和密封措施来解决。高速轴承还应校核极限转速。

（2）滑动轴承　滑动轴承主要由轴颈和轴瓦两个主要部分组成，如图 8-7 所示。轴颈部分通常设计加工于轴上，即为轴的一部分，且该局部表面加工质量要求较高；与轴颈接触的轴瓦，根据工况要求可选用铜、铝及锑等有色金属合金材料或非金属材料制造。

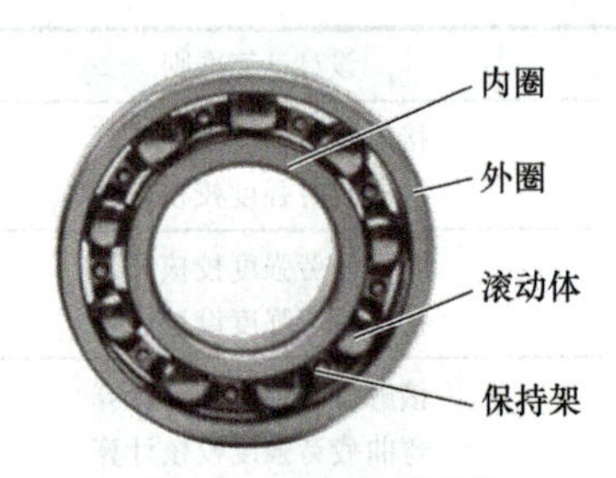

图 8-6　滚动轴承结构

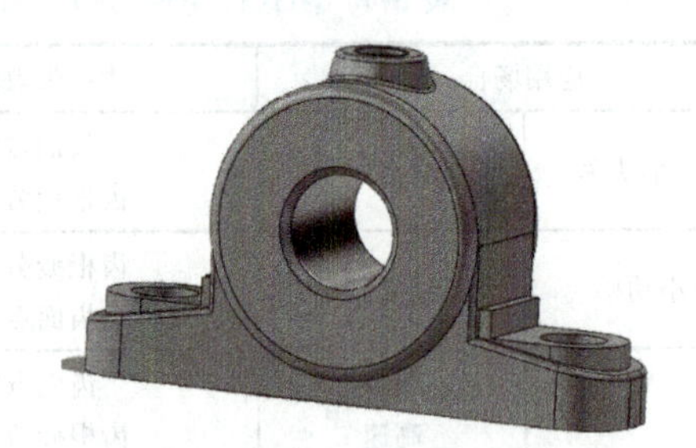
图 8-7　滑动轴承

依据摩擦状态不同，可将滑动轴承分为混合摩擦状态滑动轴承、流体润滑滑动轴承和固体润滑滑动轴承。根据其承载方式不同，可分为向心滑动轴承（受径向力）和推力滑动轴承（受轴向力）。向心滑动轴承按其机构又可分为整体式和剖分式。其中整体式结构简单，价格低廉，但轴的拆装不方便，磨损后轴承的径向间隙无法调整，故其仅适用于轻载、低速或间歇工作场合；而剖分式拆装方便，磨损后轴承的径向间隙可以调整，故其应用广泛。

滑动轴承的设计准则是根据其工作状态确定的。对于非流体润滑状态的滑动轴承，或称混合摩擦状态的滑动轴承，主要是保证其轴瓦材料的正常工作；对于流体润滑状态的滑动轴承，设计重点则主要集中于如何在给定的工况下，构造具有合理几何特征的轴颈和轴瓦，使之能在工作过程中依赖流体内部的静、动压力形成完整的润滑膜承载。

5. 螺纹连接件

螺纹连接是一种广泛使用的可拆卸的固定连接，具有结构简单、连接可靠、装拆方便等优点。常用的螺纹连接件有螺栓、螺柱、螺钉和紧定螺钉等，多为标准件，如图 8-8 所示。螺钉连接结构简单，适用于两个被连接件中一个较厚的场景，但须在被连接件上切制螺纹，不能经常拆卸；采用螺栓连接时，无须在被连接件上切制螺纹，不受被连接件材料的限制，构造简单，装拆方便，但一般情况下需要在螺栓头部和螺母两边进行装配。

螺纹连接的主要失效形式有螺纹连接的松动、螺栓杆的拉断、螺栓杆或螺栓孔的压溃、螺栓杆的剪断、因经常拆装而发生滑扣现象。为避免这些失效，螺纹连接设计时应考虑螺纹连接要有适当的拧紧力矩和防松措施，并通过强度计算来确定螺栓的直径。在使用中发现螺纹连接件出现磨损，应及时更换。

螺纹连接件在设计选用过程中需要进行强度校核。螺栓的强度校核是确保螺栓连接在设计和工作载荷下安全可靠的关键步骤。预紧螺栓连接需要计算适当的预紧力，以确保在工作载荷下保持连接的紧密性。对于受轴向载荷的螺栓连接主要对其抗拉强度进行校核，对于受横向载荷的螺栓连接主要对其剪切强度和挤压强度进行校核。

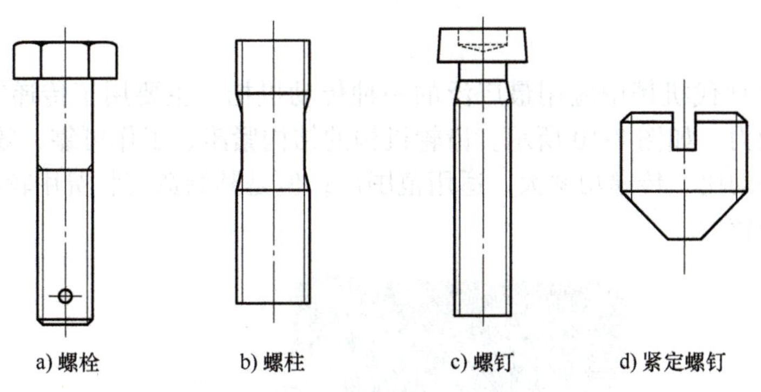

图 8-8　常用的螺纹连接件

8.1.3　自主机器人典型传动机构设计

传动机构是机械系统中的重要组成部分，是机器人正常运转的核心部件。传动机构负责将动力源的旋转运动转换为机器人各个关节所需的运动形式，其设计和优化直接影响到机器人的运动精度、速度和力量。恰当精妙的传动机构设计保证了精准的力传递和高效的运动控制，对系统运行的安全稳定和能源消耗也起着至关重要的影响。

1. 平面连杆机构

平面连杆机构是由若干刚性构件用低副连接而成并做平面运动的机构，以面形式的直接接触构成两构建间的可动连接，又称为平面低副机构（低副），如图 8-9 所示。其中，图 8-9a 所示的轴颈与轴承之间的接触及图 8-9b 所示的滑块与导轨之间的接触均为面接触，它们之间形成的运动副均为典型的低副。

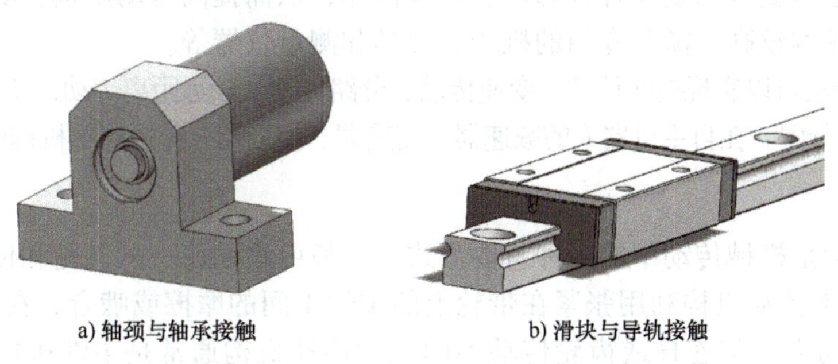

图 8-9　平面低副机构

平面连杆机构在工作过程中的磨损小，制造方便，能方便地实现转动、摆动、移动等基本运动形式的转换，因此广泛应用于如人形机器人、六足机器人等各种自主机器人中。但是平面连杆机构也存在一些缺点，例如由于低副中存在间隙，将不可避免地产生运动误差，不易精确实现复杂的运动。

平面连杆机构的传动依赖面接触实现，表面间隙必然会引起运动误差。在工程应用中，为尽可能减轻误差带来的影响和工件自身的损耗，需要注意保证良好的润滑，并要定期检查运动副的润滑和磨损情况，以避免运动副严重磨损后间隙增大，进而导致运动精度丧失、承载能力下降。维护机构的主要工作有清洁、检查、测试调整间隙、紧固连接件、更换易损件、加润滑剂等。

2. 齿轮机构

齿轮机构是现代机械中应用最广泛的一种传动机构，主要用于传递空间中任意两轴之间的运动和动力，如图 8-10 所示。齿轮机构的结构紧凑、工作可靠、效率高、寿命长、能保证恒定的传动比、传递功率大、适用范围广；但是其制造安装费用较高，低精度齿轮传动的振动噪声较大。

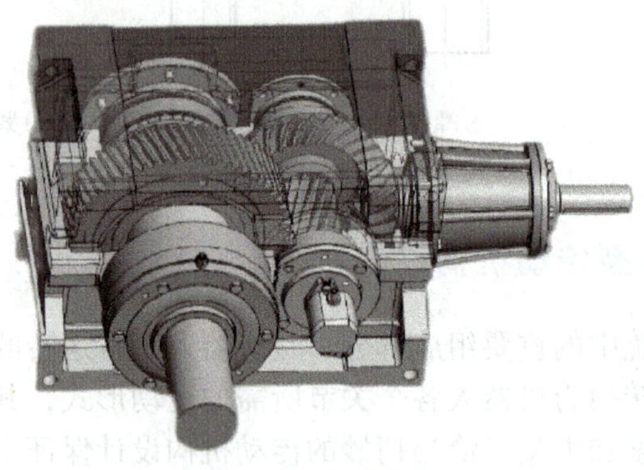

图 8-10　齿轮机构

齿轮传动通常可按齿轮轴线的相对位置、齿轮啮合的情况、齿轮曲线的形状、齿轮传动的工作条件及齿面的硬度等进行分类。齿轮传动根据齿廓形式不同，有渐开线齿轮传动、摆线齿轮传动、圆弧齿轮传动等。应用最为广泛的是渐开线齿轮传动，其传动的速度和功率范围很大，线速度可达 200m/s，功率可达 40000kW；传动效率高，一对齿轮可达 0.98 ～ 0.995；传动比稳定；结构紧凑；对中心距的敏感性小，即互换性好，装配和维修方便；可以进行变位切削及各种修形、修缘操作，从而提高传动质量；易于进行精密加工。但其制造成本较高，需要专门的机床、刀具和测量仪器等。

利用齿轮传动可以实现换向传动、变速传动、分路传动、较远距离传动，获得大传动比，实现运动的合成与分解。在自主机器人的减速器、变速器、换向器、差速器等机构中经常使用。

3. 带传动机构

带传动机构是机械传动中的一种重要形式，一般由主动轮、从动轮和传动带组成，如图 8-11 所示。带传动机构利用张紧在带轮上的柔性带间的摩擦或啮合，在两轴（或多轴）间传递运动和动力。与连杆或齿轮传动不同，带传动机构通常是柔性机构，因而具备了前者难以具备的传动平稳、噪声低、缓冲吸振、过载保护等优点，且无须润滑、维护成本低，在各种机械传动系统中得到了广泛应用。

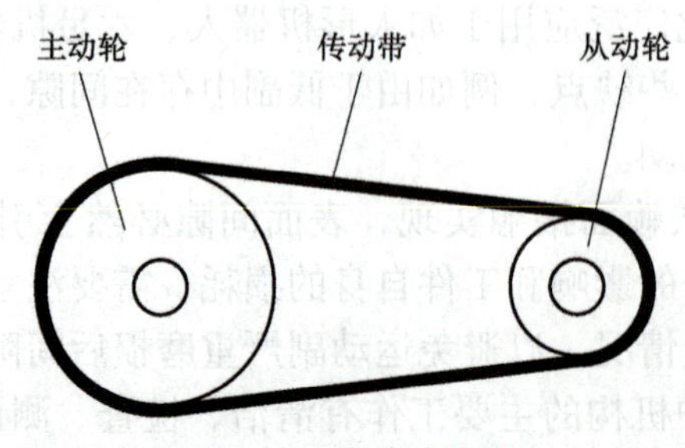

图 8-11　带传动机构

根据工作原理的不同，带传动分为摩擦型传动和啮合型传动两大类，见表 8-2。

表 8-2　带传动类型

<table>
<tr><th colspan="3">类型</th><th>说明</th></tr>
<tr><td rowspan="4">摩擦型</td><td colspan="2">平带</td><td>结构简单，曲线性好，易于加工。在传动中心距较大场合应用较多</td></tr>
<tr><td colspan="2">V 带</td><td>传动比较大，承载能力大，结构简单，一般机械常用 V 带传动</td></tr>
<tr><td rowspan="2">特殊带</td><td>多楔带</td><td>带体柔性好，结构合理，寿命长，传动效率高，适用于结构要求紧凑、传动功率大的高速传动</td></tr>
<tr><td>圆带</td><td>适于缝纫机、仪表等低速小功率传动</td></tr>
<tr><td>啮合型</td><td colspan="2">同步带</td><td>传动平稳，传动比准确，传动精度高，结构较复杂，传动效率高，多用于对精确度、变速的精度要求较高的场合</td></tr>
</table>

带传动因其柔性和弹性的特点，在工业应用中带来显著优势的同时，也带来了相应的局限和短板。从加工质量层面来看，摩擦型传动带与带轮之间存在一定的弹性滑动，故不能保证恒定的传动比，传动精度和传动效率较低；从工程成本角度来看，带传动装置通常外廓尺寸大，结构不够紧凑，容易导致空间层面的冲突或空间消耗。此外，相对于齿轮与轴等刚性结构，传动带的寿命较短，需经常更换。因此带传动适用于传递功率不大或不需要保证精确传动比的场合，尤其是在传动中心距较大的场合。

4. 链传动机构

链传动是一种由装在平行轴上的链轮和跨绕在两链轮上的环形链条所组成的机械传动方式，以链条作为中间挠性件，通过链条和链轮之间的啮合来传递运动和动力，如图 8-12 所示。链传动结构简单、耐用、维护容易，多运用于中心距较大的场合。

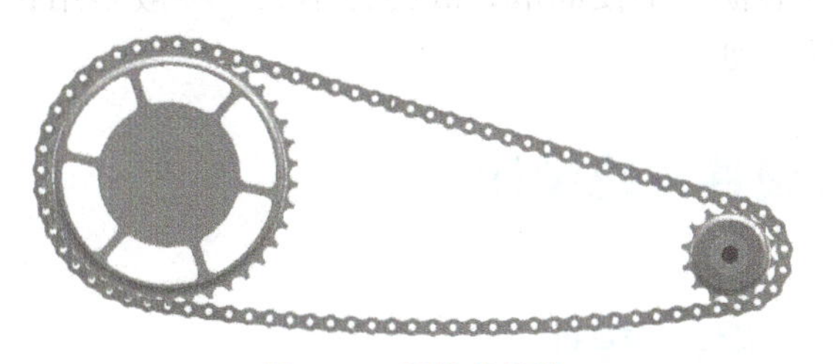

图 8-12　链传动机构

与带传动相比，链传动具有更高的传动效率和更大的传动功率，能够保持准确的平均传动比；没有弹性滑动和打滑，且不需要像带传动那样保持恒定的张紧力；铰链的耐磨性和平均使用寿命较高，还能在温度较高、有油污等恶劣环境条件下工作。因此，相比带传动，链传动更适合平均精度要求更高、传动功率较大、工作环境极端恶劣的各类场合。

与齿轮传动相比，链传动的制造和安装精度要求较低、成本低廉、能实现远距离传动，但瞬时速度不均匀，瞬时传动比不恒定，传动中有一定的冲击和噪声。因此，相比齿轮传动，链传动更适合精度要求不高、成本预算低廉、追求简易便利及安装空间较小的工作场合。

链传动广泛用于矿山机器人、农业机器人、林业机器人中。根据用途，链可分为传动链、起重链和牵引链。传动链主要用来传递动力；起重链主要用在起重机中提升重物；牵引链主要用在运输机械中移动重物。

5. 凸轮机构

凸轮机构是一种常用的机械传动机构，由凸轮、从动件和机架组成，如图 8-13 所示，是由高副连接而成的高副机构，以点或线形式的直接接触构成两构件间的可动连接。

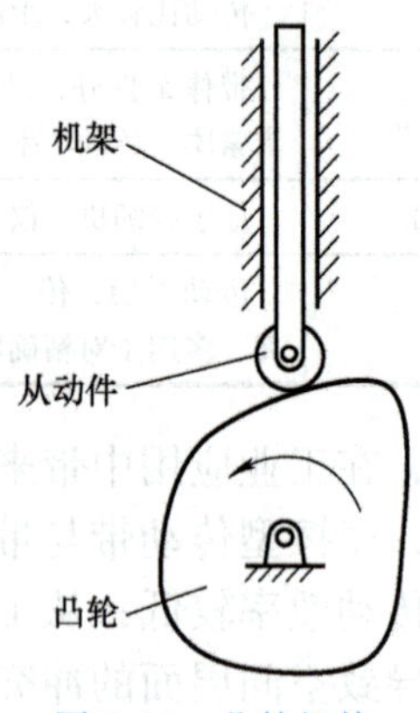

图 8-13　凸轮机构

凸轮机构按构件形状与运动形式分为不同类型。按凸轮的形状分类，有盘形凸轮、圆柱凸轮、移动凸轮，其中盘形凸轮是凸轮的基本形式。按从动件形式分类，有尖顶从动件、滚子从动件、平底从动件。

凸轮机构的结构简单紧凑、设计简单精妙，只要适当地设计凸轮轮廓，就可以使从动件实现特殊或复杂的运动规律。但凸轮轮廓曲线的加工比较复杂，且凸轮与从动件为点、线接触的高副机构，易磨损，不便润滑，故传力不大，一般多用在传递动力不大的场所，例如自主机器人的往复移动。

8.2　自主机器人硬件系统设计

8.2.1　自主机器人常用控制硬件

自主机器人的常用控制硬件包括单片机、运动控制器、工控机、驱动器等多种硬件。其中，单片机和运动控制器的功能类似，用于电动机底层伺服控制；工控机用于运行上位机和其他顶层算法；驱动器是系统中的功率器件，一方面接收来自控制器和单片机的控制信号，一方面接收强电信号，实现对电动机的功率输出。

1. 单片机

STM32 单片机是意法半导体公司的著名产品，其基于 ARM Cortex–M 内核，广泛应用于机器人控制系统中，具有高性能、低功耗和丰富的外设接口。开发流程包括需求分析、硬件设计、开发环境搭建、代码编写、调试、测试和部署。常用指令涵盖 GPIO 操作、定时器、数据通信、ADC/DAC 和中断控制。

STM32 单片机在移动机器人中实现了传感器数据采集、数据处理、控制算法执行、执行机构控制、通信和系统监控等功能，确保机器人稳定、高效运行。

2. 运动控制器

除单片机外，运动控制器和运动控制卡，如图 8-14 所示，作为一类基于 DSP 的底层运动控制专用硬件，也在机器人领域广泛运用，例如固高运动控制卡和美国的 PMAC 运动控制卡等。这些控制卡集成了高速 DSP 芯片，能够实现复杂的轨迹规划、插补算法和多轴同步控制，广泛应用于工业机器人、数控机床和自动化生产线中。

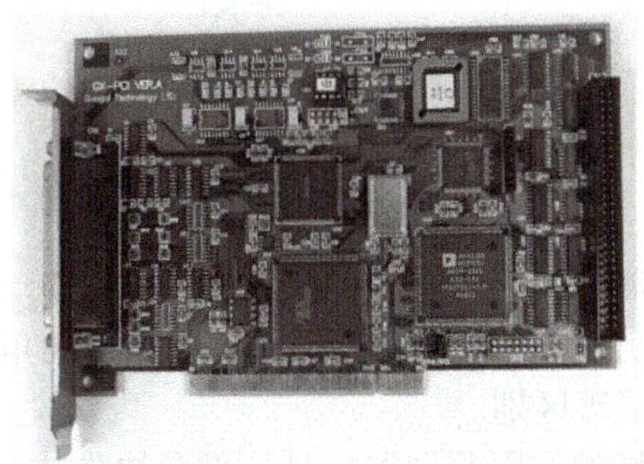

图 8-14　运动控制器和运动控制卡

3. 工控机

自主机器人的机械臂控制部分，其负责控制的硬件也可以采用基于 EtherCAT 通信的嵌入式 PLC 或小型工控机系列，典型产品是德国倍福（Beckhoff）品牌的 EtherCAT 控制器和工控机。

综上所述，单片机、运动控制卡、基于工业以太网的工控机是三类典型的运动控制硬件，单片机具有成本低廉的优势，并且特别适用于自主机器人的车辆底盘控制，但需要从引脚入手自行开发底层运动控制应用程序；运动控制卡具有接口专用化、底层运动控制程序无须开发、仅需函数接口调用的优势；基于工业以太网的工控机具有硬件架构十分简便、需要数 / 模接口、仅需网线串联即可的优势，但需要结合 TwinCAT 软件自身的脚本语言提供的功能块进行二次开发编程，存在使用专用新语言的学习成本，同时硬件成本和 TwinCAT 配套软件成本较为昂贵。故而，上述不同硬件方案各有利弊，需要用户根据自身需求进行选型。

8.2.2　自主机器人常用功率驱动硬件

自主机器人常用的功率驱动硬件在实现高效、稳定的电动机控制中起着至关重要的作用。电动机功率驱动放大芯片是其中的核心组件，负责将控制信号放大为能够驱动电动机的大电流和高电压信号。常用的电动机驱动芯片包括 MOS 管桥式电路、L298N、LM18200 等，它们各自具有不同的特点和应用场景。

MOS 管桥式电路是最常见的电动机驱动电路之一，通常由四个 MOSFET 组成一个 H 桥电路。H 桥电路示意如图 8-15 所示，可实现电动机的正反转和速度控制。MOSFET 具有低导通电阻和高开关速度的特点，能够高效地处理大电流和高电压。通过控制 H 桥的四个开关状态，可以实现电动机的正转、反转和制动。MOS 管桥式电路广泛应用于各种类型的直流电动机驱动，如轮式机器人、履带式机器人等。

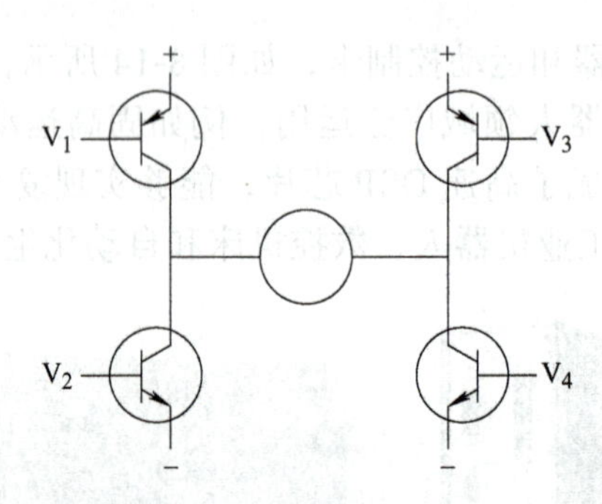

图 8-15　H 桥电路示意

除移动机器人部分的电动机驱动器以外，移动机器人搭载机械臂的伺服驱动器同样非常重要，并在工业自动化领域扮演着至关重要的角色。这一类伺服驱动器通常与移动小车的驱动器存在显著区别。

除工控领域的伺服驱动器以外，部分协作式机械臂也采用了驱控一体化机器人关节。这种关节将驱动器、控制器和传感器集成在一个紧凑的模块中，实现了高集成度和简化的系统设计。

综上所述，自主机器人的功率驱动通常包含了移动机器人底盘电动机的驱动器、工业自动化常用的伺服驱动器，以及驱控一体化机器人关节等。集中驱动硬件各有优势，通过集成，构成自主机器人的硬件系统。

8.2.3　自主机器人典型硬件系统

自主机器人的典型硬件系统分为主控、下位机、底盘控制部分、机械臂控制部分。主控作为工控机或其他嵌入式设备，一方面通过串行通信连接下位机（如 STM32），另一方面通过伺服控制指令如 EtherCAT 指令连接伺服驱动器。STM32 等下位机接收到主控发来的执行命令后，引脚输出 PWM 波及方向信号，驱使底盘驱动芯片带动底盘直流电动机运动。机械臂系统则在主控的信号指令下，伺服驱动器以指定的运动模式和运动轨迹，带动机械臂运转，并与底盘协同运动。与此同时，主控也需要执行上层算法，包括定位与建图算法（SLAM 算法）、机械臂的路径规划算法（例如避障路径规划）以及机器人的感知系统（传感器数据采集与融合）。

8.3　自主机器人软件系统设计

8.3.1　自主机器人软件开发架构

自主机器人软件系统设计是实现高效、精确和自主导航的关键。机器人软件系统往往由多个软件模块耦合成为一个整体，而软件模块的划分往往由机器人的功能定义决定。各软件模块的组织方式就是机器人控制软件的架构。按照自动化程度，一般可将机器人软件架构分为三个层次：反应规划、感知规划与审慎规划，其复杂程度与智能化程度依次提高，如图 8-16 所示。

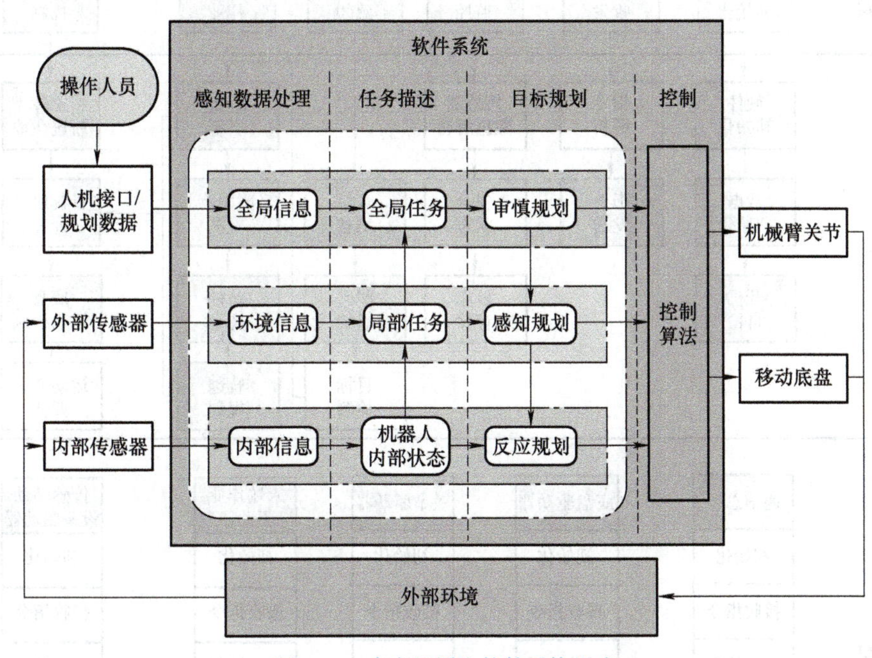

图 8-16　自主机器人软件系统组成

反应规划一般指机器人通过自身内部传感器，如编码器、力传感器等，估算机器人当前状态，根据感知规划指定的控制任务，实现机器人底盘运动速度控制或关节轨迹规划控制等。

感知规划一般指机器人通过外部传感器，获取机器人当前局部环境信息，进行目标检测或环境识别，进而完成机器人局部任务规划，如自主避障、跟踪目标与加工曲线等任务。其既可生成反应规划的控制目标序列，也可直接将控制指令发送给伺服控制器，实现紧急避险、目标修正等任务。

审慎规划指机器人根据操作人员宏观指令与全局环境信息，进行全局的最优路径规划与作业任务规划，其规划结果将作为感知规划的控制输入参数。

一般情况下，机器人反应规划控制运行于机器人下位机中，以保障其控制的实时性；而感知规划与审慎规划一般运行于算力相对较高的机器人上位机系统中。

按照具体功能划分，可将自主机器人软件架构划分为应用层、业务逻辑层、功能模块层、驱动层与感知层，如图 8-17 所示。

8.3.2　自主机器人通信软件设计

机器人通信在现代自动化和智能系统中扮演着至关重要的角色。为了实现机器人的高效协调与控制，必须依赖稳健、可靠的通信系统。

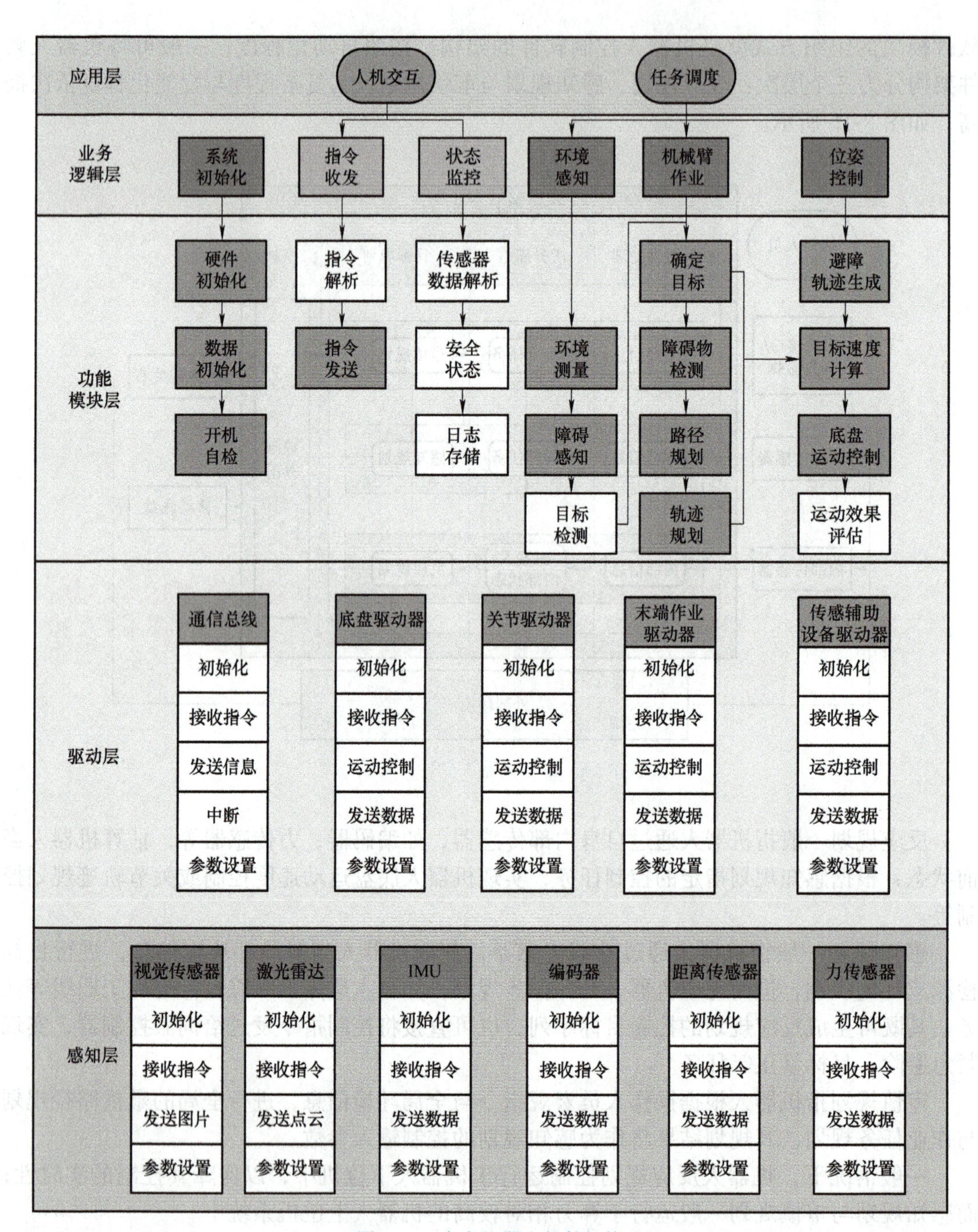

图 8-17　自主机器人软件架构

机器人通信的核心在于实现数据的实时、可靠传输，以确保机器人在执行复杂任务时能够获得必要的信息更新。机器人的通信软件设计在很大程度上影响机器人的反应速度、精度和整体性能。典型的机器人通信需求包括但不限于：

1. 数据传输效率

机器人在执行任务过程中需要频繁传输大量数据，低延迟和高带宽显得尤为重要。

2. 抗干扰能力

工业环境中电磁干扰普遍存在，抗干扰能力强的通信方法能够确保数据传输的稳定性。

3. 互操作性

机器人常常需要与不同类型的传感器、执行器及其他系统组件进行通信，这要求所使用的通信方法具有良好的兼容性和拓展性。

在自主机器人系统设计中，常用的通信方式有：串口通信、以太网通信与无线通信。其中串口通信因其简单、可靠的特性，在许多应用场景中保持着不可替代的地位。

（1）串口通信　串口通信是一种逐位传输数据的通信方式，即数据以比特为单位按顺序依次传输，被广泛应用于计算机与外围设备间的通信。其中“串口”的含义为串行通信，即通过一条线路逐位（位串行）传输数据，与并行通信（多条线路同时传输多个比特）相对。

串口通信的基本模式包括异步通信与同步通信。异步通信中，通信的发送与接收设备使用各自的时钟控制数据的发送和接收过程，不要求收发双方时钟严格一致，硬件较为简单，容易实现。但异步通信各帧之间有间隔，实时性较差、传输效率不高。

同步通信中，通信的发送与接收设备使用发送方的时钟控制数据的发送和接收过程。同步通信发生帧中有同步字符、帧间无间隔、设备传输效率较高、实时性更好，但实现同步通信所需的硬件设备比异步通信更为复杂。

串口通信根据数据流传输方向，可进一步分为单工通信、半双工通信与全双工通信。其中，单工通信只允许数据在一个方向上传输，即只允许数据从 A 到 B，而不允许从 B 到 A。双工通信则允许数据双向传输，既允许数据从 A 到 B，也允许数据从 B 到 A。全双工通信则指的是数据可以同时进行双向传输；半双工通信指的是 A、B 两方同时仅有一方可向另一方发送信息，通信双方不能同时收发数据。

串口通信的速度一般用比特率表示。在串口通信过程中，将每秒传输的字节数称之为波特率。

常见的串口通信方式有 UART 通信、I^2C 通信、SPI 通信与 CAN 总线通信等。

（2）以太网通信　相比串口通信，以太网通信凭借其较高的带宽、灵活的拓扑结构和较长的传输距离，在机器人控制过程中应用的越来越广泛。以太网通信支持百兆比特每秒（Mbit/s）到千兆比特每秒（Gbit/s）级别的高速传输，能够满足高数据量与高实时性的需求。此外，以太网标准化程度高、可靠性好、支持多点通信和复杂网络结构，使之在复杂的机器人系统中表现良好。

在以太网通信的广泛应用中，EtherNet/IP 和 EtherCAT 作为两种主要的工业以太网协议，展现出各自的优势和应用场景。EtherNet/IP 利用标准以太网和 TCP/UDP，实现了广泛的设备互操作性和中等实时性，适用于一般工业自动化系统。而 EtherCAT 则以其高效的数据传输和极低的延迟，专注于需要精密同步控制与高实时性能的应用，在机器人控制和运动控制领域表现突出。

8.3.3 自主机器人典型软件系统

自主机器人典型软件系统可分为上位机软件与下位机软件两部分。

上位机软件功能通常包括人机交互、路径规划、任务管理、环境建模、数据处理等模块，一般运行于高性能计算机或服务器端。人机交互模块提供机器人控制接口，使操作员能够直观地监控与控制机器人。路径规划模块负责根据操作员任务要求和环境信息生成全局最优路径，确保机器人能在动态环境中高效完成任务。任务管理模块协调各个子系统的工作，调度和分配任务资源，提高系统的整体效率。环境建模模块通过融合视觉传感器、激光雷达、IMU 等传感器数据，建构并实时更新环境模型，为机器人路径规划和自主作业提供可靠的基础。数据处理模块对传感器数据进行预处理与融合，确保数据的准确性和一致性。

下位机软件功能相对精简且对实时性要求较高，通常包括实时运动控制、传感器数据采集和应急响应等模块，一般运行于嵌入式板卡与实时操作系统上。实时运动控制程序负责执行上位机的导航命令，精确地控制机器人关节电动机与轮胎转速，实现平稳运动。传感器数据采集模块直接与各种传感器硬件交互，采集环境数据，并将其传输至上位机进一步分析、处理。应急响应模块则为系统提供了一层安全保护，当传感器检测到异常情况或触发紧急事件时，确保机器人能够快速进行规避操作，确保系统与环境的安全，如图 8-18 所示。

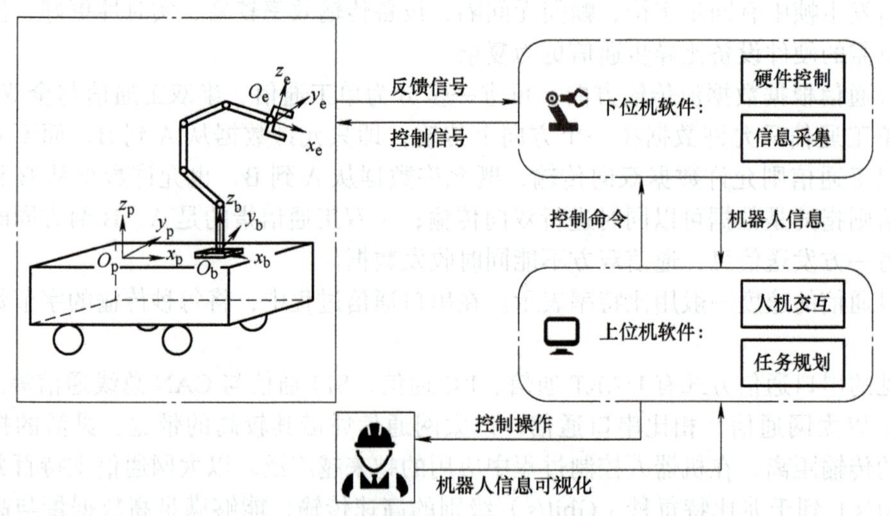

图 8-18 自主机器人典型软件系统方案

上位机与下位机软件一般通过高效的数据通信接口实现紧密协作，保证数据的低延迟和高可靠性。通过这种上、下位机协同工作模式，自主机器人得以在复杂环境中实现高度自主性与鲁棒性，提升了系统的模块化程度与可扩展性，也大大简化了系统的开发、调试与维护过程。

整体自主机器人上、下位机软件的核心是机器人运动规划与运动控制。运动规划负责制定合理的行动方案，而运动控制则确保这些方案能够在现实世界中被准确执行。两者的协调与配合不仅决定了机器人的工作效率，还直接影响到其在复杂环境中的自主能力和任务完成的精确度。

其中，机器人的运动规划主要可以分为移动平台的运动规划与移动平台上机械臂的运动规划，主要运行于上位机中。

1. 移动平台的运动规划

对于移动平台的运动规划，主要目的是生成自主机器人从当前位姿自主运动至目标位置的位姿序列，一般可具体分为两步：路径生成、轨迹规划。路径生成核心在于如何生成从起点到终点的最优路径，确保机器人能够避障并顺利完成任务。移动机器人的轨迹规划通常采用 A* 算法、Dijkstra 算法等经典算法进行全局路径规划，也可采用快速探索随机树（Rapidly Exploring Random Tree，RRT）算法或其改进算法进行局部路径规划。全局路径规划负责在已知环境地图中生成最优路径，而局部路径规划则在机器人行进过程中实时调整路径以应对动态障碍物和环境变化。路径规划需要考虑多个约束条件，如机器人的动力学特征、环境的安全性、任务的时间效率等，如图 8-19 所示。

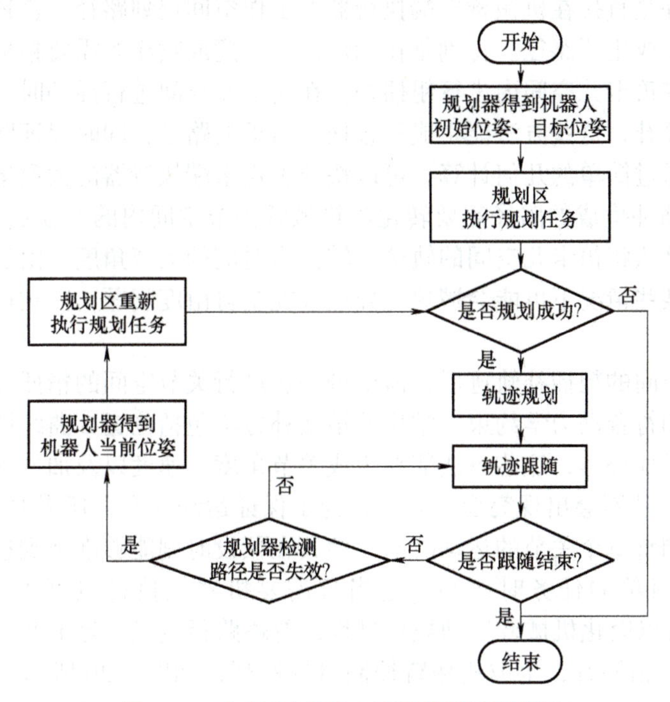

图 8-19　移动平台执行动态路径规划的流程

在实际应用中，路径规划常采用动态路径规划算法。在首次根据机器人初始位姿和目标位姿规划获得无碰撞路径后，保留规划过程中的工作空间信息。在机器人运动过程中，不断根据动态障碍物信息对工作空间信息进行更新。若机器人因动态障碍物使原规划路径成为不可行路径，则规划器以更新后的环境地图为基础，重新规划得出新的无碰撞路径，机器人对新路径进行跟随运动，直至机器人到达目标位置。依靠动态路径规划算法，能够提升机器人路径规划的鲁棒性和适应性，保障机器人在复杂动态环境下的适应能力。

在得到最优路径后，移动平台的轨迹规划过程进一步细化机器人的运动过程，以确保机器人能够按照预定轨迹准确、安全地到达目标位置。首先，最优路径的离散化信息需要转化为连续的轨迹，这涉及生成符合运动学和动力学约束的轨迹曲线。具体来说，这一过程包括对路径点的插值和平滑处理，且需要在路径点上指定合理的速度值，以满足运动学约束（如最大速度、加速度和转向角限制）和动力学约束（如轮子的摩擦力、发动机转矩限制），以避免机器人在移动过程中出现剧烈的速度和加速度变化，确保其运动的平顺性和稳定性。常用的轨迹生成插值方法包括样条插值（如二次样条、三次样条）及贝塞尔曲线插值等，这些方法能够生成符合机器人运动特性的光滑轨迹。

2. 机械臂的运动规划

机械臂的运动规划侧重于机械臂末端在三维空间内的精确控制，生成机器人关节控制目标序列，以完成复杂的作业任务。机械臂运动规划同样涉及了两部分：路径生成、轨迹规划。机械臂常见的避障路径生成算法包括快速探索随机树（RRT）算法、人工势场法等，这些算法能够在高维空间内高效地搜索出一条从初始状态到目标状态的无碰撞路径。

而机械臂的轨迹规划通常分为两步：笛卡儿空间的粗插补与关节空间的精插补。笛卡儿空间的粗插补是直接在机械臂末端执行器的工作空间规划路径。这种方法的优势在于它能够更直观地生成主要路径。特别是在如焊接、装配或喷涂等需要精确位姿控制的任务中，往往需要先在笛卡儿空间内进行粗插补。在笛卡儿空间进行插补时，常用的方法包括直线插补或圆弧插补，这些方法能生成符合任务需求的路径，同时保证路径的连续性和可达性。这一步骤通过简单的几何计算，可以快速确定末端执行器的大致运动轨迹。

接下来，粗插补生成的路径需要转化为机械臂关节空间内的路径点。在这一过程中，需通过逆运动学算法将笛卡儿空间的轨迹点转换为对应的关节角度。由于逆运动学往往有着多个解，且在某些情况下可能会遭遇奇异点或冗余自由度问题，需在进行路径规划时进行规避。

在获得关节空间的粗插补轨迹后，需要进一步进行关节空间的精插补，从而确保各关节的运动平滑性和符合动力学约束。常用的精插补方法包括位置 S 曲线插补、三次多项式插补、五次多项式插补等，这些方法能够生成关节角度、速度以及加速度的连续曲线，确保实际的机械臂运动不会出现突变。此外，为了保证运动安全，还需要进行加减速控制，通过时间参数化调整每个关节的运动时间，使其在预设时刻能够准确到达各个关键点。

在执行较为简单的任务时，特别是当只需要机器人执行点到点（Point-to-Point，PTP）控制时，可以简化机械臂运动规划过程，忽略路径生成与笛卡儿空间的粗插补，直接在关节空间进行精插补，生成机械臂控制目标序列，如图 8-20 所示。这种方法适用于许多机器人工业应用中的基本操作，如搬运、装配和简单的取放任务等。

在实现了机器人运动规划并生成控制序列之后，还需要通过运动控制算法确保机器人能够精确执行预设的操作。为保证控制的实时性，运动控制算法一般运行在下位机中。

移动平台与机械臂的控制思想类似，一般皆采用前馈控制与反馈控制相结合的方式。前馈控制是一种基于系统模型的开环控制方法，通过预测系统的未来运动状态来实现控制。前馈控制通常用于根据系统的运动学与动力学模型，预先计算出所需的控制输入以实现期望的运动。这种预测性控制可以帮助机器人快速适应外部环境的变化，提前采取措施避免系统出现偏差或不稳定的情况，从而提高系统的响应速度，降低系统的稳态误差。

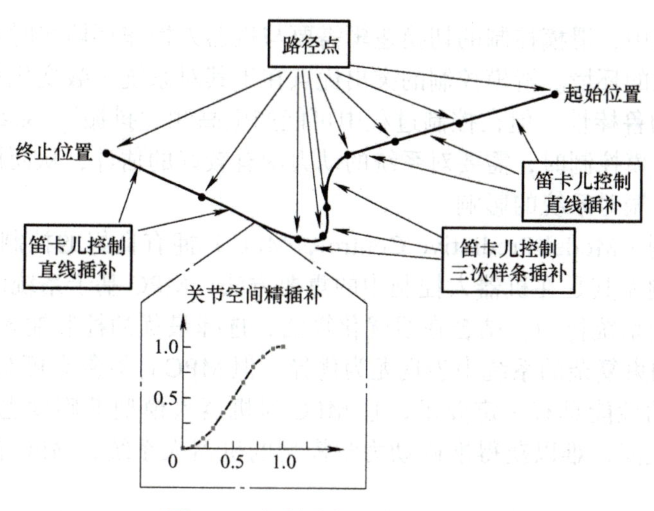

图 8-20　机械臂的运动规划过程

而反馈控制则是通过不断监测系统的实际状态与目标状态的偏差，并根据这一偏差对系统进行调节，实现稳定的控制。在移动平台和机械臂的运动控制中，反馈控制通常利用传感器获取系统的实时状态信息，然后通过反馈控制器计算控制输出，对系统偏差进行即时校正，使得机器人能够跟踪预定轨迹、保持稳定运动并准确到达目标位置，如图 8-21 所示。

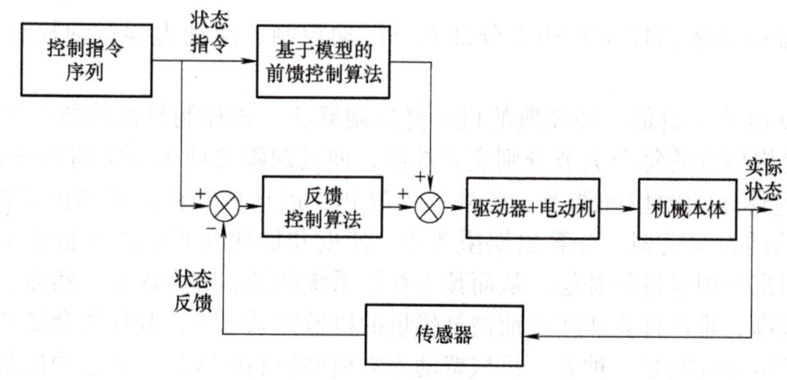

图 8-21　自主机器人控制的一般原理

轮式移动平台常用的运动控制算法有：PID 控制、滑模控制、模型预测控制与反步法控制。

PID 控制（Proportional–Integral–Derivative Control），因其简单、可靠、鲁棒性好的特点，在移动平台的运动控制上应用广泛。PID 控制通过比例、积分和微分三部分调节系统的输出，使其尽量跟随期望的轨迹。实际应用中，往往采用前馈控制与反馈控制相结合的方式，利用移动平台运动学模型，预先计算期望速度和加速度的计算控制信号，预期补偿系统的动态特性，而反馈部分则根据传感器测量数据，计算实时误差，生成控制量，确保实际轨迹能跟随目标轨迹。

滑模控制具有高鲁棒性与高稳定性，在处理非线性和高扰动环境下的移动平台控制问题中表现突出。滑模控制通过设计滑模面使系统状态趋近并保持在该面上，从而实现稳定控制。在实际应用中，滑模控制的切换逻辑需要与机器人操作环境实时交互，保证控制律能够应对实时变化的环境。滑模控制的突出优点在于其对系统参数变化和外界扰动的不敏感性，拥有较好的鲁棒性。但在控制过程中可能产生高频“抖振”，系统状态在滑模面上反复穿越。使用滑模控制时，需要对系统的动力学有较好的估计，从而设计适当的滑模面及控制律来减小抖振对系统的影响。

模型预测控制（Model Predictive Control，MPC）拥有良好的控制稳定性与准确性，成为复杂系统控制尤其是在机器人控制中的重要方法。MPC 基于系统的动态模型，预测未来一段时间内的系统行为，结合在线优化算法，选择最优的控制输入以实现预期目标，在处理多变量、约束复杂的系统中表现尤为优异。但 MPC 计算复杂度与实时性要求较高，使其对硬件系统的性能具有一定要求，且 MPC 对机器人模型准确度也提出了较高要求。对于部分复杂度较高、难以获得准确动力学模型的机器人系统，MPC 在机器人系统上的应用也较为困难。

反步法控制（Backstepping Control）是一种递阶设计方法，通过构建虚拟控制量逐步推进系统的稳定性设计，尤其适用于非线性系统控制。反步法控制通过引入状态变量的分步设计，提高了复杂系统的控制设计灵活性和有效性。它能够将高阶复杂系统分解为易于处理的低阶子系统，逐步设计每一步的控制律。在移动平台控制中，反步法通过逐步设计虚拟控制量，每一步都考虑当前状态和目标状态，从而逐层稳定系统，保证其运动轨迹收敛于目标运动轨迹。然而，反步法控制对系统模型依赖较大，也要求对系统有较准确的数学建模。

机械臂常用的运动控制算法有分散 PID 运动控制、逆动力学运动控制与力位混合控制。

分散 PID 运动控制是一种经典的机械臂控制算法。该控制算法的核心思想在于利用 PID 控制器对机械臂的每个关节分别实施控制，使其跟踪之前关节空间插补的输出轨迹，从而实现对整体运动的精确调节。此外，分散 PID 运动控制往往还与前馈控制相结合，通过机械臂的动力学模型，计算出期望轨迹、速度和加速度所需的控制输入，对系统重量、惯量及阻尼等因素进行补偿，从而预先补偿系统的动态响应误差。然而，该方法在非线性复杂度较高、难以计算非线性前馈补偿量的机械臂系统中，其性能会受到一定限制。

逆动力学运动控制是一种基于机械臂动力学模型控制的算法。在这种控制策略中，控制器通过逆动力学模型，计算出适当的控制补偿量，将机械臂系统线性化，从而得出精确计算所需的控制输入，以实现机械臂末端运动的期望轨迹。逆动力学控制器需要对机械臂的质量分布、关节摩擦力矩及外部干扰等因素进行详细建模，并基于这些模型逆向求解出每个关节的控制力矩。该算法的优点在于能够充分利用系统的动力学特性，获得高精度的运动控制效果。然而，逆动力学控制的实现对系统模型的准确性要求较高，任何建模误差都可能导致显著的控制偏差。此外，该算法的计算复杂度较高，对控制系统的实时性和计算能力提出了较高的要求。在实际应用中，常常需结合适当的补偿算法，以处理建模不准和外部扰动问题。

力位混合控制算法主要应用于机械臂与外部环境交互的场景，如装配、打磨等作业任务。力位混合控制的基本思想是在某个方向上控制机械臂的力输出，使其能够柔顺地适应环境，而在其他方向上控制其位置，实现精确的运动控制。这种控制策略需要对力传感器的数据进行实时处理，并在控制器中融合力与位置的信号，以产生合适的控制输入。此外，在环境刚度有限的情况下，可以进一步实施阻抗控制与导纳控制，从而实现机械臂的力位混合控制。力位混合控制能够有效解决机械臂在接触任务中可能遇到的刚性碰撞和力反馈不稳定的问题，提高系统的平稳性和任务完成质量。

总之，典型的自主机器人软件开发架构中，将上位机与下位机紧密结合，实现了机械臂和移动平台的协同工作。通过介绍机械臂与移动平台的典型轨迹规划和运动控制算法，本小节深入探讨了在复杂环境下机器人系统的高效控制方法。这些算法不仅为机器人带来了精准和稳定的运动能力，也为实现自主机器人的智能化和自适应性提供了重要支持。

8.4　实例分析：平面 SCARA 机器人设计

SCARA 是 Selective Compliance Assembly Robot Arm 的缩写，意思是一种应用于装配作业的机器人手臂。SCARA 机器人最早由日本山梨大学牧野洋发明，该机器人具有四个轴和四个运动自由度（包括绕 x、y、z 轴的旋转和沿 z 轴的平移自由度），如图 8-22a 所示。早期的 SCARA 机器人采用齿轮链条进行传动，导致机器人存在体积过大、响应速度慢、工作精度低和应用范围窄的缺点。随着机器人技术的不断发展，目前的 SCARA 机器人主要使用直驱电动机配合减速器来实现关节运动。如爱普生公司推出的 LS 系列 SCARA 机器人，该机器人使用电动机驱动机器人关节，相比于以往的 SCARA 机器人，可以在更大的空间内承受更大的负载运动，如图 8-22b 所示。

SCARA 机器人系统由于自身结构的特点，在 x、y 方向上具有顺从性，而在 z 方向具有良好的刚度，此特性特别适合于装配工作，例如将一个圆头针插入一个圆孔，故 SCARA 系统多用于装配印制电路板和电子零部件；SCARA 机器人的另一个特点是其串接的两杆结构，类似人的手臂，可以伸进有限空间中作业然后收回，适合于搬动和取放物件，如集成电路板等。

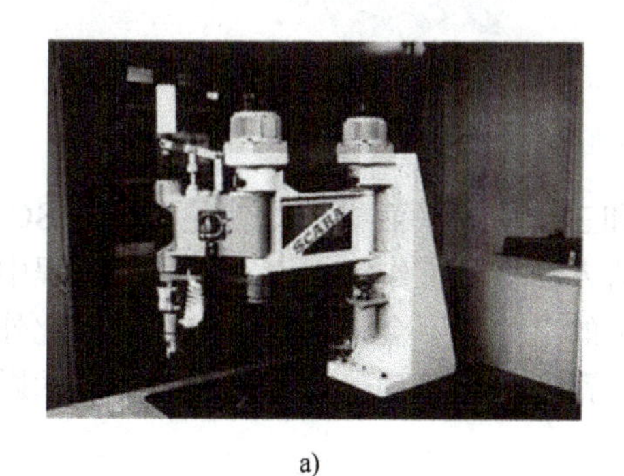

a)

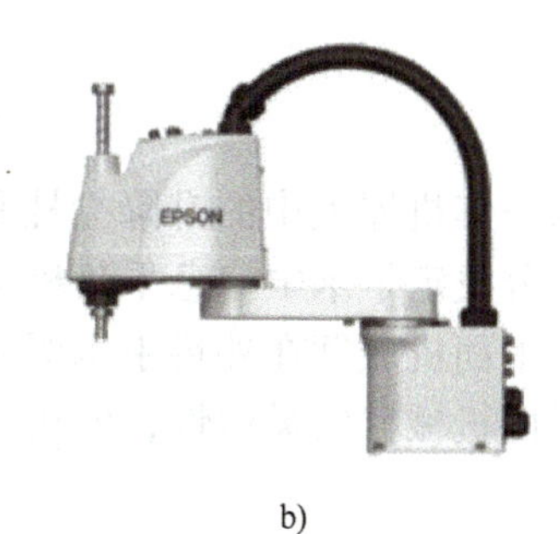

b)

图 8-22　SCARA 机器人

当今，全球都处于技术变革的浪潮之中，SCARA 机器人的应用已经不再局限于工业生产活动中，在新能源、数控加工和医学器械等方面都可以看到 SCARA 机器人应用的身影。本节以北京安贞医院使用的术中信息采集机器人为例，介绍 SCARA 机械臂的基本设计过程。

8.4.1 医用术中信息采集机器人背景及设计需求分析

在医疗行业的外科手术过程中，需要对手术的视野和仪器画面进行图像采集，采集得到的视频将用于远程实时会诊和示教，以及后期的教学观摩、案例研究、医疗纠纷取证等多个方面，这对于一线医师培养、远程医疗合作、医院工作管理和医患纠纷调查有重要意义。但传统的手术影像采集都是由摄影师穿戴好专业的手术室着装，在手术室内进行长时间的手持或肩扛拍摄，这种手术影像采集方式工作强度大，易干扰到主刀医生，并且采集到的手术影像拍摄效果也很差。针对这些问题，目前医院手术室常采用具备一定自动化和智能化程度的辅助器械或机器人进行手术影像采集。

当前，北京安贞医院使用术中信息采集机器人来对外科手术的影像进行采集，术中信息采集机器人的结构如图 8-23 所示。该机器人可以通过立柱、机械臂和云台运动使高清相机到达合适位置对外科手术过程进行录制。

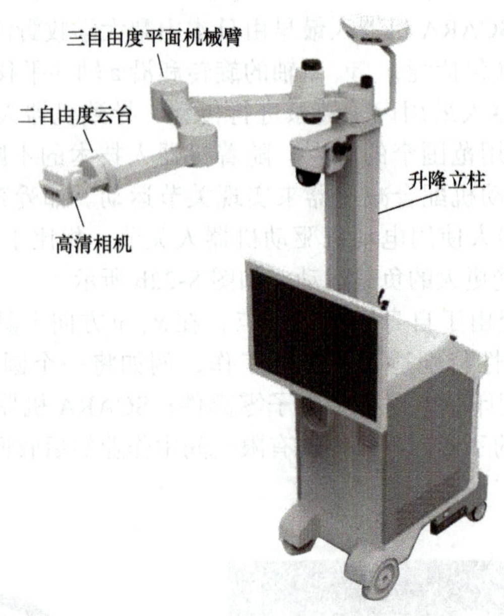

图 8-23 术中信息采集机器人的结构

术中信息采集机器人中的升降立柱和三自由度平面机械臂就是典型的 SCARA 机器人结构，这一部分决定了术中信息采集机器人的主要工作空间。在手术的过程中拍摄，需要保证三自由度平面机械臂在外科手术医生的上方，不会干扰到医生手术。此外，还需要保证三自由度平面机械臂的灵活性，使机械臂末端能够到达各个位置，对手术影像进行多方位采集。

8.4.2 结构设计

1. 升降立柱

术中信息采集机器人在正常工作过程中，需要保证其立柱高度比外科手术医生的身高要高，以避免采集手术影像的时候干扰到外科医生进行手术。但考虑到手术室的实际高度，并且为了保证机器人采集的影像视频足够清晰，又不能使立柱工作高度太高。对此初步设定立柱的升降比为 1.5 ～ 1.9，考虑到机器人本体相对于底面已经存在一定高度，故设计立柱本体初始高度为 1 ～ 1.2m，上升的最高高度为 1.8 ～ 1.9m；其次因为手术室的空间有限，为保证机器人不占用过多的空间，阻碍医护人员工作，立柱的水平截面最大尺寸不超过 120mm × 120mm，或是不大于 ϕ120mm；升降立柱需要承载整个三自由度平面机械臂，因此立柱承载能力应不小于 40kg。

根据上述术中信息采集机器人的需求分析，初步得到了升降立柱的设计要求指标，为满足设计的指标，提出如下六种设计方案。

方案 1：升降立柱采用丝杠作为运动机构，在丝杠的滑块上安装导向杆，整体的升降立柱结构呈现分层结构。

方案 2：采用螺旋升降机作为升降立柱的运动机构，在升降立柱的升降结构两侧安装导轨，以保证立柱的升降运动。

方案 3：采用同步带作为升降立柱的运动机构，采用滑块固定、升降立柱导轨运动的方式来保证立柱的升降运动。

方案 4：采用电动推杆作为升降立柱的运动机构，在升降立柱的升降结构内侧安装导轨，以保证立柱的升降运动。

方案 5：采用齿轮齿条作为升降立柱的运动机构，在升降立柱的升降结构两侧安装导轨，以保证立柱的升降运动。

方案 6：采用梯形丝杠和直线轴承作为立柱的运动机构，通过同步带来实现电动机到丝杠主轴的传动。

考虑到设计需求中要求保证升降立柱占用的空间尽量小，还要有较大的负载能力，并且为了保证升降立柱的安全性，升降立柱还需要有一定的自锁能力，以防止突发情况导致升降立柱下坠。对此，初步选择方案 6，使用梯形丝杠和直线轴承可以保证立柱不占用较大空间，还能承受较大的负载。

在方案 6 的设计思路下，初步设定同步带的传动比为 2∶1，升降立柱运动的行程为 700mm。结合之前的升降立柱设计要求，对该方案中的丝杠、电动机和同步带进行选型计算。

（1）丝杠选型计算

1）确定丝杠副的导程。初选松下 MSMJ042G1V 型号伺服电动机，额定转速为 3000r/min，电动机与丝杠通过同步带连接，传动比为 2∶1，则丝杠转速为 1500r/min。运动方向速度为 50mm/s，即每分钟运行距离为 3000mm。则丝杠导程为

$$P_K = S / r = (3000 / 1500)\text{mm} = 2\text{mm} \tag{8-1}$$

实际 P_K 取值为 5mm 即可满足要求。

2）丝杠载荷及转速计算。因为升降立柱主要用于承载三自由度平面机械臂，因此运动时丝杠主要承受重力及直线轴承摩擦力，考虑到安装因素，静摩擦系数定为 0.1，则丝杠载荷为

$$F_0 = Mg + \mu Mg = (40\times9.8+0.1\times40\times9.8)\text{N} = 431.2\text{N} \tag{8-2}$$

已知速度 50mm/s，再根据之前选择的丝杠导程为 5mm，则丝杠实际每分钟转速为

600r/min，电动机转速为1200r/min。

3）估算丝杠最大允许变形量 δ。丝杠的最大允许变形量 $\delta \leqslant 1/4 \times$ 重复定位精度，初步设定丝杠运动的重复定位精度要求为0.01mm，则可以计算得到丝杠最大允许变形量为

$$\delta = 0.25 \times 0.01\text{mm} = 0.0025\text{mm} \tag{8-3}$$

4）估算丝杠螺纹直径。根据初设的行程700mm，估算丝杠两个固定支承的最大距离为

$$L \approx (1.1 \sim 1.2)l + (10 \sim 14)P_K = (1.2 \times 700 + 14 \times 5)\text{mm} = 910\text{mm} \tag{8-4}$$

丝杠安装方向为轴向两端固定，则可计算得到丝杠的螺纹直径为

$$d \geqslant 0.039\sqrt{\frac{F_0 L}{1000\delta}} = 0.039 \times \sqrt{\frac{431.2 \times 910}{1000 \times 0.0025}}\text{mm} = 15.45\text{mm} \tag{8-5}$$

因梯形丝杠运动效率较低，改用滚珠丝杠。综上，初选导程为5mm、外径为25mm的滚珠丝杠，传动效率定为0.8。

（2）电动机选型计算　初选电动机额定功率200W，额定转矩0.64N·m，假定同步带轮减速机构传动效率为0.8，则可计算得到同步带轮上转矩为

$$T = (0.64 \times 2 \times 0.8)\text{N} \cdot \text{m} = 1.024\text{N} \cdot \text{m} \tag{8-6}$$

已知丝杠的轴向转速为50mm/s=0.05m/s，则丝杠的最大负载为

$$F = \frac{T\eta R 2\pi}{v} = \frac{1.024 \times 0.8 \times 10 \times (2 \times 3.14)}{0.05}\text{N} = 1028.9\text{N} \tag{8-7}$$

因此该滚珠丝杠结构可以负载40kg重物，符合预设的负载要求。

（3）同步带选型计算

1）确定同步带型号。运动时同步带主要承受结构两端摩擦力，考虑到安装因素等，动摩擦系数定为0.2，根据计算得到的载荷 F_0 为431.2N，则可计算得到摩擦力为

$$f = \mu F_0 = 0.2 \times 431.2\text{N} = 86.24\text{N} \tag{8-8}$$

假定同步带运行速度为1m/s，则可计算得到同步带功率为

$$P = fv = 86.24\text{N} \times 1\text{m/s} = 86.24\text{W} \tag{8-9}$$

进一步计算同步带轮的直径为

$$D = \frac{v}{\pi n} = \frac{1000}{3.14 \times 10}\text{mm} = 32\text{mm} \tag{8-10}$$

根据表8-3可查得同步带工况系数 K_A=1.4。

进一步计算同步带的设计功率为

$$P_d = K_A P = 1.4 \times 86.24\text{W} = 120.736\text{W} \tag{8-11}$$

根据设计功率 P_d 和小轮的转速确定选用同步带型号为圆弧制3M。

表 8-3　同步带工况系数 K_A（摘自 JB/T 7512.3—2014）

工作机	原动机					
	交流电动机（普通转矩笼型、同步电动机），直流电动机（并励），多缸内燃机			交流电动机（大转矩、大转差率、单相、集电环），直流电动机（复励、串励），单缸内燃机		
	每天运行时间 /h					
	断续使用 3 ～ 5	普通使用 8 ～ 10	连续使用 16 ～ 24	断续使用 3 ～ 5	普通使用 8 ～ 10	连续使用 16 ～ 24
计算机、复印机、医疗器械、放映机、测量仪表、配油装置	1.0	1.2	1.4	1.2	1.4	1.6
清扫机械、办公机械、缝纫机	1.2	1.4	1.6	1.4	1.6	1.8
带式输送机、轻型包装机、烘干箱、筛选机、绕线机、圆锥成形机、木工车床、带锯	1.3	1.5	1.7	1.5	1.7	1.9
液体搅拌机、混面机、钻床、车床、压力机、接缝机、龙门刨床、洗衣机、造纸机、印刷机、螺纹加工机、圆盘锯床	1.4	1.6	1.8	1.6	1.8	2.0
半液体搅拌机，带式输送机（矿石、煤、砂）、天轴、磨床、牛头刨床、铣床、钻床、离心泵、齿轮泵、旋转式供给系统、凸轮式振动筛、纺织机械（整经机）、离心压缩机、往复式发动机	1.5	1.7	1.9	1.7	1.9	2.1
制砖机（除混泥机）、输送机（平板式、盘式）、斗式提升机、挂式输送机、升降机、脱水机、清洗机、离心式排风扇、离心式鼓风机、吸风机、发电机、励磁机、起重机、重型升降机、发动机	1.6	1.8	2.0	1.8	2.0	2.2
离心机、刮板输送机、螺旋输送机、锤击式粉碎机、造纸制浆机	1.7	1.9	2.1	1.9	2.1	2.3
黏土搅拌机、矿山用风扇、鼓风机、强制送风机	1.8	2.0	2.2	2.0	2.2	2.4
往复压缩机、球磨机、棒磨机、往复泵	1.9	2.1	2.3	2.1	2.3	2.5

2）确定同步带长度。考虑到同步带的传动比为 2 : 1，并且同步带型号为圆弧制 3M，选取该型号下的对应传动比的同步带轮，其大轮直径 d_2 为 68.75mm，小轮直径 d_1 为 34.38mm。为保证同步带占用的空间尽量小，初步设定中心距 a_0 为 130mm，则可计算得到同步带长度为

$$L_0 = 2a_0 + \frac{\pi(d_2 + d_1)}{2} + \frac{(d_2 - d_1)^2}{4a_0} = 424\text{mm} \tag{8-12}$$

根据计算得到的同步带长度 L_0 进一步查表选取同步带的实际长度为 423mm。

3）选取带宽。根据同步带轮的型号，可计算得到同步带宽度为

$$b_s \geqslant b_{s0} \sqrt[1.14]{\frac{P_d}{K_L K_Z P_0}} = 6 \times \sqrt[1.14]{\frac{0.12}{1.1 \times 1 \times 0.086}} \text{mm} = 7.39\text{mm} \tag{8-13}$$

其中，b_{s0} 为选定的同步带型号的基准宽度，其尺寸见表 8-4。

表 8-4　同步带各个型号基准宽度　（单位：mm）

型号	3M	5M	8M	14M	20M
b_{s0}	6	9	20	40	115

K_L 为圆弧齿带长系数，见表 8-5。

表 8-5　圆弧齿带长系数

带型	节线长 L_p 及带长系数 K_L						
3M	L_p/mm	≤190	191 ~ 260	261 ~ 400	401 ~ 600	>600	—
	K_L	0.80	0.90	1.00	1.10	1.20	—
5M	L_p/mm	≤440	441 ~ 550	551 ~ 800	801 ~ 1100	>1100	—
	K_L	0.80	0.90	1.00	1.10	1.20	—
8M	L_p/mm	≤600	601 ~ 900	901 ~ 1250	1251 ~ 1800	>1800	—
	K_L	0.80	0.90	1.00	1.10	1.20	—
14M	L_p/mm	≤1400	1401 ~ 1700	1701 ~ 2000	2001 ~ 2500	2501 ~ 3400	>3400
	K_L	0.80	0.90	0.95	1.00	1.05	1.10
20M	L_p/mm	≤2000	2001 ~ 2500	2501 ~ 3400	3401 ~ 4600	4601 ~ 5600	>5600
	K_L	0.80	0.85	0.95	1.00	1.05	1.10

K_Z 为小带轮啮合齿数系数，见表 8-6。

表 8-6　小带轮啮合齿数系数

Z_m	≥6	5	4	3	2
K_Z	1.00	0.80	0.60	0.40	0.20

根据计算得到的同步带宽度，结合选用的同步带型号，由表 8-7 可选取同步带的最终宽度为 9mm。

表 8-7　圆弧制同步带带宽参数　（单位：mm）

型号	带宽 b_s	带宽极限偏差		
		L_p≤840	840<L_p≤1680	L_p>1680
3M	6	±0.3	±0.4	—
	9	±0.4	±0.4	±0.6
	15	±0.4	±0.6	±0.8

（续）

<table>
<tr><th rowspan="2">型号</th><th rowspan="2">带宽
b_s</th><th colspan="3">带宽极限偏差</th></tr>
<tr><th>$L_p \leqslant 840$</th><th>$840 < L_p \leqslant 1680$</th><th>$L_p > 1680$</th></tr>
<tr><td rowspan="3">5M</td><td>9</td><td>±0.4</td><td>±0.4</td><td>±0.6</td></tr>
<tr><td>15</td><td rowspan="2">±0.4</td><td rowspan="2">±0.6</td><td rowspan="2">±0.8</td></tr>
<tr><td>25</td></tr>
<tr><td rowspan="4">8M</td><td>20</td><td rowspan="2">±0.6</td><td rowspan="2">±0.8</td><td rowspan="2">±0.8</td></tr>
<tr><td>30</td></tr>
<tr><td>50</td><td>±1.0</td><td>±1.2</td><td>±1.2</td></tr>
<tr><td>85</td><td>±1.5</td><td>±1.5</td><td>±2.0</td></tr>
<tr><td rowspan="5">14M</td><td>40</td><td>±0.8</td><td>±0.8</td><td>±1.2</td></tr>
<tr><td>55</td><td>±1.0</td><td>±1.2</td><td>±1.2</td></tr>
<tr><td>85</td><td>±1.2</td><td>±1.2</td><td>±1.5</td></tr>
<tr><td>115</td><td rowspan="2">±1.5</td><td rowspan="2">±1.5</td><td rowspan="2">±1.8</td></tr>
<tr><td>170</td></tr>
<tr><td rowspan="5">20M</td><td>115</td><td rowspan="2">±1.8</td><td rowspan="2">±1.8</td><td rowspan="2">±2.2</td></tr>
<tr><td>170</td></tr>
<tr><td>230</td><td rowspan="3">—</td><td rowspan="3">—</td><td rowspan="3">±4.8</td></tr>
<tr><td>290</td></tr>
<tr><td>340</td></tr>
</table>

注：L_p——节线长。

2. 三自由度平面机械臂

术中信息采集机器人的平面机械臂通过关节电动机将各段机械臂连接起来，从而形成可在二维平面上运动的三自由度平面机械臂。对此，该部分的结构设计主要集中在所需关节电动机的参数计算、关节电动机选型和机械臂的关节设计。

初步设定平面机械臂的高度在 100mm 以内，关节臂的总臂长为 1800mm，各段机械臂由铝方管与关节组装而成，整体质量初定 20kg，转速要求 20r/min。将机械臂伸直状态近似等效为 1800mm × 80mm × 40mm 规格的长方体。

根据上述的设计，初步计算整个平面机械臂完全伸直的转动惯量为

$$
\begin{aligned}
J &= \frac{1}{12}m(A^2+B^2+12e^2) \\
&= \frac{1}{12}\times 20\text{kg}\times(1800^2+80^2+12\times 900^2)\text{mm}^2 = 21.6\text{kg}\cdot\text{m}^2
\end{aligned}
\tag{8-14}
$$

机械臂在转动的时候主要克服自身转动惯量，假设机械臂在 2s 内速度由 0 到达 20r/min，则驱动转矩为

$$
T = J\alpha = J\frac{\omega}{t} = \left(21.6\times\frac{2\pi/3}{2}\right)\text{N}\cdot\text{m} = 22.6\text{N}\cdot\text{m} \tag{8-15}
$$

则可进一步计算得到关节臂转动时所需功率为

$$P=\omega T=\frac{2\pi}{3}\times 22.6\text{W}=47.3\text{W} \tag{8-16}$$

根据上述计算得到的关节电动机转矩 T、功率 P 和预设的转速要求即可对关节电动机进行选型。最终确定关节电动机的参数见表 8-8。

表 8-8 关节电动机的参数

安装尺寸 /mm	电源电压 /V	减速比	容许转矩 /N·m	容许惯性力矩 /N·m	容许轴向载荷 /N·m
130	三相 200 ～ 240	36	24	50	2000

8.4.3 控制系统硬件设计

1. 机器人主控制器

术中信息采集机器人使用的主控制器为 PC。使用 PC 作为术中信息采集机器人的主控制器，有助于提供更友好的机器人软件开发环境，并且 PC 主板上提供的丰富接口也便于控制主板与术中信息采集机器人各个执行部件进行连接通信。

2. 升降立柱控制器

为实现升降立柱电动机的精确控制，需要通过对应的驱动器来控制升降立柱电动机，该驱动器型号为 DS5L1-20P4-PTA，可以实现位置控制、速度控制和转矩控制三种控制模式的无缝切换，提供了 3 路 DI 输入和 3 路 DO 输出。其输入信号形态可为脉冲 + 方向、AB 相脉冲和 CW/CCW 信号三种，输入频率支持集电极开路 200kpps[⊖]，差分 500kpps。该驱动器还有过电压、欠电压、过热、过电流、过载、超速、模拟输入异常、位置偏差过大、输出短路、编码器异常、再生异常保护、超程保护、振荡保护、运行断线保护等自动保护功能。最重要的是该驱动器提供了标准的 RS232 和 RS485 通信接口，可以将其转化为 USB 连接到术中信息采集机器人的控制主板上，使用机器人的控制程序来与驱动器进行通信，发送指令控制升降立柱运动。

3. 关节电动机驱动器

根据选择的关节电动机型号，对应的驱动器如图 8-24 所示。

图 8-24 关节电动机驱动器

⊖ kpps（kilo pulses per second）表示每秒千脉冲数，是一个衡量频率的单位，用于表示每秒钟产生的脉冲数量。

机械臂关节驱动器与机器人主控制器可通过 CAN 总线进行通信，关节电动机驱动器支持设置期望角度、读取实时角度和设置运动模式等命令。术中信息采集机器人采用关节电动机提供的“位置模式”，以目标位置和运动时间来控制关节电动机按一定轨迹运动。两台机械臂关节间可通过一根综合线缆连接，实现供电线路和通信线路的分别并联。

8.4.4　机器人仿真分析

1. 仿真软件介绍

本节使用 Webots 软件来对术中信息采集机器人进行仿真。Webots 是一款多功能的机器人仿真软件，被广泛应用于教育、研究和工业领域。它为用户提供了一个强大而全面的虚拟仿真环境，可以模拟各种类型的机器人及其行为，传感器反馈以及与环境的交互，为用户提供了一个理想的实验平台。

Webots 的一个显著特点是可支持多种不同类型的机器人平台模型，如行走机器人、飞行器、无人车等。用户可以基于这些模型进行设计、测试和优化各种算法、控制器和应用。软件提供了广泛的仿真工具，包括物理和传感器模型，用户可以通过调整参数和场景来模拟不同的环境和任务，并分析机器人的表现。除了灵活的仿真功能外，Webots 还提供了友好的用户界面和丰富的文档资料，使用户能够轻松上手并快速掌握软件的各项功能。该软件支持多种编程语言，包括 C、C++、Python 等，用户可以根据自己的需求选择合适的语言来编写控制器和算法。此外，Webots 还集成了开发工具和调试功能，帮助用户更高效地进行机器人仿真和开发工作。

使用 Webots 对术中信息采集机器人进行仿真前，需要先对机器人的模型进行简化，将其固连的零部件都结合为一个相同整体。之后将简化的模型依次导入到 Webots 中，由于 Webots 导入的模型都是默认在世界坐标系原点，因此需要对导入的模型位置进行调整，以保证机器人的各个部件位置是正确的。并且 Webots 在导入模型的时候需注意机械臂各个关节的层级关系，例如，首先导入术中信息采集机器人的底座模型，然后在导入术中信息采集机器人的立柱模型时，必须在其底座模型的设计树模块上进行导入，这样才能保证 Webots 中的机器人模型在之后的仿真中没有问题。按上述操作导入模型并调整位置后得到 Webots 的机器人模型，如图 8-25 所示。

在确定导入 Webots 中的机器人模型没有问题之后，需要根据实际的术中信息采集机器人来对仿真模型添加执行器和传感器。

Webots 提供了多种执行器和传感器，帮助用户构建和模拟各种类型的机器人。在 Webots 中，用户可以使用电动机、直线电动机等各种执行器，以及编码器、激光雷达、3D 相机、RGB 相机、陀螺仪等多种传感器，来建立完整的机器人模型。这些执行器和传感器的存在，使用户能够在仿真环境中精确地模拟机器人的行为和感知能力，从而进行各种实验和测试。

此外，Webots 采用树状结构来描述机器人模型，其中机器人的各个元器件和零部件的三维模型都被表示为树中的节点。这种结构的设计使用户能够清晰地组织和管理机器人模型的各个组成部分，但这也导致在构建机器人模型的时候一定要保证其树状层级是正确的，这样才能保证 Webots 正常运行仿真。

- DEF ssbot Robot
  - translation 0 0.124 0
  - rotation 0 1 0 0
  - scale 1 1 1
  - children
    - DEF base Shape
    - SliderJoint
      - jointParameters JointParameters
      - device
      - endPoint DEF lc Solid
  - name "ssbot"
  - model ""
  - description ""
  - contactMaterial "default"
  - immersionProperties
  - boundingObject USE base
  - physics NULL
  - locked FALSE
  - translationStep 0.01
  - rotationStep 0.262
  - radarCrossSection 0
  - recognitionColors
  - controller "ssbot_controller"
  - controllerArgs

a) 机器人树状结构(部分)

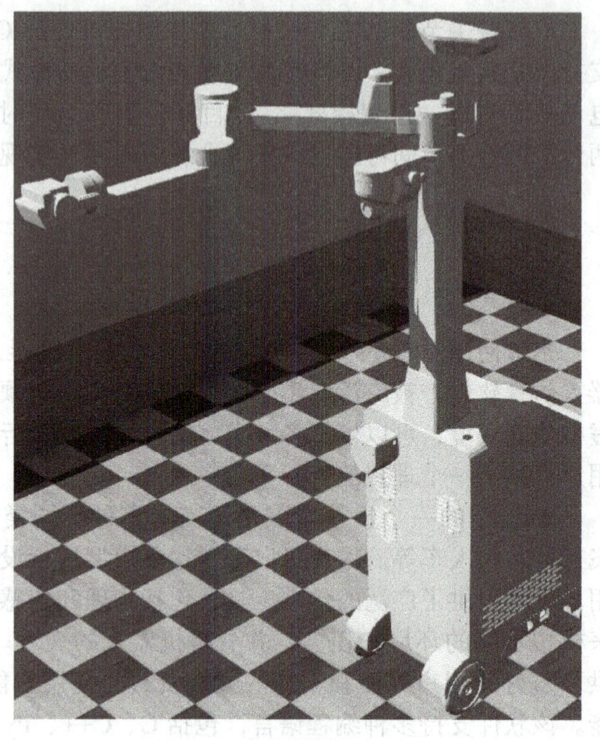

b) 仿真模型

图 8-25　Webots 的机器人模型

术中信息采集机器人中主要的执行器为关节电动机和升降立柱，可以使用 Webots 的电动机和直线电动机来实现其运动特性。此外，为完整还原实际的术中信息采集机器人，还需对 Webots 的机器人模型添加雷达、高清相机和 3D 相机等传感器。最终 Webots 的仿真模型所使用的执行器和传感器见表 8-9。

表 8-9　Webots 模型所使用的执行器和传感器

中文名称	英文名称	图片	应用
电动机	Motor		机械臂关节、云台关节
直线电动机	Linear Motor		升降立柱
编码器	Rotary Encoder		机器人各关节与升降立柱
激光雷达	Lidar		机械臂搭载激光雷达

（续）

中文名称	英文名称	图片	应用
3D 相机	3D Camera		机器人搭载 3D 相机
RGB 相机	RGB Camera		机器人搭载 RGB 相机

2. 机器人路径规划仿真

术中信息采集机器人的路径规划主要在于三自由度平面机械臂在二维平面上的运动规划。通过机械臂上安装的激光雷达来识别机械臂运动平面的障碍物，然后根据机械臂的当前位置和期望位置规划出正确的路径，使机械臂避开障碍物到达指定位置。

本例在 Webots 中使用 C++ 进行编程，路径规划算法选用 RRT* 算法和 DRRT* 算法，仿真所使用的机械臂起始位置和终止位置为机器人最常用的两种状态。其具体状态见表 8-10。

表 8-10　术中信息采集机器人机械臂的常用状态

状态	第一关节角度 / (°)	第二关节角度 / (°)	第三关节角度 / (°)
展开状态	-50	100	-50
收拢状态	-180	150	-150

（1）静态路径规划仿真　静态路径规划仿真使用 RRT* 算法来实现，得到仿真结果如图 8-26 所示，图中由虚线绘制的机械臂状态为机械臂各路径点对应状态。由仿真结果可知，规划所得路径与障碍物无碰撞，RRT* 算法可正确解决静态路径规划问题。

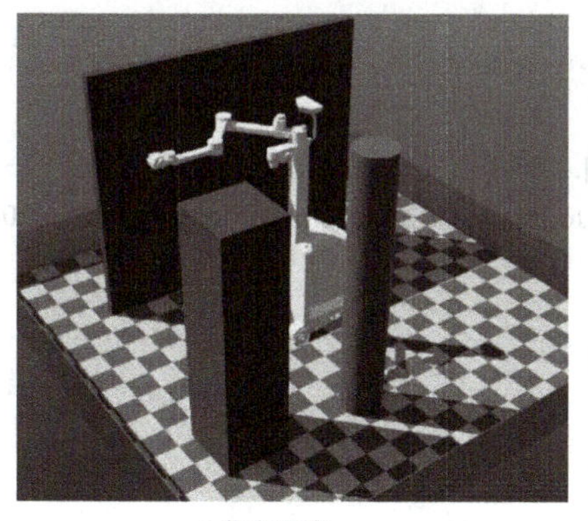

a) 仿真环境

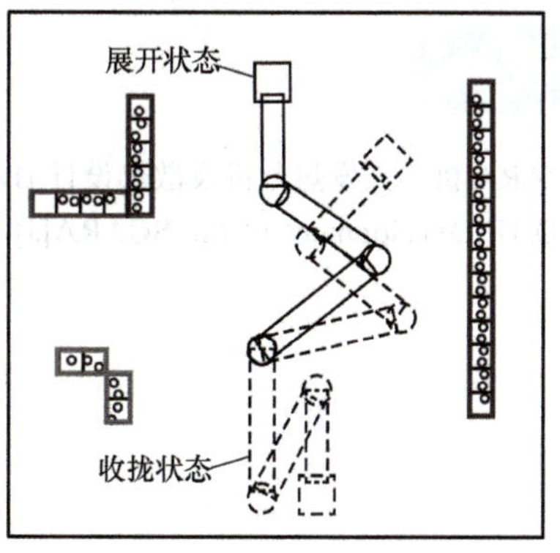

b) 仿真结果

图 8-26　静态路径规划

（2）动态路径规划仿真　动态路径规划仿真使用 DRRT* 算法来实现。设置仿真中障碍物匀速运动，仿真结果如图 8-27 所示。由仿真结果可知，初始路径规划结果与初始障碍物无碰撞，在动态障碍物导致初始路径失效后，再次规划所得路径与当前障碍物无碰撞，由此可知 DRRT* 算法可解决动态路径规划问题。

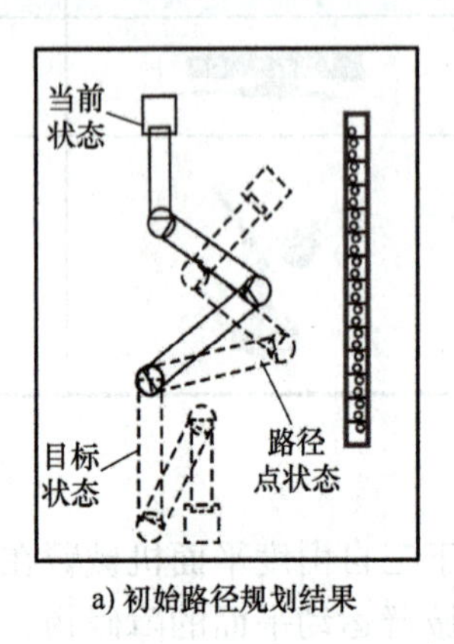

a) 初始路径规划结果　　b) 再次规划结果

图 8-27　动态路径规划

习题

8-1　解释自主机器人系统设计中的结构系统设计、硬件系统设计和软件系统设计的区别和联系。

8-2　讨论自主机器人设计中的可靠性与耐用性设计准则，解释它们如何影响机器人的性能和使用寿命。

8-3　易维护性与可扩展性在机器人设计中的重要性是什么？讨论模块化设计和标准化接口如何促进这些特性。

8-4　以 SCARA 机器人为例，讨论其结构特点和它们如何满足精确装配任务的需求。

8-5　描述术中信息采集机器人的设计需求和结构设计，解释其在医疗手术中的应用和优势。

参考文献

[1]　徐旺 .SCARA 机器人发热分析及散热设计 [D]. 广州：广东工业大学，2023.

[2]　MAKINO H. Development of the SCARA[J]. Journal of Robotics and Mechatronics，2014，26（1）：5–8.